深度学习系列

TensorFlow 深度学习：数学原理与 Python 实战进阶

［印］桑塔努·帕塔纳雅克（Santanu Pattanayak） 著

魏国强　倪晨杰　李杨　厉高远　罗佳程 译

机 械 工 业 出 版 社

第 3 章卷积神经网络，该章讨论用于图像处理的卷积神经网络。图像处理是计算机视觉领域的一个重要研究课题，在将卷积神经网络用于对象识别和检测、对象分类、定位和分割等领域后，性能得到了极大的提升。该章首先详细说明卷积的操作，然后继续讲解卷积神经网络的工作原理。重点介绍了卷积神经网络的组成部分，从而为你提供了以有趣的方式进行实验和扩展其网络所需的工具。此外，将详细阐述通过卷积和池化层的反向传播，以帮助你全面了解卷积神经网络的训练过程。该章还介绍了平移同变性和平移不变性的属性，它们对于卷积神经网络的成功至关重要。

第 4 章基于循环神经网络的自然语言处理，该章讲解使用深度学习进行自然语言处理的内容。首先从用于文本处理的不同向量空间模型开始，之后是词到向量的嵌入模型，例如连续词袋方法和 Skip - gram，然后转到涉及循环神经网络、LSTM、门控循环单元和双向循环神经网络的更高级的主题。该章详细介绍了语言建模，以帮助你在涉及该网络的实际问题中利用这些网络。此外，还详细讨论了循环神经网络和 LSTM 情况下的反向传播机制以及梯度消失问题。

第 5 章用受限玻尔兹曼机和自编码器进行无监督学习，在该章中，你将学习使用受限玻尔兹曼机和自编码器的深度学习中的无监督方法。另外，该章还将讲解贝叶斯推断和 MCMC 方法，例如 Metropolis 算法和吉布斯采样，因为受限玻尔兹曼机训练过程需要一些采样知识。此外，该章还将讨论对比散度，这是吉布斯采样的定制版本，可以对受限玻尔兹曼机进行实际训练。我们将进一步讨论受限玻尔兹曼机如何在推荐系统中用于协作过滤，以及如何在深度置信网络的无监督预训练中使用。

该章后半部分介绍了各种自编码器，例如稀疏自编码器、去噪自编码器等。此外，你还会学习如何将从自编码器中学到的内部特征用于降维以及监督学习。最后，该章简要介绍了数据预处理技术，例如 PCA 白化和 ZCA 白化。

第 6 章高级神经网络，在该章中，你将学习一些高级神经网络，例如全卷积神经网络、U - Net、R - CNN、Fast R - CNN、Faster R - CNN 等，处理图像的语义分割、对象检测和定位。该章还将讲解传统的图像分割方法，以便可以适当地结合两个方面的优点。在该章的后半部分，你将学习生成式对抗网络，这是一种用于生成合成数据（如给定分布所生成的数据）的生成模型的新模式。生成式对抗网络在多个领域具有用途和潜力，例如在图像生成、图像修复、抽象推理、语义分割、视频生成、域间样式迁移以及文本到图像生成应用程序等领域。

总而言之，你可以从本书中学到如下主要知识：

- 理解使用 TensorFlow 的全栈深度学习，并为深度学习奠定坚实的数学基础。
- 使用 TensorFlow 在产品中部署复杂的深度学习解决方案。
- 进行深度学习研究并使用 TensorFlow 进行实验。

译者简介

魏国强

中国科学技术大学与微软亚洲研究院联合培养博士在读，研究方向为姿态估计及其应用等。熟悉 TensorFlow 等深度学习框架。曾参与 PyTorch 官方文档汉化等翻译工作。

倪晨杰

毕业于多伦多大学，本科阶段专修计算机科学，主要研究方向是人工智能和图像处理。了解主流深度学习框架（如 PyTorch 和 TensorFlow）的原理以及应用。擅长将人工智能与云计算平台相结合，使机器学习算法的开发变得更加灵活、高效。

李杨

目前在初创公司做软件开发工作，硕士研究生，毕业于天津大学，主要从事视觉人工智能系统开发。研究兴趣广泛，希望和大家一起探讨新技术新知识。联系方式：lwkj. liyang@gmail. com。

厉高远

一知智能服务端工程师。喜欢天马行空的 idea，喜欢新奇锐意的产品，喜欢探寻未知。

罗佳程

毕业于云南大学，获工学硕士学位。长期从事推荐系统研究，活跃于各大技术社区。

目　录

原书前言

译者简介

第 1 章　数学基础 // 1

1.1　线性代数 // 2

1.1.1　向量 // 2

1.1.2　标量 // 2

1.1.3　矩阵 // 3

1.1.4　张量// 3

1.1.5　矩阵的运算和操作 // 4

1.1.6　向量的线性独立 // 6

1.1.7　矩阵的秩// 8

1.1.8　单位矩阵或恒等运算符 // 8

1.1.9　矩阵的行列式 // 9

1.1.10　逆矩阵 // 10

1.1.11　向量的范数（模）// 11

1.1.12　伪逆矩阵 // 12

1.1.13　以特定向量为方向的单位向量 // 12

1.1.14　一个向量在另一个向量方向上的投影（或射影）// 12

1.1.15　特征向量 // 12

1.2　微积分 // 17

1.2.1　微分 // 17

1.2.2　函数的梯度 // 17

1.2.3　连续偏导数 // 18

1.2.4　海森矩阵 // 18

1.2.5　函数的极大值和极小值 // 18

1.2.6　局部极小值和全局最小值 // 20

1.2.7　半正定以及正定矩阵 // 21

1.2.8　凸集 // 21

1.2.9　凸函数 // 22

1.2.10　非凸函数 // 22

1.2.11　多变量凸函数以及非凸函数范例 // 23

1.2.12　泰勒级数 // 24

1.3　概率 // 24

1.3.1　并集、交集和条件概率 // 25

1.3.2　事件交集概率的链式法则 // 26

1.3.3　互斥事件 // 26

1.3.4　事件独立性 // 27

1.3.5　事件条件独立性 // 27

1.3.6　贝叶斯定理（公式）// 27

1.3.7　概率质量函数 // 28

1.3.8　概率密度函数 // 28

1.3.9　随机变量的数学期望 // 28

1.3.10　随机变量的方差 // 28

1.3.11　偏度和峰度 // 29

1.3.12　协方差 // 30

1.3.13　相关性系数 // 31

1.3.14　一些常见的概率分布 // 31

1.3.15　似然函数 // 34

1.3.16　最大似然估计 // 35

1.3.17　假设检验和 p 值 // 36

1.4　机器学习算法的制定与优化算法 // 38

1.4.1　监督学习 // 38

1.4.2　无监督学习 // 45

1.4.3　机器学习的优化算法 // 45

1.4.4　约束优化问题 // 53

1.5　机器学习中的几个重要主题 // 54

1.5.1　降维方法 // 54
1.5.2　正则化 // 58
1.5.3　约束优化问题中的正则化 // 59
1.6　总结 // 60
第2章　深度学习概念和 TensorFlow 介绍 // 61
2.1　深度学习及其发展 // 61
2.2　感知机和感知机学习算法 // 63
2.2.1　感知机学习的几何解释 // 65
2.2.2　感知机学习的局限性 // 66
2.2.3　非线性需求 // 68
2.2.4　隐藏层感知机的非线性激活函数 // 69
2.2.5　神经元或感知机的不同激活函数 // 70
2.2.6　多层感知机网络的学习规则 // 74
2.2.7　梯度计算的反向传播 // 75
2.2.8　反向传播方法推广到梯度计算 // 76
2.3　TensorFlow // 82
2.3.1　常见的深度学习包 // 82
2.3.2　TensorFlow 的安装 // 83
2.3.3　TensorFlow 的开发基础 // 83
2.3.4　深度学习视角下的梯度下降优化方法 // 86
2.3.5　随机梯度下降的小批量方法中的学习率 // 90
2.3.6　TensorFlow 中的优化器 // 90
2.3.7　TensorFlow 实现 XOR // 96
2.3.8　TensorFlow 中的线性回归 // 100
2.3.9　使用全批量梯度下降的 SoftMax 函数多分类 // 103
2.3.10　使用随机梯度下降的 SoftMax 函数多分类 // 105
2.4　GPU // 107
2.5　总结 // 108
第3章　卷积神经网络 // 109
3.1　卷积操作 // 109
3.1.1　线性时不变和线性移不变系统 // 109
3.1.2　一维信号的卷积 // 111
3.2　模拟信号和数字信号 // 112
3.2.1　二维和三维信号 // 113
3.3　二维卷积 // 114
3.3.1　二维单位阶跃函数 // 114
3.3.2　LSI 系统中单位阶跃响应信号的二维卷积 // 115
3.3.3　不同的 LSI 系统中图像的二维卷积 // 117
3.4　常见的图像处理滤波器 // 120
3.4.1　均值滤波器 // 120
3.4.2　中值滤波器 // 122
3.4.3　高斯滤波器 // 122
3.4.4　梯度滤波器 // 123
3.4.5　Sobel 边缘检测滤波器 // 125
3.4.6　恒等变换 // 127
3.5　卷积神经网络 // 128
3.6　卷积神经网络的组成部分 // 128
3.6.1　输入层 // 129
3.6.2　卷积层 // 129
3.6.3　池化层 // 131
3.7　卷积层中的反向传播 // 131
3.8　池化层中的反向传播 // 134
3.9　卷积中的权值共享及其优点 // 136
3.10　平移同变性 // 136
3.11　池化的平移不变性 // 137
3.12　丢弃层和正则化 // 138
3.13　MNIST 数据集上进行手写数字识别的卷积神经网络 // 140
3.14　用来解决现实问题的卷积神经网络 // 144
3.15　批规范化 // 151
3.16　卷积神经网络中的几种不同的

网络结构 // 153
3.16.1 LeNet // 153
3.16.2 AlexNet // 154
3.16.3 VGG16 // 155
3.16.4 ResNet // 156
3.17 迁移学习 // 157
3.17.1 迁移学习的使用指导 // 158
3.17.2 使用谷歌 InceptionV3 网络进行迁移学习 // 159
3.17.3 使用预训练的 VGG16 网络迁移学习 // 162
3.18 总结 // 166
第 4 章 基于循环神经网络的自然语言处理 // 167
4.1 向量空间模型 // 167
4.2 单词的向量表示 // 170
4.3 Word2Vec // 170
4.3.1 CBOW // 171
4.3.2 CBOW 在 TensorFlow 中的实现 // 173
4.3.3 词向量嵌入的 Skip - gram 模型 // 176
4.3.4 Skip - gram 在 TensorFlow 中的实现 // 178
4.3.5 基于全局共现方法的词向量 // 181
4.3.6 GloVe // 186
4.3.7 词向量类比法 // 188
4.4 循环神经网络的介绍 // 191
4.4.1 语言建模 // 193
4.4.2 用循环神经网络与传统方法预测句子中的下一个词的对比 // 193
4.4.3 基于时间的反向传播 // 194
4.4.4 循环神经网络中的梯度消失与爆炸问题 // 196
4.4.5 循环神经网络中的梯度消失与爆炸问题的解决方法 // 198
4.4.6 LSTM // 199
4.4.7 LSTM 在减少梯度爆炸和梯度消失问题中的应用 // 200
4.4.8 在 TensorFlow 中使用循环神经网络进行 MNIST 数字识别 // 201
4.4.9 门控循环单元 // 210
4.4.10 双向循环神经网络 // 211
4.5 总结 // 212
第 5 章 用受限玻尔兹曼机和自编码器进行无监督学习 // 214
5.1 玻尔兹曼分布 // 214
5.2 贝叶斯推断：似然、先验和后验概率分布 // 215
5.3 MCMC 采样方法 // 219
5.3.1 Metropolis 算法 // 222
5.4 受限玻尔兹曼机 // 226
5.4.1 训练受限玻尔兹曼机 // 229
5.4.2 吉布斯采样 // 233
5.4.3 块吉布斯采样 // 234
5.4.4 Burn - in 阶段和吉布斯采样中的样本生成 // 235
5.4.5 基于吉布斯采样的受限玻尔兹曼机 // 235
5.4.6 对比散度 // 236
5.4.7 受限玻尔兹曼机的 TensorFlow 实现 // 237
5.4.8 基于受限玻尔兹曼机的协同过滤 // 239
5.4.9 深度置信网络 // 244
5.5 自编码器 // 248
5.5.1 基于自编码器的监督式特征学习 // 250
5.5.2 KL 散度 // 251
5.5.3 稀疏自编码器 // 251
5.5.4 稀疏自编码器的 TensorFlow 实现 // 253
5.5.5 去噪自编码器 // 255

1.1.3 矩阵

矩阵是一个数字以行和列进行排列的二维数组。矩阵的大小由行和列的长度决定。如果矩阵 A 有 m 行和 n 列，那么它可以表示为一个具有 $m\times n$ 个元素的矩形对象（见图 1-4a），记作 $A_{m\times n}$。

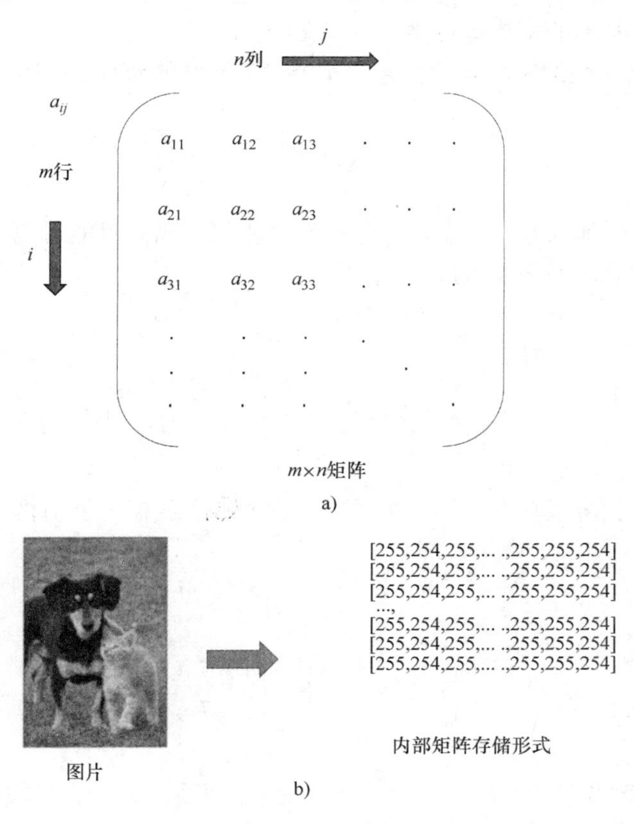

图 1-4 矩阵的结构

属于同一个向量空间的几个向量组合形成一个矩阵。

例如，灰度（黑白）图像以矩阵形式存储，图像的大小决定了矩阵的大小，并且每个矩阵中的元素数值介于 0 ~ 255 之间，它代表了像素亮度。图 1-4b 所示为灰度图像，随后是矩阵表示形式。

1.1.4 张量

张量（Tensor）是一个多维数组。事实上，向量和矩阵可以分别看作一维和二维张量。在深度学习中，张量主要用于存储和处理数据。例如，RGB 图像存储在三维张量中，其中沿着一个维度是水平数轴 x 轴，沿着另一个维度是垂直数轴 y 轴，第三个维度对应的是三个颜色通道，即红绿蓝三原色。另一个例子是在卷积神经网络中通过小批量提供图像的四维张量：第一个维度是小批量中的图像编号，第二个维度是颜色通道，第三个和第四个维度分别对应水平和垂直方向上的像素位置。

1.1.5 矩阵的运算和操作

大多数深度学习的计算活动都是通过基本矩阵运算来完成的，例如乘法、加法、减法、转置等。因此，回顾基本的矩阵运算是很有意义的。

我们可以将 m 行 n 列的矩阵 A 看作包含 n 个并排堆叠的 m 维列向量的矩阵。我们将矩阵表示为

$$A_{m\times n}\in\mathbb{R}^{m\times n}$$

1. 矩阵加法

A 和 B 两个矩阵相加意味着它们每个对应元素相加。我们只能对两个维度相同的矩阵做加法运算。如果 C 是矩阵 A 和 B 的和，那么

$$c_{ij}=a_{ij}+b_{ij}\quad \forall i\in\{1,2,\cdots,m\},\forall j\in\{1,2,\cdots,n\}$$

式中，$a_{ij}\in A$；$b_{ij}\in B$；$c_{ij}\in C$。

例如，$A=\begin{bmatrix}1 & 2\\ 3 & 4\end{bmatrix}$，$B=\begin{bmatrix}5 & 6\\ 7 & 8\end{bmatrix}$，那么 $A+B=\begin{bmatrix}1+5 & 2+6\\ 3+7 & 4+8\end{bmatrix}=\begin{bmatrix}6 & 8\\ 10 & 12\end{bmatrix}$。

2. 矩阵减法

A 和 B 两个矩阵相减意味着它们每个对应元素相减。我们只能对两个维度相同的矩阵做减法运算。如果矩阵 C 代表 $A-B$，那么

$$c_{ij}=a_{ij}-b_{ij}\quad \forall i\in\{1,2,\cdots,m\},\forall j\in\{1,2,\cdots,n\}$$

式中，$a_{ij}\in A$；$b_{ij}\in B$；$c_{ij}\in C$。

例如，$A=\begin{bmatrix}1 & 2\\ 3 & 4\end{bmatrix}$，$B=\begin{bmatrix}5 & 6\\ 7 & 8\end{bmatrix}$，那么 $A-B=\begin{bmatrix}1-5 & 2-6\\ 3-7 & 4-8\end{bmatrix}=\begin{bmatrix}-4 & -4\\ -4 & -4\end{bmatrix}$。

3. 矩阵乘法

对于两个矩阵 $A\in\mathbb{R}^{m\times n}$ 和 $B\in\mathbb{R}^{p\times q}$，为了使它们可乘，$n$ 和 p 必须相等。作为运算结果的矩阵 $C\in\mathbb{R}^{m\times q}$，其元素可以表示为

$$c_{ij}=\sum_{k=1}^{n}a_{ik}b_{kj}\quad \forall i\in\{1,2,\cdots,m\},\forall j\in\{1,2,\cdots,q\}$$

例如，矩阵 A、$B\in\mathbb{R}^{2\times 2}$，相乘的计算步骤如下：

$$A=\begin{bmatrix}1 & 2\\ 3 & 4\end{bmatrix},\ B=\begin{bmatrix}5 & 6\\ 7 & 8\end{bmatrix}$$

$$c_{11}=[1\quad 2]\begin{bmatrix}5\\ 7\end{bmatrix}=1\times5+2\times7=19\qquad c_{12}=[1\quad 2]\begin{bmatrix}6\\ 8\end{bmatrix}=1\times6+2\times8=22$$

$$c_{21}=[3\quad 4]\begin{bmatrix}5\\ 7\end{bmatrix}=3\times5+4\times7=43\qquad c_{22}=[3\quad 4]\begin{bmatrix}6\\ 8\end{bmatrix}=3\times6+4\times8=50$$

$$C=\begin{bmatrix}c_{11} & c_{12}\\ c_{21} & c_{22}\end{bmatrix}=\begin{bmatrix}19 & 22\\ 43 & 50\end{bmatrix}$$

4. 矩阵转置

矩阵$A \in \mathbb{R}^{m \times n}$的转置一般用$A^{\mathrm{T}} \in \mathbb{R}^{n \times m}$来表示，它通过交换行向量和列向量来获得。

$$a'_{ji} = a_{ij} \quad \forall i \in \{1,2,\cdots,m\}, \forall j \in \{1,2,\cdots,n\}$$

式中，$a'_{ji} \in A^{\mathrm{T}}$，$a_{ij} \in A$。

例如，$A = \begin{bmatrix} 1 & 2 \\ 3 & 4 \end{bmatrix}$，那么$A^{\mathrm{T}} = \begin{bmatrix} 1 & 3 \\ 2 & 4 \end{bmatrix}$。

A和B两个矩阵乘积的转置是A和B以相反顺序转置的乘积，即$(AB)^{\mathrm{T}} = B^{\mathrm{T}}A^{\mathrm{T}}$。

举个例子，如果我们有两个矩阵$A = \begin{bmatrix} 19 & 22 \\ 43 & 50 \end{bmatrix}$和$B = \begin{bmatrix} 5 & 6 \\ 7 & 8 \end{bmatrix}$，然后$(AB) = \begin{bmatrix} 19 & 22 \\ 43 & 50 \end{bmatrix}\begin{bmatrix} 5 & 6 \\ 7 & 8 \end{bmatrix} = \begin{bmatrix} 95 & 132 \\ 301 & 400 \end{bmatrix}$，那么$(AB)^{\mathrm{T}} = \begin{bmatrix} 95 & 301 \\ 132 & 400 \end{bmatrix}$。

现在$A^{\mathrm{T}} = \begin{bmatrix} 19 & 43 \\ 22 & 50 \end{bmatrix}$，$B^{\mathrm{T}} = \begin{bmatrix} 5 & 7 \\ 6 & 8 \end{bmatrix}$

$$B^{\mathrm{T}}A^{\mathrm{T}} = \begin{bmatrix} 5 & 7 \\ 6 & 8 \end{bmatrix}\begin{bmatrix} 19 & 43 \\ 22 & 50 \end{bmatrix} = \begin{bmatrix} 95 & 301 \\ 132 & 400 \end{bmatrix}$$

所以，等式$(AB)^{\mathrm{T}} = B^{\mathrm{T}}A^{\mathrm{T}}$成立。

5. 两个向量的点积（数量积）

任何一个n维向量都能表示为矩阵$v \in \mathbb{R}^{n \times 1}$。让我们定义两个$n$维向量$v_1 \in \mathbb{R}^{n \times 1}$、$v_2 \in \mathbb{R}^{n \times 1}$。

$$v_1 = \begin{bmatrix} v_{11} \\ v_{12} \\ \cdot \\ \cdot \\ \cdot \\ v_{1n} \end{bmatrix}, \quad v_2 = \begin{bmatrix} v_{21} \\ v_{22} \\ \cdot \\ \cdot \\ \cdot \\ v_{2n} \end{bmatrix}$$

两个向量的点积是它们（相同维度上）对应元素乘积的和，它可以表示为

$$v_1 \cdot v_2 = {v_1}^{\mathrm{T}} v_2 = {v_2}^{\mathrm{T}} v_1 = v_{11}v_{21} + v_{12}v_{22} + \cdots + v_{1n}v_{2n} = \sum_{k=1}^{n} v_{1k}v_{2k}$$

$$v_1 = \begin{bmatrix} 1 \\ 2 \\ 3 \end{bmatrix}, \quad v_2 = \begin{bmatrix} 3 \\ 5 \\ -1 \end{bmatrix}, \quad v_1 \cdot v_2 = {v_1}^{\mathrm{T}} v_2 = 1 \times 3 + 2 \times 5 - 3 \times 1 = 10。$$

例如，

6. 矩阵和向量之间的运算

当一个矩阵乘以一个向量时，结果是另一个向量。比方说，矩阵$A \in \mathbb{R}^{m \times n}$乘以向量$x \in \mathbb{R}^{n \times 1}$，其结果将会是另一个向量$b \in \mathbb{R}^{m \times 1}$。

$$A=\begin{bmatrix} c_1^{(1)}c_1^{(2)}\cdots c_1^{(n)} \\ c_2^{(1)}c_2^{(2)}\cdots c_2^{(n)} \\ \vdots \\ c_m^{(1)}c_m^{(2)}\cdots c_m^{(n)} \end{bmatrix} \quad x=\begin{bmatrix} x_1 \\ x_2 \\ \vdots \\ x_n \end{bmatrix}$$

矩阵 A 包含 n 个列向量 $c^{(i)} \in \mathbb{R}^{m\times 1} \quad \forall i \in \{1,2,3,\cdots,n\}$。

$$A=[c^{(1)}c^{(2)}c^{(3)}\cdots c^{(n)}]$$

$$b=Ax=[c^{(1)}c^{(2)}c^{(3)}\cdots c^{(n)}]\begin{bmatrix} x_1 \\ x_2 \\ \vdots \\ x_n \end{bmatrix}=x_1c^{(1)}+x_2c^{(2)}+\cdots+x_nc^{(n)}$$

正如我们所看到的，乘积不过是矩阵 A 中列向量的线性组合，而向量 x 中对应的元素是它的线性系数。

通过乘法形成的新向量 b 具有与 A 的列向量相同的维度，并且保持在相同的列空间中。这是一个多么美妙的事实，不管我们如何组合列向量，我们都不会离开列向量张成（Span）的线性空间。

现在，让我们来看一个例子：

$$A=\begin{bmatrix} 1 & 2 & 3 \\ 4 & 5 & 6 \end{bmatrix} \quad x=\begin{bmatrix} 2 \\ 2 \\ 3 \end{bmatrix} \quad b=Ax=2\begin{bmatrix} 1 \\ 4 \end{bmatrix}+2\begin{bmatrix} 2 \\ 5 \end{bmatrix}+3\begin{bmatrix} 3 \\ 6 \end{bmatrix}=\begin{bmatrix} 15 \\ 36 \end{bmatrix}$$

正如我们所看到的，矩阵 A 的列向量和 $b \in \mathbb{R}^{2\times 1}$ 两者都有相同的维度。

1.1.6 向量的线性独立

如果一个向量可以表示为其他向量的线性组合，那么该向量称为与其他向量线性相关。

如果 $v_1=5v_2+7v_3$，那么 v_1、v_2 和 v_3 非线性独立，因为它们中的至少一个可以表示为其他向量的和。总的来说，一组 n 个向量 v_1，v_2，v_3，…，$v_n \in \mathbb{R}^{m\times 1}$ 称为线性独立，当且仅当，$a_1v_1+a_2v_2+a_3v_3+\cdots+a_nv_n=0$ 能推出 $\forall i \in \{1,2,\cdots,n\}, a_i=0$。

如果 $a_1v_1+a_2v_2+a_3v_3+\cdots+a_nv_n=0$ 不能推出所有 $a_i=0$，那么这些向量 v_i 不是线性独立的。

给定一组向量，可以使用以下方法来检查它们是否是线性独立的。

$a_1v_1+a_2v_2+a_3v_3+\cdots+a_nv_n=0$ 可以写作

$$[v_1v_2\cdots v_n]\begin{bmatrix} a_1 \\ a_2 \\ \vdots \\ a_n \end{bmatrix}=0$$

式中，$v_i \in \mathbb{R}^{m\times 1} \quad \forall i \in \{1, 2, \cdots, n\}$，$\begin{bmatrix} a_1 \\ a_2 \\ \vdots \\ a_n \end{bmatrix} \in \mathbb{R}^{n\times 1}$。

我们需要解出$[a_1 \quad a_2 \quad \cdots \quad a_n]^{\mathrm{T}}$，如果它是零向量，则这组向量 v_1，v_2，…，v_n 是线性独立的。

如果一组 n 个向量 $v_i \in \mathbb{R}^{n\times 1}$是线性独立的，那么这些向量能张成整个 n 维空间。换句话说，通过取这 n 个向量的线性组合，可以组成在 n 维空间中所有可能的向量。如果这 n 个向量不是线性独立的话，它们只能张成 n 维空间内的一个子空间。

为了说明这一事实，让我们以三维空间内的向量为例，如图 1-5 所示。

如果我们有一个向量 $v_1 = [1 \quad 2 \quad 3]^{\mathrm{T}}$，我们只能张成三维空间内的一个维度，因为所有用这个向量形成的新向量都有与其相同的方向，幅度（大小）由系数决定。换句话说，每个向量的形式都是 $a_1 v_1$。

现在，我们拿另外一个向量 $v_2 = [5 \quad 9 \quad 7]^{\mathrm{T}}$ 为例，这个向量的方向和 v_1 不同。所以，v_1、v_2 两个向量的张成 $\mathrm{Span}(v_1, v_2)$不过是所有 v_1、v_2 的线性组合。通过这两个向量，我们可以组合形成位于两个向量平面中的形式为 $av_1 + bv_2$ 的任何向量。总的来说，这将张成一个位于三维空间内的二维子空间。图 1-5 说明了这一点。

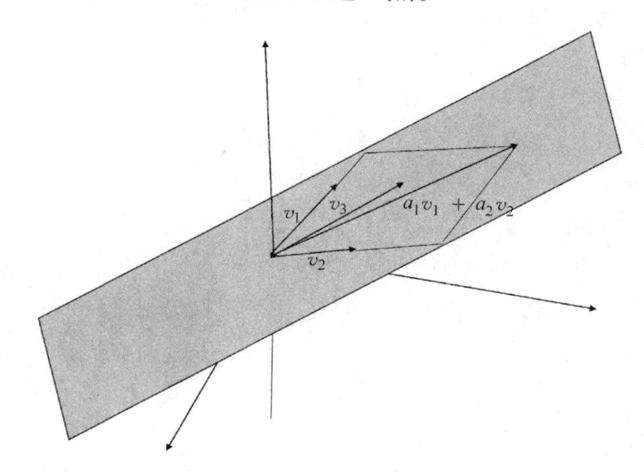

图 1-5　v_1、v_2 张成的一个在三维向量空间内的二维子空间

我们将另外一个向量 $v_3 = [4 \quad 8 \quad 1]^{\mathrm{T}}$ 加入我们的向量集合。现在如果我们考虑 $\mathrm{Span}(v_1, v_2, v_3)$，那么三个向量的张成可以组成三维空间内的任意一个向量。你可以选取任意一个三维向量，它都能表示为 v_1，v_2，v_3 的线性组合。

这三个向量构成了三维空间的基底（Basis）。任何三个线性独立的向量将构成三维空间的一个基底。同样地，这也可以推广到任何 n 维空间。

如果我们当初选择了不同的 v_3，它是 v_1，v_2 的线性组合，那么 v_1，v_2，v_3 张成整个三维空间是不可能的。我们将局限在由 v_1，v_2 张成的二维子空间中。

1.1.7 矩阵的秩

线性代数中最重要的概念之一是矩阵的秩（Rank）。矩阵的秩是线性独立的列向量或行向量的数量。矩阵中线性独立的列向量数量总是等于线性独立行向量的数量。

例如，考虑矩阵 $A=\begin{bmatrix}1&3&4\\2&5&7\\3&7&10\end{bmatrix}$。

其列向量$\begin{bmatrix}1\\2\\3\end{bmatrix}$和$\begin{bmatrix}3\\5\\7\end{bmatrix}$是线性独立的。然而，$\begin{bmatrix}4\\7\\10\end{bmatrix}$并不是线性独立的，因为它可以表示为另外两个列向量的线性组合，即$\begin{bmatrix}4\\7\\10\end{bmatrix}=\begin{bmatrix}1\\2\\3\end{bmatrix}+\begin{bmatrix}3\\5\\7\end{bmatrix}$。所以，矩阵 A 的秩是 2，因为它有两个线性独立的列向量。

由于矩阵 A 的秩是 2，所以其列向量只能张成三维空间内的二维子空间。这个二维子空间就是通过取$\begin{bmatrix}1\\2\\3\end{bmatrix}$和$\begin{bmatrix}3\\5\\7\end{bmatrix}$的线性组合形成的。

以下是一些要点：

● 一个方阵 $A\in\mathbb{R}^{n\times n}$，如果它的秩是 n，那么它就称为满秩矩阵。秩为 n 的方阵意味着其所有 n 个列向量甚至 n 个行向量都是线性独立的，因此通过采用矩阵 A 的 n 个列向量线性组合可以张成整个 n 维空间。

● 如果一个方阵 $A\in\mathbb{R}^{n\times n}$不是满秩的，那么它称为奇异矩阵。也就是说，它所有列向量或行向量组成的集合并不是线性独立的。奇异矩阵的行列式为零，并且它的逆矩阵是未被定义的。

1.1.8 单位矩阵或恒等运算符

一个矩阵 $I\in\mathbb{R}^{n\times n}$，如果任何向量或矩阵与 I 相乘的结果都是其本身，那么矩阵 I 就称为单位矩阵或恒等运算符。以下是一个 3×3 的单位矩阵：

$$I=\begin{bmatrix}1&0&0\\0&1&0\\0&0&1\end{bmatrix}\in\mathbb{R}^{3\times 3}$$

我们现在让它与另一个向量 $v=[2\quad 3\quad 4]^{\mathrm{T}}$ 相乘：

$$Iv=\begin{bmatrix}1&0&0\\0&1&0\\0&0&1\end{bmatrix}\begin{bmatrix}2\\3\\4\end{bmatrix}=\begin{bmatrix}2\\3\\4\end{bmatrix}$$

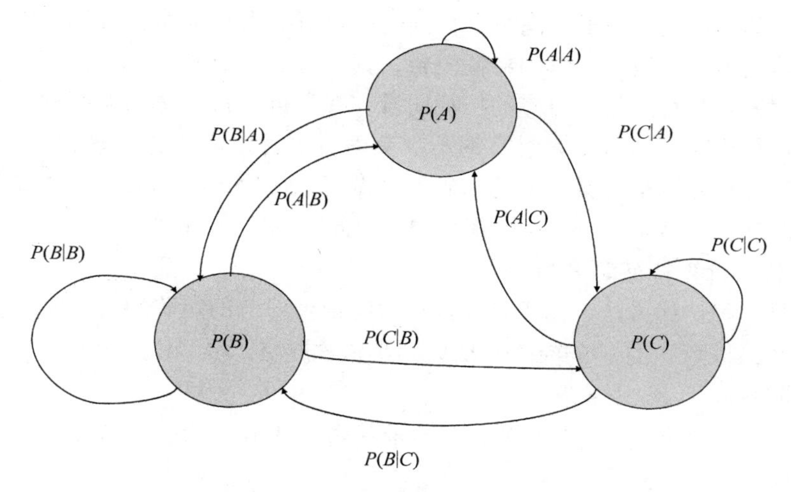

图 1-11　三个页面 A、B 和 C 的转移概率（Transition probability）图

在网页中，假设原始页面有指向下一页的链接，那么用户就可以从一页跳转到另一页。此外，一个页面也可以自我引用，以及有自己的链接。所以，如果用户从页面 A 跳转到页面 B，因为页面 A 引用了页面 B，则该事件可以用$B|A$ 来表示。$P(B|A)$可以通过页面 B 从页面 A 的总访问量除以页面 A 的总访问量来计算。类似地，我们可以通过这种方式计算所有页面组合的转移概率。由于概率是通过将计数归一化来计算的，因此每个单独页面的概率代表其重要性的本质。

在稳定状态下，每个页面的概率保持不变。我们需要根据转移概率来计算每个页面在稳定状态下的概率。

为了让页面在稳定状态下的概率保持不变，流出的概率质量（Probability mass）应该等于流入的概率质量，并且每个与停留在该页面中的概率质量相加后的和应该等于该页面的概率。在这一点上，如果我们考虑页面 A 的平衡方程，那么流出 A 的概率质量为 $P(B|A)P(A)+P(C|A)P(A)$，而流进 A 的概率质量为 $P(A|B)P(B)+P(A|C)P(C)$。概率质量 $P(A|A)P(A)$代表停留在 A 本身。

因此，在平衡时，来自外部的概率质量，即 $P(A|B)P(B)+P(A|C)P(C)$，和停留在 A 概率质量，即 $P(A|A)P(A)$，两者之和应该等于 $P(A)$，如下所示：

$$P(A|A)P(A)+P(A|B)P(B)+P(A|C)P(C)=P(A) \tag{1-3}$$

相似地，如果我们考虑页面 B 和 C 的平衡等式，则以下两式成立：

$$P(B|A)P(A)+P(B|B)P(B)+P(B|C)P(C)=P(B) \tag{1-4}$$

$$P(C|A)P(A)+P(C|B)P(B)+P(C|C)P(C)=P(C) \tag{1-5}$$

现在是线性代数的部分。我们可以将这三个等式组成作用在向量上的矩阵，如下所示：

$$\begin{bmatrix} P(A|A) & P(A|B) & P(A|C) \\ P(B|A) & P(B|B) & P(B|C) \\ P(C|A) & P(C|B) & P(C|C) \end{bmatrix}\begin{bmatrix} P(A) \\ P(B) \\ P(C) \end{bmatrix}=\begin{bmatrix} P(A) \\ P(B) \\ P(C) \end{bmatrix}$$

转移概率矩阵作用在页面概率向量上得到的还是页面概率向量。我们可以看到，页面概率向量只不过是页面转移概率矩阵的特征向量，其对应的特征值为 1。

因此，通过计算与特征值 1 对应的特征向量，我们可以得到页面概率向量，该向量又可以用于对页面进行排序。知名搜索引擎的不少页面排名算法的工作原理都是相同的。当然，搜索引擎的实际算法在这个朴素模型的基础上又做了一些修改，但底层原理是相同的。概率向量可以通过幂迭代（Power iteration）等方法来确定，如下所述。

2. 用幂迭代法计算特征向量

幂迭代法是一种迭代方法，用于计算与最大特征值对应的矩阵的特征向量。

令 $A \in \mathbb{R}^{n \times n}$，再令 A 的 n 个特征值从大到小依次是 $\lambda_1 > \lambda_2 > \lambda_3 > \cdots > \lambda_n$，然后其对应的特征向量是 $v_1 > v_2 > v_3 > \cdots > v_n$。

幂迭代从一个随机向量 v 开始，它应该会有一些元素在最大特征值所对应的特征向量的方向上，例如 v_1。

在任何一个迭代步骤中，大概的特征向量为

$$v^{(k+1)} = \frac{Av^{(k)}}{\|Av^{(k)}\|}$$

经过足够次数的迭代后，$v^{(k+1)}$ 向 v_1 逼近。在每个迭代步骤后，我们将矩阵 A 与上一步得到的向量相乘。在迭代法中，如果我们去除将向量转化为单位向量的标准化步骤（Normalization），那么我们会得到 $v^{(k+1)} = A^k v$。

令初始向量 v 表示为特征向量的线性组合：$v = k_1 v_1 + k_2 v_2 + \cdots + k_n v_n$，这里 $\forall i \in \{1,2,3,\cdots,n\}$，$k_i$ 是常数。

$$\begin{aligned} v^{(k+1)} &= A^k v = A^k(k_1 v_1 + k_2 v_2 + \cdots + k_n v_n) \\ &= k_1 A^k v_1 + k_2 A^k v_2 + \cdots + k_n A^k v_n \\ &= k_1 \lambda_1^k v_1 + k_2 \lambda_2^k v_2 + \cdots + k_n \lambda_n^k v_n \\ &= \lambda_1^k \left(k_1 v_1 + k_2 \left(\frac{\lambda_2}{\lambda_1}\right)^k v_2 + \cdots + k_n \left(\frac{\lambda_n}{\lambda_1}\right)^k v_n \right) \end{aligned}$$

现在，当 k 趋近于无穷大（$k \to \infty$），除了第一项以外的所有项都会消失，因为

$$\left(\frac{\lambda_i}{\lambda_1}\right)^k \to 0 \quad \forall i \in \{2,3,\cdots,n\}$$

所以，$v^{(k+1)} = {\lambda_1}^k k_1 v_1$，这里我们得到了与最大特征值对应的特征向量。收敛速度取决于最大特征值与第二大特征值比较的相对大小。如果第二大特征值的大小与最大特征值接近，那么这个方法的收敛速度较慢。

■注意：在本章中，我已经谈到了线性代数的基础知识，以便不熟悉这个知识点的读者有一个出发点。不过，我建议读者在业余时间更详细深入地学习一下线性代数。著名教授 Gilbert Strang 的 *Linear Algebra and Its Applications* 一书是一个好的起点。

1.2 微积分

在其最简单的形式中，微积分是处理函数微分和积分的一个数学分支。掌握理解微积分对于机器学习很重要，原因如下：

- 不同的机器学习模型表达为多变量函数。
- 为了建立机器学习模型，我们通常基于数据和模型参数来计算模型的成本函数，并且通过优化成本函数，我们得出最能解释给定数据的模型参数。

1.2.1 微分

函数的微分通常指函数的因变量相对于自变量的变化速率。

举个例子，一颗粒子在一维平面（即直线）中运动，并且它在任何特定时间点上的距离可定义为函数$f(t)=5t^2$。

粒子在任何特定时间点上的速度是该函数关于时间变量t的导数。

该函数的导数定义为$\frac{\mathrm{d}f(t)}{\mathrm{d}t}$，通常根据需要可以表示为以下两个公式：

$$\frac{\mathrm{d}f}{\mathrm{d}t}=\lim_{h\to 0}\frac{f(t+h)-f(t)}{h}$$

$$\frac{\mathrm{d}f}{\mathrm{d}t}=\lim_{h\to 0}\frac{f(t+h)-f(t-h)}{2h}$$

当我们处理依赖于多个变量的函数时，函数关于每个变量同时保持其他变量不变的导数称为偏导数，偏导数组成的向量称为函数的梯度（Gradient）。

假设房屋的价格z取决于两个变量：房屋的面积x和卧室的数量y。

$$z=f(x,y)$$

z关于x的偏导数表示为

$$\frac{\partial z}{\partial x}=\lim_{h\to 0}\frac{f(x+h,y)-f(x,y)}{h}$$

相似地，z关于y的偏导数表示为

$$\frac{\partial z}{\partial x}=\lim_{h\to 0}\frac{f(x,y+h)-f(x,y)}{h}$$

需要记住的是，在偏导数中，除了偏导作用的目标变量之外，其余变量均保持不变。

1.2.2 函数的梯度

对于一个双变量函数$z=f(x,y)$，偏导数向量$\left[\frac{\partial z}{\partial x}\quad\frac{\partial z}{\partial y}\right]^{\mathrm{T}}$称为函数的梯度，用$\nabla z$表示。这同样可以推广到$n$个变量的函数中。一个多变量函数$f(x_1,x_2,\cdots,x_n)$也可以表示为$f(x)$，这里$x=[x_1,x_2,\cdots,x_n]^{\mathrm{T}}\in\mathbb{R}^{n\times 1}$。多变量函数$f(x)$关于$x$的梯度向量可以表示为$\nabla f=\left[\frac{\partial f}{\partial x_1}\ \frac{\partial f}{\partial x_2}\cdots\frac{\partial f}{\partial x_n}\right]^{\mathrm{T}}$。

举个例子，一个有三个变量的函数 $f(x,y,z)=x+y^2+z^3$，其函数梯度为

$$\nabla f=[1 \quad 2y \quad 3z^2]^{\mathrm{T}}$$

当我们尝试使成本函数相对于模型参数达到最大化或最小化时，梯度和偏导数在机器学习算法中是非常重要的，因为在极大值和极小值处函数的梯度向量为零。在函数的极大值和极小值处，函数的梯度向量应该是零向量。

1.2.3 连续偏导数

我们可以对一个函数关于不同的变量求多次连续的偏导数。例如，对于函数 $z=f(x,y)$

$$\frac{\partial}{\partial y}\left(\frac{\partial z}{\partial x}\right)=\frac{\partial^2 z}{\partial y \partial x}$$

这是 z 先关于 x 的偏导数，然后再关于 y 的偏导数。

相似地，

$$\frac{\partial}{\partial x}\left(\frac{\partial z}{\partial y}\right)=\frac{\partial^2 z}{\partial x \partial y}$$

如果原函数的二阶导数连续，那么偏导数的顺序是无关紧要的，如下所示：

$$\frac{\partial^2 z}{\partial x \partial y}=\frac{\partial^2 z}{\partial y \partial x}$$

1.2.4 海森矩阵

多变量函数的海森矩阵（Hessian Matrix）是一个二阶偏导数的矩阵。对于函数 $f(x,y,z)$ 来说，它的海森矩阵定义如下：

$$Hf=\begin{bmatrix} \frac{\delta^2 f}{\delta x^2} & \frac{\delta^2 f}{\delta x \delta y} & \frac{\delta^2 f}{\delta x \delta z} \\ \frac{\delta^2 f}{\delta y \delta x} & \frac{\delta^2 f}{\delta y^2} & \frac{\delta^2 f}{\delta y \delta z} \\ \frac{\delta^2 f}{\delta z \delta x} & \frac{\delta^2 f}{\delta z \delta y} & \frac{\delta^2 f}{\delta z^2} \end{bmatrix}$$

海森矩阵在我们机器学习领域中经常遇到的优化问题上非常有用。例如，为了通过将成本函数最小化从而得到一组模型参数，我们会用海森矩阵来为下一组参数值获取更好的估计值，尤其是如果成本函数本质上是非线性的。非线性优化算法，如牛顿迭代法（Newton's method），BFGS（Broyden - Fletcher - Goldfarb - Shanno）算法及其变体，都用到了海森矩阵来最小化成本函数。

1.2.5 函数的极大值和极小值

求函数的极大值和极小值在机器学习中有着巨大的应用。在监督学习和非监督学习中建立机器学习模型依赖于最小化成本函数或最大化似然（Likelihood）函数、熵（Entropy）等。

1. 单变量函数的极大值和极小值规则

● $f(x)$ 关于 x 的导数在极大值或极小值处为 0。

●$f(x)$关于 x 的二阶导数不过就是其一阶导数的导数，表示为$\frac{d^2f(x)}{dx^2}$，我们要研究它在一阶导数为零的 x 点上的情况。如果在这个点上二阶导数小于 0，那么它是函数的极大值点，而如果二阶导数大于 0，那么它就是函数的极小值点。如果二阶导数等于 0，那么这一点称为拐点（Inflection point）。

假如我们有一个简单的函数，$y=f(x)=x^2$。如果我们求函数关于 x 的导数，并且将它设为 0，我们会得到$\frac{dy}{dx}=2x=0$，然后解得 $x=0$。同样地，二阶导数$\frac{d^2y}{dx^2}=2$。所以，对于包括 0 在内的所有 x 的值，它们的二阶导数都大于 0，由此可得出 $x=0$ 是函数$f(x)$的极小值点。

我们再来练习一下相似的函数 $y=g(x)=x^3$。

通过$\frac{dy}{dx}=3x^2=0$ 解得 $x=0$。其二阶导数$\frac{d^2y}{dx^2}=6x$，在 $x=0$ 处值为 0。所以 $x=0$ 既不是函数 $g(x)$的极大值点也不是极小值点。二阶导数为 0 的这一点称为拐点。在拐点上，函数曲率的符号发生改变。

单变量函数导数为 0 的点或者多变量函数梯度为零向量的点称为驻点（Stationary point）。它们不一定是函数的极大值点或极小值点。

图 1-12 所示为不同种类的驻点，即极小值、极大值以及拐点。

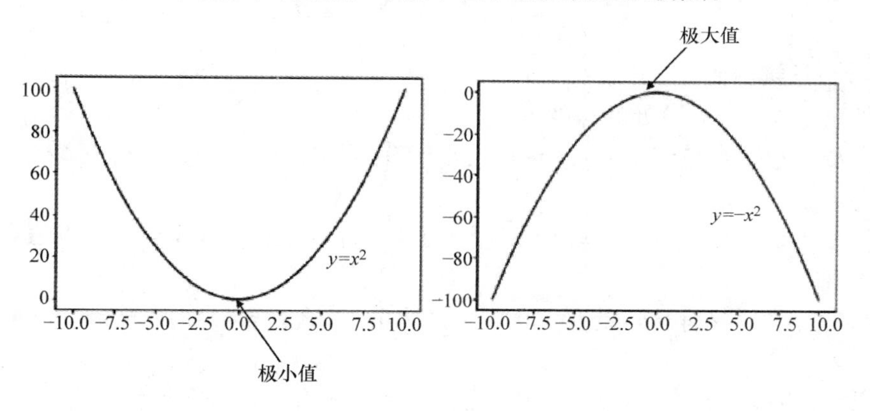

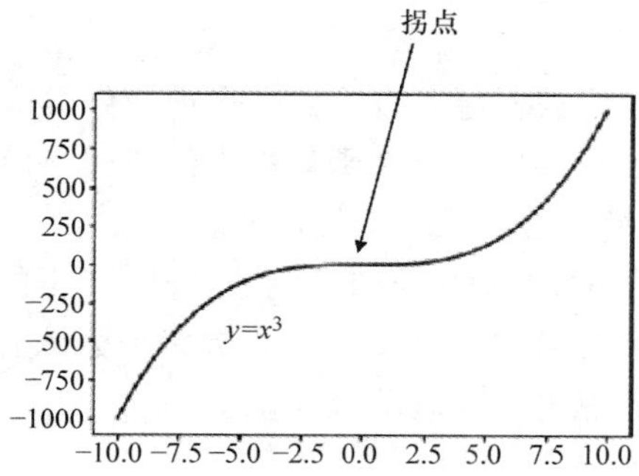

图 1-12　不同类型的驻点：极小值、极大值、拐点

多变量函数的极大值和极小值有一些复杂。让我们来看一个例子，一个具有两个变量的多变量函数，然后我们将定义一些规则。

$$f(x,y)=x^2y^3+3y+x+5$$

为了确定驻点，将梯度向量设为零向量。

$$\begin{bmatrix}\frac{\partial f}{\partial x} & \frac{\partial f}{\partial y}\end{bmatrix}^{\mathrm{T}}=\begin{bmatrix}0\\0\end{bmatrix}$$

分别将$\frac{\partial f}{\partial x}$和$\frac{\partial f}{\partial y}$设为 0，我们得到

$$\frac{\partial f}{\partial x}=2xy^3+1=0,\frac{\partial f}{\partial y}=3x^2y^2+3=0$$

我们也需要计算海森矩阵：

$$\frac{\partial^2 f}{\partial x^2}=f_{xx}=2y^3$$

$$\frac{\partial^2 f}{\partial y^2}=f_{yy}=6x^2y$$

$$\frac{\partial^2 f}{\partial x\partial y}=f_{xy}=6xy^2$$

$$\frac{\partial^2 f}{\partial y\partial x}=f_{yx}=6xy^2$$

对于二阶导数连续的函数，$f_{xy}=f_{yx}$。

假如函数在点$(x=a,y=b)$处的梯度为 0：

- 如果$f_{xx}f_{yy}-(f_{xy})^2$在点$(x=a,y=b)$处小于 0，那么点$(x=a,y=b)$是鞍点（Saddle point）。
- 如果$f_{xx}f_{yy}-(f_{xy})^2$在点$(x=a,y=b)$处大于 0，那么点$(x=a,y=b)$是极值点，即存在极大值或极小值。
  - 如果在点$(x=a,y=b)$处$f_{xx}<0$并且$f_{yy}<0$，那么$f(x,y)$在点$(x=a,y=b)$处有极大值。
  - 如果在点$(x=a,y=b)$处$f_{xx}>0$并且$f_{yy}>0$，那么$f(x,y)$在点$(x=a,y=b)$处有极小值。
- 如果$f_{xx}f_{yy}-(f_{xy})^2=0$，那么我们需要更高级的方法来正确分类这个驻点类型。

对于 n 个变量的函数来说，以下是一些用来判断函数极大值、极小值和鞍点的准则：

- 计算函数梯度并将其设为零向量会给我们一个驻点列表。
- 对于驻点 $x_0\in\mathbb{R}^{n\times 1}$来说，如果函数在点 x_0处的海森矩阵既有正的特征值，也有负的特征值，那么 x_0是一个鞍点。如果海森矩阵的特征值都是正数，那么该驻点类型为局部极小值，反之如果特征值都是负数，那么驻点类型为局部极大值。

1.2.6 局部极小值和全局最小值

函数可以有多个极小值，在极小值点处，函数梯度为零，每个极小值也称为局部极小值

点。在函数最小值处的局部极小值称为全局最小值。这同样也适用于局部极大值和全局最大值。函数的极大值和极小值都是由优化（Optimization）方法推导而出。由于闭式（Closed-form）解并不总是可以得到的或其需要的计算量惊人，因此最常见的是极小值和极大值，它们通过迭代法（例如，梯度下降、梯度上升等）推导而来。在推导最小值和最大值的迭代法中，优化方法有可能卡在局部极小值或极大值中，而无法达到全局最小值或最大值。在迭代法中，算法利用函数在某点的梯度来达到更优的点。当以这种方式遍历一系列点时，一旦遇到具有梯度为零的点，则该算法终止并认为已经达到期望的最小值或最大值。在函数有全局最小值或最大值的情况下，这个方法很有效。此外，优化过程也可能卡在鞍点处。在所有这些情况下，我们可能有一个不太理想的模型。

图1-13所示为函数的全局和局部最/极小值，以及全局和局部最/极大值。

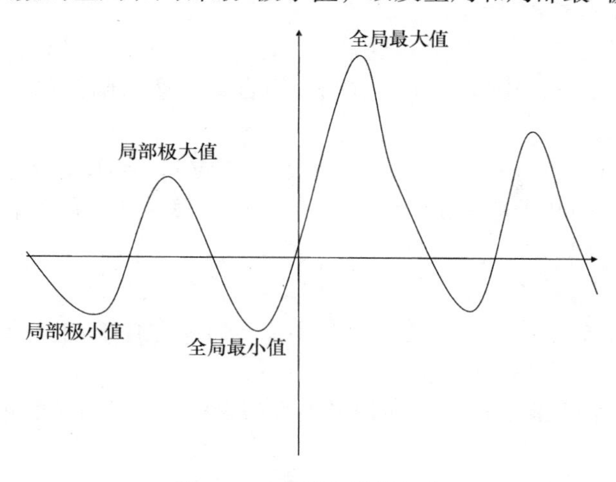

图1-13　全局和局部极值

1.2.7　半正定以及正定矩阵

如果对于任何非零向量 $x \in \mathbb{R}^{n \times 1}$，$x^{T}Ax \geqslant 0$ 恒成立，那么方阵 $A \in \mathbb{R}^{n \times n}$ 称为半正定矩阵。如果 $x^{T}Ax > 0$ 恒成立，那么矩阵 A 称为正定矩阵。所有半正定矩阵的特征值都必须是非负数，而正定矩阵的特征值都必须为正。举个例子，如果 A 是一个 2×2 的单位矩阵，即 $\begin{bmatrix} 1 & 0 \\ 0 & 1 \end{bmatrix}$，那么 A 是正定矩阵，因为它的两个特征值都为1，并且1是正数。同样地，如果我们计算 $x^{T}Ax$，这里 $x = [x_1 \quad x_2]^{T}$，我们得到 $x^{T}Ax = {x_1}^2 + {x_2}^2$。此式对于非零向量 x 恒大于零。这样我们就确认了 A 是正定矩阵。

1.2.8　凸集

给定一个集合，如果取两个属于该集合的点 x 和 y，直线段 xy 上的所有点都在集合内，那么该集合称为凸集（Convex Set）。如图1-14所示，一个为凸集，另一个为非凸集合。

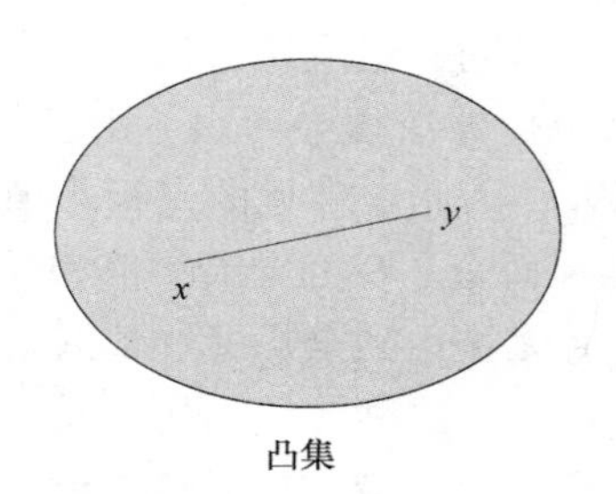

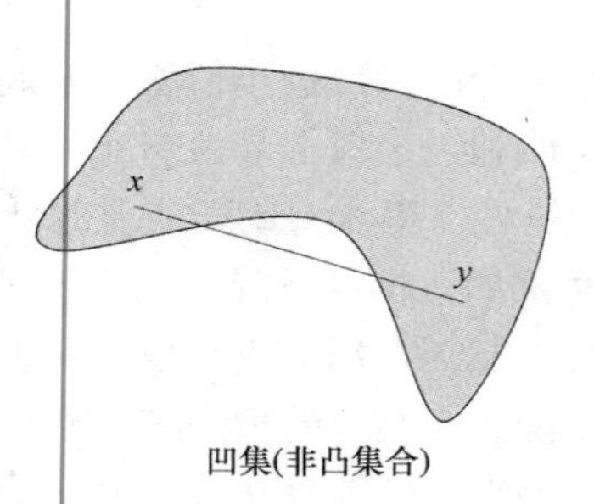

图 1-14　凸集和非凸集合

1.2.9　凸函数

一个定义在凸集 D 上的函数 $f(x)$，这里 $x\in\mathbb{R}^{n\times 1}$ 并且 D 是定义域。如果连接任意函数图像上两点的直线段都位于函数图像的上方或与其重合，那么该函数称为凸函数。从数学上来说，这个性质可以表示为

$$f(tx+(1-t)y)\leqslant tf(x)+(1-t)f(y)\quad \forall x,y\in D,\forall t\in[0,1]$$

对于二阶导数存在的凸函数来说，它在定义域 D 内每一点的海森矩阵应该都是半正定矩阵，即对于任意向量 $x\in\mathbb{R}^{n\times 1}$，

$$x^{\mathrm{T}}Hx\geqslant 0$$

一个凸函数的局部极小值就是它的全局最小值。需要记住的是，凸函数可以有多个全局最小值，但是函数值在每个最小值点处必须都相同。

图 1-15 所示为一个凸函数 $f(x)$。我们可以看到，$f(x)$ 显然符合之前所说的凸函数性质。

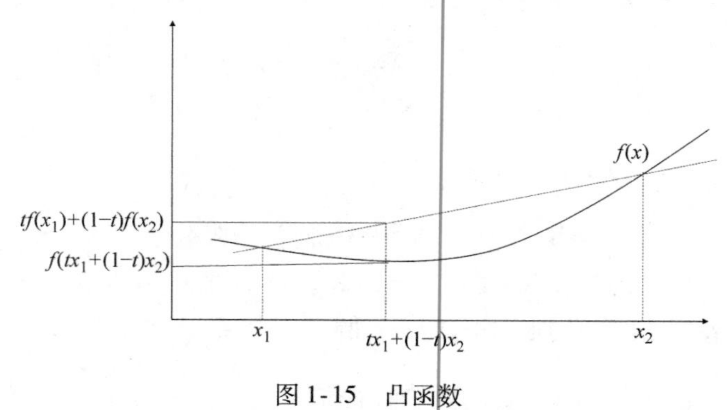

图 1-15　凸函数

1.2.10　非凸函数

一个非凸函数可以有多个局部极小值，而这些极小值都不是全局最小值。

在任何机器学习模型的构建过程中，我们可以尝试通过最小化成本函数来学习模型参数。我们更喜欢成本函数是凸函数，因为通过适当的优化算法，我们一定能获得全局最小值。而对于非凸成本函数来说，优化算法很可能会卡在局部极小值或鞍点处，因此我们可能

无法获得其全局最小值。

1.2.11 多变量凸函数以及非凸函数范例

由于我们在深度学习中处理的都是多维函数，因此我们来看看双变量凸函数以及非凸函数是很有意义的。

$f(x,y)=2x^2+3y^2-5$ 是一个凸函数，其极小值在 $x=0$，$y=0$ 处，并且 $f(x,y)$ 的极小值在 $x=0,y=0$ 处为 -5。该函数图像如图 1-16 所示，以供参考。

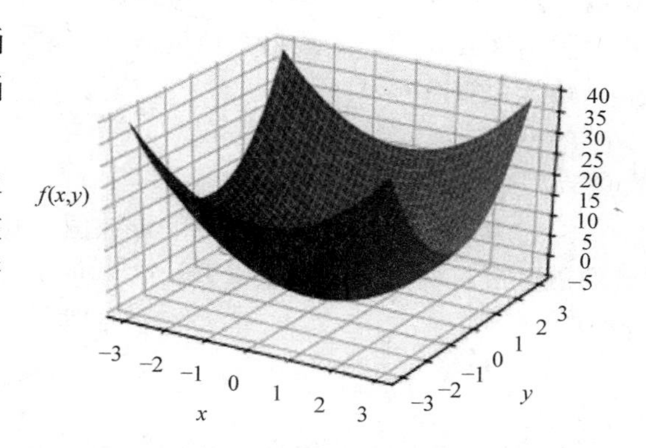

图 1-16 凸函数 $2x^2+3y^2-5$ 的图像

现在，让我们看看函数 $f(x,y)=\log(x/y)$，$\forall x>0,y>0$。

这是一个非凸函数，最简单的验证方法是看看这个函数的海森矩阵：

$$\text{Hessian } H=\begin{bmatrix} -\dfrac{1}{x^2} & 0 \\ 0 & \dfrac{1}{y^2} \end{bmatrix}$$

海森矩阵的特征值为 $-\dfrac{1}{x^2}$ 和 $\dfrac{1}{y^2}$，其中对于任意实数 x，$-\dfrac{1}{x^2}$ 恒小于0。所以海森矩阵不是一个半正定矩阵，从而得出原函数是非凸函数。

我们可以从图 1-17 中的 $\log(x/y)$ 函数图像看出它是非凸函数。

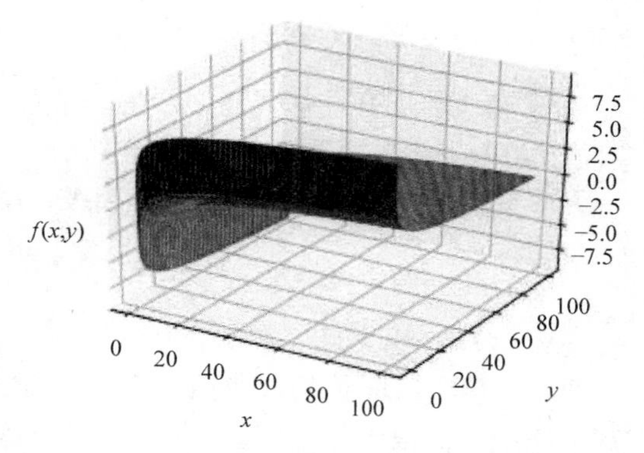

图 1-17 非凸函数 $\log(x/y)$ 的图像

用最小二乘法的线性回归，或是用 log 损失作为成本函数的（二元交叉熵）Logistic 回归都是凸优化问题，因此通过优化算法学习到的模型参数是全局最小解。类似地，在 SVM（Support Vector Machine，支持向量机）中，我们所优化的成本函数是凸函数。

每当模型中涉及隐藏层或另外潜在因素时，成本函数本质上往往都是非凸函数。无论我们是在解决回归还是分类问题，具有隐藏层的神经网络都会有非凸的成本函数或误差表面。

类似地，在 k 均值聚类中，聚类的引入使得该成本函数变成非凸函数。对于非凸成本函数，我们需要采用更好的算法，以便在不可能达到全局最小值的情况下得到足够好的局部极小值。

在处理非凸优化问题时，模型参数初始化变得非常重要。初始化参数越接近全局最小值或某些可接受的局部极小值越好。在 k 均值中，一种能够确保它输出的解不是次优的方法是使用不同的随机初始化模型参数来多次运行 k 均值算法，即聚类中心（Cluster centroid）。然后我们可以选取最能减少内簇方差和的模型参数。对于神经网络来说，我们需要使用不同的梯度下降（Gradient descent）算法，这些算法涉及动量（Momentum）参数，从局部极小值中挣脱出来并继续向全局最大值的方向移动。稍后在本书中，我们将详细介绍基于梯度的神经网络优化算法。

1.2.12 泰勒级数

通过考虑函数及其在特定点的导数值，我们可以将任何函数表示为无限项之和。这种函数的展开形式称为泰勒级数（Taylor Series）展开。单变量函数在点 x 处的泰勒级数展开可以表示为

$$f(x+h)=f(x)+hf'(x)+\frac{1}{2!}h^2f''(x)+\frac{1}{3!}h^3f'''(x)+\cdots+\frac{1}{n!}h^nf^n(x)+\cdots$$

式中，$f^n(x)$表示函数$f(x)$的第 n 阶导数[㊀]，并且 $n!$ 表示 n 的阶乘。这里的 h 有与 x 相同的维度，并且 h 和 x 都是标量。

- 如果$f(x)$是一个常值函数，那么它所有的导数为 0，并且$f(x+h)$和$f(x)$相等。
- 如果函数在 x 的邻域内是线性的，那么对于任意的在这个线性邻域内的点（$x+h$），$f(x+h)=f(x)+hf'(x)$。
- 如果该函数在 x 的邻域内是二次函数，那么对于任意的在这个邻域内的点（$x+h$），$f(x+h)=f(x)+hf'(x)+\frac{1}{2!}h^2f''(x)$。
- 泰勒级数展开在迭代法中变得非常重要，例如梯度下降法以及牛顿优化算法，此外它在数值法（Numerical method）中对于微分和积分也起着相当重要的作用。

多变量函数在点 $x\in\mathbb{R}^{n\times1}$ 处的泰勒级数展开可以表示为

$$f(x+\Delta x)=f(x)+\Delta x^{\mathrm{T}}\nabla f(x)+\frac{1}{2}\Delta x^{\mathrm{T}}\nabla^2 f(x)\Delta x+\text{高阶项}$$

式中，$\nabla f(x)$是梯度向量，并且$\nabla^2 f(x)$是函数$f(x)$的海森矩阵。

通常，出于实际目的，我们不会在机器学习应用中使用大于二阶的泰勒级数展开，因为在数值法中它们很难计算。甚至对于二阶泰勒级数展开本身来说，计算海森矩阵的成本已经很高了，因此一些二阶优化算法依赖于用梯度来近似海森矩阵而不是直接计算它们。这里要注意的是，三阶导数$\nabla^3 f(x)$是一个三维张量。

1.3 概率

在我们开始讲概率之前，首先了解什么是随机实验和样本空间是非常重要的。

在许多类型的工作中，无论是在研究实验室还是其他地方，在几乎相同的条件下重复实验是标准的实践。例如，医学研究人员可能对将要发布的药物的效果感兴趣，或者农艺师可能想要研究化学肥料对特定作物产量的影响。获取这些有关信息的唯一方法是进行实验。有

㊀ 这里的记号不是标准记号，通常表示为 $f^{(n)}(x)$。——译者注

时我们可能不需要进行实验，因为大自然已经为我们进行了实验，我们只需要收集数据。

每个实验都会产生结果。假设我们无法确定地预测实验结果，但是，在我们进行实验之前，假设我们知道所有可能结果组成的集合。如果我们可以在几乎相同的条件下重复这样的实验，那么该实验称为随机实验，并且所有可能结果组成的集合称为样本空间。

请注意，样本空间只是我们感兴趣的结果组成的集合。掷骰子可以有很多结果，一个结果集合是骰子停下后正面朝上的数字，另一个结果集合可以是骰子击中地板的速度。如果我们只对骰子正面朝上的数字感兴趣，那么我们的样本空间为$\Omega=\{1,2,3,4,5,6\}$，即骰子正面朝上的数字可能值。

让我们继续进行掷骰子的实验，并记下正面朝上的数字作为结果。假设我们进行了 n 次实验，并且数字 1 出现了 m 次。然后，从这次实验中，我们可以说数字 1 朝上这个事件的概率等于骰子出现数字 1 朝上的实验次数除以实验总数，即 $P(x=1)=\frac{m}{n}$，这里 x 表示骰子正面朝上的数字。

假设我们被告知这是一个“公平”的骰子，那么数字 1 朝上的概率是多少呢？

鉴于骰子是“公平”的，并且我们没有其他任何信息，大多数人都会相信骰子的近似对称性，也就是说，如果我们掷 600 次骰子，我们会得到 100 次的数字 1 朝上。所以它的概率就是$\frac{1}{6}$。

现在，假设我们已经收集了最近掷 1000 次骰子后，每个数字朝上次数的数据。以下是详细数据：

1→200 次
2→100 次
3→100 次
4→100 次
5→300 次
6→200 次

在这种情况下，你可以得到数字 1 朝上的概率是 $P(x=1)=\frac{200}{1000}=0.2$。这种情况要么就是这个骰子不对称，要么就是这个实验数据是有偏差的。

1.3.1 并集、交集和条件概率

$P(A\cup B)$表示事件 A 发生或事件 B 发生或两者同时发生的概率。

$P(A\cap B)$表示事件 A 和事件 B 同时发生的概率。

$P(A|B)$表示已知事件 B 已经发生的前提下，事件 A 发生的概率。

$$P(A\cap B)=P(A|B)P(B)=P(B|A)P(A)$$

从现在开始，为了简化符号，我们会将交集符号（∩）略去，即将 $P(A\cap B)$ 记作$P(AB)$。

$$P(A-B)^{㊀}=P(A)-P(AB)$$

当我们把事件 A 和事件 B 放在文氏图（Venn Diagram）中来看的话，所有之前的公式证明都变得简单了，如图 1-18 所示。

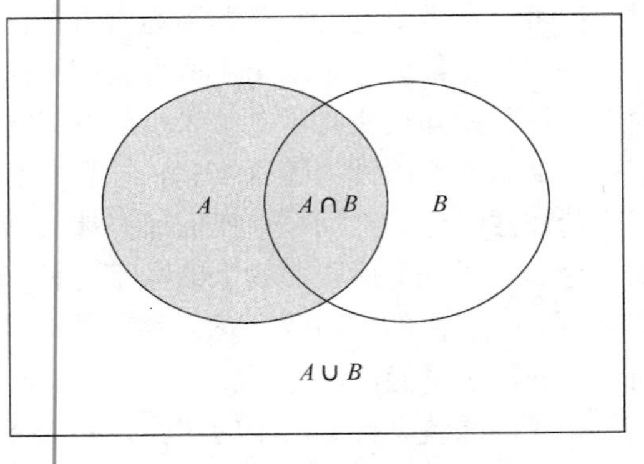

图 1-18　事件 A 和事件 B 的交集和并集的文氏图

假设有 n 次实验，其中事件 A 发生了 n_1 次，事件 B 发生了 n_2 次，事件 A 和 B 同时发生了 m 次。

我们现在将它表示为文氏图。

$P(A\cup B)$ 可以表示为三个互斥事件 $(A-B)$、$(B-A)$、AB 的概率之和。

$$\begin{aligned}P(A\cup B)&=P(A-B)+P(B-A)+P(AB)\\&=P(A)-P(AB)+P(B)-P(AB)+P(AB)\\&=P(A)+P(B)-P(AB)\end{aligned}$$

$P(A|B)$是已知事件 B 已经发生的前提下，事件 A 发生的概率。已知事件 B 已经发生了 n_2 次，事件 A 发生的次数限制在事件 AB 发生的 m 次中。所以，在事件 B 条件下 A 发生的概率可以表示为

$$P(A|B)=\frac{m}{n_2}$$

现在，$\frac{m}{n_2}$可以改写为$\frac{\frac{m}{n}}{\frac{n_2}{n}}=\frac{P(AB)}{P(B)}$。

所以，$P(A|B)=\frac{P(AB)}{P(B)}\Rightarrow P(AB)=P(B)P(A|B)$。

相似地，如果我们考虑 $P(B|A)$，那么等式 $P(AB)=P(A)P(B|A)$同样成立。

1.3.2　事件交集概率的链式法则

上述的两个事件交集乘法法则 $P(AB)=P(B)P(A|B)$可以推广到 n 个事件。

如果 A_1，A_2，A_3，…，A_n 是 n 个事件的集合，那么这些事件的联合概率可以表示为

$$\begin{aligned}P(A_1A_2A_3\cdots A_n)&=P(A_1)P(A_2|A_1)P(A_3|A_1A_2)\cdots P(A_n|A_1A_2\cdots A_{(n-1)})\\&=P(A_1)\prod_{i=2}^{n}P(A_i|A_1A_2A_3\cdots A_{(n-1)})\end{aligned}$$

1.3.3　互斥事件

对于两个事件 A 和 B，如果它们不会一起发生，那么它们称为互斥事件。换句话说，如果 $P(AB)=0$，那么事件 A 和 B 互斥。对于互斥事件来说，$P(A\cup B)=P(A)+P(B)$。

㊀ $A-B$ 表示在集合 A 中但不在集合 B 中的元素集。——译者注

总的来说，n 个互斥事件并集的概率可以表示为它们的概率之和：

$$P(A_1 \cup A_2 \cdots \cup A_n) = P(A_1) + P(A_2) + \cdots + P(A_n) = \sum_{i=1}^{n} P(A_i)$$

1.3.4 事件独立性

如果事件 A 和 B 交集的概率等于它们单独概率的乘积，那么事件 A 和 B 称为独立事件，即

$$P(AB) = P(A)P(B)$$

这是可能的，因为在事件 B 条件下 A 发生的概率可能等于事件 A 本身的概率，即

$$P(A|B) = P(A)$$

这意味着，事件 A 在所有事件中发生的可能性与在事件 B 中发生的可能性相同。

相似地，如果要使事件 A 和 B 独立，等式 $P(B|A) = P(B)$ 必须成立。

如果两个事件相互独立，那么这两个事件都不受其他事件发生与否的影响。

1.3.5 事件条件独立性

对于两个事件 A 和 B，如果在事件 C 条件下 A 和 B 同时发生的概率可以表示为如下等式，那么事件 A 和 B 是条件独立的。

$$P(AB|C) = P(A|C)P(B|C)$$

通过之前的事件交集概率的链式法则，我们可以得到 $P(AB|C) = P(A|C)P(B|AC)$

再将上面两个等式相结合，我们可以得到 $P(B|AC) = P(B|C)$

请注意，事件 A 和 B 关于事件 C 的条件独立不能推出事件 A 和 B 是相互独立的。事件的条件独立性在机器学习领域用得非常多，其中的一个应用是在条件独立的假设下，将似然函数分解成形式更为简单的表达式。另外，有一类称为贝叶斯网络的模型使用了条件独立作为简化网络的几个因素之一。

1.3.6 贝叶斯定理（公式）

既然我们已经对基础概率有了初步的理解，那么让我们来讨论一个非常重要的定理，它就是贝叶斯定理。我们就用两个事件 A 和 B 来举例说明这个定理，但是它也可以推广到任何数量的事件中。

首先，我们有概率的乘法法则公式 $P(AB) = P(A)P(B|A)$，记作（1）。

相似地，我们也不难得到 $P(AB) = P(B)P(A|B)$，记作（2）。

结合等式（1）和（2），我们可以得到

$$P(A)P(B|A) = P(B)P(A|B)$$
$$\Rightarrow P(A|B) = P(A)P(B|A)/P(B)$$

上面的最后一个等式称为贝叶斯定理，它在机器学习的很多领域都很好用，例如由似然计算出后验概率分布，使用马尔可夫链模型，以及最大化后验概率算法等。

1.3.7 概率质量函数

随机变量的概率质量函数（PMF）是离散随机变量在各特定取值上的概率函数。概率之和必须为 1。

例如，在掷骰子中，将骰子面朝上的数字设为随机变量 X。

那么，概率质量函数可以定义为

$$P(X=i)=\frac{1}{6} \quad i\in\{1,2,3,4,5,6\}$$

1.3.8 概率密度函数

概率密度函数（PDF）给出了其定义域内连续随机变量每个值的概率密度。由于它是一个连续变量，因此概率密度函数在其定义域上的积分必须等于 1。

设 X 是具有定义域 D 的随机变量。$P(x)$ 表示它是概率密度函数，因此

$$\int_D P(x)\,\mathrm{d}x = 1$$

举个例子，假设一个定义域为［0，1］的连续随机变量的概率密度函数是 $P(x)=2x$，$x\in[0,1]$。让我们来验证该函数是否是一个概率密度函数。

对于一个概率密度函数 $P(x)$ 来说，$\int_0^1 P(x)\,\mathrm{d}x$ 必须等于 1。

$\int_0^1 P(x)\,\mathrm{d}x = \int_0^1 2x\mathrm{d}x = [x^2]_0^1 = 1^2 - 0^2 = 1$。所以，$P(x)$ 是一个概率密度函数。

需要注意的一点是，积分计算的是曲线下方区域的面积，并且由于 $P(x)$ 是概率密度函数，因此概率曲线下方区域的面积应该等于 1。

1.3.9 随机变量的数学期望

随机变量的数学期望不过就是该随机变量的平均数。假设随机变量 X 有 n 个离散的取值 x_1，x_2，…，x_n，它们对应的概率为 p_1，p_2，…，p_n。换句话说，X 是一个离散的随机变量，其概率质量函数是 $P(X=x_i)=p_i$。那么，随机变量 X 的数学期望是

$$E[X] = x_1p_1 + x_2p_2 + \cdots + x_np_n = \sum_{i=1}^{n} x_ip_i$$

如果 X 是一个连续的随机变量，假设其概率密度函数表示为 $P(x)$，那么它的数学期望就是

$$E[X] = \int_D xP(x)\,\mathrm{d}x$$

式中，D 是 $P(x)$ 的定义域。

1.3.10 随机变量的方差

随机变量的方差衡量的是该随机变量的变化性。它是随机变量与其平均值（或数学期

望）的平方偏差的平均值（或数学期望）。

设 X 是一个随机变量，其平均值 $\mu=E[X]$。

$\operatorname{var}[X]=E[(X-\mu)^2]$，这里 $\mu=E[X]$。

如果 X 是有 n 个取值的离散随机变量，假设其概率质量函数表示为 $P(X=x_i)=p_i$，那么 X 的方差可以表示为

$$\begin{aligned}\operatorname{var}[X]&=E[(x-\mu)^2]\\&=\sum_{i=1}^{n}(x_i-\mu)^2 p_i\end{aligned}$$

如果 X 是一个连续的随机变量，假设其概率密度函数表示为 $P(x)$，那么 $\operatorname{var}[X]$ 可以表示为

$$\operatorname{var}[X]=\int_D (x-\mu)^2 P(x)\,\mathrm{d}x$$

式中，D 是 $P(x)$ 的定义域。

1.3.11 偏度和峰度

偏度和峰度是随机变量的高阶矩（动差）统计量。偏度衡量概率分布中的对称性，而峰度衡量概率分布中是否有厚尾（尾部占比大）。偏度是第三阶矩，它表示为

$$\operatorname{Skew}(X)=\frac{E[(X-\mu)^3]}{(\operatorname{var}[X])^{3/2}}$$

完全对称的概率分布的偏度为0，如图1-19所示。偏度为正意味着大部分数据在左侧，如图1-20所示，而偏度为负意味着大部分数据在右侧，如图1-21所示。

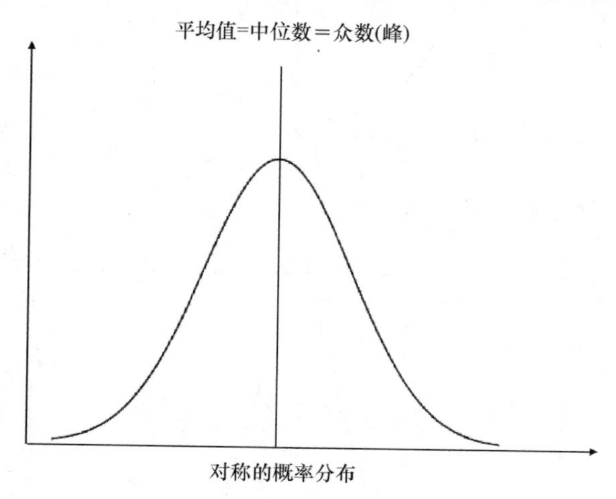

图1-19 对称的概率分布

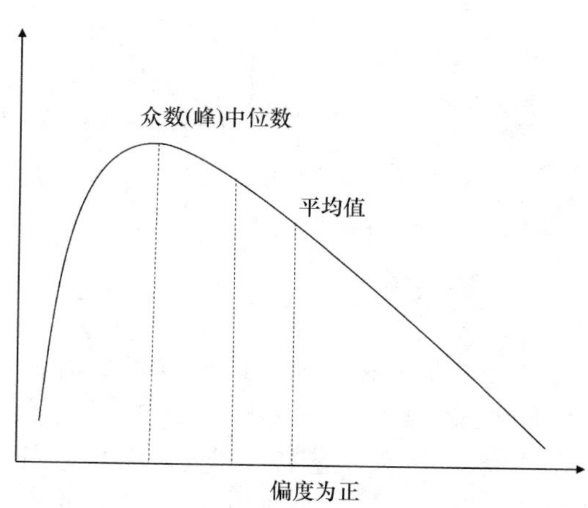

图1-20 偏度为正的概率分布

峰度是第四阶的统计量，对于一个平均值为 μ 的随机变量 X，它可以表示为

$$\operatorname{Kurt}(X)=E[[X-\mu]^4]/(\operatorname{var}[X])^2$$

较高的峰度会导致概率分布的尾部较重，如图1-23所示。正态分布的峰度（见图1-22）

是 3。然而，为了测量其他分布相对于正态分布的峰度，人们通常指的是超值峰度（Excess Kurtosis），就是实际的峰度减去正态分布的峰度（即数值为 3）。

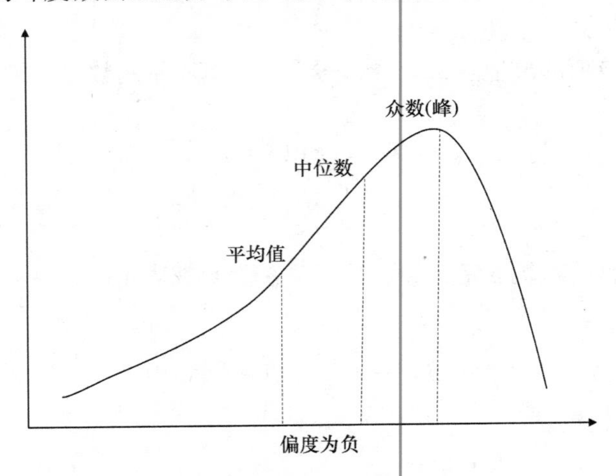

图 1-21　偏度为负的概率分布

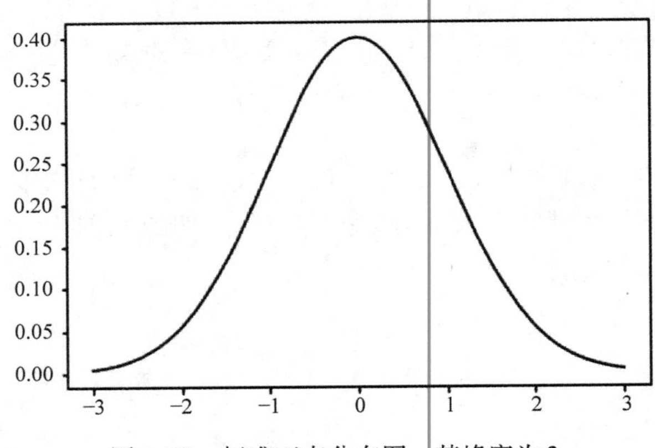

图 1-22　标准正态分布图，其峰度为 3

1.3.12　协方差

两个随机变量 X 和 Y 的协方差是衡量它们的联合变化性。如果较大的 X 对应较大的 Y，较小的 X 对应较小的 Y，那么它们的协方差为正。另一方面，如果较大的 X 对应较小的 Y，较小的 X 对应较大的 Y，那么它们的协方差为负。

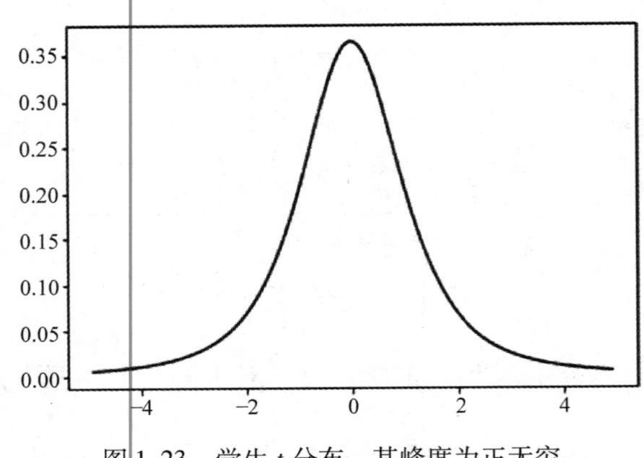

图 1-23　学生 t 分布，其峰度为正无穷

X 和 Y 的协方差公式是

$$\operatorname{cov}(X,Y)=E[X-u_x][Y-u_y]$$

式中，$u_x = E[X], u_y = E[Y]$。

我们可以将上式简化，得到

$$\text{cov}(X,Y) = E[XY] - u_x u_y$$

如果两个变量独立，那么它们的协方差为0，因为$E[XY] = E[X]E[Y] = u_x u_y$。

1.3.13 相关性系数

协方差一般不能给我们很多关于两个变量之间相关程度的信息，因为这两个变量可能是以不同尺度来衡量的。我们用相关性系数来更有效地衡量两个变量之间的线性依赖性，这其实就是归一化的（Normalized）协方差。

两个变量X和Y之间的相关性系数表示为

$$\rho = \frac{\text{cov}(X,Y)}{\sigma_x \sigma_y}$$

式中，σ_x和σ_y分别是随机变量X和Y的标准差。ρ的值介于$-1 \sim 1$之间。

图1-24同时展现了两个变量X和Y之间的正负相关性系数。

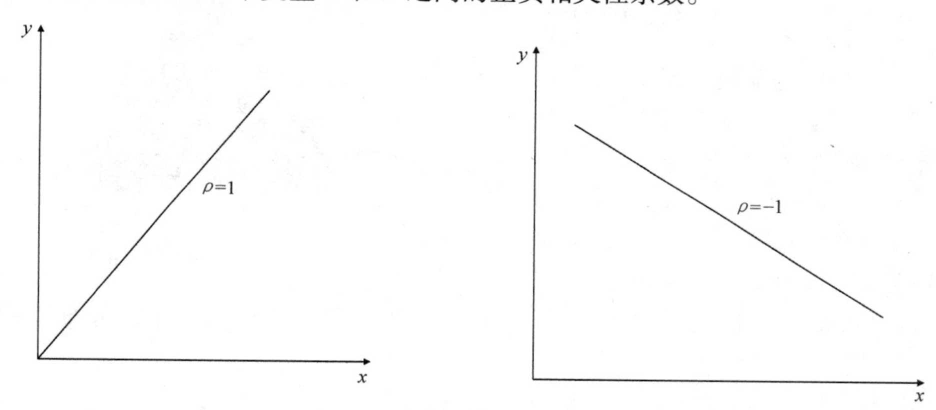

图1-24　变量X和Y的图像，其中左侧相关性系数为1，而右侧相关性系数为-1

1.3.14 一些常见的概率分布

在本节中，我们会讨论一些在机器学习和深度学习领域频繁使用的常见概率分布。

1. 均匀分布

均匀分布的概率密度函数是一个常值函数。对于取值$[a,b]$ $(b>a)$的连续随机变量来说，概率密度函数可以表示为

$$P(X=x) = f(x) = \begin{cases} 1/(b-a), & x \in [a,b] \\ 0, & \text{其他} \end{cases}$$

图1-25所示为均匀分布的概率密度曲线。这里我们列出了均匀分布的不同的统计数据：

$$E[X] = \frac{(b+a)}{2}$$

$$\text{Median}[X]=\frac{(b+a)}{2}$$

$$\text{Mode}[X]=\text{在区间}[a,b]\text{中的所有点}$$

$$\text{var}[X]=(b-a)^2/12$$

$$\text{Skew}[X]=0$$

$$\text{Excessive Kurt}[X]=-6/5$$

需要注意的是，超值峰度是实际峰度减去 3，3 是正态分布的实际峰度。因此，超值峰度是相对于正态分布的峰度。

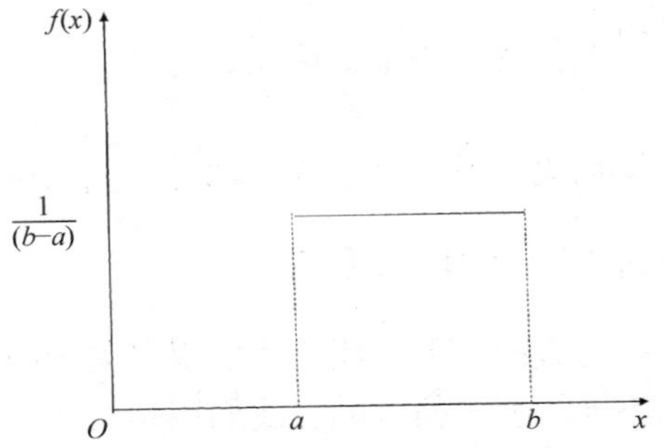

图 1-25　均匀概率分布

2. 正态分布

这可能是现实世界中最重要的概率分布。在正态分布中，最大概率密度出现在其分布的平均数处，并且平均数两侧的概率密度对称，与它到平均数距离的二次方成指数倍递减。正态分布的概率密度函数可以表示为

$$P(X=x)=\frac{1}{\sqrt{2\pi}\sigma}e^{\frac{-(x-\mu)2}{2\sigma^2}}\quad -\infty<x<+\infty$$

式中，μ 和 σ^2 分别是随机变量 X 的平均数和方差。图 1-26 所示为单变量正态分布的概率密度函数。

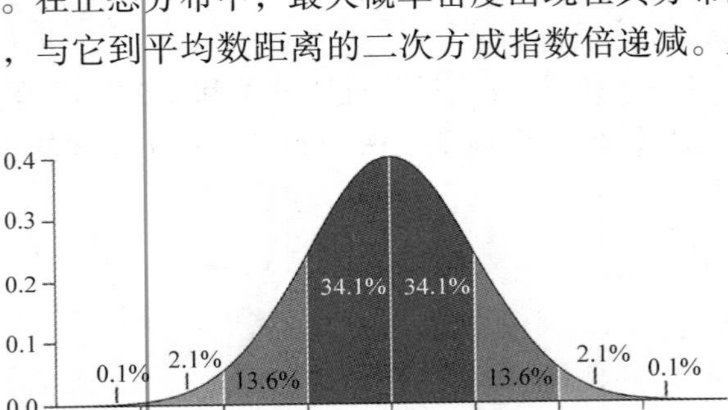

图 1-26　正态概率分布

正如图 1-26 中所展现的，68.2% 的数据位于距离平均数的一个标准差（+1/−1σ）之内，95.4% 的数据预计位于距离平均数的两个标准差（+2/−2σ）之内。这里我们列出了一些正态分布的重要统计数据：

$$E[X]=\mu$$

$$\text{Median}[X]=\mu$$

$$\text{Mode}[X]=\mu$$

$$\text{var}[X]=\sigma^2$$

$$\text{Skew}[X]=0$$

$$\text{Excess Kurt}[X]=0$$

通过使用以下变换，任何正态分布都可以转换成标准正态分布形式：

$$z=\frac{(x-\mu)}{\sigma}$$

标准正态随机变量 z 的平均数和标准差分别为 0 和 1。标准正态分布在统计学推论测试中用得很多。类似地，在线性回归中，误差假定为是正态分布的。

3. 多变量正态分布（多元正态分布）

n 元正态分布或高斯分布记作向量 $x\in\mathbb{R}^{n\times 1}$，这是一个对于相关变量的联合概率分布，它包含平均数参数向量 $\mu\in\mathbb{R}^{n\times 1}$，以及协方差矩阵 $\Sigma\in\mathbb{R}^{n\times n}$。

多变量正态分布的概率密度函数表示为

$$P(x|\mu;\Sigma) = \frac{1}{(2\pi)^{n/2}|\Sigma|^{-1/2}}e^{-\frac{1}{2}(x-\mu)^{\mathrm{T}}\Sigma^{-1}(x-\mu)}$$

式中，$x=[x_1,x_2,\cdots,x_n]^{\mathrm{T}}$

$$-\infty < x_i < +\infty \quad \forall i \in \{1,2,3,\cdots,n\}$$

图1-27所示为多变量正态分布的概率密度函数。正态分布或高斯分布在机器学习中有很多应用。举个例子，对于有相关性的多元数据输入，输入数据的特征通常假定为遵循多元正态分布，并且是基于概率密度函数的，其中低概率密度的点标记为反常点。另外，多变量正态分布还广泛应用于高斯模型的混合中，其中具有多个特征的数据点假定为属于具有不同概率的若干多变量正态分布。高斯分布的混合应用在很多领域，例如聚类、异常检测、隐形马尔可夫模型等。

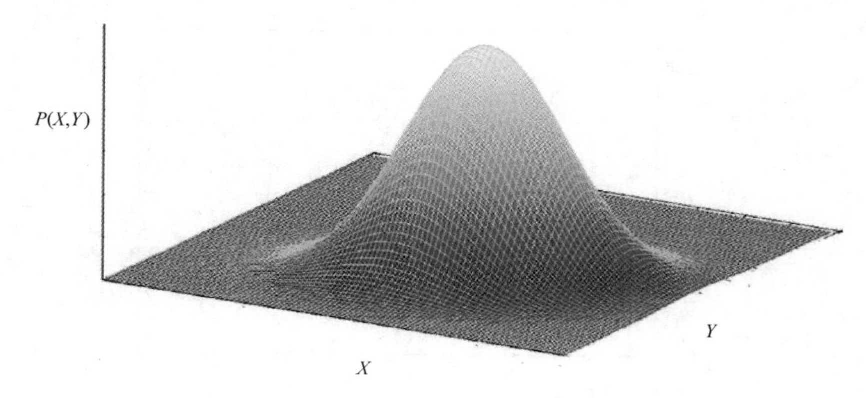

图1-27　双变量正态分布

4. 伯努利分布

如果一个实验只有两个结果，这两个结果是互斥事件且概率和为1，那么这个实验称为伯努利实验。

顾名思义，伯努利实验遵循伯努利分布。在伯努利实验中，我们将两个结果分别称为成功和失败。假如成功的概率为p，那么因为这两个事件穷举了样本空间，所以其失败的概率是$1-p$。我们将成功记作$x=1$，那么成功和失败的概率可以表示为

$$P(X=x)=f(x)=p^x(1-p)^{(1-x)} \quad x\in\{0,1\}$$

上式中的$P(X=x)$表示伯努利分布的概率质量函数。该概率质量函数的数学期望和方差如下：

$$E[X]=p$$
$$\mathrm{var}[X]=p(1-p)$$

伯努利分布可以推广到多元样本中，这些样本事件互斥并穷举整个样本空间。任何二元分类问题都可以用伯努利实验作为模型。举个例子，Logistic 回归的似然函数是基于伯努利分布的，每个训练数据点的概率p由 Sigmoid 函数计算得出。

5. 二项分布

在一系列伯努利实验中，我们常常对成功和失败的总数的概率感兴趣，而不是它们发生的实际序列。如果在 n 个连续的伯努利实验序列中 x 代表成功的数量，那么在 n 个伯努利实验中有 x 次成功的概率可以由概率质量函数表示为

$$P(X=x)=\binom{n}{x}p^{x}(1-p)^{(n-x)} \quad x\in\{0,1,2,\cdots,n\}$$

式中，p 是成功的概率。

该分布的数学期望和方差如下：

$$E[X]=np$$
$$\mathrm{var}[X]=np(1-p)$$

图 1-28 所示为二项分布的概率质量函数，其中的两个参数分别为 $n=4$ 和 $p=0.3$。

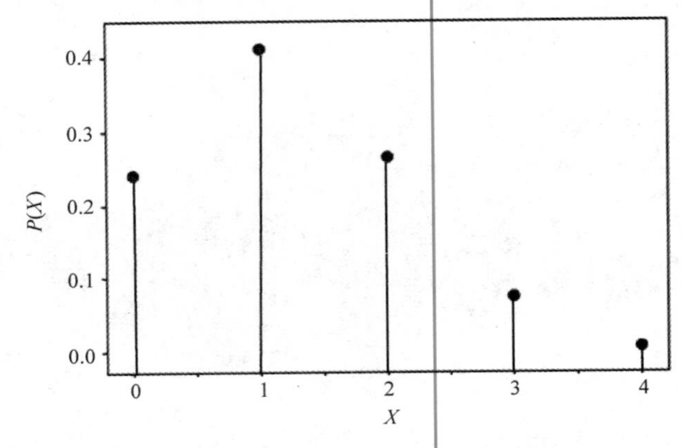

图 1-28　$n=4$ 和 $p=0.3$ 的二项分布概率质量函数

6. 泊松分布

每当我们关注一些量的比率时，例如 1000 个产品批次中的缺陷数量、放射性物质在前 4h 内发射的 α 粒子数量等，泊松分布通常是这种现象最好的表现方式。泊松分布的概率质量函数如下：

$$P(X=x)=\frac{e^{-\lambda}\lambda^{x}}{x!} \quad x\in\{0,1,2,\cdots,\infty\}$$

$$E[X]=\lambda$$
$$\mathrm{var}[X]=\lambda$$

图 1-29 所示为平均数 $\lambda=15$ 的泊松分布的概率质量函数。

1.3.15　似然函数

似然是基于生成基础数据分布的参数条件下所观察到的实际数据的概率。如果我们观察到 n 个样本 x_1，x_2，…，x_n，假设它们都是相互独立的，并且都遵循平均数为 μ、方差为 σ^2 的正态分布。

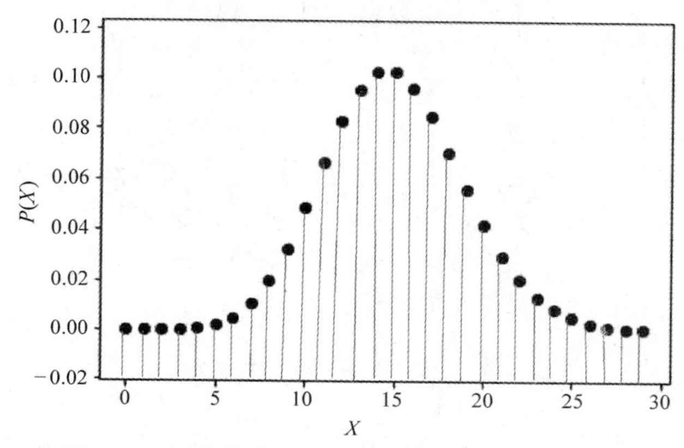

图 1-29　平均数为 15 的泊松分布的概率质量函数

在这个情况下，似然函数如下：

$$P(\text{数据}|\text{模型参数}) = P(x_1, x_2, \cdots, x_n | \mu, \sigma^2)$$

因为这些样本都是相互独立的，所以我们可以将似然做如下分解：

$$P(\text{数据}|\text{模型参数}) = \prod_{i=1}^{n} P(x_i | \mu, \sigma^2)$$

每个 $x_i \sim \text{Normal}(\mu, \sigma^2)$，所以似然可以继续展开：

$$P(\text{数据}|\text{模型参数}) = \prod_{i=1}^{n} \frac{1}{\sqrt{2\pi}\sigma} e^{\frac{-(x_i-\mu)^2}{2\sigma^2}}$$

1.3.16　最大似然估计

最大似然估计（MLE）是一种用来估计分布或模型参数的方法。这是通过计算能最大化似然函数的参数来实现的，即最大化在模型参数的条件下观察到数据的概率。让我们通过一个例子来理解最大似然估计。

假设一个名叫亚当的人抛掷了 10 次硬币，一共出现了 7 次正面和 3 次反面。另外，假设每次硬币的抛掷是独立且分布相同的。那么该硬币正面的概率的最大似然估计是多少呢？

每次硬币的抛掷都是一个伯努利实验，假设正面出现的概率为 p，这其实就是我们想要估计的未知参数。另外，我们将抛掷硬币正面朝上这个事件记作 1，反面朝上记作 0。

似然函数可以表示为

$$\begin{aligned} P(\text{数据}|\text{模型参数}) = L(p) &= P(x_1, x_2, \cdots, x_{10} | p) \\ &= \prod_{i=1}^{10} P(x_i | p) \\ &= p^7(1-p)^3 \end{aligned}$$

为了让推导过程更加清晰明确，我们来看一下似然 L 的 $p^7(1-p)^3$ 是如何得来的。

对于每个正面事件，其概率由伯努利分布计算可得 $P(x_i = 1 | p) = p^1(1-p)^0 = p$。相似地，对于每个反面事件，其概率为 $P(x_i = 0 | p) = p^0(1-p)^1 = 1 - p$。由于我们有 7 个正面和 3

个反面，那么我们最终得到的似然 $L(p)$ 是 $p^7(1-p)^3$。

为了最大化似然值 L，我们需要计算 L 关于 p 的导数，并且将其设为 0。

现在，我们可以最大化似然的（自然）对数，即 $\log L(p)$，而不是似然 $L(p)$ 本身。因为其对数是单调递增函数，所以最大化 $L(p)$ 的参数同样也使得 $\log L(p)$ 最大化。求似然对数的导数，在数学上来说，比求原来似然本身的导数来得更加方便简单。

$$\log L(p)=7\log p+3\log(1-p)$$

对等式两边同时求导，并将其设为 0：

$$\frac{\mathrm{d}\log(L(p))}{\mathrm{d}p}=\frac{7}{p}-\frac{3}{1-p}=0$$

$$\Rightarrow p=7/10$$

有兴趣的读者可以计算它在 $p=\frac{7}{10}$ 处的二阶导数 $\frac{\mathrm{d}^2\log(L)}{\mathrm{d}p^2}$，会得到一个负值，这样的话就可以确认 $p=\frac{7}{10}$ 是极大值点。

有些人可能早已经预料到了 $\frac{7}{10}$ 这个答案，但是并没有通过最大似然估计的方法计算，仅仅是依据概率的基本定义。正如将在后面看到的，在机器学习和深度学习领域中，我们通过这种简单的方法估计了许多复杂的模型参数。

让我们来看另外一个在优化问题中可能很有用的小技巧。计算函数 $f(x)$ 的极大值就等同于计算函数 $-f(x)$ 的极小值。$f(x)$ 极大值和 $-f(x)$ 极小值下 x 的取值相同。相似地，$f(x)$ 极大值和 $1/f(x)$ 极小值下 x 的取值也是相同的。

在机器学习和深度学习的应用中，我们通常使用高级优化包，这些优化包只负责最小化成本函数以便计算模型参数。在这种情况下，我们通过改变符号或取函数的倒数的方式（哪个更有意义就选择哪个），轻松地将最大化问题转换为最小化问题。例如，在前面的问题中，我们可以取似然函数对数的负数，即 $-\log L(p)$，并将其最小化。我们最终得到的概率估计值为 0.7。

1.3.17 假设检验和 p 值

通常，我们需要根据从总体数据中收集的样本进行一些假设检验。我们从原假设（Null hypothesis）开始，并且基于所做的统计检验，最后接受或拒绝原假设。

在我们开始假设检验之前，让我们首先来看统计学中的核心基础定理之一，即中心极限定理（Central Limit theorem）。

假设 x_1，x_2，x_3，…，x_n 是 n 个独立且遵循相同分布的样本，总体分布的平均数为 μ，有限方差为 σ^2。

样本均值记作 $\bar{x}$，它本身作为一个随机变量遵循正态分布，其平均数为 μ，方差为 $\frac{\sigma^2}{n}$，即 $\bar{x}\sim \mathrm{Normal}\left(\mu,\frac{\sigma^2}{n}\right)$，其中 $\bar{x}=\frac{x_1+x_2+x_3+\cdots+x_n}{n}$。

这就是中心极限定理。随着样本大小 n 的增加，$\bar{x}$ 的方差减小，并且当 n 趋近于无穷大时，方差趋于0。

图1-30所示为总体分布以及样本均值分布，其中每个样本包含 n 个取自总体分布的数据。

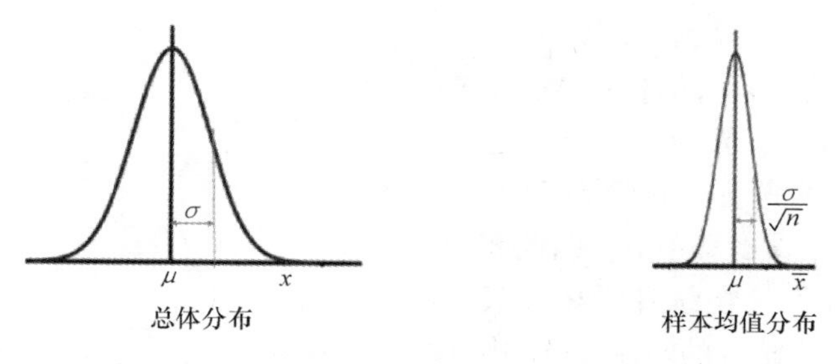

图1-30　总体分布和样本均值的分布

这里需要注意的是，样本均值遵循正态分布，它与总体分布是否是正态分布的无关。现在我们来讨论简单的假设检验问题。

已知10岁男孩的平均体重为85lb[㊀]，标准差为11.6。我们要检查在一个县内的男孩是否肥胖。为了测试这个，我们随机收集了来自该县的一组25名男孩的平均体重。发现平均体重为89.16lb。

接下来，我们提出一个原假设，并且如果反对原假设的证据足够强，那么我们就会通过假设检验来拒绝它。

让我们来提出一个原假设 H_0：县里的孩子都没有肥胖，即他们都来自平均体重 $\mu=85$ 的全体居民中。

在原假设 H_0 下，样本均值如下：

$$\bar{x} \sim \text{Normal}\left(85, \frac{11.6^2}{25}\right)$$

观察到的样本均值越接近总体均值，原假设就越接近正确。另一方面，观察到的样本均值与总体均值离得越远，那么证据就越是表明原假设是错误的。

标准正态分布的变量 $z=(\bar{x}-\mu)/(\sigma/\sqrt{n})=(89.16-85)/(11.6/\sqrt{25})=+1.75$。

对于每个假设检验，我们要确定一个 p 值。这个假设中的 p 值代表观察到远离已经观察到的样本均值的概率，即 $P(\bar{x}\geqslant 89.16)$ 或 $P(z\geqslant 1.75)$。所以，p 值越小，反对原假设的证据就越强。

当 p 值小于一个特定临界百分比 α 时，原假设会被拒绝。这通常也称为第一类错误(Type-1 error)。

请注意，样本均值与总体的偏差可能纯粹是随机性导致的结果，因为样本均值具有有限方差 $\frac{\sigma^2}{n}$。α 给出了一个阈值，如果超过该阈值的话，即使原假设为真，我们也应该拒绝原假

㊀ 1lb=0.454kg。——译者注

设。我们也有可能做出了错误的判断，巨大的偏差可能只是因为随机性而导致的。但发生这种情况的概率非常小，特别是如果我们的样本量巨大，因为样本均值的标准差将显著减小。当我们拒绝原假设时，如果原假设为真，那么我们认为这是第一类错误，因此 α 给出了第一类错误的概率。

该假设检验的 p 值为 $P(Z\geqslant 1.75)=0.04$。

第一类错误 α 这一阈值的选择取决于对这个假设所检验的特定邻域的了解。通常，$\alpha=0.05$ 是不错的选择。由于计算出来的 p 值小于第一类错误的概率 α，因此我们不能接受这个原假设。在统计学中，我们认为这个检验结果是显著的。图 1-31 中展示的是 p 值。

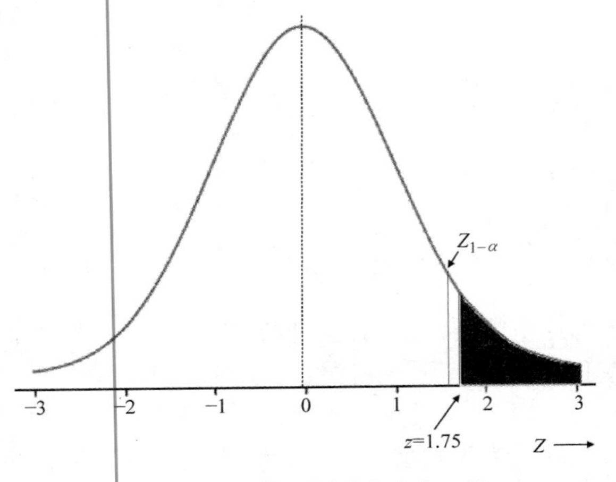

图 1-31　通过 Z 测试来确定 p 值

深色区域对应的就是 p 值，即 $P(z\geqslant 1.75)$。假定原假设正确的前提下，如果超过 $Z_{1-\alpha}$ 所对应的 z 值，那么我们很有可能就犯了第一类错误。超过 $Z_{1-\alpha}$ 的区域面积，即 $P(z\geqslant Z_{1-\alpha})$，代表第一类错误的概率。在假设检验中，因为 p 值小于第一类错误概率，所以原假设不可以认定为是正确的。像这样的 Z 测试之后，紧接着的是另外一个良好实践，即置信区间测试（Confidence Interval test）。

另外，之前的 Z 测试不总是可行的，除非我们知道总体方差的信息。对于特定的问题，我们可能不知道其总体方差。在这种情况下，学生 t 测试是更加方便的工具，因为它使用的是样本方差而非总体方差。

我们鼓励读者去探索有关这些统计测试的更多信息。

1.4　机器学习算法的制定与优化算法

建模的目的是通过使用不同的优化算法，在给定数据的前提下，来最小化包含模型参数的成本函数。有人可能会问，如果我们将成本函数的导数或梯度设为零，我们就能得到模型参数的最优解了。不幸的是，这并不总是可行的，因为它们可能都没有闭式解，或是要得到闭式解可能需要相当大的计算量。此外，当数据量很大时，在寻找闭式解的过程中可能会遇到内存瓶颈。因此，在处理复杂优化问题时，我们通常使用迭代法。

总体上来说，机器学习可以分为以下两类：

- 监督学习
- 无监督学习

1.4.1　监督学习

在监督学习中，每个训练数据点与若干输入特征相关联，这通常是输入特征向量以及它对应的标签。一个模型的构建需要很多参数，这些参数试图在给定输入特征向量的条件下预测输出标签。我们通过优化某种形式的成本函数来推导出模型参数，该成本函数是基于预测误差的，即实际标签与训练数据点的预测标签之间的差异。或者我们也可以通过最大化训练数据似然的方式得到模型参数。

1. 作为监督学习法的线性回归

假如我们有一个数据集，其中房屋的价格是目标变量或输出标签，而房屋面积、卧室数量以及浴室数量等的特征组成了它的输入特征向量。我们可以定义一个函数，根据输入特征向量来预测房屋的价格。

我们将输入特征向量设为 x'，预测值设为 y_p。将房屋的实际价格（即标签）表示为 y。我们可以定义一个模型，其中输出标签表示为输入特征向量的函数表达式，如下式所示。该模型包含几个我们希望它自己通过训练后得到的参数。

$$y/x' = \theta'^{\mathrm{T}} x' + b + \epsilon$$

式中，ϵ 是一个预测随机变量，$\epsilon \sim \mathrm{Normal}(0,\sigma^2)$。

所以，已知输入数据条件下的房屋价格 y/x'是输入向量 x'、偏差（Bias）项 b 以及一个随机元素 ϵ，这个随机变量遵循平均数为 0、方差为 σ^2 的正态分布。

由于 ϵ 是一个随机变量，所以我们无法预测它的值，我们最多在已知特征数据的条件下预测房屋价格的平均数，即 $y_p/x' = E[y/x'] = \theta'^{\mathrm{T}} x' + b$。

这里的 θ'是线性组合器（Linear combiner），b 是偏差项或截距。θ'和 b 都是我们希望机器去学习的模型参数。我们也可以将上式改写为 $y_p = \theta^{\mathrm{T}} x$，这里偏差项 b 包含在了 θ 中，对应的是特征常数 1。这个小技巧可以简化表达式。

假设我们有 m 个样本 $(x^{(1)},y^{(1)}),(x^{(2)},y^{(2)}),\cdots,(x^{(m)},y^{(m)})$。我们可以计算一个成本函数，该成本函数是房价预测值和实际值之间差值的平方和，然后我们尝试将其最小化以得出模型参数。

成本函数可以定义为

$$C(\theta) = \sum_{i=1}^{m} (\theta^{\mathrm{T}} x_i - y^{(i)})^2$$

我们可以对参数 θ 来进行最小化成本函数以确定模型参数。这是一个线性回归问题，它的输出标签或目标是连续的。回归问题分类为监督学习。图 1-32 所示为房价和卧室数量的关系。

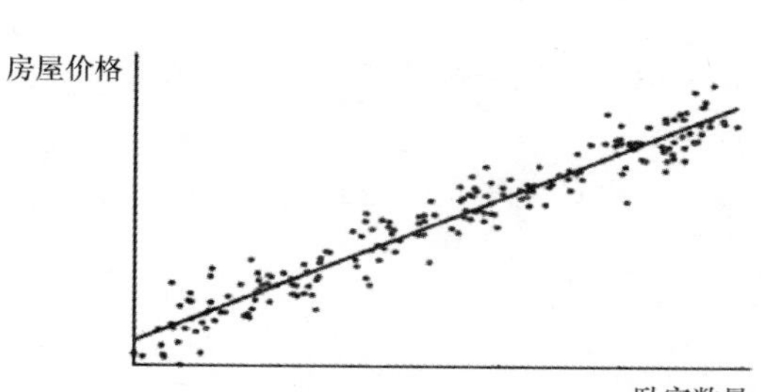

图 1-32　对于房价和卧室数量数据之间的关系所拟合的回归曲线。点代表实际数据点，而线代表拟合曲线

假设输入向量表示为 $x' = [x_1, x_2, x_3]^{\mathrm{T}}$，这里

x_1→房屋面积

x_2→卧室数量

x_3→卫生间数量

假设与输入特征向量对应的参数向量表示为 $\theta' = [\theta_1, \theta_2, \theta_3]^T$，这里

θ_1→每一个单位面积的成本

θ_2→每一个卧室的成本

θ_3→每一个卫生间的成本

在考虑偏差项之后，输入特征向量表示为 $x = [x_0, x_1, x_2, x_3]^T$，这里

x_0→常数值 1，即偏差项所对应的特征

x_1→房屋面积

x_2→卧室数量

x_3→卫生间数量

并且 $\theta = [\theta_0, \theta_1, \theta_2, \theta_3]^T$，这里

θ_0→偏差项或截距

θ_1→每一个单位面积的成本

θ_2→每一个卧室的成本

θ_3→每一个卫生间的成本

现在我们对如何构建回归问题，以及它的成本函数有了些许了解。那么让我们将问题简化，继续推导模型参数。

$$\text{模型参数 } \theta^x = \underbrace{\text{Arg Min}C}_{\theta}(\theta) = \underbrace{\text{Arg Min}}_{\theta} \sum_{i=1}^{m} (\theta^T x_i - y^{(f)})^2$$

式中，$C(\theta)$代表成本函数。

所有样本的输入向量可以结合到矩阵 X 中，并且它所对应的目标输出或输出标签可以表示为向量 Y。

$$X = \begin{bmatrix} x_0^{(1)} & x_1^{(1)} & x_2^{(1)} & x_3^{(1)} \\ x_0^{(2)} & x_1^{(2)} & x_2^{(2)} & x_3^{(2)} \\ x_0^{(3)} & x_1^{(3)} & x_2^{(3)} & x_3^{(3)} \\ & \vdots & & \\ x_0^{(m)} & x_1^{(m)} & x_2^{(m)} & x_3^{(m)} \end{bmatrix} Y = \begin{bmatrix} y^{(1)} \\ y^{(2)} \\ y^{(3)} \\ \vdots \\ y^{(m)} \end{bmatrix}$$

如果我们将预测向量记作 Y_p，那么 $Y_p = X\theta$。所以，预测向量的误差 e 可以表示为

$$e = X\theta - Y$$

那么 $C(\theta)$可以表示为误差向量 e 的 l^2 范数的二次方，即

$$\begin{aligned} C(\theta) &= \|e\|_2^2 \\ &= \|X\theta - Y\|_2^2 \\ &= (X\theta - Y)^T(X\theta - Y) \end{aligned}$$

既然我们已经将成本函数简化为了矩阵形式，那么应用优化算法将变得非常简单。对于大部分成本函数来说，无论是凸函数还是非凸函数，这些优化算法都将适用。对于非凸函数来说，还需要考虑一些额外的事情，我们将在讲解神经网络的时候详细讨论。

我们可以通过对成本函数求导并设为零向量的方式来直接计算出模型参数，然后运用我们之前所学的规则来检验函数极小值的条件是否符合。

成本函数关于参数向量 θ 的梯度计算结果如下：

$$\nabla C(\theta)=2X^{\mathrm{T}}(X\theta-Y)$$

设 $\nabla C(\theta)=0$，我们得到 $X^{\mathrm{T}}X\theta=X^{\mathrm{T}}Y \Rightarrow \hat{\theta}=(X^{\mathrm{T}}X)^{-1}X^{\mathrm{T}}Y$。

如果仔细观察这个线性回归问题的解，那么可能会发现其中包含 X 的伪逆矩阵，即 $(X^{\mathrm{T}}X)^{-1}X^{\mathrm{T}}$。这是因为线性回归参数向量可以看作为等式 $X\theta=Y$ 的解，这里的 X 是一个 $m\times n$的长方阵（$m>n$）。

上述 $\hat{\theta}$ 的表达式是模型参数的闭式解。我们可以用这个推导出来的 $\hat{\theta}$，为新的数据点 x_{new}预测房屋价格$\hat{\theta}^{\mathrm{T}}x_{\text{new}}$。

为大型数据集计算 $X^{\mathrm{T}}X$ 的逆矩阵的成本是非常高的，它需要消耗大量的内存。另外，有些情况下矩阵 $X^{\mathrm{T}}X$ 是奇异矩阵，因此其逆矩阵并不存在。所以，我们需要另外的方法来代替它，并且得到极小值点。

在构建完线性回归模型之后，我们需要验证训练数据点的剩余误差（Residual error）分布。误差应该近似于平均值为0且方差为有限值的正态分布。QQ 图可以绘制误差分布的实际分位值以及误差分布的理论分位值，它可以用来检验残差（Residual）遵循正态分布的假设是否成立。

2. 向量空间下的线性回归

解决线性回归问题的核心在于计算参数向量 θ，使得 $X\theta$ 尽可能地接近输出向量 Y。$X\in\mathbb{R}^{m\times n}$是数据矩阵，它也可以认为是 n 个列向量 $c_i\in\mathbb{R}^{m\times 1}$堆叠在一起，就像这样：

$$X=[c_1,c_2,\cdots,c_n]$$

列空间的维度是 m，而列向量数量为 n。因此，列向量最多能张成 m 维向量空间下的一个 n 维子空间。子空间如图 1-33 所示。尽管它看起来像二维表面，但是我们要将它想象成一个 n 维空间。以参数向量的对应元素为系数，矩阵 X 中列向量的线性组合如下：

$$X\theta=\theta_1c_1+\theta_1c_1+\cdots+\theta_nc_n$$

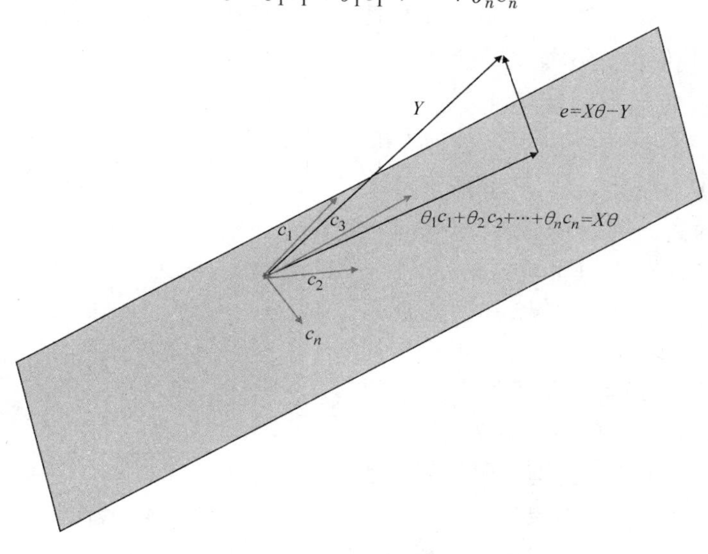

图 1-33　向量空间下的线性回归

因为 $X\theta$ 不过是矩阵 X 的列向量的线性组合，所以 $X\theta$ 与列向量 $c_i, \forall i=\{1,2,3,\cdots,n\}$ 所张成的子空间同在一个维度中。

现在实际的目标向量 Y 在矩阵 X 的列向量所张成的子空间之外，因此无论将什么 θ 与 X 相结合，$X\theta$ 永远不会与 Y 相等，甚至根本都不可能在同一个方向上。两者之间总是会存在一个非零误差向量 $e=Y-X\theta$。

既然我们已经知道了里面存在误差，那么我们需要研究如何减小误差的 l^2 范数。为了最小化误差向量的 l^2 范数㊀，误差向量 e 必须和预测向量 $X\theta$ 相垂直（正交）。由于 $e=Y-X\theta$ 垂直于 $X\theta$，那么它也必须垂直于那个子空间内的所有向量。

所以，矩阵 X 所有列向量与误差向量 $Y-X\theta$ 的点积必须为 0，具体如下：

$$c_1^{\mathrm{T}}[Y-X\theta]=0, c_2^{\mathrm{T}}[Y-X\theta]=0,\cdots,c_n^{\mathrm{T}}[Y-X\theta]=0$$

这也可以写成矩阵形式：

$$[c_1c_2\cdots c_n]^{\mathrm{T}}[Y-X\theta]=0$$

$$\Rightarrow X^{\mathrm{T}}[Y-X\theta]=0\Rightarrow\hat{\theta}=(X^{\mathrm{T}}X)^{-1}X^{\mathrm{T}}Y$$

另外需要注意的是，只有当 $X\theta$ 是向量 Y 在矩阵 X 的列向量所张成的子空间内的投影时，误差向量才会与预测向量垂直。这个例子的目的是强调向量空间对于解决机器学习问题的重要性。

3. 分类

类似地，我们在分类问题中预测的不是连续变量的值，而是与输入特征向量相关联的类别标签。例如，我们可以根据一个顾客最近的付款记录、交易详情以及他的家庭人口和就业信息来尝试预测顾客是否可能拖欠资金。在这样的问题中，我们将使用刚才提到的那些特征作为输入数据，并且将顾客是否拖欠资金作为类别标签。基于此标记过的数据，我们可以构建一个分类器，它可以预测顾客是否会拖欠资金这一类别标签，或者我们能得到顾客是否会拖欠资金的概率。在这种情况下，此问题是具有两个类别的二元分类问题，即“拖欠”类和“非拖欠”类。当我们构建这样的分类器时，最小二乘法可能不会给我们理想的成本函数，因为我们试图猜测的是类别标签而不是连续变量。在分类问题上热门的成本函数通常是对数损失（成本）函数，它是一个基于最大似然和熵的成本函数，例如基尼熵（Gini Entropy）和香农熵（Shannon Entropy）。

具有线性决策边界的分类器称为线性分类器。决策边界是超平面或表面，它的作用是将不同的类别分隔开来。在线性决策边界中，这个用来分割的平面是一个超平面。

图 1-34 和图 1-35 所示分别为用于分割两个类别的线性和非线性决策边界。

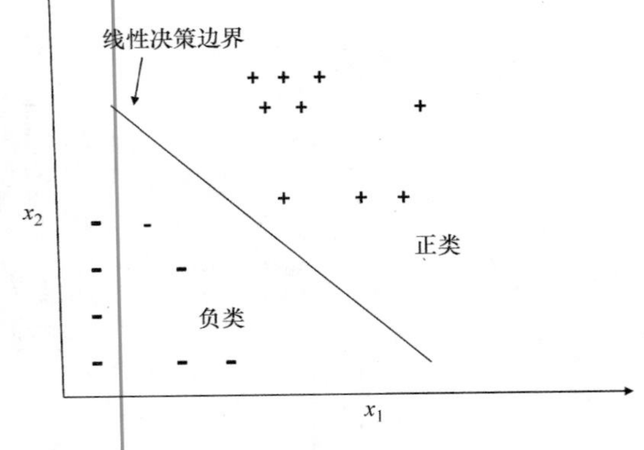

图 1-34 线性决策边界分类

㊀ 也就是点到（超）平面上一点的最短距离。——译者注

这里我想简单讲一下现在最简单最热门的分类器之一——Logistic 回归。目的是把分类问题中的对数损失函数是如何从最大似然法中得来的这个问题说清楚。

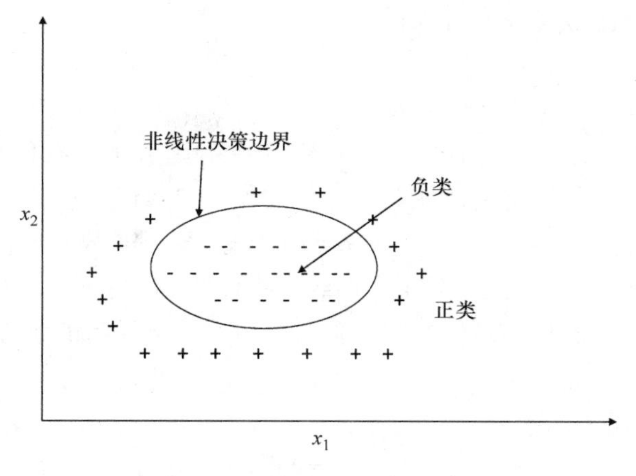

图 1-35　非线性决策边界分类

假如$(x^{(i)},y^{(i)})$是有标签的数据点，这里$x^{(i)}\in\mathbb{R}^{n\times 1}$，$\forall i=\{1,2,\cdots,m\}$是输入向量，它包含常值特征值1作为它的一个元素；$y^{(i)}$是分类的标签。如果数据点对应的是曾经拖欠过债务的顾客，那么$y^{(i)}$的值为1，而如果其对应的是曾经没有拖欠过债务的顾客，那么$y^{(i)}$的值为0。输入向量$x^{(i)}$的元素可以表示为

$$x^{(i)}=[1x_0^{(1)}\quad x_1^{(1)}x_2^{(1)}x_3^{(1)}]^{\mathrm{T}}$$

Logistic 回归通常是一个线性分类器，并且它使用了一个挤压函数，目的是将线性数值转化为概率。假设$\theta=[\theta_0,\theta_1,\theta_2,\cdots,\theta_n]^{\mathrm{T}}$是模型的参数，其中每个$\theta_j$，$\forall j=\{0,1,2,\cdots,n\}$代表与输入向量$x$的第$j$个特征$x_j$对应的模型参数元素。

θ_0是偏差项。在线性回归中，偏差就是输出函数在y轴上的截距。我们随后将介绍这个偏差项对于 Logistic 回归（以及其他线性分类器）的意义。

点积$\theta^{\mathrm{T}}x$决定了给定数据点有多大可能性归于正类或负类。对于当前的问题，正类代表拖欠过债务的顾客，而负类代表从未拖欠过债务的顾客。那么在给定输入和模型变量的条件下，顾客拖欠债务的可能性表示为

$$P(y=1|x,\theta)=1/(1+\exp(-\theta^{\mathrm{T}}x))=p$$

$$P(y=0|x,\theta)=1-1/(1+\exp(-\theta^{\mathrm{T}}x))=\exp(-\theta^{\mathrm{T}}x)/(1+\exp(-\theta^{\mathrm{T}}x))=q$$

现在，让我们来看对于不同的$\theta^{\mathrm{T}}x$值，它们所对应的概率：

- 在$\theta^{\mathrm{T}}x=0$时，正类的概率为1/2。
- 当$\theta^{\mathrm{T}}x>0$时，正类的概率大于1/2且小于1。
- 当$\theta^{\mathrm{T}}x<0$时，正类的概率大于0且小于1/2。
- 当$\theta^{\mathrm{T}}x$为正且充分大，即$\theta^{\mathrm{T}}x\to\infty$，正类的概率$\to 1$。
- 当$\theta^{\mathrm{T}}x$为负且充分小，即$\theta^{\mathrm{T}}x\to-\infty$，正类的概率$\to 0$。

这种概率公式的好处在于它将值始终保持在0~1之间，这在线性回归中是不可能的。而且，它给出的不是实际的类，而是连续的概率。因此，我们可以根据当前的问题来定义分隔类别的阈值。

这样的概率模型函数称为 Logistic 或 Sigmoid 函数。它的梯度光滑连续，这样在数学上便于训练模型。

如果我们观察得仔细，那么就会发现对于每个训练样本，顾客类别y遵循我们之前讲过的伯努利分布。对于每个数据点来说，$y^{(i)}|x^{(i)}\sim\mathrm{Bernoulli}(1,p_i)$。基于伯努利分布的概率质

量函数，我们可以得到

$$P(y^{(i)}|x^{(i)},\theta)=(1-p_i)^{1-y^{(i)}}$$

式中，$p_i=1/(1+\exp(-\theta^{\mathrm{T}}x))$。

现在，如何来定义我们的成本函数呢？我们可以计算在给定模型参数条件下的数据似然，并且得到能使其最大化的模型参数值。让我们将似然记作 L，它的表达式如下：

$$L=P(\text{数据}|\text{模型参数})=P(D^{(1)}D^{(2)}\cdots D^{(m)}|\theta)$$

式中，$D^{(i)}$代表第 i 个训练样本$(x^{(i)},y^{(i)})$。

假设训练样本都是独立的，在给定模型的条件下，L 可以按照如下方式分解：

$$\begin{aligned}L&=P(D^{(1)}D^{(2)}\cdots D^{(m)}|\theta)\\&=P(D^{(1)}|\theta)P(D^{(2)}|\theta)\cdots P(D^{(m)}|\theta)\\&=\prod_{l=1}^{m}P(D^{(i)}|\theta)\end{aligned}$$

我们可以对等式两边取对数，将概率乘积转换为概率对数之和。另外，由于（自然）对数函数是单调递增的，所以 L 和 $\log L$ 极大值点相同，因此优化算法保持不变。

对于等式两边取对数，我们得到

$$\log L=\sum_{i=1}^{m}\log P(D^{(i)}|\theta)$$

式中，$P(D^{(i)}|\theta)=P((x^{(i)},y^{(i)}|\theta)=P(x^{(i)}|\theta)P(y^{(i)}|x^{(i)},\theta)$。

我们不考虑单一数据点的概率，即 $P(x^{(i)}|\theta)$，并且假设模型中所有训练数据中的数据点都有相等的可能性。所以，$P(D^{(i)}|\theta)=kP(y^{(i)}|x^{(i)},\theta)$，这里 k 是一个常数。

对于等式两边取对数，我们得到[㊀]

$$\log P(D^{(i)}|\theta)=\log k+y^{(i)}\log p_i+(1-y^{(i)})\log(1-p_i)$$

对于所有数据点求和，我们得到

$$\log L=\sum_{i=1}^{m}\log k+y^{(i)}\log p_i+(1-y^{(i)})\log(1-p_i)$$

我们需要将 $\log L$ 最大化以得到模型参数 θ。最大化 $\log L$ 就等同于最小化 $-\log L$。我们可以将 $-\log L$ 作为 Logistic 回归的成本函数，并将它最小化。另外，我们可以去掉求和中的 $\log k$ 项，因为它是一个常数，并且模型参数的极小值与它无关。如果我们将成本函数表示为 $C(\theta)$，那么我们得到

$$C(\theta)=\sum_{i=1}^{m}-y^{(i)}\log p_i-(1-y^{(i)})\log(1-p_i)$$

式中，$p_i=1/(1+\exp(-\theta^{\mathrm{T}}x))$。

$C(\theta)$是一个关于 θ 的凸函数，我们建议读者运用之前在 1.2 节中所学的规则去验证这一点。我们运用常见的优化算法将 $C(\theta)$最小化。

㊀ 这里作者将分类表达式合并成一个式子。——译者注

4. 超平面和线性分类器

在某种意义上，线性分类器与超平面相关，因此搞清两者之间的关系是很有意义的。其实，学习一个线性分类器就是学习一个能够分隔正负类别的超平面。

在 n 维向量空间内的超平面就是维度为 $n-1$ 的平面，它将 n 维向量空间分割为两块区域。一块区域由位于超平面上方的向量组成，另一块区域由位于超平面下方的向量组成。在二维向量空间内，直线充当上述超平面的角色。相似地，在三维矢量空间内，二维平面充当超平面的角色。

超平面由两个主要参数决定：①原点到该超平面的垂直距离，表示为偏差项 b'；②超平面的方向，如图 1-36 所示，由垂直于该超平面的单位向量 w 决定。

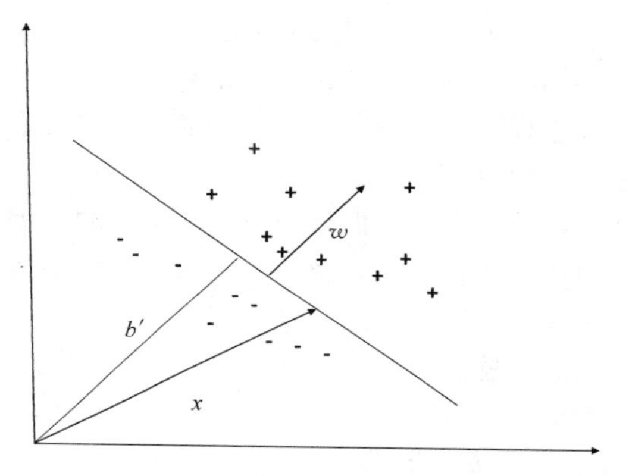

图 1-36　分隔两个类别的超平面

为了让向量 $x \in \mathbb{R}^{n\times 1}$ 处于超平面上，它在 w 方向上的投影必须和从原点到该超平面的距离相等，即 $w^{\mathrm{T}}x = b'$。所以，任何处于该超平面上的点必须符合 $w^{\mathrm{T}}x - b' = 0$ 这个条件。相似地，在超平面上方的点必须符合 $w^{\mathrm{T}}x - b' > 0$，超平面下方的点符合 $w^{\mathrm{T}}x - b' < 0$。

在线性分类器中，我们学习如何创立超平面模型，或者学习模型参数 w 和 b。向量 w 的方向通常是指向正类的。感知器（Perceptron）和线性 SVM 都是线性分类器。当然，SVM 和感知器学习超平面的方法截然不同，因此它们对于相同的训练数据，会得出不同的超平面。

即使是 Logistic 回归，它也是基于线性决策边界的。线性决策边界不过是一个超平面，并且在该超平面上的点（即符合 $w^{\mathrm{T}}x - b' = 0$ 的点）对于正类或负类都有 0.5 的概率。另外，Logistic 回归学习决策边界的方式与 SVM 和感知器模型的方式完全不同。

1.4.2　无监督学习

无监督学习算法旨在找出无标签数据集中的规律或内部结构。k – 均值聚类、高斯混合等都是无监督学习的算法。甚至像主成分分析（PCA）、奇异值分解（SVD）、自动编码器等的数据归约（Data – reduction）算法也属于无监督学习。

1.4.3　机器学习的优化算法

1. 梯度下降

梯度下降及其变体可能是机器学习和深度学习中使用最广泛的优化算法。它是一个迭代算法，以随机模型参数开始，并使用成本函数关于模型参数的梯度来确定模型参数应该更新的方向。

假如我们有一个成本函数 $C(\theta)$，这里的 θ 代表模型的参数。我们知道成本函数关于 θ 的梯度是函数 $C(\theta)$ 在 θ 处最快的增加方向。所以，如果我们要得到函数 $C(\theta)$ 在 θ 处最快的减小方向，那么它就是负的梯度。

模型参数 θ 在第 $t+1$ 次迭代的更新规则是

$$\theta^{(t+1)}=\theta^{(t)}-\eta\nabla C(\theta^{(t)})$$

式中，η 代表学习率，$\theta^{(t+1)}$ 和 $\theta^{(t)}$ 分别代表在第 $t+1$ 次迭代和第 t 次迭代的参数向量。

一旦成本函数通过这个迭代过程达到了极小值，理论上来说，成本函数在极小值点处梯度为0，因此 θ 就无法继续更新了。然而，因为计算机存在近似误差和其他缺陷，所以收敛于真正的极小值可能无法做到。因此，当我们认为已经达到极小值或至少足够接近极小值时，我们不得不想出其他办法来终止这个模型训练的迭代过程。我们通常使用的方法之一是检查梯度向量的幅度大小，如果它小于某个预先设定的微小量，比如说 ε，那么我们就停止迭代过程。另一种可以使用的简单方法是，在固定数量的迭代次数（例如1000）之后停止参数迭代更新。

学习率在梯度向量向极小值收敛的过程中扮演着重要的角色。如果学习率太大，收敛速度可能会更快，但是也有可能造成在极小值周围的严重振荡。一个较小的学习率可能会使达到极小值所需的时间增加，但是通常收敛过程中就不会有振荡现象。

为了验证梯度下降的可行性，假设我们的模型只有一个参数，并且成本函数为 $C(\theta)=(\theta-a)^2+b$。

如图1-37所示，在点 θ_1 处的梯度（在这里也就是导数）为正数，所以朝着梯度的方向移动，成本函数值会增加。而如果朝着负梯度（与梯度相反）的方向移动，那么成本函数值会减小。现在，我们再取梯度为负的点 θ_2 举例。如果我们用梯度方向来更新参数 θ，那么成本函数值会增加。朝负梯度方向移动可以确保我们向函数极小值靠近。一旦我们到达极小值点 $\theta=a$，那么梯度为0，因此就没有了继续更新 θ 的趋势。

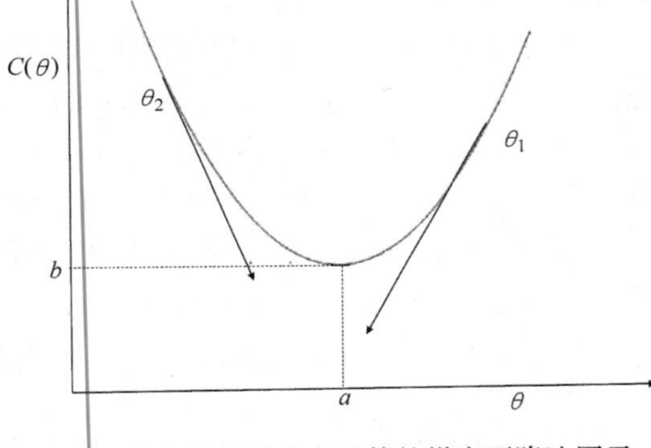

图1-37　单变量简单成本函数的梯度下降法图示

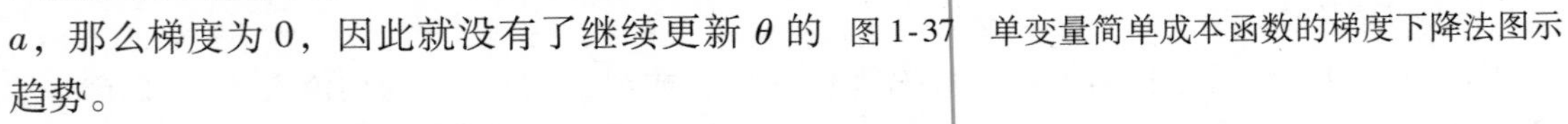

2. 多变量成本函数的梯度下降法

既然我们已经看到了单参数成本函数的图像，那么脑海中就应该对梯度下降法有些许的直觉了。下面让我们来讨论基于多个参数的成本函数，看看它的梯度下降法是什么样的。

我们先来看一个多变量函数的泰勒级数展开。多个变量可以表示为向量 θ，定义成本函数为 $C(\theta)$，这里 $\theta\in\mathbb{R}^{n\times1}$。

正如之前所提到的，泰勒级数关于点 θ 的展开式以矩阵形式可以表示为

$$C(\theta+\Delta\theta)=C(\theta)+\Delta\theta^{\mathrm{T}}\nabla C(\theta)+\frac{1}{2}\Delta\theta^{\mathrm{T}}H(\theta)\Delta\theta+\text{高阶项}$$

$\Delta\theta\rightarrow$向量 θ 的变化量

$\nabla C(\theta)\rightarrow C(\theta)$的梯度向量

$$H(\theta)\to C(\theta)\text{的海森矩阵}$$

假设在第 t 次梯度下降迭代中，模型参数为 θ，并且我们想要将 θ 更新为 $(\theta+\Delta\theta)$，使得 $C(\theta+\Delta\theta)<C(\theta)$。

假设函数在 θ 的邻域中是线性的，那么泰勒级数展开式为

$$C(\theta+\Delta\theta)=C(\theta)+\Delta\theta^{\mathrm{T}}\nabla C(\theta)$$

我们现在想选择一个 $\Delta\theta$，使得 $C(\theta+\Delta\theta)<C(\theta)$。

对于所有幅度大小相同的 $\Delta\theta$ 来说，与 $\nabla C(\theta)$ 方向相同的 $\Delta\theta$ 能使点积 $\Delta\theta^{\mathrm{T}}\nabla C(\theta)$ 最大化。但是，我们得到的是 $\Delta\theta^{\mathrm{T}}\nabla C(\theta)$ 的最大值，而我们需要的是最小值。因此，为了得到它的最小值，$\Delta\theta$ 的方向应该正好与 $\nabla C(\theta)$ 相反。换句话说，$\Delta\theta$ 应该和负梯度向量 $-\nabla C(\theta)$ 成正比，即

$$\Delta\theta\propto-\nabla C(\theta)$$

$\Rightarrow\Delta\theta=-\eta\nabla C(\theta)$，其中 η 是学习率

$\Rightarrow\theta+\Delta\theta=\theta-\eta\nabla C(\theta)$

$\Rightarrow\theta^{(t+1)}=\theta^{(t)}-\eta\nabla C(\theta^{(t)})$

这是梯度下降的一个非常著名的等式。为了可视化地看到梯度是如何朝着极小值方向下降的，我们需要对等值线以及等值线图有基本的理解。

3. 等值线和等值线图

假设我们有一个函数 $C(\theta)$，这里 $\theta\in\mathbb{R}^{n\times1}$。等值线是一条在 θ 向量空间内的直线或曲线，它所连接的点在函数 $C(\theta)$ 中都具有相同的数值。对于每个 $C(\theta)$ 不同的函数值，我们都有一条不同的等值线。

让我们来画一下函数 $C(\theta)=\theta^{\mathrm{T}}A\theta$ 的等值线，这里 $\theta=[\theta_1\theta_2]^{\mathrm{T}}\in\mathbb{R}^{2\times1}$，并且

$$A=\begin{bmatrix}7&2\\2&5\end{bmatrix}$$

将 $C(\theta)$ 的表达式展开，我们得到

$$C(\theta_1,\theta_2)=7\theta_1^2+5\theta_2^2+4\theta_1\theta_2$$

图1-38所示为成本函数的等值线图。

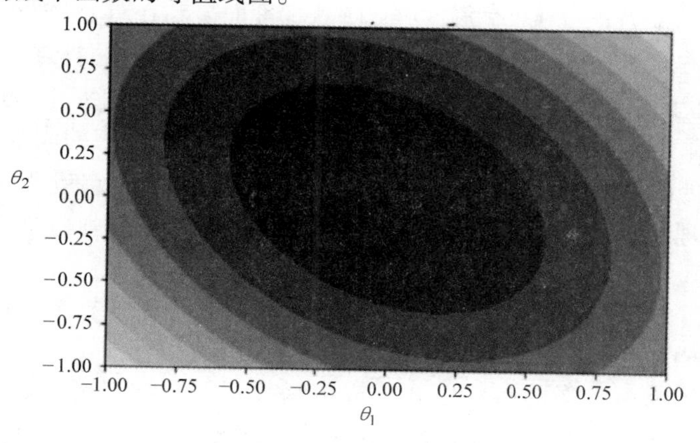

图1-38　等值线图

每个椭圆都是与一个函数 $C(\theta_1,\theta_2)$ 固定值对应的等值线。如果 $C(\theta_1,\theta_2)=a$，a 是常数，那么等式 $a=7\,\theta_1{}^2+5\,\theta_2{}^2+4\theta_1\theta_2$ 代表一个椭圆。

对于不同的常数 a 我们会得到不同的椭圆，如图 1-38 所示。所有在同一条等值线上的点都有相同的函数值。

既然我们知道了什么是等值线图，那么让我们在等值线图中看一下梯度下降的连续过程。假设我们的成本函数是 $C(\theta)$，这里 $\theta\in\mathbb{R}^{2\times1}$。图 1-39 所示为梯度下降的步骤。

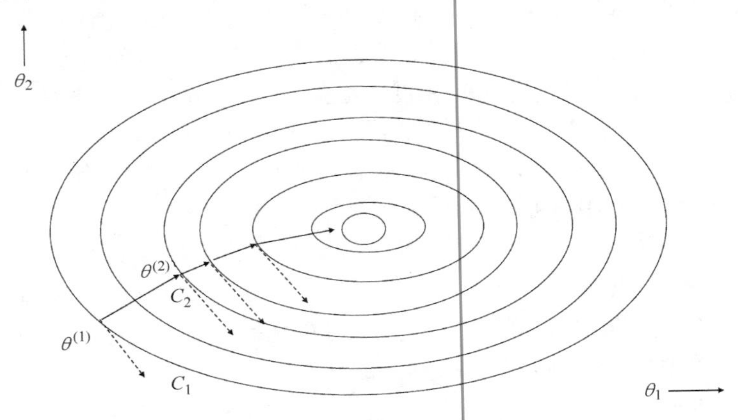

图 1-39　双变量成本函数的梯度下降步骤

如果最大的椭圆对应的成本常数为 C_1，假设当前 θ 正处于C_1 上的点 $\theta^{(1)}$ 处。

假设函数 $C(\theta)$关于点 θ 是线性的，那么成本函数 $C(\theta)$的变化量可以表示为

$$\Delta C\ (\theta)\ =\Delta\theta^{\mathrm{T}}\ \nabla C\ (\theta)$$

如果我们在同一条等值线上的两个非常靠近的点之间移动，那么 $\Delta C(\theta)=0$，因为所有在同一条等值线上的点都有相同的函数值。另外需要注意的是，当在同一条等值线上的两个点非常接近时，$\Delta\theta$ 就代表了等值线的切线（也就是图 1-39 中带箭头的虚线）。不要将这里的 $\Delta\theta$ 与梯度下降里的参数更新规则的 $\Delta\theta$ 搞混了。

$\Delta C(\theta)=0\rightarrow\Delta\theta^{\mathrm{T}}\ \nabla C(\theta)=0$，这基本上意味着梯度向量和在点 $\theta^{(1)}$ 处等值线C_1 的切线相互垂直。梯度向量方向向外（也就是向外指），而负梯度向量的方向向内（也就是向内指），正如图 1-39 中垂直于切线的带箭头的实线所示。取决于学习率的大小，这里我们移动到了点 $\theta^{(2)}$ 处，它在一条与先前不同的等值线C_2 上，这条等值线所代表的成本函数值小于C_1。这里我们要计算 $\theta^{(2)}$ 处的梯度向量，然后再重复与先前相同的操作。在若干次迭代之后使其最终到达极小值点，理论上来说，那时的梯度应该已经降为 0 了，因此就没有了继续更新 θ 的趋势。

4. 最速下降法

最速下降法是梯度下降法的一种，区别就是学习率不是常数而是在每次迭代中计算得出的，这样确保了通过梯度下降的参数更新使成本函数相对于学习速率达到最小值。换句话说，将每次迭代的梯度下降中的学习率优化到最佳值，这样就确保了梯度方向下降的速率达到极致。

以我们最普通的成本函数 $C(\theta)$ 为例来看看两次连续的迭代：第 t 次以及第（$t+1$）次迭代。在传统的梯度下降法中，我们的参数更新规则如下：

$$\theta^{(t+1)} = \theta^{(t)} - \eta \nabla C(\theta^{(t)})$$

所以，在第（$t+1$）次迭代的成本函数可以表示为

$$C(\theta^{(t+1)}) = C(\theta^{(t)} - \eta \nabla C(\theta^{(t)}))$$

为了将第（$t+1$）次迭代的成本函数关于学习率最小化，我们采取如下操作：

$$\frac{\partial C(\theta^{t+1})}{\partial \eta} = 0$$

$$\Rightarrow \nabla C(\theta^{(t+1)}) \frac{\partial[\theta^{(t)} - \eta \nabla C(\theta^{(t)})]}{\partial \eta} = 0$$

$$\Rightarrow -\nabla C(\theta^{(t+1)})^{\mathrm{T}} \nabla C(\theta^{(t)}) = 0$$

$$\Rightarrow \nabla C(\theta^{(t+1)})^{\mathrm{T}} \nabla C(\theta^{(t)}) = 0$$

所以，对于最速下降法来说，（$t+1$）处的梯度和 t 处的梯度点积为 0，这意味着每次迭代时的梯度向量要垂直于上一次迭代的梯度向量。

5. 随机梯度下降法

最速下降法和梯度下降两者都是全数据批量（Fullbatch）模型，即梯度的计算是基于整个训练数据集的。所以，假如数据集非常庞大的话，梯度的计算将会变得非常昂贵，并且对于内存的要求也很高。另外，假如数据集中包含很多冗余数据的话，那么基于全数据集来计算梯度是没有必要的，因为基于小批量数据就能计算出相似的梯度值。用于解决上述问题的最热门的算法叫作随机梯度下降。

随机梯度下降是一个用来将成本函数最小化的算法，它是基于梯度来实现的，但是它和传统的梯度下降法不同，它每一步的梯度是基于单一数据点计算出来的，而不是基于整个数据集。

假设我们的成本函数 $C(\theta)$ 是基于 m 个训练样本的。每一步的梯度下降不是基于 $C(\theta)$，而是基于 $C^{(i)}(\theta)$，这是基于第 i 个训练样本的成本函数。所以，如果我们将每次迭代的梯度向量画在图中，那么就会发现等值线的切线和梯度向量并不是垂直的，因为图中的梯度是基于 $C^{(i)}(\theta)$ 计算的，而不是基于整个数据集的成本函数 $C(\theta)$。

在每次迭代中，成本函数 $C^{(i)}(\theta)$ 用来计算梯度，并且我们用标准的梯度下降更新规则来更新模型参数向量 θ，直到我们遍历整个训练数据集。我们可以将整个数据集遍历多次以达到理想的收敛效果。

因为每次迭代中的梯度是基于单一数据点的而非整个训练数据集，所以通常它们是嘈杂的，并且可能迅速改变方向。这可能会导致在成本函数极小值附近的振荡（见图 1-40），所以在趋近于极小值附近时，学习率应该减小以便使参数向量更新减缓。随机梯度下降中的梯度计算比传统的更加廉价和快捷，所以梯度下降收敛的速率往往更快。

一个在随机梯度下降中非常重要的点是训练样本应该尽可能地随机。这能够确保随机梯度下降法在一段时间内对于模型参数的训练效果和传统的梯度下降法一致，因为随机样本更能代表完整的训练数据集。如果在每次随机梯度下降法的迭代中样本都是有偏见的，那么它

们就不能代表实际数据集，因此模型参数可能会朝着错误的方向更新，增加收敛时间。

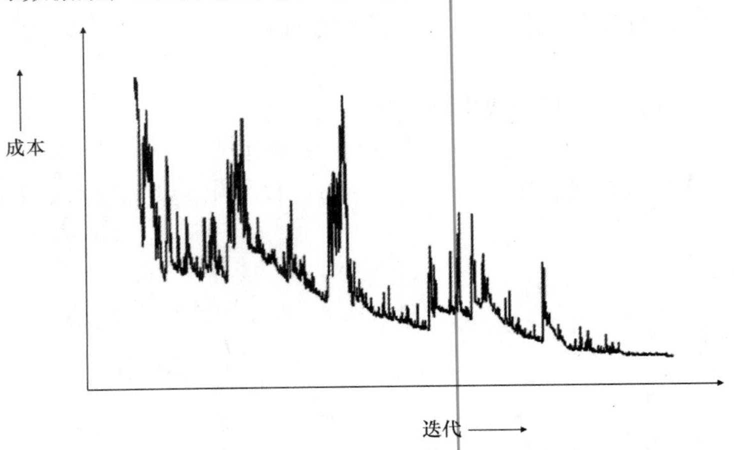

图 1-40　随机梯度下降迭代过程中成本函数值的波动

如图 1-41 所示，随机梯度下降每一步的梯度并不是与等值线垂直的，但是它们对于每一个训练样本的等值线（如果我们将它画出来）是垂直的。另外，由于梯度的波动性，所以在迭代过程中成本下降是嘈杂的。

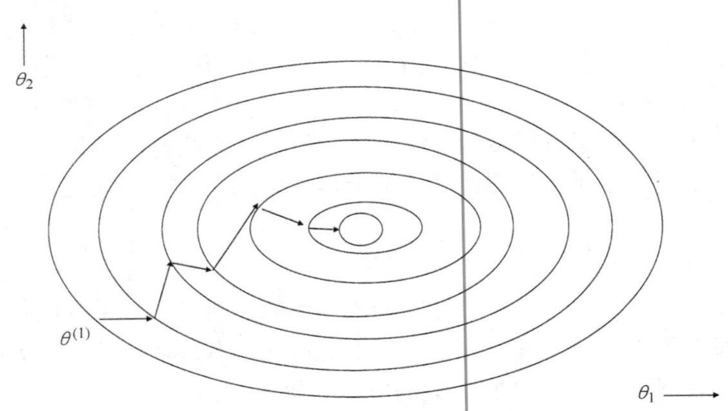

图 1-41　随机梯度下降法的参数更新

当我们用单一训练数据点来计算梯度时，计算的成本变得很低。另外，收敛速度加快，但是这同样也会带来弊端：

● 因为在每次迭代中，梯度基于的不是整个模型的成本函数，而是单一数据点的成本函数，所以梯度向量是非常嘈杂的。这导致函数无法向极小值处收敛，并且带来振荡的问题。

● 调节学习率变得非常重要，因为如果学习率过大，那么在向极小值收敛的过程中会带来振荡的问题。这就是由于嘈杂的梯度所导致的，所以如果说梯度在收敛处的估计值不是接近零的话，那么过大的学习率会更新模型变量使得函数错过极小值点，然后相似的情况会同样发生在极小值点另一侧。

● 由于梯度是嘈杂的，所以迭代更新之后的模型参数也同样是非常嘈杂的，因此我们需要在随机梯度下降中增加一些启发式的改变来决定其模型参数。这也带来了一个新的问题：什么时候停止训练。

全数据批量模型和随机梯度下降之间的折中是小批量方法，其中梯度既不基于整个训练数据集，也不基于单一数据点。相反，它使用一小批训练数据点来计算成本函数。大多数深度学习算法使用小批量方法进行随机梯度下降。梯度相对来说不太嘈杂，同时也不会造成许多内存限制，因为小批量的大小适中。

我们会在第 2 章中详细讲解小批量方法。

6. 牛顿法

在介绍用于优化成本函数至其极小值的牛顿法之前，让我们先来看一些梯度下降法的不足之处。

梯度下降法依赖于成本函数在两次相邻迭代中的线性特性，即在第（$t+1$）次迭代中的参数值可以由第 t 次迭代中的参数值朝着梯度向量的方向移动而得到，因为成本函数 $C(\theta)$ 从 t 到 $(t+1)$ 的路径是线性的，或者说它可以被一条直线连接。这是一个过于简化的假设，所以如果成本函数是过于非线性的，或存在曲率，那么梯度可能无法朝着正确的方向下降。为了对此有更直观的认识，让我们来看一个单变量成本函数在三种情况（线性、负曲率、正曲率）下的图（见图 1-42 ~ 图 1-44）。

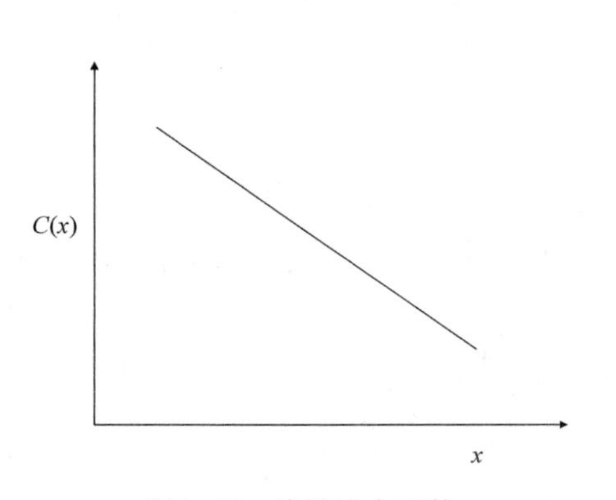

图 1-42　线性成本函数

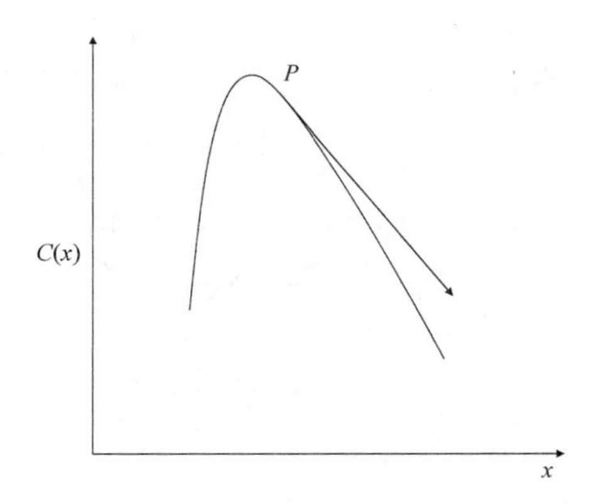

图 1-43　在点 P 处曲率为负数的成本函数

对于线性成本函数来说，如图 1-42 所示，负梯度是最好的接近极小值的方向，因为函数是线性的并且没有曲率。对于有负或正曲率的成本函数而言，分别如图 1-43 和图 1-44 所示，其导数给不了我们好的向极小值接近的方向，所以充分利用曲率很关键。除了导数之外，我们还需要海森矩阵。正如我们之前所看到的，海森矩阵不过就是函数二阶导数所组成的矩阵。它包含了函数曲率的信息，所以与简单的梯度下降相比，它将给我们更加精确的参数更新方向。

梯度下降法是一阶优化方法，而牛顿法是二阶优化方法，因为牛顿法除梯度外还使用了海森矩阵来充分利用成本函数曲率信息。

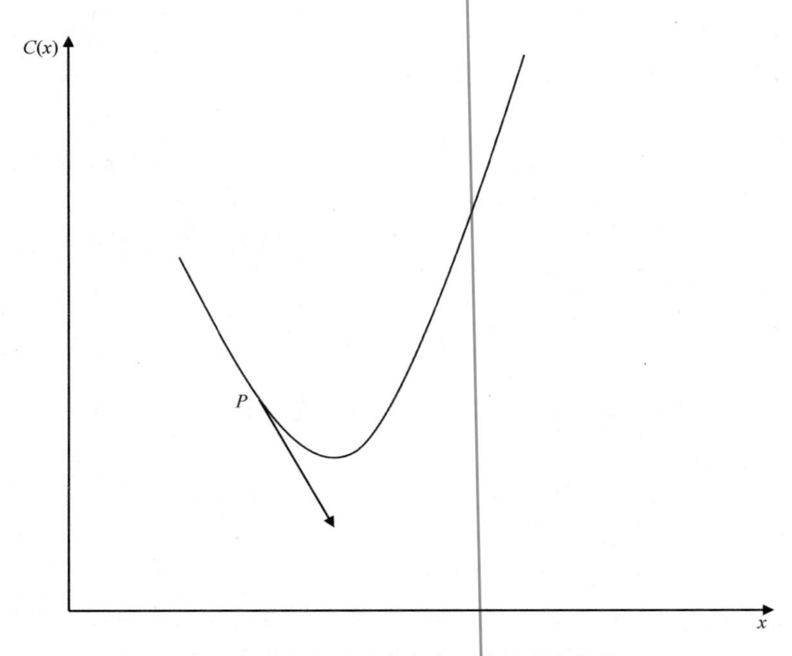

图 1-44　在点 P 处曲率为正数的成本函数

假设我们的成本函数是 $C(\theta)$，这里 $\theta \in \mathbb{R}^{n\times 1}$ 是一个 n 维模型参数向量。我们可以通过二阶泰勒级数展开式来估计成本函数 $C(\theta)$ 在 θ 邻域内的值：

$$C(\theta+\Delta\theta)=C(\theta)+\Delta\theta^{\mathrm{T}}\ \nabla C(\theta)+\frac{1}{2}\Delta\theta^{\mathrm{T}}H(\theta)\Delta\theta$$

式中，$\nabla C(\theta)$ 是梯度；$H(\theta)$ 是成本函数 $C(\theta)$ 的海森矩阵。

现在，如果 θ 是第 t 次迭代中的模型参数向量，并且 $(\theta+\Delta\theta)$ 是模型参数在第 $(t+1)$ 次迭代中的值，那么

$$C(\theta^{(t+1)})=C(\theta^{(t)})+\Delta\theta^{\mathrm{T}}\ \nabla C(\theta^{(t)})+\frac{1}{2}\Delta\theta^{\mathrm{T}}H(\theta^{(t)})\Delta\theta$$

式中，$\Delta\theta=\theta^{(t+1)}-\theta^{(t)}$。

对等式两边取关于 $\theta^{(t+1)}$ 的梯度，我们得到

$$\nabla C(\theta^{(t+1)})=\nabla C(\theta^{(t)})+H(\theta^{(t)})\Delta\theta$$

将 $\nabla C(\theta^{(t+1)})$ 设为 0，解得

$$\nabla C(\theta^{(t)})+H(\theta^{(t)})\Delta\theta=0$$
$$\Rightarrow\Delta\theta=-H(\theta^{(t)})^{-1}\nabla C(\theta^{(t)})$$

所以，牛顿法的参数更新法如下：

$$\Rightarrow\Delta\theta^{(t+1)}=\theta^{(t)}-H(\theta^{(t)})^{-1}\nabla C(\theta^{(t)})$$

牛顿法中没有学习率这个参数，但是也可以选择使用学习率，具体用法和梯度下降类似。因为牛顿法对于非线性成本函数优化的方向更好，所以比起传统的梯度下降法，牛顿法收敛到极小值所需要的迭代次数更少。需要注意的一点是，如果我们试图优化的成本函数是

二次函数，例如线性回归中的成本函数，那么牛顿法一步就能收敛到最小值。

然而，计算海森矩阵以及它的逆矩阵是非常昂贵的，甚至有时可能难以处理，尤其是当输入特征很多的时候。此外，有时可能甚至存在海森矩阵没有正确定义的函数。因此，对于大型机器学习和深度学习应用，我们要选择梯度下降，尤其是小批量随机梯度下降，因为它们的计算密集度相对较低，并且在数据量大的时候可以很好地扩展。

1.4.4 约束优化问题

在约束优化问题中，除了我们需要优化的成本函数之外，还有一堆我们需要遵循的约束。这些约束可能是等式，也有可能是不等式。

每当要最小化有等式约束的函数时，我们通常会使用拉格朗日公式。假设我们要在 $g(\theta)=0$ 的条件下最小化 $f(\theta)$，这里 $\theta\in\mathbb{R}^{n\times 1}$。对于这个约束优化问题，我们需要最小化函数 $L(\theta,\lambda)=f(\theta)+\lambda g(\theta)$。我们先计算函数 L 分别关于向量 θ 和 λ 的梯度，这里我们将它称为拉格朗日算子。将它们设为0后会得到我们所需要的 θ 值，这个 θ 能使 $f(\theta)$ 最小化并遵循其约束条件。λ 称为拉格朗日乘数。当约束条件有很多个时，我们需要将所有的约束都加上，对于每个约束条件使用不同的拉格朗日乘数。假设我们要在 m 个约束条件 $g_i(\theta)=0$，$\forall i\in\{1,2,3,\cdots,m\}$ 下最小化 $f(\theta)$，那么其拉格朗日算子可以表示为

$$L(\theta,\lambda)=f(\theta)+\sum_{i=1}^{m}\lambda_i g_i(\theta)$$

式中，$\lambda=[\lambda_1\lambda_2\cdots\lambda_m]^{\mathrm{T}}$。

为了最小化该函数，$L(\theta,\lambda)$ 关于 θ 和 λ 两者的梯度向量必须为零向量，即

$$\nabla_\theta(\theta,\lambda)=0$$
$$\nabla_\lambda(\theta,\lambda)=0$$

上述的方法无法直接运用于不等式的约束条件问题。那么对于这种情况，我们可以使用一种更加广泛的方法，它称为库恩塔克（Karush Kahn Tucker）方法。

假设我们想要最小化的成本函数是 $C(\theta)$，这里 $\theta\in\mathbb{R}^{n\times 1}$。此外还有 k 个对于参数 θ 的约束条件：

$$f_1(\theta)=a_1$$
$$f_2(\theta)=a_2$$
$$f_3(\theta)\leqslant a_3$$
$$f_4(\theta)\geqslant a_4$$
$$\vdots$$
$$f_k(\theta)=a_k$$

这个问题就是约束优化问题，因为这些都是 θ 必须遵循的约束。每个不等式都可以转换为一个标准形式，这个标准形式就是一个特定的函数小于等于0。例如：

$$f_4(\theta)\geqslant a_4\Rightarrow -f_4(\theta)\leqslant -a_4\Rightarrow -f_4(\theta)+a_4\leqslant 0$$

假设每个小于等于0的约束表示为 $g_i(\theta)$。另外，假设我们还有一些等式 $e_j(\theta)$。这样的最小化问题可以通过库恩塔克版本的拉格朗日公式来解决。

我们现在最小化的不是 $C(\theta)$，而是新构造的成本函数 $L(\theta,\alpha,\beta)$：

$$L(\theta,\alpha,\beta) = C(\theta) + \sum_{i=1}^{k_1} \alpha_i g_i(\theta) + \sum_{j=1}^{k_2} \beta_j e_j(\theta)$$

这些标量 $\alpha_i, \forall i \in \{1,2,3,\cdots,k_1\}$ 以及 β_j，$\forall j \in \{1,2,3,\cdots,k_2\}$ 称为拉格朗日乘数，并且它们共有 k 个，对应着 k 个约束条件。所以，我们将约束最小化问题转化为了没有约束的最小化问题。

为了解决这个问题，库恩塔克条件必须在极小值点处满足。

- 函数 $L(\theta,\alpha,\beta)$ 关于 θ 的梯度必须等于零向量，即

$$\nabla_\theta(\theta,\alpha,\beta) = 0$$

$$\Rightarrow \nabla_\theta C(\theta) + \sum_{i=1}^{k_1} \alpha_i \nabla_\theta g_i(\theta) + \sum_{j=1}^{k_2} \beta_j \nabla_\theta e_j(\theta) = 0$$

- 函数 $L(\theta,\alpha,\beta)$ 关于 β 的梯度，也就是与等式条件对应的拉格朗日乘数向量，它也必须等于零：

$$\nabla_\beta(\theta,\alpha,\beta) = 0$$

$$\Rightarrow \nabla_\beta C(\theta) + \sum_{i=1}^{k_1} \alpha_i \nabla_\beta g_i(\theta) + \sum_{j=1}^{k_2} \beta_j \nabla_\beta e_j(\theta) = 0$$

- 在极小值点处，不等式条件必须都变成等式条件。另外，不等式的拉格朗日乘数应为非负数：

$$\alpha_i g_i(\theta) = 0, \alpha_i \geqslant 0 \quad \forall i \in \{1,2,\cdots,k_1\}$$

上述条件的解就是原约束优化问题的极小值点。

1.5 机器学习中的几个重要主题

在本节中，我们将会讨论一些与机器学习非常相关的重要主题。它们背后都蕴藏着十分深厚的数学理论。

1.5.1 降维方法

主成分分析（PCA）和奇异值分解（SVD）都是机器学习领域中最常用的降维方法。我们将在某种程度上讨论这些方法。请注意，这些数据归约算法都基于线性相关性，不涵盖非线性相关性，例如共偏度、共峰度等。我们将在本书的后半部分讨论一些基于人工神经网络的降维方法，例如自编码器等。

1. 主成分分析（PCA）

主成分分析是一种降维方法，它理论上本应该在 1.1 节中讨论。然而，为了让大家更容易掌握它背后的数学原理，我有意将它放在了约束优化问题之后。图 1-45 所示为一张二维数据图。正如我们看到的，最大方差的方向既不是沿着 x 轴，也不是沿着 y 轴，而是沿着两者之间的某一方向。所以，如果我们将数据投影到最大方差的方向，那么它就能涵盖绝大部分数据的变化性。另外，剩余的方差可以忽略为噪声。

在 x 轴方向和 y 轴方向上的数据是高度相关的（见图 1-45）。协方差矩阵会提供减少数

据冗余所需要的信息。我们现在将注意力从 x 轴和 y 轴方向转移至 a_1 方向，这是方差最大的方向。

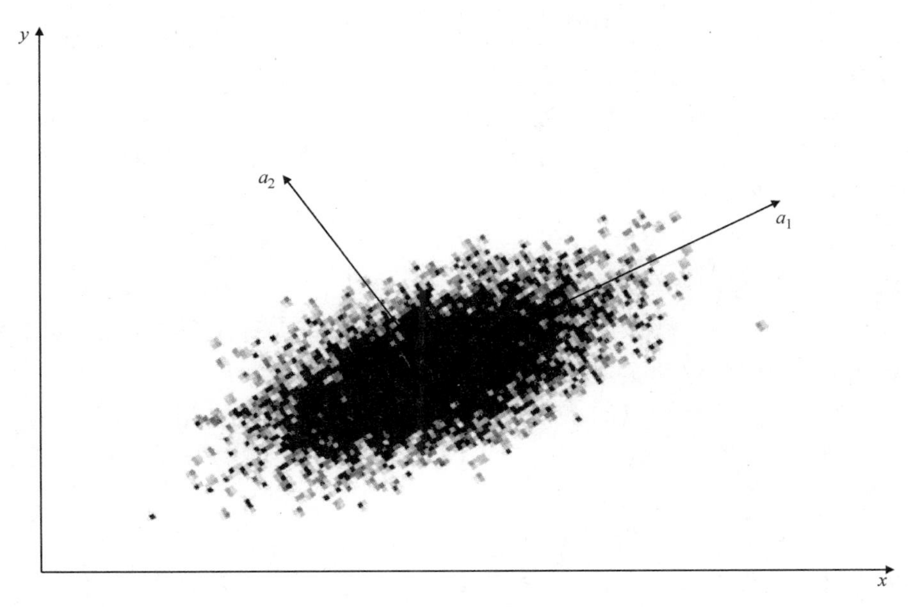

图1-45　具有相关性的二维数据。a_1 和 a_2 是两个方向，沿着这两个方向上的数据是不相关的，也称为主成分

现在让我们来做一些数学计算，假设我们没有这个图，并且我们只有 m 个样本 $x^{(i)} \in \mathbb{R}^{n\times 1}$。

为了减小方差，我们要在 n 维平面中找到独立的方向。独立的方向是指两个方向之间的协方差为0。假设 a_1 是沿着数据方差最大值方向的单位向量。我们先要减去数据的平均值向量来让数据以原点为中心。将 μ 记作数据向量 x 的平均值向量，即 $E[X]=\mu$。

向量 $(x-\mu)$ 在 a_1 方向上的成分就是 $(x-\mu)$ 在 a_1 方向上的投影，将它记作 z_1。

$$z_1 = a_1^{\mathrm{T}}(x-\mu)$$

$\mathrm{var}(z_1)=\mathrm{var}[a_1^{\mathrm{T}}(x-\mu)]=a_1^{\mathrm{T}}\mathrm{cov}(x)a_1$，这里 var 代表方差，$\mathrm{cov}(x)$ 代表协方差矩阵。

对于给定数据点，方差是关于 a_1 的函数。所以，我们需要在 a_1 是单位向量的条件下最大化方差：

$$a_1^{\mathrm{T}}a_1=1 \Rightarrow a_1^{\mathrm{T}}a_1-1=0$$

所以，我们可以将需要最大化的函数表示为 $L(a_1,\lambda)=a_1^{\mathrm{T}}\mathrm{cov}(x)a_1-\lambda(a_1^{\mathrm{T}}a_1-1)$，这里 λ 是拉格朗日乘数。

为了计算极大值，我们将 L 关于 a_1 的梯度设为0，我们得到

$$\nabla L = 2\mathrm{cov}(x)a_1-2\lambda a_1=0 => \mathrm{cov}(x)a_1=\lambda a_1$$

我们可以看到这个是我们之前学过的内容。向量 a_1 不过是协方差矩阵的特征向量，并且 λ 是它所对应的特征值。

现在，将它代入方差的表达式，我们得到

$$\mathrm{var}(z_1) = a_1^{\mathrm{T}}\mathrm{cov}(x)a_1 = a_1^{\mathrm{T}}\lambda a_1 = \lambda a_1^{\mathrm{T}}a_1 = \lambda$$

因为沿着 a_1 方向上的方差是它自己的特征值，所以与最大特征值对应的特征向量，或者说最大方差的方向，就是第一个主成分。

现在，我们来计算它的第二个主成分，或者说在 a_1 之后的最大方差的方向。

假设第二个主成分的方向由单位向量 a_2 表示。由于我们所要寻找的是正交成分，所以 a_2 的方向需要和 a_1 垂直。

数据沿着 a_2 的投影可以表示为变量 $z_2 = a_2^{\mathrm{T}}(x-\mu)$。

因此，数据沿着 a_2 的方差为 $\mathrm{var}(z_2) = \mathrm{var}[a_2^{\mathrm{T}}(x-\mu)] = a_2^{\mathrm{T}}\mathrm{cov}(x)a_2$。

我们必须在 $a_2^{\mathrm{T}}a_2 = 1$ 的条件下最大化 $\mathrm{var}(z_2)$，因为 a_2 是一个单位向量，并且我们还需确保的是 $a_2^{\mathrm{T}}a_1 = 0$，因为 a_2 和 a_1 垂直。

我们需要最大化如下函数 $L(a_2,\alpha,\beta)$ 关于参数 a_2，α，β：

$$L(a_2,\alpha,\beta) = a_2^{\mathrm{T}}\mathrm{cov}(x)a_2 - \alpha(a_2^{\mathrm{T}}a_2 - 1) - \beta(a_2^{\mathrm{T}}a_1)$$

对等式两边取关于 a_2 的梯度并将其设为零向量，我们得到

$$\nabla L = 2\mathrm{cov}(x)a_2 - 2\alpha a_2 - \beta a_1 = 0$$

将等式两边与向量 a_1 做点积，我们得到

$$2a_1^{\mathrm{T}}\mathrm{cov}(x)a_2 - 2\alpha a_1^{\mathrm{T}}a_2 - \beta a_1^{\mathrm{T}}a_1 = 0$$

${a_1}^{\mathrm{T}}\mathrm{cov}(x)a_2$ 是一个标量，并且可以表示为${a_2}^{\mathrm{T}}\mathrm{cov}(x)a_1$。

进一步简化之后我们得到 $a_2^{\mathrm{T}}\mathrm{cov}(x)a_1 = a_2^{\mathrm{T}}\lambda a_1 = \lambda a_2^{\mathrm{T}}a_1 = 0$。另外，$2\alpha a_1^{\mathrm{T}}a_2$ 等于 0，所以原等式只剩下了 $\beta a_1^{\mathrm{T}}a_1 = 0$。因为$a_1^{\mathrm{T}}a_1 = 1$，所以 β 一定等于 0。

将 $\beta = 0$ 代入表达式$\nabla L = 2\mathrm{cov}(x)a_2 - 2\alpha a_2 - \beta a_1 = 0$，我们得到

$$2\mathrm{cov}(x)a_2 - 2\alpha a_2 = 0，即\ \mathrm{cov}(x)a_2 = \alpha a_2$$

因此，第二个主成分也是协方差矩阵的一个特征向量，并且其特征值 α 必须是继 λ 之后的第二大特征值。以这样的方式，我们就能从协方差矩阵 $\mathrm{cov}(x) \in \mathbb{R}^{n\times n}$中获得 n 个特征向量，并且沿着每个特征向量（主成分）方向的方差表示为特征值。请注意，协方差矩阵总是对称的，并且特征向量相互正交，这能够确保方向之间都是独立的。

协方差矩阵总是半正定矩阵。

这是成立的，因为协方差矩阵的特征值代表方差，并且方差不会是负数。如果 $\mathrm{cov}(x)$是正定矩阵，即 $a^{\mathrm{T}}\mathrm{cov}(x)a > 0$，那么协方差矩阵所有的特征值都是正数。

图 1-46 所示为经过主成分分析变换后的数据。正如我们所看到的，主成分分析将数据以原点为中心，并且在主成分分析变换后的变量中去除了它们的相关性。

（1）主成分分析什么时候可用于数据规约

当在输入数据的不同维度之间存在很高的相关性，只有在很少的一些独立方向上的数据方差很大，并且其他方向上的数据方差并不显著时，我们可以使用主成分分析来保留大方差方向上的数据成分，并且让它们贡献绝大部分的方差，从而忽略剩余的数据。

（2）如何知道所选择的主要成分保留了多少方差

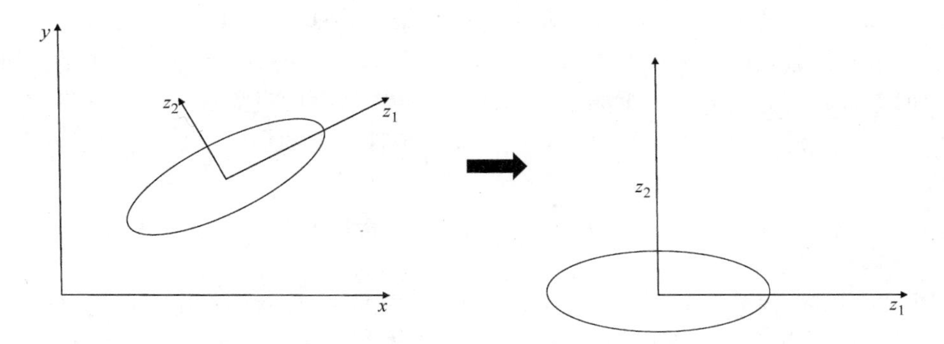

图1-46　主成分分析将数据以原点为中心，并且把数据沿着最大方差的方向投影。如果数据在 z_2 方向上的方差很小，沿着 z_2 的数据可以忽略

如果向量 z 代表输入向量 x 变换后的成分，那么 $\mathrm{cov}(z)$ 就是一个对角矩阵，它的对角线包含了 $\mathrm{cov}(x)$ 的特征值。

$$\mathrm{cov}(z)=\begin{bmatrix}\lambda_1 & \cdots & 0\\ \vdots & \lambda_2 & \vdots\\ 0 & \cdots & \lambda_n\end{bmatrix}$$

此外，假设特征值从大到小依次为 $\lambda_1>\lambda_2>\lambda_3>\cdots>\lambda_n$。

假设我们只保留前 k 个主成分，那么这样方差涵盖的百分比为

$$\frac{\lambda_1+\lambda_2+\lambda_3+\cdots+\lambda_k}{\lambda_1+\lambda_2+\lambda_3+\cdots+\lambda_k+\cdots+\lambda_n}$$

2. 奇异值分解（SVD）

奇异值分解是一种数据降维方法，它将矩阵 $A\in\mathbb{R}^{m\times n}$分解为三个矩阵的乘积，即 $A=USV^{\mathrm{T}}$，其中，$U\in\mathbb{R}^{m\times m}$并且由所有矩阵 AA^{T} 的特征向量组成；$V\in\mathbb{R}^{n\times n}$并且由所有矩阵 $A^{\mathrm{T}}A$ 的特征向量组成；$S\in\mathbb{R}^{m\times n}$并且由 k 个 $A^{\mathrm{T}}A$ 和 AA^{T} 的特征值的正平方根组成，这里 k 是矩阵 A 的秩。

矩阵 U 的所有列向量之间都是正交关系，因此它们组成一个正交基底。相似地，矩阵 V 的所有列向量也都组成一个正交基底：

$$U=[u_1\ u_2\cdots u_m]$$

式中，$u_i\in\mathbb{R}^{m\times 1}$是矩阵 U 的列向量。

$$V=[v_1v_2\cdots v_n]$$

式中，$v_i\in\mathbb{R}^{n\times 1}$是矩阵 V 的列向量。

$$S=\begin{bmatrix}\sigma_1 & \cdots & 0\\ \vdots & \sigma_2 & \vdots\\ 0 & \cdots & 0\end{bmatrix}$$

取决于矩阵 A 的秩，它的对角线上的元素为 σ_1，σ_2，$\cdots$，σ_k，对应着矩阵 A 的秩 k：

$$A=\sigma_1u_1v_1^{\mathrm{T}}+\sigma_2u_2v_2^{\mathrm{T}}+\cdots+\sigma_ku_kv_k^{\mathrm{T}}$$

σ_i，$\forall i \in \{1,2,3,\cdots,k\}$ 也称为奇异值，它们是矩阵 $A^{\mathrm{T}}A$ 和 AA^{T} 的特征值的正平方根，因此它们衡量的是数据的方差。每个 $\sigma_i u_i v_i^{\mathrm{T}}$，$\forall i \in \{1,2,3,\cdots,k\}$ 都是秩为 1 的矩阵。我们只能保留那些奇异值显著的秩为 1 的矩阵，这样能涵盖数据中很大百分比的方差。

如果只取了与前 p 个最大奇异值相对应的前 p 个秩为 1 的矩阵，那么结果数据中所保留的方差表示为

$$\frac{\sigma_1^2 + \sigma_2^2 + \sigma_3^2 + \cdots + \sigma_p^2}{\sigma_1^2 + \sigma_2^2 + \sigma_3^2 + \cdots + \sigma_p^2 + \cdots + \sigma_k^2}$$

图片可以用奇异值分解的方法来压缩。相似地，奇异值分解用在协同过滤（Collaborative filtering）中来将用户评分（User - rating）矩阵分解为两个包含用户向量和物品向量的矩阵。奇异值分解的矩阵表示为USV^{T}。用户评分矩阵 R 可以分解为

$$R = USV^{\mathrm{T}} = U S^{\frac{1}{2}} S^{\frac{1}{2}} V^{\mathrm{T}} = U' V'^{\mathrm{T}}$$

式中，U'是用户向量矩阵，它等于 $US^{\frac{1}{2}}$；V'是物品向量矩阵，它等于$S^{\frac{1}{2}} V^{\mathrm{T}}$。

1.5.2 正则化

在构建机器学习模型的过程中通常涉及推导适合训练数据的参数。如果模型很简单，那么该模型缺乏对数据变化的敏感性，并且存在高偏差。但是，如果模型太复杂，它会尝试尽可能多地对训练数据中的随机噪声的变化性建立模型。这虽然消除了简单模型所产生的偏差，但引入了高方差，即模型对于输入数据非常小的变化十分敏感。模型的高方差并不是一件好事，特别是如果数据中的噪声很大。在这种情况下，追求在训练数据上接近完美的模型在测试数据集上的表现往往不佳，这是因为该模型失去了很好的推广到新数据的能力。这样的模型高方差问题称为过拟合。

正如我们在图 1-47 中所看到的，我们有三个适合数据的模型（三条曲线）。接近水平的那条曲线的偏差度很高，而弯弯曲曲的那条曲线的方差很高。与水平方向成 45°角左右的直线既没有高方差也没有高偏差。

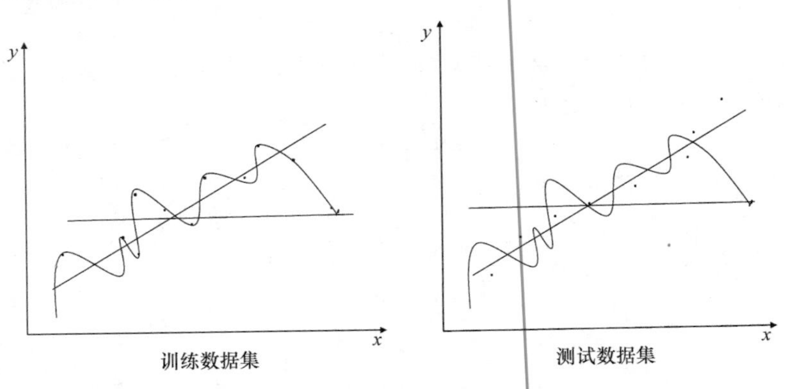

图 1-47　高方差和高偏差模型的示意图

高方差的模型在训练集上表现很好，但是在变化不大的测试集上表现仍然欠佳。图 1-47

中斜45°直线代表的模型可能无法完美贴合训练集，但是它在测试集中表现更好，因为该模型没有很高的方差。所以技巧就是构建一个偏差不高而且不是那么复杂的模型，这样的模型同时也能很好地对随机噪声建模。

对于高方差的模型来说，其模型参数的幅度大小都很大，因为模型对于数据中的小变化都十分敏感。为了解决这个由过拟合导致的高方差模型问题，我们通常使用的一个非常热门的方法叫作正则化。

具体来说，让我们看看之前的线性回归成本函数：

$$\begin{aligned} C(\theta) &= \|X\theta - Y\|_2^2 \\ &= (X\theta - Y)^{\mathrm{T}}(X\theta - Y) \end{aligned}$$

像我们之前所讨论的，高方差模型的模型参数幅度大小都很大。我们可以在成本函数 $C(\theta)$ 中放入额外的元素，使其在模型参数向量幅度很大的时候来提高成本，达到惩罚模型的目的。

所以，我们新的成本函数为 $L(\theta) = \|X\theta - Y\|_2^2 + \lambda\ \|\theta\|_2^2$，这里 $\|\theta\|_2^2$ 是模型参数向量的 l^2 范数的二次方。这个优化问题变成了

$$\theta^* = \underbrace{\text{Arg Min}\ L}_{\theta}\ (\theta) = \|X\theta - Y\|_2^2 + \lambda\ \|\theta\|_2^2$$

计算函数关于 θ 的梯度 ∇L，并将其设为0，我们最终得到 $\theta^* = (X^{\mathrm{T}}X + \lambda I)^{-1}X^{\mathrm{T}}Y$。

现在我们可以看到，因为在成本函数中多了 $\|\theta\|_2^2$ 这一项，模型参数向量的幅度没有之前那么大了，因为那将通过提高成本的方式惩罚这个模型。λ 决定了正则化项所占的权重。较大的 λ 会导致 $\|\theta\|_2^2$ 更小，因此模型会变得更加简单，但是容易产生高偏差或欠拟合。总体上来说，较小的 λ 就已经能对降低模型复杂度以及降低方差起到很好的作用了。λ 通常由交叉验证优化得出。

当 l^2 范数的二次方用于正则化项时，这样的优化方法称为 l^2 正则化。有时我们也会使用模型参数向量的 l^1 范数作为正则化项，那么这样的优化方法称为 l^1 正则化。应用于回归问题的 l^2 正则化称为岭回归（Ridge regression），而应用于回归问题的 l^1 正则化称为Lasso回归。

对于 l^1 正则化来说，之前的回归问题变成了

$$\theta^* = \underbrace{\text{Arg Min}\ L}_{\theta}\ (\theta) = \|X\theta - Y\|_2^2 + \lambda\ \|\theta\|_1$$

岭回归在数学上更加方便，因为它有闭式解，而Lasso回归就不存在一个闭式解。但是，Lasso回归对于极端值的处理相较于岭回归更加稳定。Lasso问题得出的通常是稀疏解，所以它更适合特征选择，尤其是在输入特征中存在中等至很高相关性的情况下。

1.5.3 约束优化问题中的正则化

我们现在不将正则化加入惩罚项，而是将它作为约束优化问题的条件，这个对于模型参数向量幅度大小的约束可以表示为小于或等于某个常数值。于是我们得到以下约束优化问题：

$$\theta^* = \mathrm{argmin}_\theta C(\theta) = \|X\theta - Y\|_2^2$$

约束条件：$\|\theta\|_2^2 \leqslant b$，这里 b 是一个常数。

我们可以通过建立拉格朗日公式来将这个约束最小化问题转化为没有约束的最小化问题，如下：

$$L(\theta,\lambda) = \|X\theta - Y\|_2^2 + \lambda(\|\theta\|_2^2 - b)$$

在库恩塔克条件下最小化拉格朗日成本函数算子，要点如下：

- 函数 L 关于 θ 的梯度，即 $\nabla_\theta L(\theta,\lambda)$ 必须为零向量。略去简化步骤后我们得到

$$\theta = (X^{\mathrm{T}}X + \lambda I)^{-1}X^{\mathrm{T}}Y \tag{1}$$

- 另外，在最优点处 $\lambda(\|\theta\|_2^2 - b) = 0$，并且 $\lambda \geqslant 0$。

如果我们加入正则化，即 $\lambda > 0$，那么

$$\|\theta\|_2^2 - b = 0 \tag{2}$$

正如我们在式（1）中所看到的，θ 是一个关于 λ 的函数。λ 必须调整到符合式（2）。

我们从式（1）中得到的解 $\theta = (X^{\mathrm{T}}X + \lambda I)^{-1}X^{\mathrm{T}}Y$ 和从 l^2 正则化中得到的相同。在机器学习应用中，拉格朗日乘数一般通过调整超参数以及交叉验证来优化，因为我们对于 b 如何取值毫无头绪。当我们取较小的 λ 值时，b 和 θ 范数的值都增大。而当我们取较大的 λ 值时，b 和 θ 范数的值都减小。

回到正则化问题上，成本函数中任何惩罚模型复杂度的成分都提供了正则化约束。在基于树的模型中，随着我们增加叶片节点的数量，树的复杂度也随之增加。我们可以在成本函数中添加一项，该项是基于树中叶片节点的数量，它也将提供正则化约束。同样地，对树的深度也可以做类似的处理。

甚至提前停止模型训练的过程也可以提供正规化约束。例如，在梯度下降法中，迭代次数越多，模型就越复杂，因为在每次迭代时梯度下降法都试图更进一步地降低成本函数值。我们可以基于某些标准提前停止模型训练过程，例如在迭代过程中成本函数在测试数据集上的函数值增加。每当在模型训练的迭代过程中，成本函数在训练集上的函数值减小而在测试集上的函数值增加时，这可能是过拟合开始的迹象，因此提前停止迭代学习是合理的。

每当训练数据小于模型需要学习的参数数量时，过拟合出现的可能性很高，因为模型将为很少的数据学习太多的规则，并且可能无法很好地将结果推广到更多还没遇到过的数据中。如果数据集与参数数量相比足够的话，那么模型所学到的规则将涵盖绝大部分全体数据，因此模型过拟合的可能性将会降低。

1.6 总结

在本章中，我们已经涉及了继续进行机器学习和深度学习所需的所有数学概念。我们仍然建议读者在业余时间阅读与这些科目相关的教科书，以便使概念更加清晰。本章只是一个很好的起点。在下一章中，我们将从人工神经网络和 TensorFlow 的基础知识开始讲解。

第 2 章
深度学习概念和 TensorFlow 介绍

2.1 深度学习及其发展

深度学习是从 20 世纪 40 年代就已经存在的人工神经网络发展而来的。神经网络是由称为人工神经元的处理单元组成的相互联系的网络，它们大致模仿了生物体大脑中的轴突。在生物神经元中，树突接收来自不同邻近神经元的输入信号，通常有超过 1000 个神经元。然后这些修改后的信号被传递给神经元的体细胞，这些信号汇总在一起，传递到神经元的轴突。如果接收到的输入信号超过指定的阈值，轴突将释放一个信号，这个信号将传递到其他神经元的邻近树突。图 2-1 所示为生物神经元的参考结构。

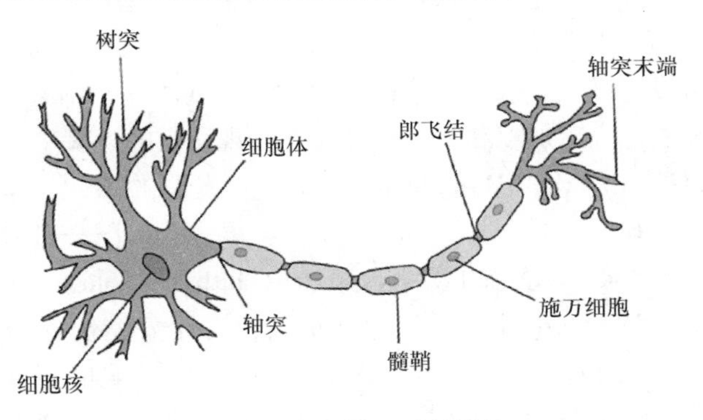

图 2-1 生物神经元的结构

人工神经元单元是受生物神经元的启发，并为了方便起见进行了一些修改。就像树突一样，神经元的输入连接携带着来自其他邻近神经元的衰减或放大的输入信号。这些信号被传递给神经元，神经元将输入信号汇总，然后根据接收到的总输入做出输出决定。例如，对于二元阈值神经元，当总输入超过预定义的阈值时，输出为 1，否则输出保持为 0。在人工神经网络中，还使用了其他几种类型的神经元，它们的实现方式只与产生神经元输出的总输入的激活函数有关。在图 2-2 中，不同的生物等效物标记在人工神经元上，便于类比和解释。

人工神经网络在 20 世纪 40 年代初就有很大的发展前景。我们将通过人工神经网络社区主要事件年表了解这个学科是如何随着时间的推移而发展的，以及在这个过程中面临的挑战。

● 两位电子工程师 Warren McCullogh 和 Walter Pitts 在 1943 年发表了与神经网络有关的文

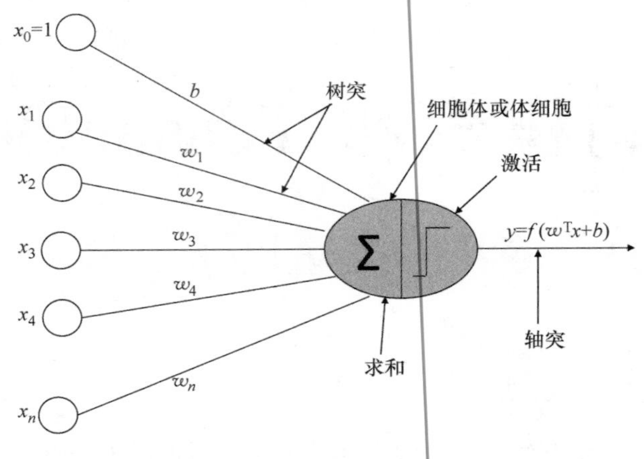

图 2-2　人工神经元的结构

章“A Logical Calculus of the IdeasImmanent in Nervous Activity”。该文章可以在 http://www.cs.cmu.edu/~epxing/Class/10715/reading/McCulloch.and.Pitts.pdf 中获取。他们的神经元有一个二元的输出状态，并且有两种类型的输入神经元：兴奋型输入和抑制型输入。所有神经元的兴奋型输入有相同的正的权重。如果神经元的所有输入是兴奋型的，并且总输入 $\sum_i w_i x_i > 0$，则神经元输出 1。在任一抑制型输入有效或 $\sum_i w_i x_i \leqslant 0$ 的情况下，输出 0。利用该逻辑，所有的布尔逻辑函数都可以通过一个或多个这样的神经元实现。这些网络的缺点是它们不能通过训练来学习权重。必须通过人工加权和组合神经元来实现所需的计算。

● 下一个重大事件是由 Frank Rosenblatt 在 1957 年发明的感知机（Perceptron）。他和合作者 Alexander Stieber 与 Robert H. Shatz 在标题为 *The Perceptron——A Perceiving and Recognizing Automaton* 的报告中记录了他们的发明，报告在 https://blogs.umass.edu/brain-wars/files/2016/03/rosenblatt-1957.pdf 中获取。感知机是在二元分类任务的动机下创建的。神经元的权重和偏差都可以通过感知机的学习规则来训练。权重可以是正数或负数。Frank Rosenblatt 强烈地声明了感知机模型的功能。不幸的是，并非所有这些功能都是真的。

● Marvin Minsky 和 Seymour A. Papert 在 1969 年写了一本名为 *Perceptrons: An Introduction to Computational Geometry* 的书，其中揭示了感知机学习算法的局限性，即使是在简单的任务中，例如用单个感知机来构造 XOR 布尔函数。人工神经网络社区的一部分人认为，Minsky 和 Papert 声明的局限性同样适用于所有神经网络，因此人工神经网络的研究几乎停止了十年，直到 20 世纪 80 年代。

● 在 20 世纪 80 年代，Geoffrey Hinton、David Rumelhart、Ronald Williams 等人对人工神经网络重新产生了兴趣，这主要是因为学习多层问题的反向传播方法和神经网络解决非线性分类问题的能力。

● 在 20 世纪 90 年代，V. Vapnik 和 C. Cortes 发明的支持向量机（Support Vector Machine，SVM）流行起来，因为神经网络没有扩到大规模问题。

● 人工神经网络于 2006 年更名为深度学习（Deep Learning），当时 Geoffrey Hinton 和其

他人引入了无监督的预训练和深度信念网络（Deep Belief Network）的想法。他们有关深度信念网络的工作发表在一篇题为“A Fast Learning Algorithm for Deep Belief Nets”的论文中。论文详见https://www.cs.toronto.edu/~hinton/absps/fastnc.pdf。

- 斯坦福大学的一个小组在2010年创建并发布了带标记的图片的大数据集ImageNet。
- 2012年，Alex Krizhevsky、Ilya Sutskever和Geoffrey Hinton赢得了ImageNet竞赛，实现了16%的错误率，而在最开始的两年里最好的模型有大约28%和26%的错误率。这是一场巨大的胜利。该解决方案的实现方法包含深度学习的多个方面，这些是当今任何深度学习实施的标准。
  - 图形处理单元（Graphical Processing Unit，GPU）用来训练模型。GPU非常善于做矩阵运算并能实现快速计算，因为它们有上千个核心可以用来做并行运算。
  - Dropout作为一种正则化技术用来减少过拟合。
  - 修正线性单元（Rectified Linear Unit，ReLU）用作隐藏层的激活函数。

图2-3展示了人工神经网络到深度学习的演变过程。ANN代表人工神经网络，MLP代表多层感知机，AI代表人工智能。

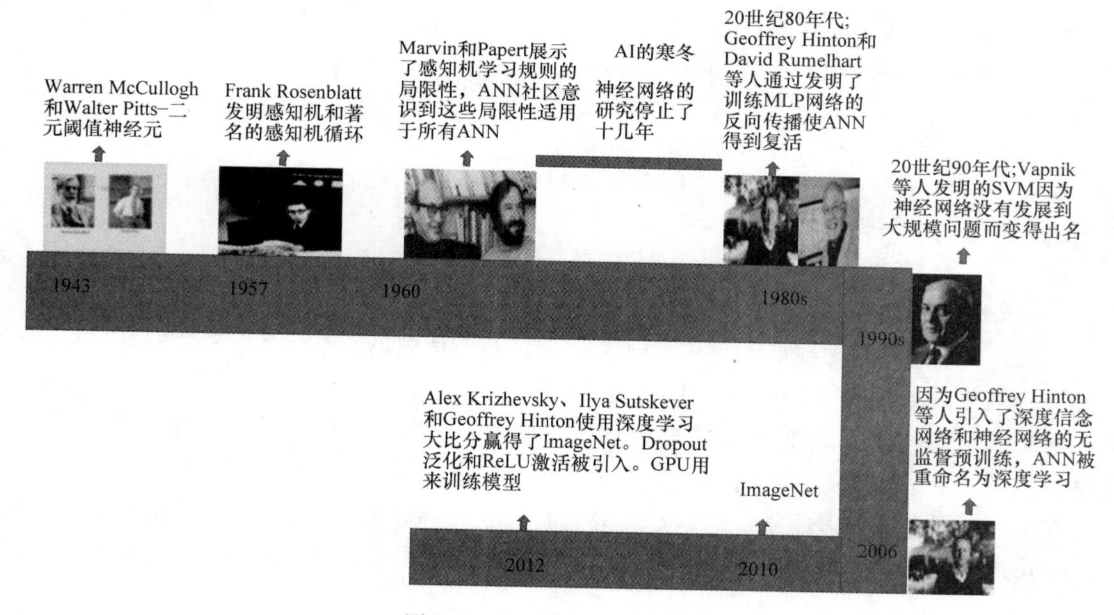

图2-3　人工神经网络的发展

2.2 感知机和感知机学习算法

虽然感知机学习算法能够做的事情很有限，但它们仍是我们如今看到的深度学习先进技术的先驱。因此，对感知机和感知机学习算法的详细研究是值得的。感知机是线性二元分类器，它使用超平面将这两类进行分离。感知机学习算法可以保证得到一组权重和偏差，以正确地对所有输入进行分类，不过前提是存在这样一组可行的权重和偏差。

感知机是一种线性分类器，正如我们在第 1 章中看到的，线性分类器通常通过构造一个能将正类和负类分开的超平面来实现二元分类。

超平面由垂直于超平面的单位权重向量$w' \in \mathbb{R}^{n\times 1}$和确定超平面与原点的距离的偏差项 b 来表示。向量$w' \in \mathbb{R}^{n\times 1}$用来指向正类。

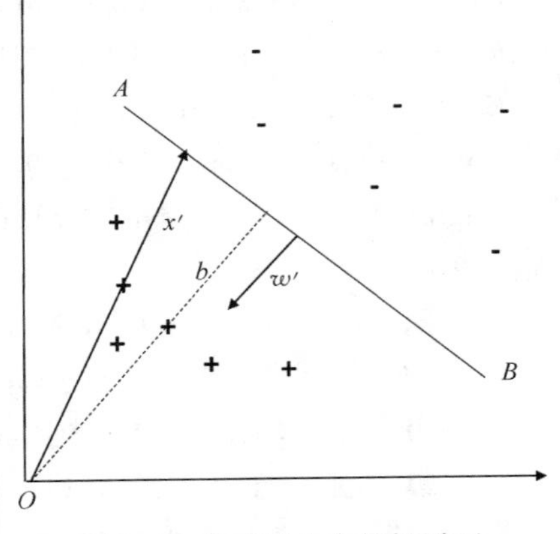

图 2-4　分离两个类的超平面

如图 2-4 所示，对于任何输入向量 $x' \in \mathbb{R}^{n\times 1}$，它与单位向量反向量 $w' \in \mathbb{R}^{n\times 1}$的点积将给出超平面距离原点的距离 b，因为 x'和 w'位于原点的相反侧。正式地，对于位于超平面上的点，

$$-w'^{\mathrm{T}}x' = b \Rightarrow w'^{\mathrm{T}}x' + b = 0$$

类似地，对于在超平面下方的点，例如，属于正类的输入向量 $x'_+ \in \mathbb{R}^{n\times 1}$，$x'_+$对 w'的投影的负数应该小于 b。所以，对于正类的点，

$$-w'^{\mathrm{T}}x' < b \Rightarrow w'^{\mathrm{T}}x' + b > 0$$

类似地，对于在超平面上方的点，例如，属于负类的输入向量 $x'_- \in \mathbb{R}^{n\times 1}$，$x'_-$ 对 w'的投影的负数应该大于 b。所以，对于负类的点，

$$-w'^{\mathrm{T}}x' > b \Rightarrow w'^{\mathrm{T}}x' + b < 0$$

总结前面的推理，我们可以得出如下结论：

● $w'^{\mathrm{T}}x' + b = 0$ 对应于超平面，所有位于超平面上的点 $x' \in \mathbb{R}^{n\times 1}$都满足该条件。通常，位于超平面上的点归为负类。

● $w'^{\mathrm{T}}x' + b > 0$ 对应于所有正类中的点。

● $w'^{\mathrm{T}}x' + b \leqslant 0$ 对应于所有负类中的点。

然而，对于感知机，我们不将权重向量 w'保持为单位向量而是任意一般的向量。在这种情况下，偏差 b 将不对应于超平面到原点的距离，但它将是到原点距离的缩放版本，缩放系数是向量的模或 l^2 范数，即$\|w'\|_2$。总结一下，如果 w'是垂直于超平面并且指向正类的一般向量，则 $w'^{\mathrm{T}}x + b = 0$ 仍表示超平面，其中 b 表示超平面到原点的距离乘以 w'的模。

在机器学习领域中，任务就是学习超平面的参数（即 w 和 b）。我们通常倾向于简化问题以省略掉偏差项，并将其作为 w 中的一个参数，与我们在第 1 章中讨论的常数输入特性相对应。

加上偏差后的新参数设为 $w \in \mathbb{R}^{(n+1)\times 1}$，加上常数项 1 的新输入特征向量为 $x \in \mathbb{R}^{(n+1)\times 1}$，其中

$$x' = [x_1 x_2 x_3 \cdots x_n]^{\mathrm{T}}$$

$$x = [1 x_1 x_2 x_3 \cdots x_n]^{\mathrm{T}}$$

$$w' = [w_1 w_2 w_3 \cdots w_n]^{\mathrm{T}}$$

$$w = [b w_1 w_2 w_3 \cdots w_n]^{\mathrm{T}}$$

通过前面的操作，我们已经在$\mathbb{R}^n$中确定了距离原点有一定距离，并且在向量空间$\mathbb{R}^{(n+1)}$

中经过原点的超平面。超平面现在仅由其权重参数向量 $w \in \mathbb{R}^{(n+1)\times 1}$ 确定，同时分类规则简化如下：

● $w^{\mathrm{T}}x=0$ 对应于超平面，并且所有在超平面上的点 $x \in \mathbb{R}^{(n+1)\times 1}$ 将满足该条件。

● $w^{\mathrm{T}}x>0$ 对应于正类中的所有点。这意味着分类现在仅由向量 w 和 x 之间的角度确定。如果输入向量与权重形成的角度在 $-90° \sim +90°$ 之间，则输出的类别为正。

● $w^{\mathrm{T}}x\leqslant 0$ 对应于负类中的所有点。在不同分类算法中对等号成立的条件处理方式不同。对于感知机，位于超平面上的点视为负类。

现在我们有了感知机学习算法所需要的一切。

设 $x^{(i)} \in \mathbb{R}^{(n+1)\times 1}, \forall i=\{1,2,\cdots,m\}$，表示 m 个输入特征向量，$y^{(i)} \in \{0,1\}, \forall i=\{1,2,\cdots,m\}$ 为对应的类别。

感知机学习算法如下：

1）第 1 步，从一组随机权重 $w \in \mathbb{R}^{(n+1)\times 1}$ 开始。

2）第 2 步，评估数据点的预测类别。对于一个输入数据点 $x^{(i)}$，如果 $w^{\mathrm{T}}x^{(i)}>0$ 则预测类别 $y_p^{(i)}=1$，否则 $y_p^{(i)}=0$。对于感知机分类器，位于超平面上的点一般视为负类。

3）第 3 步，按如下规则更新权重向量 w：

如果 $y_p^{(i)}=0$ 并且真实的类别为 $y^{(i)}=1$，则更新权重向量为 $w=w+x^{(i)}$。

如果 $y_p^{(i)}=1$ 并且真实类别为 $y^{(i)}=0$，则更新权重向量为 $w=w-x^{(i)}$。

如果 $y_p^{(i)}=y^{(i)}$，则不需要更新 w。

4）第 4 步，回到第 2 步处理下一个数据点。

5）第 5 步，当所有数据点被正确分类后停止。

如果存在可以将两个类别线性分开的权重向量 w，则感知机将只能正确地对这两个类别进行分类。在这种情况下，感知机收敛定理能保证其收敛。

2.2.1 感知机学习的几何解释

感知机学习的几何解释揭示了表示能分离正类和负类的超平面的权重向量 w。

让我们取两个数据点（$x^{(1)}$，$y^{(1)}$）和（$x^{(2)}$，$y^{(2)}$），如图 2-5 所示。进一步，让 $x^{(i)} \in \mathbb{R}^{3\times 1}$ 包含截距项的常量特征 1。同时，让我们取 $y^{(1)}=1$ 和 $y^{(2)}=0$（即数据点 1 属于正类，而数据点 2 属于负类）。

在输入特征向量空间中，权重向量确定了超平面。采用同样的方法，我们需要考虑权重空间中表示超平面的单个输入向量，以确定能正确分类数据点的可行权重向量集合。

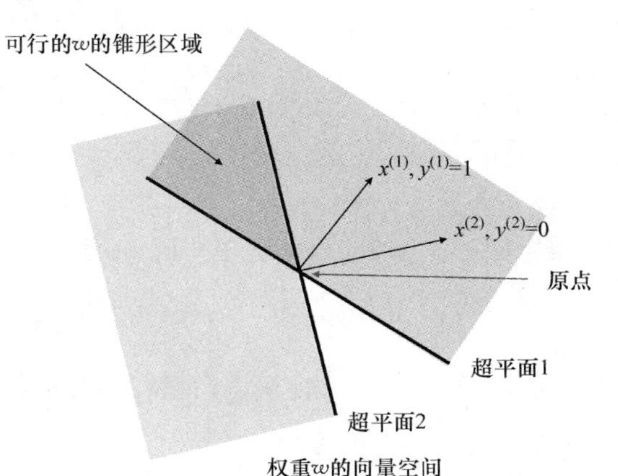

图 2-5 权重空间中的超平面和合理的权重向量集合

在图 2-5 中，超平面 1 由垂直于超平面 1 的输入向量 $x^{(1)}$ 确定。同样，因为偏差项视为权重向量 w 中的参数，所以超平面会经过原点。对于第一个数据点，$y^{(1)}=1$。如果 $w^{\mathrm{T}}x^{(1)}>0$，则对于第一个数据点的预测是准确的。与输入向量成 $-90° \sim +90°$ 之间的角度的所有权重向量都满足条件。它们构成了第一个数据点的可行权重向量集合，如图 2-5 中超平面 1 上方阴影区域所示。

类似地，超平面 2 由垂直于超平面 2 的输入向量 $x^{(2)}$ 确定。对于第二个数据点，$y^{(2)}=0$。如果 $w^{\mathrm{T}}x^{(2)}\leqslant 0$，则对于第二个数据点的预测是准确的。与输入向量成 $-90°\sim+90°$ 之间的角度的所有权重向量都满足条件。它们构成了第二个数据点的可行权重向量集合，如图 2-5中超平面 2 下方的阴影区域所示。

所以，满足所有数据点的权重向量集合为两个阴影区域的重合部分。重叠区域中的任何权重向量 w 将能够通过它们在输入向量空间中定义的超平面线性地分离两个数据点。

2.2.2 感知机学习的局限性

感知机学习规则只能在输入空间中类别可线性分离时才能分离类别。即使非常基础的异或（XOR）门逻辑都不能通过感知机学习规则来实现。

对于 XOR 逻辑，下面是输入和对应的输出标签或类别。

- $x_1=1$，$x_2=0$　$y=1$
- $x_1=0$，$x_2=1$　$y=1$
- $x_1=1$，$x_2=1$　$y=0$
- $x_1=0$，$x_2=0$　$y=0$

让我们初始化权重向量 $w\rightarrow[0\ 0\ 0]^{\mathrm{T}}$，其中权重向量的第一项对应于偏差项。类似地，所有输入向量的第一项都为 1。

1）对于 $x_1=1$，$x_2=0$，$y=1$，预测为 $w^{\mathrm{T}}x=[0\ 0\ 0]\begin{bmatrix}1\\1\\0\end{bmatrix}=0$。既然 $w^{\mathrm{T}}x=0$，则数据点应该分类为 0，这将和真实类别 1 不匹配。因此，根据感知机规则更新权重向量为 $w\rightarrow w+x=\begin{bmatrix}0\\0\\0\end{bmatrix}+\begin{bmatrix}1\\1\\0\end{bmatrix}=\begin{bmatrix}1\\1\\0\end{bmatrix}$。

2）对于 $x_1=0$，$x_2=1$，$y=1$，预测为 $w^{\mathrm{T}}x=[1\ 1\ 0]\begin{bmatrix}1\\0\\1\end{bmatrix}=1$。既然 $w^{\mathrm{T}}x=1>0$，则数据点将正确分类为 1。因此，权重向量将不会更新，仍保持为$\begin{bmatrix}1\\0\\1\end{bmatrix}$。

3）对于 $x_1=1$，$x_2=1$，$y=0$，预测为 $w^{\mathrm{T}}x=[1\ 1\ 0]\begin{bmatrix}1\\1\\1\end{bmatrix}=2$。既然 $w^{\mathrm{T}}x=2$，则数据点将分类为 1，这将与真实类别 0 不匹配。因此，更新后的权重向量应该为 $w\rightarrow w-x=\begin{bmatrix}1\\1\\0\end{bmatrix}-$

$\begin{bmatrix}1\\1\\1\end{bmatrix}=\begin{bmatrix}0\\0\\-1\end{bmatrix}$。

4）对于 $x_1=0$，$x_2=0$，$y=0$，预测为 $w^{\mathrm{T}}x=[0\quad 0\quad -1]\begin{bmatrix}1\\0\\0\end{bmatrix}=0$，既然 $w^{\mathrm{T}}x=0$，则数据点将正确分类为 0。因此，权重 w 向量将不会有更新。

所以，经过第一个数据点后的权重向量为 $w=[0\quad 0\quad -1]^{\mathrm{T}}$。基于更新后的权重向量 w，让我们评估数据点的分类情况。

1）对于数据点 1，$w^{\mathrm{T}}x=[0\quad 0\quad -1]\begin{bmatrix}1\\1\\0\end{bmatrix}=0$，所以错误地分类为类别 0。

2）对于数据点 2，$w^{\mathrm{T}}x=[0\quad 0\quad -1]\begin{bmatrix}1\\0\\1\end{bmatrix}=-1$，所以错误地分类为类别 0。

3）对于数据点 3，$w^{\mathrm{T}}x=[0\quad 0\quad -1]\begin{bmatrix}1\\1\\1\end{bmatrix}=-1$，所以正确地分类为类别 0。

4）对于数据点 4，$w^{\mathrm{T}}x=[0\quad 0\quad -1]\begin{bmatrix}1\\0\\0\end{bmatrix}=0$，所以正确地分类为类别 0。

基于前面的分类，我们看到在经过第一次迭代后感知机算法仅能正确地对负类进行分类。如果我们将感知机学习规则再次应用在数据点上，则在第二次迭代中权重向量 w 的更新情况如下：

1）对于数据点 1，$w^{\mathrm{T}}x=[0\quad 0\quad -1]\begin{bmatrix}1\\1\\0\end{bmatrix}=0$,所以错误地分类为类别 0。因此,根据感知机规则更新后的权重为 $w\rightarrow w+x=\begin{bmatrix}0\\0\\-1\end{bmatrix}+\begin{bmatrix}1\\1\\0\end{bmatrix}=\begin{bmatrix}1\\1\\-1\end{bmatrix}$。

2）对于数据点 2，$w^{\mathrm{T}}x=[1\quad 1\quad -1]\begin{bmatrix}1\\0\\1\end{bmatrix}=0$，所以错误地分类为类别 0。因此，根据感知机规则更新后的权重为 $w\rightarrow w+x=\begin{bmatrix}1\\1\\-1\end{bmatrix}+\begin{bmatrix}1\\0\\1\end{bmatrix}=\begin{bmatrix}2\\1\\0\end{bmatrix}$。

3）对于数据点 3，$w^{\mathrm{T}}x=[2\quad 1\quad 0]\begin{bmatrix}1\\1\\1\end{bmatrix}=3$，所以错误地分类为类别 1。因此，根据感知机规则更新后的权重为 $w\rightarrow w-x=\begin{bmatrix}2\\1\\0\end{bmatrix}-\begin{bmatrix}1\\1\\1\end{bmatrix}=\begin{bmatrix}1\\0\\-1\end{bmatrix}$。

4）对于数据点 4，$w^{\mathrm{T}}x=[1\quad 0\quad -1]\begin{bmatrix}1\\0\\0\end{bmatrix}=1$，所以正确地分类为类别 1。因此，根据感知机规则更新后的权重为 $w\rightarrow w-x=\begin{bmatrix}1\\0\\-1\end{bmatrix}-\begin{bmatrix}1\\0\\0\end{bmatrix}=\begin{bmatrix}0\\0\\-1\end{bmatrix}$。

经过第二次传递后的权重向量为 $[0\quad 0\quad -1]^{\mathrm{T}}$，与经过第一次后的权重向量相同。通过对感知机学习第一次和第二次传递的观察，很明显，无论我们对数据点进行多少次传递，我们最终总是会得到权重向量 $[0\quad 0\quad -1]^{\mathrm{T}}$。正如我们之前看到的，这个权重向量只能正确地对负类进行分类，因此，我们可以不失一般性地推断感知机算法总是无法模拟 XOR 逻辑。

2.2.3 非线性需求

正如我们已经看到的，感知机算法只能学习线性决策边界来进行分类，因此无法解决决策边界中非线性需求的问题。通过 XOR 问题的说明，我们看到感知机无法对这两种类别进行正确的线性分离。

如图 2-6 所示，我们需要两个超平面来分离这两个类，感知机算法学习的超平面不足以提供所需的分类。在图 2-6 中，两个超平面线之间的数据点属于正类，而其他两个数据点属于负类。需要两个超平面来分离两个类别，这相当于非线性分类器。

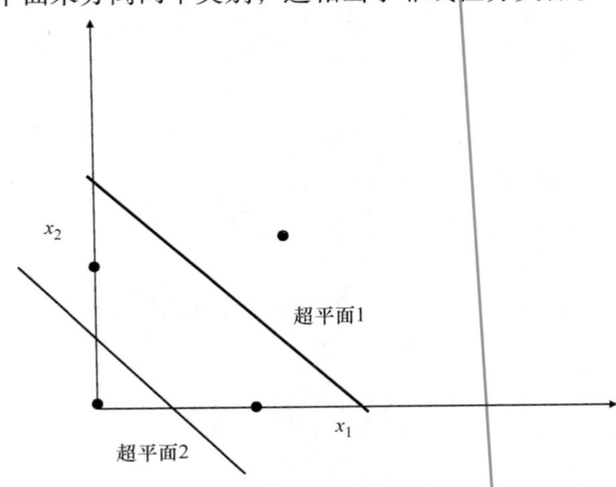

图 2-6　用两个超平面来分离两个类别的 XOR 问题

多层感知机（MLP）能够通过在隐藏层中引入非线性来提供类别之间的非线性分离。注意，当感知机根据接收的总输入输出为 0 或 1 时，输出是其输入的非线性函数。然而通过感知机学习规则无法学习多层感知机的权重。

在图 2-7 中，XOR 逻辑通过多层感知机来实现。如果我们有一个包含两个感知机的隐藏层，其中一个能够执行 OR 逻辑而另一个能够执行 AND 逻辑，那么整个网络将能够实现 XOR 逻辑。OR 和 AND 逻辑感知机可以通过感知机学习规则进行训练。然而，整个网络却不能通过感知机学习规则来训练。如果我们观察 XOR 门的最终输入，它将是其输入的非线性函数，以产生非线性决策边界。

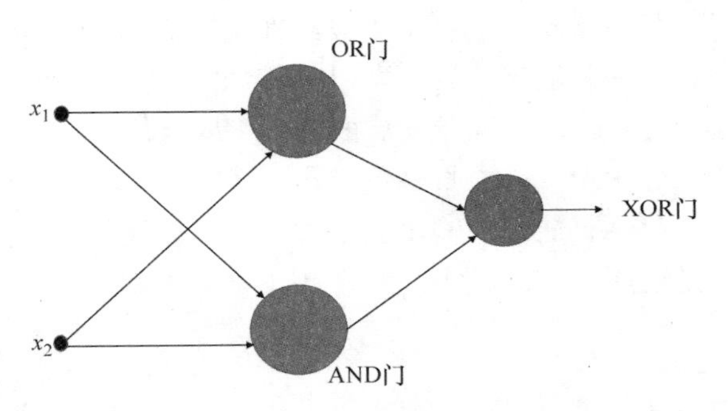

图 2-7　用多层感知机网络实现的 XOR 逻辑

2.2.4　隐藏层感知机的非线性激活函数

如果隐藏层的激活函数是线性的，那么最终神经元的输出将会是线性的，我们将不能够学习任何非线性的决策边界。为了说明这点，让我们尝试通过包含线性激活函数的隐藏层单元来实现 XOR 函数。

图 2-8 展示了包含一个隐藏层的两层感知机网络。隐藏层由两个神经元单元组成。当隐藏单元中的激活函数是线性的时候让我们看一下网络的整体输出：

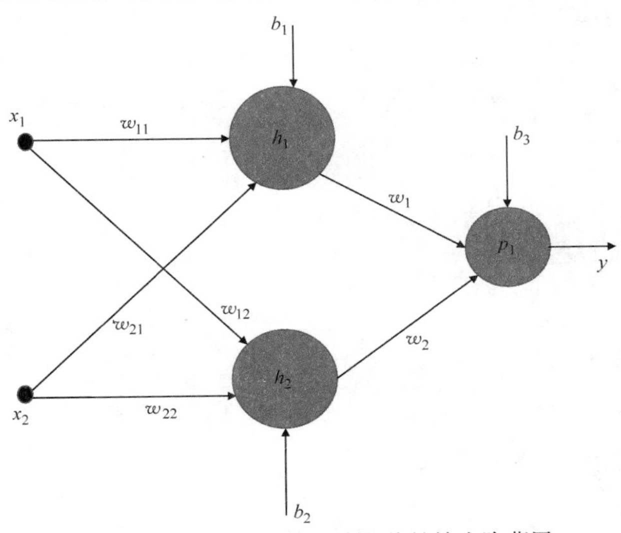

图 2-8　两层感知机网络中的线性输出隐藏层

- 隐藏单元h_1的输出$h_1 = w_{11}x_1 + w_{21}x_2 + b_1$
- 隐藏单元h_2的输出$h_2 = w_{12}x_1 + w_{22}x_2 + b_2$
- 输出单元p_1的输出$p_1 = w_1(w_{11}x_1 + w_{21}x_2 + b_1) + w_2(w_{12}x_1 + w_{22}x_2 + b_2) + b_3 = (w_1 w_{11} +$

$w_2w_{12})x_1 + (w_1w_{21} + w_2w_{22})x_2 + w_1b_1 + w_2b_2 + b_3$

正如前面的推断一样，网络的最终输出，即单元p_1的输出，是关于其输入的线性函数，因此网络不能在类之间产生非线性的分离。

如果不是由隐藏层生成线性输出而是引入可表示为$f(x) = 1/(1 + e^{-x})$的激活函数，则隐藏单元的输出为$h_1 = 1/(1 + e^{-(w_{11}x_1 + w_{21}x_2 + b_1)})$。

类似地，隐藏单元h_2的输出为$h_2 = 1/(1 + e^{-(w_{12}x_1 + w_{22}x_2 + b_2)})$。

输出单元p_1的输出为$p_1 = w_1/(1 + e^{-(w_{11}x_1 + w_{21}x_2 + b_1)}) + w_2/(1 + e^{-(w_{12}x_1 + w_{22}x_2 + b_2)}) + b_3$。

显然，前面的输出在其输入中是非线性的，因此可以学习更复杂的非线性决策边界，而不是使用分类问题中的线性超平面。隐藏层的激活函数称为 Sigmoid 函数，我们将在后面详细地讨论。

2.2.5 神经元或感知机的不同激活函数

神经元有多种激活函数，它们的使用因手头的问题和神经网络的拓扑结构而不同。在本节中，我们将讨论如今人工神经网络中使用的所有相关的激活函数。

1. 线性激活函数

在线性神经元中，其输出线性依赖于其输入。如果神经元接收三个输入x_1、x_2和x_3，则线性神经元的输出将由$y = w_1x_1 + w_2x_2 + w_3x_3 + b$给出，其中$w_1$、$w_2$和$w_3$分别是和输入$x_1$、$x_2$和$x_3$相对应的权重，$b$是神经元单元的偏差。

在向量符号中，我们可以将输出表示为$y = w^{\mathrm{T}}x + b$。

如果我们取$w^{\mathrm{T}}x + b = z$，那么对应于网络输入z的网络输出如图 2-9 所示。

2. 二元阈值激活函数

在二元阈值神经元中（见图 2-10），如果神经元的输入超过了指定的阈值，神经元将被激活，即输出为 1，否则输出为 0。如果神经元的净线性输入为$z = w^{\mathrm{T}}x + b$，并且k是神经元激活的阈值，那么

$$y = 1 \quad 如果\ z > k$$
$$y = 0 \quad 如果\ z \leqslant k$$

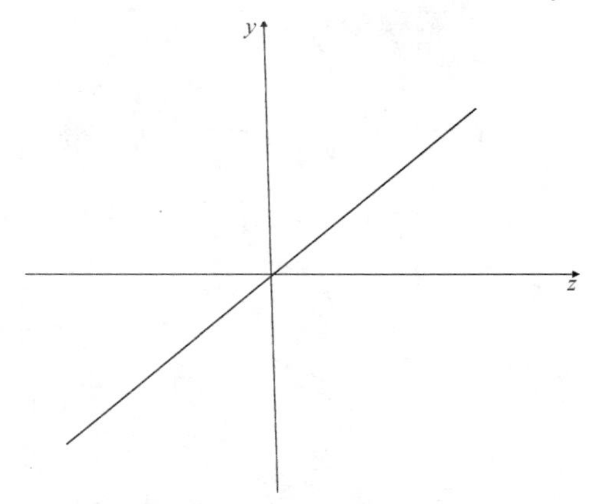

图 2-9　两层感知机网络中的线性输出隐藏层

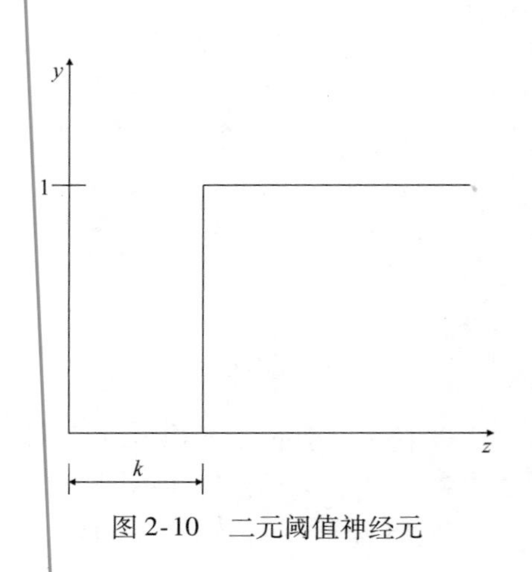

图 2-10　二元阈值神经元

通常，通过调整偏差来调整二元阈值神经元以在使其阈值为 0 时激活。当$w^{\mathrm{T}}x+b>k=>w^{\mathrm{T}}x+(b-k)>0$ 时，神经元被激活。

3. Sigmoid 激活函数

Sigmoid 神经元的输入 - 输出关系可以表示如下：

$$y=1/(1+\mathrm{e}^{-z})$$

式中，$z=w^{\mathrm{T}}x+b$ 是 Sigmoid 激活函数的净输入。

- 当 Sigmoid 函数的净输入 z 是大的正数，则$\mathrm{e}^{-z}\rightarrow 0$，所以 $y\rightarrow 1$。
- 当 Sigmoid 函数的净输入 z 是大的负数，则$\mathrm{e}^{-z}\rightarrow\infty$，所以 $y\rightarrow 0$。
- 当 Sigmoid 函数的净输入 z 是 0，则$\mathrm{e}^{-z}=1$，所以 $y\rightarrow\frac{1}{2}$。

图 2-11 所示为 Sigmoid 激活函数的输入 - 输出关系。具有 Sigmoid 激活函数的神经元的输出非常平滑，并且提供了非常好的连续导数，这在训练神经网络时非常有效。Sigmoid 激活函数的输出范围在 0 ~ 1 之间。由于其能够提供 0 ~ 1 之间的连续值，因此 Sigmoid 函数通常用于输出在给定类别下二元分类的概率。隐藏层中的 Sigmoid 激活函数引入了非线性，以便模型能学习更复杂的特征。

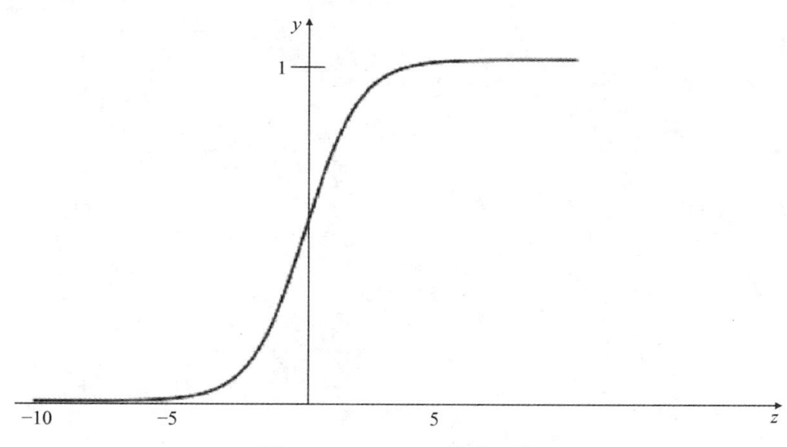

图 2-11　Sigmoid 激活函数

4. SoftMax 激活函数

SoftMax 激活函数是 Sigmoid 函数的推广，最适合于多分类问题。如果有 k 个输出类别并且第 i 类的权重向量是$w^{(i)}$，则在给定输入向量 $x\in\mathbb{R}^{n\times 1}$下第 i 类的预测概率由下式给出：

$$P(y_i=1/x)=\frac{\mathrm{e}^{w^{(i)\mathrm{T}}x+b^{(i)}}}{\sum_{j=1}^{k}\mathrm{e}^{w^{(j)\mathrm{T}}x+b^{(j)}}}$$

式中，$b^{(i)}$是 SoftMax 每一个输出单元的偏差项。

让我们来看一下 Sigmoid 函数和二分类 SoftMax 函数之间的关系。

假设两个类是 y_1 和 y_2，它们相对应的权重向量是 $w^{(1)}$ 和 $w^{(2)}$。另外，让它们的偏差分别为$b^{(1)}$和$b^{(2)}$。假设对应于 $y_1=1$ 的类是正类。

$$P(y_1=1/x)=\frac{e^{w^{(1)T}x+b^{(1)}}}{e^{w^{(1)T}x+b^{(1)}}+e^{w^{(2)T}x+b^{(2)}}}$$

$$=\frac{1}{1+e^{-(w^{(t)}-w^{(2)})^{T}x-(b^{(1)}-b^{(2)})}}$$

从前面的表达式中我们可以看出，二分类 SoftMax 的正类的概率与 Sigmoid 激活函数的表达式相同，唯一的区别在于在 Sigmoid 中我们只使用一组权重，而在二分类 SoftMax 中有两组权重。在 Sigmoid 激活函数中，我们不会对两个不同的类使用不同的权重集合，并且所使用的权重通常是正类相对于负类的权重。在 SoftMax 激活函数中，我们明确地为不同的类使用不同的权重集合。

图 2-12 所示的 SoftMax 层的损失函数称为分类交叉熵，由下式给出：

$$C=\sum_{i=1}^{k}-y_i\log P(y_i=1/x)$$

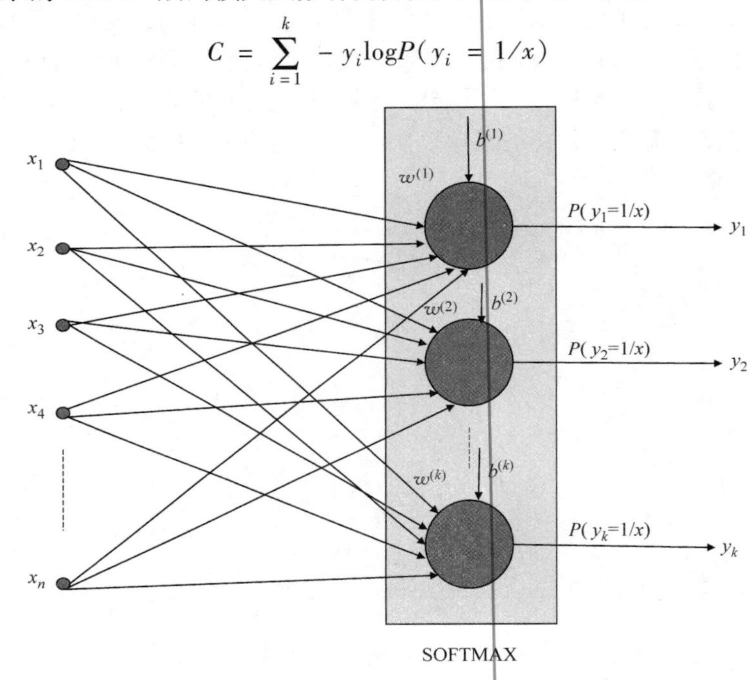

图 2-12　SoftMax 激活函数

5. 整流线性单元（Rectified Linear Unit，ReLU）激活函数

如图 2-13 所示，在 ReLU 中，如果整体输入大于 0，则输出等于神经元的净输入；然而，如果整体输入小于或等于 0，则神经元输出为 0。

ReLU 的输出可以表示如下：

$$y=\max(0,w^{T}x+b)$$

ReLU 是深度学习进化的核心要素之一。它们更容易计算。ReLU 结合了两者的优点。当输入为正时它拥有常量梯度，其他情况下梯度为 0。例如，如果我们采用 Sigmoid 激活函数，则对于非常大的正值或负值，其梯度为 0，因此神经网络可能会遇到梯度消失的问题。对于

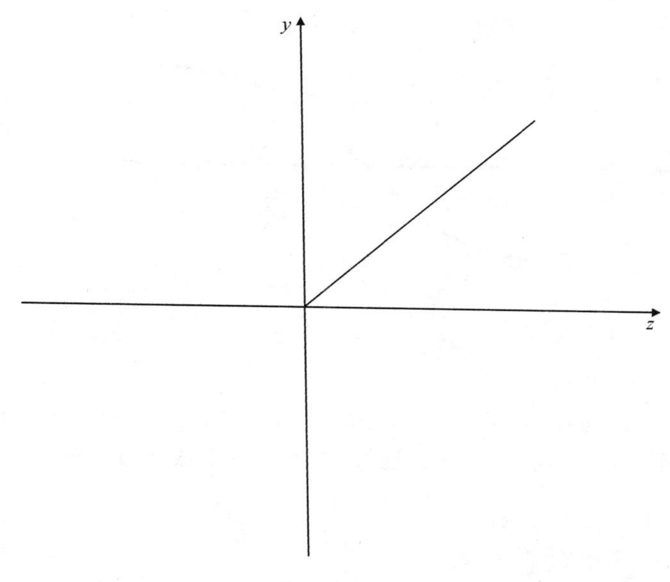

图 2-13　ReLU

正输入的常量梯度确保了梯度下降算法不会因为梯度消失而停止学习。同时，非正输入的输出为零，则呈现了非线性特征。

ReLU 激活函数有多种形式，例如参数整流线性单元（Parametric Rectified Linear Unit，PReLU）和渗漏整流线性单元（Leaky Rectified Linear Unit，LReLU）。

正常的 ReLU 激活函数，对于非正输入，输出和梯度都是零，因此训练可能因为零梯度而停止。模型如果想在输入即使为负时也有非零梯度，则 PReLU 可能会有用。PReLU 激活函数的输入 - 输出关系如下：

$$y = \max(0, z) + \beta\min(0, z)$$

式中，$z = w^{\mathrm{T}}x + b$ 是 PReLU 激活函数的净输入；β 是通过训练学习的参数。

当 β 设为 -1 时，则 $y = |z|$，此时激活函数称为绝对值 ReLU。当 β 设为某个小的正值时（通常约为 0.01），激活函数称为 LReLU。

6. Tanh 激活函数

Tanh 激活函数（见图 2-14）的输入 - 输出关系可表示为

$$y = \frac{e^{z} - e^{-z}}{e^{z} + e^{-z}}$$

式中，$z = w^{\mathrm{T}}x + b$ 为 Tanh 激活函数的净输入。

- 当净输入 z 为比较大的正数时，$e^{-z} \to 0$，所以 $y \to 1$。
- 当净输入 z 为比较大的负数时，$e^{z} \to 0$，所以 $y \to -1$。
- 当净输入 z 为 0 时，$e^{-z} = 1$，所以 $y = 0$。

正如我们所见，Tanh 激活函数能输出 -1 ~ +1 之间的值。

Sigmoid 激活函数在输出为 0 附近达到饱和状态。在训练网络时，如果某层的输出接近

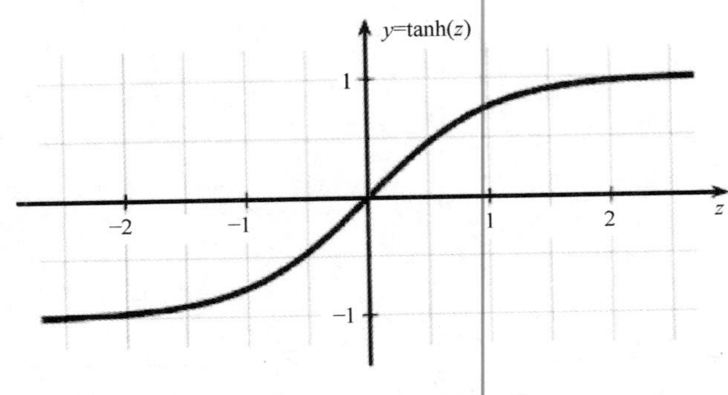

图 2-14　Tanh 激活函数

于 0，则梯度会消失并且终止训练。Tanh 激活函数在输出为 −1 和 +1 处达到饱和，并且在输出为 0 附近有明确定义的梯度。因此，通过 Tanh 激活函数，可以在输出为 0 附近避免这种梯度消失问题。

2.2.6　多层感知机网络的学习规则

前面我们看到感知机学习规则只能学习线性决策边界。非线性复杂决策边界可以通过多层感知机来建模；然而，这样的模型无法通过感知机学习规则来学习。因此，我们需要一种不同的学习算法。

在感知机学习规则中，目标是不断更新模型的权重，直到所有的训练数据点都被正确分类。如果没有这样能正确对所有数据点进行分类的可行权重向量，则算法不会收敛。在这种情况下，可以通过预先定义要训练的传递次数（迭代次数）或通过定义正确分类的训练数据点数量的阈值来终止算法，之后停止训练。

对于多层感知机和大多数深度学习训练网络，训练模型的最佳方法是根据错误分类的误差计算成本函数，然后根据模型的参数最小化成本函数。由于基于成本的学习算法使成本函数最小化，对于二进制分类而言，一般使用的对数损失成本函数为负对数似然函数。作为参考，第 1 章逻辑回归中已经对对数损失成本函数如何从最大似然方法得出进行了说明。

多层感知机网络具有隐藏层，并且为了学习非线性决策边界，激活函数本身应该是非线性的，例如 Sigmoid、ReLU、Tanh 等。用于二元分类的输出神经元应该有 Sigmoid 激活函数，以便符合对数损失成本函数并且输出类别的概率值。

现在，通过前面的考虑，让我们尝试通过构建对数损失成本函数来解决 XOR 函数，然后根据模型的权重和偏差参数将其最小化。网络中的所有神经元都使用 Sigmoid 激活函数。

参考图 2-7，设隐藏单元h_1的输入和输出分别为i_1和z_1。类似地，设隐藏单元h_2的输入和输出分别为i_2和z_2。最后，设输出层p_1的输入和输出分别为i_3 和z_3。

$$i_1 = w_{11}x_1 + w_{21}x_2 + b_1$$
$$i_2 = w_{12}x_1 + w_{22}x_2 + b_2$$
$$z_1 = 1/(1 + \mathrm{e}^{-i_1})$$
$$z_2 = 1/(1 + \mathrm{e}^{-i_2})$$

$$i_3 = w_1 z_1 + w_2 z_2 + b_3$$

$$z_3 = 1/(1 + \mathrm{e}^{-i_3})$$

考虑到对数损失成本函数，XOR 问题的总成本函数可以定义为

$$C = \sum_{i=1}^{4} - y^{(i)} \log z_3^{(i)} - (1 - y^{(i)}) \log(1 - z_3^{(i)})$$

如果将所有权重和偏差放在一起视为参数向量 θ，那么我们可以通过最小化成本函数 $C(\theta)$ 来学习模型：

$$\theta^* = \underset{\theta}{\mathrm{ArgMin}} C(\theta)$$

对于最小值，成本函数 $C(\theta)$ 关于 θ 的梯度（即$\nabla C(\theta)$）应该是 0。可以通过梯度下降方法得到最小值。梯度下降的更新规则为$\theta^{(t+1)} = \theta^{(t)} - \eta \nabla C(\theta^{(t)})$，其中 η 为学习率，$\theta^{(t+1)}$ 和$\theta^{(t)}$ 分别为在迭代 $t+1$ 和 t 时的参数向量。

如果我们考虑参数向量中的单个权重，那么梯度下降的更新规则将为

$$w_k^{(t+1)} = w_k^{(t)} - \eta \frac{\partial C(w_k^{(t)})}{\partial w_k} \qquad \forall w_k \in \theta$$

梯度向量不像在线性或逻辑回归中那样容易计算，因为在神经网络中权重遵循分层次序。然而，导数的链式法则为系统地计算关于权重（包括偏差）的偏导数提供了简化方式。该方法称为反向传播，为梯度计算提供了简化的方法。

2.2.7 梯度计算的反向传播

反向传播是一种在输出层向后传播误差的有效方法，因此可以使用导数的链式法则轻松地计算前一层的梯度。

让我们考虑一个通过反向传播来工作的训练示例，考虑 XOR 网络结构（见图 2-8）。设输入为 $x = [x_1\ x_2]^{\mathrm{T}}$，对应的输出类别为 y。因此，单个纪录的成本函数变为

$$C = -y \log z_3 - (1 - y) \log(1 - z_3)$$

$$\frac{\partial C}{\partial w_1} = \frac{\mathrm{d}C}{\mathrm{d}z_3} \frac{\mathrm{d}z_3}{\mathrm{d}i_3} \frac{\partial i_3}{\partial w_1}$$

$$\frac{\mathrm{d}C}{\mathrm{d}z_3} = \frac{(z_3 - y)}{z_3(1 - z_3)}$$

现在 $z_3 = 1/(1 + \mathrm{e}^{-z_3})$

$$\frac{\mathrm{d}z_3}{\mathrm{d}i_3} = z_3(1 - z_3)$$

$$\frac{\mathrm{d}C}{\mathrm{d}i_3} = \frac{\mathrm{d}C}{\mathrm{d}z_3} \frac{\mathrm{d}z_3}{\mathrm{d}i_3} = \frac{(z_3 - y)}{z_3(1 - z_3)} z_3(1 - z_3) = (z_3 - y)$$

正如我们所看到的，成本函数相对于最后一层的净输入的导数只是估算的输出误差 $(z_3 - y)$，

$$\frac{\partial i_3}{\partial w_1} = z_1$$

$$\frac{\partial C}{\partial w_1}=\frac{\mathrm{d}C}{\mathrm{d}z_3}\frac{\mathrm{d}z_3}{\mathrm{d}i_3}\frac{\partial i_3}{\partial w_1}=(z_3-y)z_1$$

类似地，

$$\frac{\partial C}{\partial w_2}=\frac{\mathrm{d}C}{\mathrm{d}z_3}\frac{\mathrm{d}z_3}{\mathrm{d}i_3}\frac{\partial i_3}{\partial w_2}=(z_3-y)z_2$$

$$\frac{\partial C}{\partial b_3}=\frac{\mathrm{d}C}{\mathrm{d}z_3}\frac{\mathrm{d}z_3}{\mathrm{d}i_3}\frac{\partial i_3}{\partial b_3}=(z_3-y)$$

现在，让我们计算成本函数相对于前一层权重的偏导数，

$$\frac{\partial C}{\partial z_1}=\frac{\mathrm{d}C}{\mathrm{d}z_3}\frac{\mathrm{d}z_3}{\mathrm{d}i_3}\frac{\partial i_3}{\partial z_1}=(z_3-y)w_1$$

$\frac{\partial C}{\partial z_1}$可以视为关于隐藏单元$h_1$的输出误差。该误差与将输出单元和隐藏层单元连接的权重成比例地进行传播。如果有多个输出单元，则$\frac{\partial C}{\partial z_1}$将有来自每个输出单元的贡献。我们将在下一节中详细介绍。

类似地，

$$\frac{\partial C}{\partial i_1}=\frac{\mathrm{d}C}{\mathrm{d}z_3}\frac{\mathrm{d}z_3}{\mathrm{d}i_3}\frac{\partial i_3}{\partial z_1}\frac{\mathrm{d}z_1}{\mathrm{d}i_1}=(z_3-y)w_1z_1(1-z_1)$$

$\frac{\partial C}{\partial i_1}$可以视为关于隐藏层单元$h_1$净输入的误差。它可以通过将$z_1(1-z_1)$乘以$\frac{\partial C}{\partial z_1}$来计算得到

$$\frac{\partial C}{\partial w_{11}}=\frac{\mathrm{d}C}{\mathrm{d}z_3}\frac{\mathrm{d}z_3}{\mathrm{d}i_3}\frac{\partial i_3}{\partial z_1}\frac{\mathrm{d}z_1}{\mathrm{d}i_1}\frac{\partial i_i}{\partial w_{11}}=(z_3-y)w_1z_1(1-z_1)x_1$$

$$\frac{\partial C}{\partial w_{21}}=\frac{\mathrm{d}C}{\mathrm{d}z_3}\frac{\mathrm{d}z_3}{\mathrm{d}i_3}\frac{\partial i_3}{\partial z_1}\frac{\mathrm{d}z_1}{\mathrm{d}i_1}\frac{\partial i_i}{\partial w_{21}}=(z_3-y)w_1z_1(1-z_1)x_2$$

$$\frac{\partial C}{\partial b_1}=\frac{\mathrm{d}C}{\mathrm{d}z_3}\frac{\mathrm{d}z_3}{\mathrm{d}i_3}\frac{\partial i_3}{\partial z_1}\frac{\mathrm{d}z_1}{\mathrm{d}i_1}\frac{\partial i_i}{\partial w_{21}}=(z_3-y)w_1z_1(1-z_1)$$

一旦我们得到了成本函数相对于每个神经元单元输入的偏导数，我们就可以计算成本函数相对于输入的权重的偏导数——我们只需要乘以通过该权重的输入。

2.2.8 反向传播方法推广到梯度计算

在本节中，我们试图通过更复杂的网络推广反向传播方法。我们假设最终输出层由三个独立的 Sigmoid 输出单元组成，如图 2-15 所示。此外，我们假设网络有单纪录，以便于标记和简化学习。

对于单个输入纪录的成本函数由下式给出：

$$C=\sum_{i=1}^{3}-y_i\log P(y_i=1)-(1-y_i)\log(1-P(y_i=1))$$

$$=\sum_{i=1}^{3}-y_i\log z_i^{(3)}-(1-y_i)\log(1-z_i^{(3)})$$

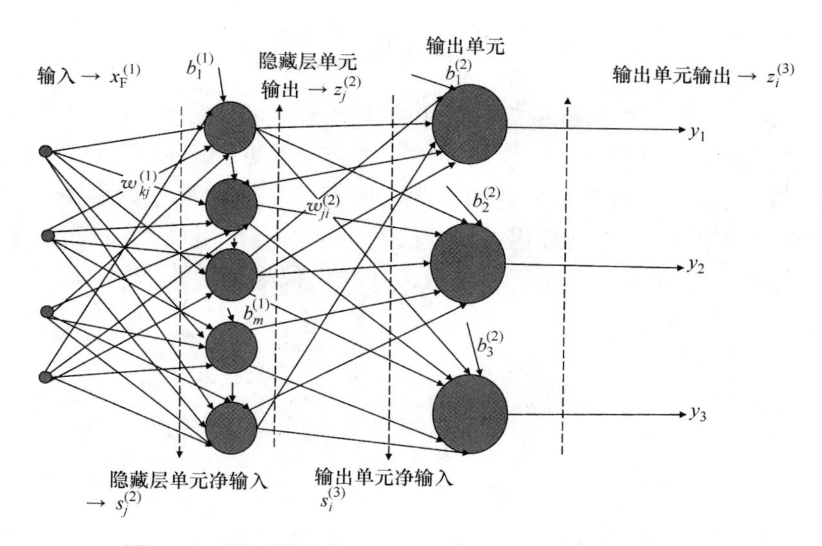

图 2-15 用于展示独立 Sigmoid 输出层反向传播的网络

在上式中，$y_i \in \{0,1\}$，取决于关于 y_i 特有的事件是否激活。

$P(y_i=1)=z_i^{(3)}$ 表示第 i 类的预测概率。

让我们计算成本函数相对于权重 $w_{ji}^{(2)}$ 的偏导数。权重只会影响网络的第 i 个输出单元的输出。

$$\frac{\partial C}{\partial w_{ji}^{(2)}}=\frac{\partial C}{\partial z_i^{(3)}}\frac{\partial z_i^{(3)}}{\partial s_i^{(3)}}\frac{\partial s_i^{(3)}}{\partial w_{ji}^{(2)}}$$

$$\frac{\partial C}{\partial z_i^{(3)}}=\frac{(z_i^{(3)}-y_i)}{z_i^{(3)}(1-z_i^{(3)})}$$

$$P(y_i=1)=z_i^{(3)}=1/(1+\mathrm{e}^{-s_i^{(3)}})$$

$$\frac{\partial z_i^{(3)}}{\partial s_i^{(3)}}=z_i^{(3)}(1-z_i^{(3)})$$

$$\frac{\partial C}{\partial s_i^{(3)}}=\frac{\partial C}{\partial z_i^{(3)}}\frac{\partial z_i^{(3)}}{\partial s_i^{(3)}}=\frac{(z_i^{(3)}-y_i)}{z_i^{(3)}(1-z_i^{(3)})}z_i^{(3)}(1-z_i^{(3)})=(z_i^{(3)}-y_i)$$

因此，如前所述，成本函数相对于第 i 个输出单元的净输入的偏导数为 $(z_i^{(3)}-y_i)$，这只是第 i 个输出单元的预测误差，

$$\frac{\partial s_i^{(3)}}{\partial w_{ji}^{(2)}}=z_j^{(2)}$$

结合 $\frac{\partial C}{\partial s_i^{(3)}}$ 和 $\frac{\partial s_i^{(3)}}{\partial w_{ji}^{(2)}}$，我们可以得到

$$\frac{\partial C}{\partial w_{ji}^{(2)}}=(z_i^{(3)}-y_i)z_j^{(2)}$$

$$\frac{\partial C}{\partial b_i^{(2)}}=(z_i^{(3)}-y_i)$$

前面给出了成本函数关于网络最后一层中权重和偏差的偏导数的一般表达式。接下来，让我们计算关于更低层的权重和偏差的偏导数。这会变得更加复杂，但它仍遵循一般趋势。让我们计算成本函数相对于权重$w_{kj}^{(1)}$的偏导数。所有三个输出单元的误差都会对权重有影响。基本上，隐藏层中第j个单元输出的误差会有来自所有输出单元误差的贡献，并由将输出层连接到第j个隐藏层单元的权重进行缩放。让我们仅根据链式法则来计算偏导数，看看它是否符合我们之前所声明的，

$$\frac{\partial C}{\partial w_{kj}^{(1)}}=\frac{\partial C}{\partial z_j^{(2)}}\frac{\partial z_j^{(2)}}{\partial s_j^{(2)}}\frac{\partial s_j^{(2)}}{\partial w_{kj}^{(1)}}$$

$$\frac{\partial s_j^{(2)}}{\partial w_{kj}^{(1)}}=z_k^{(1)}$$

$$\frac{\partial z_j^{(2)}}{\partial s_j^{(2)}}=z_j^{(2)}(1-z_j^{(2)})$$

现在，$\frac{\partial C}{\partial z_j^{(2)}}$的计算有些棘手，因为$z_j^{(2)}$影响所有的三个输出单元，

$$\begin{aligned}\frac{\partial C}{\partial z_j^{(2)}}&=\sum_{i=1}^{3}\frac{\partial C}{\partial z_i^{(3)}}\frac{\partial z_i^{(3)}}{\partial s_i^{(3)}}\frac{\partial s_i^{(3)}}{\partial z_j^{(2)}}\\&=\sum_{i=1}^{3}(z_i^{(3)}-y_i)w_{ji}^{(2)}\end{aligned}$$

结合$\frac{\partial s_j^{(2)}}{\partial w_{kj}^{(1)}}$、$\frac{\partial z_j^{(2)}}{\partial s_j^{(2)}}$和$\frac{\partial C}{\partial z_j^{(2)}}$的表达式，我们有

$$\frac{\partial C}{\partial w_{kj}^{(1)}}=\sum_{i=1}^{3}(z_i^{(3)}-y_i)w_{ji}^{(2)}z_j^{(2)}(1-z_j^{(2)})x_k^{(1)}$$

通常，对于多层神经网络来说，计算成本函数C相对于对神经元单元中的净输入s有贡献的特定权重w的偏导数，我们需要计算成本函数相对于净输入的偏导数（如$\frac{\partial C}{\partial s}$），然后乘以与权重$w$相关联的输入$x$，如下：

$$\frac{\partial C}{\partial w}=\frac{\partial C}{\partial s}\frac{\partial s}{\partial w}=\frac{\partial C}{\partial s}x$$

$\frac{\partial C}{\partial s}$可以看作是神经单元的误差，并且可以通过将输出层的误差传递给低层的神经元来迭代计算。另一点需要注意的是，较高层神经元的误差分配到前一层神经元的输出，与它们之间的权重连接成比例。此外，成本函数相对于 Sigmoid 激活神经元净输入的偏导数$\frac{\partial C}{\partial s}$可以由成本函数相对于神经元的输出$z$的偏导数（如$\frac{\partial C}{\partial z}$）来计算，即将$\frac{\partial C}{\partial z}$乘以$z(1-z)$。对于线性神经元，该乘数因子为 1。

神经网络的所有这些特点使得计算梯度变得容易。这就是神经网络通过反向传播在每次迭代中学习的方式。

每次迭代由前向传递和反向传递或反向传播组成。在前向传递中，计算每一层神经元的净输入和输出。基于预测的输出和真实目标值，在输出层计算误差。通过将误差与在前向传递中计算的神经元的输出和现有权重相结合来反向传播误差。通过反向传播，迭代地计算梯度。一旦计算出梯度，就通过梯度下降法更新权重。

请注意，前面展示的推理对 Sigmoid 激活函数有效。对于其他激活函数，虽然方法保持不变，但实现中需要与激活函数特定相关的改动。

SoftMax 函数的成本函数与独立多类分类问题的成本函数不同。

图 2-16 所示的网络中 SoftMax 激活层的交叉熵成本由下式给出：

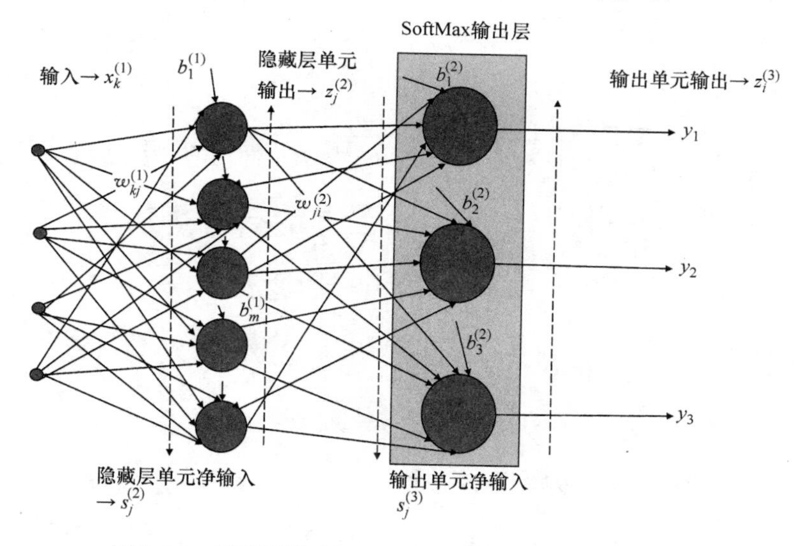

图 2-16　用于展示独立 SoftMax 输出层反向传播的网络

$$C = \sum_{i=1}^{3} -y_i \log P(y_i = 1) = \sum_{i=1}^{3} -y_i \log z_i^{(3)}$$

让我们计算成本函数相对于权重$w_{ji}^{(2)}$的偏导数。现在，权重将影响第 i 个 SoftMax 单元的净输入$s_i^{(3)}$。然而，与早期网络中的独立二元激活不同，这里所有三个 SoftMax 输出单元$z_k^{(3)}$，$\forall k \in \{1, 2, 3\}$ 都将受到$s_i^{(3)}$的影响，因为

$$z_k^{(3)} = \frac{e^{s_k^{(3)}}}{\sum_{l=1}^{3} e^{s_l^{(3)}}} = \frac{e^{s_k^{(3)}}}{\sum_{l \neq i} e^{s_l^{(3)}} + e^{s_i^{(3)}}}$$

因此，导数$\frac{\partial C}{\partial w_{ji}^{(2)}}$可以写成：

$$\frac{\partial C}{\partial w_{ji}^{(2)}} = \frac{\partial C}{\partial s_i^{(3)}} \frac{\partial s_i^{(3)}}{\partial w_{ji}^{(2)}}$$

现在，如上所述，因为$s_i^{(3)}$影响 SoftMax 层中的所有输出$z_k^{(3)}$，

$$\frac{\partial C}{\partial s_i^{(3)}} = \sum_{k=1}^{3} \frac{\partial C}{\partial z_k^{(3)}} \frac{\partial z_k^{(3)}}{\partial s_i^{(3)}}$$

偏导数的各个分量如下：

$$\frac{\partial C}{\partial z_k^{(3)}} = \frac{-y_k}{z_k^{(3)}}$$

对于 $k=i$，$\frac{\partial z_k^{(3)}}{\partial s_i^{(3)}} = z_i^{(3)}(1 - z_i^{(3)})$

对于 $k \neq i$，$\frac{\partial z_k^{(3)}}{\partial s_i^{(3)}} = -z_i^{(3)} z_k^{(3)}$

$$\frac{\partial s_i^{(3)}}{\partial w_{ji}^{(2)}} = z_j^{(2)}$$

$$\begin{aligned}
\frac{\partial C}{\partial s_i^{(3)}} &= \sum_{k=1}^{3} \frac{\partial C}{\partial z_k^{(3)}} \frac{\partial z_k^{(3)}}{\partial s_i^{(3)}} = \sum_{k=i} \frac{\partial C}{\partial z_k^{(3)}} \frac{\partial z_k^{(3)}}{\partial s_i^{(3)}} + \sum_{k \neq i} \frac{\partial C}{\partial z_k^{(3)}} \frac{\partial z_k^{(3)}}{\partial s_i^{(3)}} \\
&= \frac{-y_i}{z_i^{(3)}} z_i^{(3)} (1 - z_i^{(3)}) + \sum_{k \neq i} \frac{-y_k}{z_k^{(3)}} (-z_i^{(3)} z_k^{(3)}) \\
&= -y_i (1 - z_i^{(3)}) + z_i^{(3)} \sum_{k \neq i} y_k \\
&= -y_i + y_i z_i^{(3)} + z_i^{(3)} \sum_{k \neq i} y_k \\
&= -y_i + z_i^{(3)} \sum_k y_k \\
&= -y_i + z_i^{(3)} \text{ 因为只有一个 } y_k \text{ 可以为 1，所以} \sum_k y_k = 1 \\
&= (z_i^{(3)} - y_i)
\end{aligned}$$

事实证明，相对于 SoftMax 单元的第 i 个净输入的成本误差是其第 i 个输出单元预测输出的误差。结合$\frac{\partial C}{\partial s_i^{(3)}}$和$\frac{\partial s_i^{(3)}}{\partial w_{ji}^{(2)}}$，我们得到

$$\frac{\partial C}{\partial w_{ji}^{(2)}} = \frac{\partial C}{\partial s_i^{(3)}} \frac{\partial s_i^{(3)}}{\partial w_{ji}^{(2)}} = (z_i^{(3)} - y_i) z_j^{(2)}$$

类似地，对于 SoftMax 第 i 个输出单元的偏差项，我们有如下结果：

$$\frac{\partial C}{\partial b_i^{(2)}} = (z_i^{(3)} - y_i)$$

计算成本函数相对于前一层中权重$w_{kj}^{(1)}$的偏导数，即$\frac{\partial C}{\partial w_{kj}^{(1)}}$，将得到与具有独立二分类网络相同的形式。这是显而易见的，因为网络仅仅在输出单元的激活函数方面有所不同，甚至我们得到的$\frac{\partial C}{\partial s_i^{(3)}}$和$\frac{\partial s_i^{(3)}}{\partial w_{ji}^{(2)}}$的表达式都是相同的。作为练习，有兴趣的读者可以验证$\frac{\partial C}{\partial w_{kj}^{(1)}}$ =

$\sum_{i=1}^{3}(z_i^{(3)}-y_i)w_{ji}^{(2)}z_j^{(2)}(1-z_j^{(2)})x_k^{(1)}$ 是否是正确的。

深度学习与传统方法

在本书中，我们将使用 Google 的 TensorFlow 作为深度学习库，因为它有非常多的优点。在继续使用 TensorFlow 之前，我们看一下深度学习的一些关键优势，以及如果没有在正确的地方使用时的缺点。

1）深度学习在多个领域中大大优于传统的机器学习方法，特别是在计算机视觉、语音识别、自然语言处理和时间序列等领域。

2）使用深度学习，随着深度学习网络中的层数的增加，可以学习越来越复杂的特征。由于这种自动特征学习的特点，深度学习将减少特征工程的时间，而这正是传统机器学习方法中非常耗时的步骤。

3）深度学习最适合非结构化数据，并且存在大量的非结构化数据，包括图像、文本、语音和传感器数据等，这些数据在分析过后会彻底改变不同的领域，如医疗保健、制造业、银行业、航空和电子商务等。

深度学习的一些局限性如下：

1）深度学习网络通常有非常多的参数，并且对于这样的实现，应该需要足够大量的数据来训练。如果没有足够的数据，深度学习方法将无法正常工作，因为模型将受到过拟合的影响。

2）通过深度学习网络学习到的复杂特征往往难以解释。

3）深度学习需要大量的计算能力来进行训练，因为模型中有大量的权重和数据量。

当数据量较少时，传统方法往往比深度学习表现得更好。然而，当数据量巨大时，深度学习方法相比传统方法有巨大的优势，如图 2-17 所示。

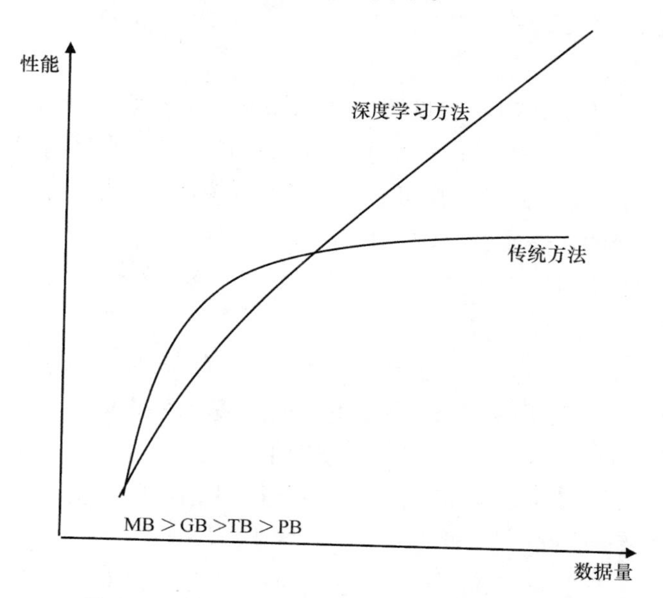

图 2-17　传统方法和深度学习方法的性能比较

2.3 TensorFlow

Google 的 TensorFlow 是一个专注于深度学习的开源库。它使用计算数据流图来表示复杂的神经网络结构。图中的节点表示数学计算，也称为 ops（操作），而边表示它们之间传递的数据张量（Tensor）。此外，相关的梯度存储在计算图中的每个节点处，并且在反向传播时，这些梯度组合起来以获得对每个权重的梯度。张量是 TensorFlow 中使用的多维数据数组。

2.3.1 常见的深度学习包

常见的深度学习包如下：

- Torch：一种用 C 语言作为底层实现和用 LuaJIT 作为脚本语言的科学计算框架。Torch 的最初版本发布于 2002 年。Torch 运行的操作系统有 Linux、Android、Mac OS 和 iOS。知名组织像 Facebook AI Research 和 IBM 都有使用 Torch。Torch 可利用 GPU 来进行快速计算。
- Theano：是 Python 中的深度学习包，主要用于计算密集型研究性工作。它与 Numpy 数组高度集成，具有高效的符号微分器。它还提供 GPU 的透明使用，以实现更快的计算。
- Caffe：由伯克利人工智能研究院（Berkeley AI Research，BAIR）开发的深度学习框架。Caffe 的速度使其完美适用于研究实验和工业部署。Caffe 实现可以非常高效地利用 GPU。
- CuDNN：CuDNN 表示 CUDA 深度神经网络库。它为深度神经网络的 GPU 实现提供了一个原始库。
- TensorFlow：由 Google 开发，启发自 Theano 的开源深度学习框架。TensorFlow 正逐渐成为学界和业界中深度学习的首选库。此外，对于云上的分布式生产实现，TensorFlow 也是首选的。
- MxNet：可扩展到多个 GPU 和机器的开源深度学习框架。由 AWS 和 Azure 等主要云提供商提供支持。基于 MxNet 的流行机器学习库 GraphLab 有非常好的深度学习实现。
- DeepLearning4j：针对 Java 虚拟机的开源分布式深度学习框架。

这些深度学习框架的一些显著特征如下：

- TensorFlow 和 Theano 的首选高级语言是 Python，而 Torch 的高级语言则是 Lua。MxNet 同时提供 Python 接口（API）。
- TensorFlow 和 Theano 本质上非常相似。TensorFlow 对分布式系统有更好的支持。Theano 是一个学术项目，而 TensorFlow 则是由 Google 赞助支持的。
- TensorFlow、Theano、MxNet 和 Caffe 都使用自动微分器，而 Torch 使用 AutoGrad。自动微分器不同于符号微分器和数值微分器。当在神经网络中使用时，因为有利用微分链式法则的反向传播方法，自动微分器非常有效。
- 对于云上的生产实施，TensorFlow 正成为面向大型分布式系统的应用程序的首选平台。

2.3.2 TensorFlow 的安装

TensorFlow 可以轻松地安装在基于 Linux、MacOS 和 Windows 的机器上。最好为 TensorFlow 创建单独的环境。需要注意的一点是，在 Windows 上安装 TensorFlow 需要 Python 版本大于等于 3.5。对于基于 Linux 或 Mac OS 的机器，则不存在此类限制。有关基于 Windows 的机器的安装的详细信息在 TensorFlow 的官方网站上有详细记录：https://www.tensorflow.org/install/install_windows。基于 Linux 和 Mac OS 的机器的安装链接分别为 https://www.tensorflow.org/install/install_linux，https://www.tensorflow.org/install/install_mac。

2.3.3 TensorFlow 的开发基础

TensorFlow 有自己定义和操作张量的命令格式。此外，TensorFlow 在激活的会话（Session）中执行计算图。清单 2-1 ~ 清单 2-15 是一些基本的 TensorFlow 命令，用于定义张量和 TensorFlow 变量以及在会话中执行 TensorFlow 计算图。

清单 2-1　引入 TensorFlow 和 Numpy 库

```
import tensorflow as tf
import numpy as np
```

清单 2-2　激活 TensorFlow 交互会话

```
tf.InteractiveSession()
```

清单 2-3　定义张量

```
a = tf.zeros((2,2));
b = tf.ones((2,2))
```

清单 2-4　沿横轴对矩阵（二维张量）元素求和

```
tf.reduce_sum(b,reduction_indices = 1).eval()

-- output --
array([ 2.,2.], dtype=float32)
```

要想以交互模式运行 TensorFlow 命令，可以使用 Interactive Session() 命令，见清单2-2，并且通过使用 eval() 方法，TensorFlow 命令可以在激活的交互式会话下运行，见清单 2-4。

清单 2-5　查看张量的形状

```
a.get_shape()

-- output --

TensorShape([Dimension(2), Dimension(2)])
```

清单 2-6　变换张量形状

```
tf.reshape(a,(1,4)).eval()

-- output --

array([[ 0.,0., 0., 0.]], dtype=float32)
```

清单 2-7　TensorFlow 中明确的评估方法及其与 Numpy 的区别

```
ta = tf.zeros((2,2))
print(ta)

-- output --

Tensor("zeros_1:0", shape=(2, 2), dtype=float32)

print(ta.eval())

-- output --

[[ 0. 0.]
 [ 0. 0.]]

a = np.zeros((2,2))
print(a)

-- output --

[[ 0. 0.]
 [ 0. 0.]]
```

清单 2-8　定义 TensorFlow 常量

```
a = tf.constant(1)
b = tf.constant(5)
c= a*b
```

清单 2-9　通过 run 和 eval 执行命令的 TensorFlow 会话

```
with tf.Session() as sess:
    print(c.eval())
    print(sess.run(c))

-- output --

5
5
```

清单 2-10a　定义 TensorFlow 变量

```
w = tf.Variable(tf.ones(2,2),name='weights')
```

清单 2-10b　在调用会话后初始化变量

```
with tf.Session() as sess:
    sess.run(tf.global_variables_initializer())
    print(sess.run(w))

-- output --

[[ 1. 1.]
 [ 1. 1.]]
```

TensorFlow 会话通常通过 tf. Session() 激活，如清单 2-10b 所示，并且计算图的操作可以在激活的会话中执行。

清单 2-11a　定义并用正态分布中的随机值初始化 TensorFlow 变量

```
rw = tf.Variable(tf.random_normal((2,2)),name='random_weights')
```

清单 2-11b　调用会话并显示变量的初始数据

```
with tf.Session()as sess:
    sess.run(tf.global_variables_initializer())
    print(sess.run(rw))

-- output --

[[ 0.37590656 -0.11246648]
 [-0.61900514 -0.93398571]]
```

见清单 2-11b，run 方法用来在激活的会话中执行计算操作，tf. global_variables_initializer() 在运行时初始化定义的 TensorFlow 变量。清单 2-11a 中定义的随机变量 rw 在清单 2-11b 中初始化。

清单 2-12　TensorFlow 变量状态更新

```
var_1 = tf.Variable(0,name='var_1')
add_op =  tf.add(var_1,tf.constant(1))
upd_op = tf.assign(var_1,add_op)
with tf.Session() as sess:
    sess.run(tf.global_variables_initializer())
    for i in xrange(5):
        print(sess.run(upd_op))

-- output --

1
2
3
4
5
```

清单 2-13　显示 TensorFlow 变量状态

```
x = tf.constant(1)
y = tf.constant(5)
z = tf.constant(7)

mul_x_y = x*y
final_op = mul_x_y + z

with tf.Session() as sess:
    print(sess.run([mul_x_y,final_op]))

-- output --

    5 12
```

清单 2-14　将 Numpy 阵列转变成张量

```
a = np.ones((3,3))
b = tf.convert_to_tensor(a)
with tf.Session() as sess:
    print(sess.run(b))

-- output --

[[ 1. 1. 1.]
 [ 1. 1. 1.]
 [ 1. 1. 1.]]
```

清单 2-15　占位符和 Feed 字典

```
inp1 = tf.placeholder(tf.float32,shape=(1,2))
inp2 = tf.placeholder(tf.float32,shape=(2,1))
output = tf.matmul(inp1,inp2)
with tf.Session() as sess:

    print(sess.run([output],feed_dict={inp1:[[1.,3.]],inp2:[[1],[3]]}))

-- output --

[array([[ 10.]], dtype=float32)]
```

TensorFlow 占位符定义了一个变量，该变量的数据将在稍后的时间点分配。数据通常在运行涉及 TensorFlow 占位符的操作时才通过 feed_ dict 传递给占位符。清单 2-15 对此进行了说明。

2.3.4　深度学习视角下的梯度下降优化方法

在我们深入了解 TensorFlow 优化器之前，了解关于全批量梯度下降和随机梯度下降的几个关键点（包括它们的缺点）是非常重要的，这样才能理解提出这些基于梯度的优化器的需求。

1. 椭圆等高线

一个最小二乘误差的线性神经元的成本函数是二次的。当成本函数是二次时，由全批量梯度下降法得到的梯度方向为线性意义上的成本降低提供了最佳方向，但除非成本函数的不同椭圆等高线是圆的，否则它并没有指向最小值。在长椭圆等高线的情况下，梯度分量在需要较少变化的方向上可能较大，而在需要更大的变化以移动到最小点的方向上却较小。

正如我们在图 2-18 中看到的那样，S 处的梯度并未指向最小值（即 M 点）的方向；这种条件的问题在于，如果我们使学习率变小而采取小步长，则梯度下降需要一段时间才能收敛，而如果我们使用较大的学习率，则梯度会在成本函数具有弯曲的地方快速地改变方向，导致振荡。多层神经网络的成本函数不是二次的，而是平滑函数。在局部，这种非二次成本函数可以通过二次函数来近似，因此椭圆等高线固有的梯度下降问题仍然存在于非二次成本函数中。

解决这个问题的最好方法是在梯度较小但却连续的方向上采取较大的步长，在那些梯度较大但却不连续的方向上采取较小的步长。如果是每个维度都有单独的学习率，而不是对所

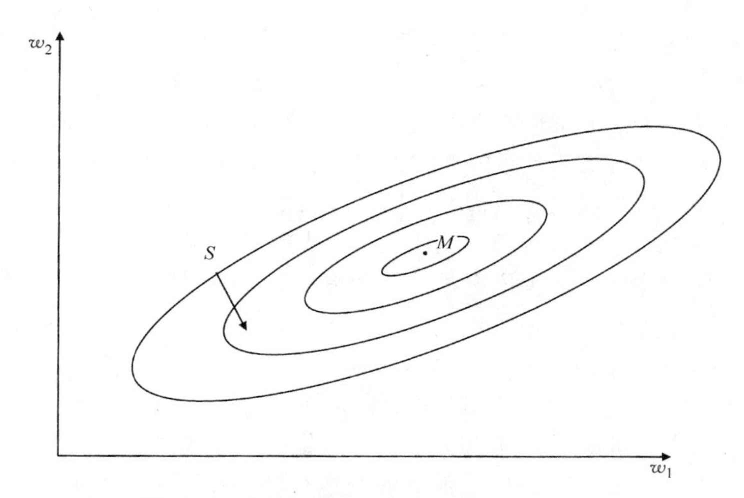

图 2-18 有椭圆等高线的二次函数的等高线

有维度都采用固定的学习率，则可以实现这一点。

在图 2-19 中，A 和 C 之间的成本函数几乎是线性的，因此梯度下降效果很好。但是，从 C 点开始，成本函数的曲率变化较大，因此 C 处的梯度无法跟上成本函数变化的方向。根据梯度，如果我们在 C 处采用较小的学习率，将最终到达 D，这是合理的，因为它不会超过最小值点。然而，C 处较大的步长将使我们到达 D'，这是不可取的，因为它位于最小值的另一侧。同样，在 D' 处的大步长将使我们到达 E，并且如果学习率没有降低，则算法倾向于在最小值的任一侧上的点之间切换，从而导致振荡。当发生这种情况时，能停止并实现收敛的一种方法是在连续迭代中查看梯度$\frac{\partial C}{\partial w}$或$\frac{\mathrm{d}C}{\mathrm{d}w}$的符号，如果它们具有相反的符号，则降低学习率以便减少振荡。类似地，如果连续的梯度具有相同的符号，则可以相应地增大学习率。当成本函数是关于多个权重的函数时，成本函数可能在权重的某些维度上具有曲率，而在其他维度上可能是线性的。因此，对于多变量成本函数，类似地可以分析成本函数关于每个权重的偏导数（$\frac{\partial C}{\partial w_i}$），来更新成本函数的每个权重或维度的学习率。

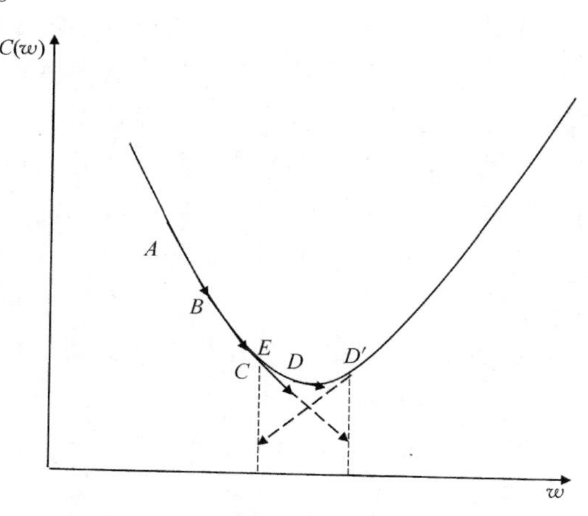

图 2-19 单变量成本函数的梯度下降

2. 成本函数的非凸性

神经网络的另一个大问题是成本函数大多是非凸的，因此梯度下降方法可能会陷入局部最小值点，从而导致次优解。神经网络的非凸性质是隐藏层单元含有非线性激活函数的结果，例如 Sigmoid。全批量梯度下降使用完整数据集进行梯度计算。虽然这对于凸成本表面是有利的，但是在非凸成本函数的情况下也有一定的问题。对于有全批量梯度的非凸成本表面，该模型最终将会在其吸引域（Basin of Attraction）中达到最小值。如果初始化的参数位于不能提供良好泛化能力的局部最小值的吸引域中，则全批量梯度将会给出次优解。

在随机梯度下降中，计算出的带噪声梯度可能会迫使模型走出不能提供良好泛化能力的局部最小值的吸引域，并将其置于更优的区域。单个数据点的随机梯度下降会产生非常随机和带噪声的梯度。与单个数据点的梯度相比，具有小批量的梯度倾向于产生更稳定的梯度估计，但它们仍然比全批量产生的梯度更嘈杂。理想情况下，应仔细选择小批量大小，使得梯度噪声足以避免或逃脱不良局部最小点，但同时又能足够稳定以收敛于全局最小值或能够提供良好泛化能力的局部最小值。

在图 2-20 中，虚线箭头对应于随机梯度下降所采取的路径，实线箭头对应于全批量梯度下降所采取的路径。全批量梯度下降计算一个点处的实际梯度，如果它位于局部最小值较差的吸引域中，则梯度下降几乎可以确保能够到达局部最小值 L。然而，在随机梯度下降的情况下，因为梯度仅是基于数据的一部分而不是基于全部数据，所以梯度方向仅是粗略估计。由于嘈杂的粗略估计并不总是指向 C 点的实际梯度，随机梯度下降可能会脱离局部最小值的吸引域，幸运的话最终会落在全局最小值的吸引域中。随机梯度下降也可能脱离全局最小值的吸引域，但一般来说，如果吸引域较大且小批量大小经过了仔细选择，产生的梯度噪声较少，则随机梯度下降最有可能达到全局最小值 G（在这种情况下）或其他具有较强吸引力的次优最小值。对于非凸优化，还有其他启发性的算法，例如动量，当与随机梯度下降一起使用时，会增大随机梯度下降避免局部最小值的可能性。动量通常通过速度分量来跟随先前的梯度。因此，如果梯度稳定地指向具有较大吸引力的局部最小值，则速度分量将在该局部最小值的方向上。如果新的梯度有噪声并且指向不良局部最小值，则速度分量将提供在相同方向上继续前进的动量并且不会受到新梯度太大的影响。

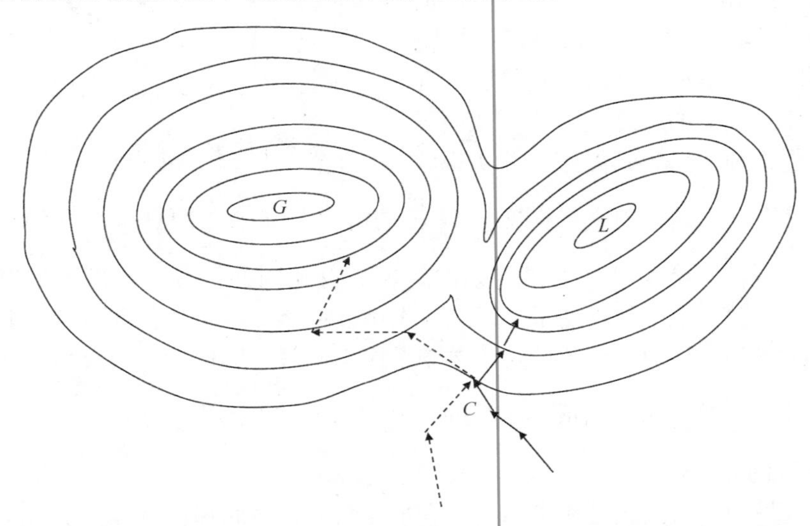

图 2-20　展示了全局和局部最小值吸引域的等高线以及梯度下降和随机梯度下降路径的截面

3. 高维成本函数中的鞍点

优化非凸成本函数的另一个障碍是鞍点的存在。随着成本函数的参数空间的维数增加，鞍点的数量呈指数增加。鞍点是驻点（即梯度为零的点），但既不是局部最小值也不是局部最大值点。由于鞍点与具有和鞍点相同成本的长高原点相关联，因此高原区域的梯度为零或非常接近零。由于其在所有方向上的梯度都接近零，基于梯度的优化器很难从这些鞍点中走出来。在数学上，为了确定一点是否是鞍点，必须在给定点处计算成本函数的海森矩阵的特征值。如果存在正特征值和负特征值，那么它就是一个鞍点。这里加深一下我们对于判别局部和全局最小值点的记忆，如果海森矩阵的所有特征值在驻点处都是正的，那么该点就是全局最小值，而如果海森矩阵的所有特征值在驻点处都是负的，那么该点就是全局最大值。成本函数海森矩阵的特征向量给出了成本函数曲率的变化方向，而特征值表示沿着这些方向曲率变化的大小。此外，对于具有连续二阶导数的成本函数，海森矩阵是对称的，因此总是产生正交的特征向量集，从而给出对于成本曲率变化的相互正交的方向。如果在特征向量给出的所有这些方向上曲率变化的值（特征值）是正的，那么该点必定是局部最小值，而如果所有曲率变化值都是负的，那么该点就是局部最大值。这种推广适用于具有任何输入维度的成本函数，而用于确定极值点的行列式规则会随着成本函数的输入的维数而变化。回到鞍点，由于特征值对于某些方向是正的而对其他方向是负的，因此成本函数的曲率在正特征值的方向上增加，而在具有负系数的特征向量的方向上减小。鞍点周围的成本表面的这种性质通常导致接近零梯度的长高原区域，并且使得梯度下降方法难以逃离该低梯度的高原。点(0, 0)是函数 $f(x,y)=x^2-y^2$ 的鞍点，我们可以从下面的评估中看到：

$$\nabla f(x,y)=0 \Rightarrow \frac{\partial f}{\partial x}=0 \text{ 和 } \frac{\partial f}{\partial y}=0$$

$$\frac{\partial f}{\partial x}=2x=0 \Rightarrow x=0$$

$$\frac{\partial f}{\partial y}=-2y=0 \Rightarrow y=0$$

所以，$(x,y)=(0,0)$是一个驻点。接下来要做的是计算在$(x,y)=(0,0)$处的海森矩阵和特征值。海森矩阵 $Hf(x,y)$ 如下：

$$Hf(x,y)=\begin{bmatrix}\frac{\partial^2 f}{\partial x^2} & \frac{\partial^2 f}{\partial x \partial y} \\ \frac{\partial^2 f}{\partial x \partial y} & \frac{\partial^2 f}{\partial y^2}\end{bmatrix}=\begin{bmatrix}2 & 0 \\ 0 & -2\end{bmatrix}$$

所以，包括$(x,y)=(0,0)$在内所有点的海森矩阵 $Hf(x,y)$ 为$\begin{bmatrix}2 & 0 \\ 0 & -2\end{bmatrix}$。

$Hf(x,y)$的两个特征值为 2 和 −2，对应于特征向量$\begin{bmatrix}1 \\ 0\end{bmatrix}$和$\begin{bmatrix}0 \\ 1\end{bmatrix}$，它们只是 X 和 Y 坐标轴的方向。因为一个特征值为正，另一个为负，所以$(x,y)=(0,0)$是一个鞍点。

图 2-21 中画出了非凸函数 $f(x,y)=x^2-y^2$，其中 S 是在$(x,y)=(0,0)$处的鞍点。

2.3.5 随机梯度下降的小批量方法中的学习率

当数据集存在高冗余时，在小批量数据点上计算的梯度与在整个数据集上计算的梯度几乎相同，前提是小批量是整个数据集的良好表示。在这种情况下，可以避免在整个数据集上计算梯度，而是可以将小批量数据点上的梯度作为整个数据集的近似梯度。这是梯度下降的小批量方法，也称为小批量随机梯度下降（Mini - batch Stochastic Gradient Descent）。当不采用小批量，而是梯度由一个数据点近似时，称为在线学习（Online Learning）或随机梯度下降（Stochastic Gradient Descent）。然而，使用小批量的随机梯度下降总是比在线学习更好，因为小批量的梯度方法与在线学习模式相比，小批量方法的噪声更小。学习率在小批量随机梯度下降的收敛中起着至关重要的作用。以下方法能带来更好的收敛：

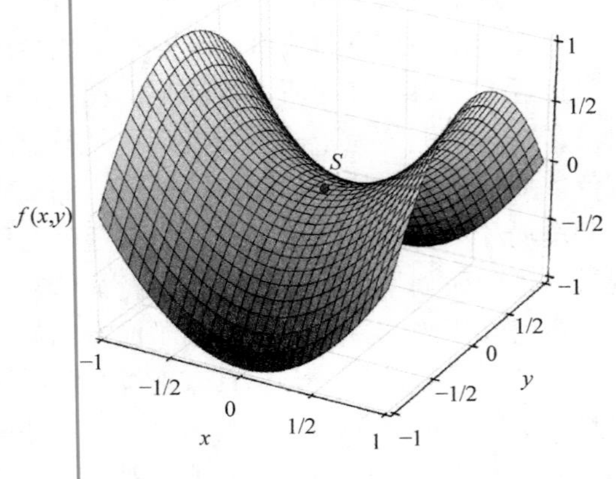

图 2-21　$f(x,y)=x^2-y^2$ 的图像

- 由一个初始化的学习率开始。
- 如果误差降低，则增大学习率。
- 如果误差增大，则减小学习率。
- 如果误差停止降低，则停止学习过程。

正如我们将在下一节中看到的，不同的优化器在其实现中采用了自适应学习率的方法。

2.3.6 TensorFlow 中的优化器

TensorFlow 拥有丰富的优化器库，可用于优化成本函数。优化器都是基于梯度的，还有一些特殊的优化器用来处理局部最小值问题。由于我们在第 1 章中讨论了机器学习和深度学习中最常使用的基于梯度的优化器，所以在这里我们将重点介绍 TensorFlow 添加到基本算法中的自定义方法。

1. GradientDescentOptimizer

GradientDescentOptimizer 实现了基础的全批量梯度下降算法，并且它将学习率作为输入。梯度下降算法不会自动地随迭代循环，因此必须在实现中指定这样的逻辑，我们将在后面看到。

最重要的方法是 minimize 方法，其中需要指定最小化的成本函数（由 loss 表示）和成本函数需要最小化的变量列表（由 var_list 表示）。Minimize 方法在内部调用 compute_gradients() 和 apply_gradients() 方法。声明变量列表是可选的，如果没有指定，则根据定义为 TensorFlow 变量的变量计算梯度（即声明为 tensorflow. Variable() 的变量）。

用法如下：

```
train_op =tf.train.GradientDescentOptimizer(learning_rate).minimize(cost)
```

其中，learning_rate 是恒定的学习率，cost 是需要通过梯度下降最小化的成本函数。cost 函数根据与成本函数相关联的 TensorFlow 变量来最小化。

2. AdagradOptimizer

AdagradOptimizer 是梯度下降的一阶优化器，但有一些修改。学习率是针对成本函数所依赖的每个维度进行归一化的，而不是用全局的学习率。每次迭代中的学习率是全局学习率除以先前梯度直到当前迭代的每个维度的l^2 范数。

如果我们有成本函数 $C(\theta)$，其中 $\theta=[\theta_1\theta_2\theta_3\cdots\theta_n]^{\mathrm{T}}\in\mathbb{R}^{n\times 1}$，则对于$\theta_i$的更新规则为

$$\theta_i^{(t+1)} = \theta_i^{(t)} - \frac{\eta}{\sqrt{\sum_{\tau=1}^{t}\theta_i^{(\tau)2}+\epsilon}}\frac{\partial C^{(t)}}{\partial\theta_i}$$

式中，η 为学习率；$\theta_i^{(t)}$ 和$\theta_i^{(t+1)}$ 分别是第 i 个参数在迭代 t 和 $t+1$ 时的值。

在矩阵形式中，向量 θ 的参数更新可以表示为

$$\theta^{(t+1)}=\theta^{(t)}-\eta G_{(t)}^{-1}\nabla C(\theta^{(t)})$$

式中，$G_{(t)}$ 是包含过去直到迭代 t 时的每个维度梯度的l^2 范数的对角矩阵。矩阵$G_{(t)}$ 有如下形式：

$$G_{(t)}=\begin{bmatrix}\sqrt{\sum_{\tau=1}^{t}\theta_1^{(\tau)2}+\epsilon} & \cdots & 0\\ \vdots & \sqrt{\sum_{\tau=1}^{1}\theta_i^{(\tau)2}+\epsilon} & \vdots\\ 0 & \cdots & \sqrt{\sum_{\tau=1}^{t}\theta_n^{(\tau)2}+\epsilon}\end{bmatrix}$$

有时，数据中没有太多的稀疏特征对优化问题非常有用。然而，通过基本梯度下降或随机梯度下降，在每一次迭代中学习率对所有特征同样重要。由于学习率相同，非稀疏特征的总体贡献远远大于稀疏特征。因此，我们最终会在稀疏特征中丢失关键信息。使用 Adagrad，每个参数都是以不同的学习率更新。特征越稀疏，在每一次迭代中其参数更新得越高。这是因为对于稀疏特征，$\sqrt{\sum_{\tau=1}^{t}\theta_i^{(\tau)2}+\epsilon}$ 数量会更少，因此整体学习率会更高。

用法如下：

```
train_op = tf.train.AdagradOptimizer.(learning_rate=0.001,
initial_accumulator_value=0.1)
```

其中，learning_rate 代表 η，initial_accumulator_value 代表每个权重的初始化非零归一因子。

3. RMSprop

RMSprop 是弹性反向传播（Resilient Backpropagation，Rprop）优化技术的小批量版本，最适合全批量学习。在成本函数等高线为椭圆形的情况下，Rprop 解决了梯度并未指向最小值的问题。正如我们之前讨论的那样，在这种情况下，不是全局更新规则，而是每个权重单

独自适应更新的规则能得到更好的收敛结果。Rprop 的特殊之处在于它不使用权重梯度的大小，而是只使用其符号来确定如何更新每个权重。以下是 Rprop 的运行逻辑：

● 训练开始，对所有权重使用相同大小的权重更新，例如，$\Delta_{ij}^{(t=0)}=\Delta_{ij}^{(0)}=\Delta$。此外，将允许的最大和最小权重更新分别设为$\Delta_{\max}$和$\Delta_{\min}$。

● 在每次迭代中，检查先前和当前梯度分量的符号，即成本函数关于不同权重的偏导数。

● 如果权重连接的当前和先前梯度分量的符号相同，即 $\text{sign}\left(\frac{\partial C^{(t)}}{\partial w_{ij}}\frac{\partial C^{(t-1)}}{\partial w_{ij}}\right)$为正，则通过因子$\eta_{+}=1.2$ 增大学习率。更新规则变为

$$\Delta_{ij}^{(t+1)}=\min(\eta_{+}\Delta_{ij}^{(t)},\Delta_{\max})$$

$$w_{ij}^{(t+1)}=w_{ij}^{(t)}-\text{sign}\left(\frac{\partial C^{(t)}}{\partial w_{ij}}\right)\cdot\Delta_{ij}^{(t+1)}$$

● 如果某一维度的当前和先前梯度分量的符号不同，即 $\text{sign}\left(\frac{\partial C^{(t)}}{\partial w_{ij}}\frac{\partial C^{(t-1)}}{\partial w_{ij}}\right)$为负，则通过因子$\eta_{-}=0.5$ 降低学习率。更新规则变为

$$\Delta_{ij}^{(t+1)}=\max(\eta_{-}\Delta_{ij}^{(t)},\Delta_{\min})$$

$$w_{ij}^{(t+1)}=w_{ij}^{(t)}-\text{sign}\left(\frac{\partial C^{(t)}}{\partial w_{ij}}\right)\cdot\Delta_{ij}^{(t+1)}$$

● 如果$\frac{\partial C^{(t)}}{\partial w_{ij}}\frac{\partial C^{(t-1)}}{\partial w_{ij}}=0$，更新规则为如下形式：

$$\Delta_{ij}^{(t+1)}=\Delta_{ij}^{(t)}$$

$$w_{ij}^{(t+1)}=w_{ij}^{(t)}-\text{sign}\left(\frac{\partial C^{(t)}}{\partial w_{ij}}\right)\cdot\Delta_{ij}^{(t+1)}$$

在梯度下降时，梯度不以特定间隔变化符号的维度是权重变化一致的维度。因此，增大学习率将使这些权重更快地收敛。

梯度符号改变的维度表明，沿着这些维度权重的变化是不一致的，因此通过降低学习率，可以避免振荡并更好地赶上曲率。对于凸函数，梯度符号变化通常发生在成本函数表面中存在曲率并且学习率设置较高的情况下。由于梯度不具有曲率信息，因此较大的学习率会使更新的参数值超出最小值点，并且这种现象会在最小值点的任一侧重复。

Rprop 适用于全批量，但在涉及随机梯度下降时效果不佳。当学习率非常小时，来自不同小批量的梯度会在随机梯度下降的情况下平均。如果通过成本函数的随机梯度下降，当学习率较小时，9 个小批量的权重梯度为 +0.2，第 10 个小批量为 -0.18，则随机梯度下降的有效梯度几乎为零，并且权重几乎维持在相同的位置，这是我们期望的结果。

然而，使用 Rprop，学习率将增加约 9 次而仅减少一次，因此有效权重将远大于零。这是不可取的。

为了将 Rprop 对每个权重自适应学习规则的质量与随机梯度下降的效率相结合，RMSprop 出现了。在 Rprop 中，对于每个权重，我们不使用梯度值的大小，而只利用其符号。

每个权重的梯度符号可以认为是权重的梯度除以其大小。随机梯度下降的问题在于，对于每个小批量，成本函数不断变化，梯度也是如此。因此，我们的想法是获得一个不会在邻近的小批量上波动很大的权重的梯度幅度。用在最近的小批量中每个权重的方均根来归一化梯度是效果最好的做法。

$$g_{ij}^{(t)} = \alpha g_{ij}^{(t-1)} + (1-\alpha)\left(\frac{\partial C^{(t)}}{\partial w_{ij}}\right)^2$$

$$w_{ij}^{(t+1)} = w_{ij}^{(t)} - \frac{\eta}{\sqrt{g_{ij}^{(t)} + \epsilon}}\frac{\partial C^{(t)}}{\partial w_{ij}}$$

式中，$g^{(t)}$是权重w_{ij}在迭代t时梯度的方均根；α是权重w_{ij}方均根梯度的衰减率。

用法如下：

```
train_op = tf.train.RMSPropOptimizer(learning_rate=0.001, decay =0.9,
momentum=0.0, epsilon=1e-10)
```

其中，decay代表α；epsilon代表ϵ；learning_rate代表η。

4. AdadeltaOptimizer

AdadeltaOptimizer是AdagradOptimizer的一种变体，但在降低学习率方面不那么积极。对于每个权重连接，AdagradOptimizer将迭代中的学习率常数除以该权重的所有过去直到当前迭代的梯度的方均根。因此，每个权重的有效学习率是关于迭代次数的单调递减函数，并且在相当多次迭代之后，学习率变得无穷小。AdagradOptimizer通过取每个权重或维度的指数衰减二次方梯度的平均值来克服这个问题。因此，AdadeltaOptimizer中的有效学习率仍然是其当前梯度的局部估计值，并且不会像AdagradOptimizer方法那样快速缩小。这确保了即使在相当多的迭代或轮次之后学习仍在继续。Adadelta的学习规则可归纳如下：

$$g_{ij}^{(t)} = \gamma g_{ij}^{(t-1)} + (1-\gamma)\left(\frac{\partial C^{(t)}}{\partial w_{ij}}\right)^2$$

$$w_{ij}^{(t+1)} = w_{ij}^{(t)} - \frac{\eta}{\sqrt{g_{ij}^{(t)} + \epsilon}}\frac{\partial C^{(t)}}{\partial w_{ij}}$$

式中，γ是衰减常数；η是学习率常数；$g_{ij}^{(t)}$代表迭代t时的有效方均梯度。我们将$\sqrt{g_{ij}^{(t)}}$项表示为RMS（$g_{ij}^{(t)}$），就会给出如下的更新规则：

$$w_{ij}^{(t+1)} = w_{ij}^{(t)} - \frac{\eta}{\text{RMS}(g_{ij}^{(t)})}\frac{\partial C^{(t)}}{\partial w_{ij}}$$

如果我们仔细观察，$\frac{\partial C^{(t)}}{\partial w_{ij}}$和RMS($g_{ij}^{(t)}$)的单位是相同的，即梯度的单位（成本函数的变化/每单位权重变化），因此它们相互抵消。所以，权重变化的单位是学习率常数的单位。Adadelta通过将学习率常数替换为直到当前迭代为止的指数衰减的二次方权重更新的方均根来解决这个问题。假设$h_{ij}^{(t)}$是直到迭代t的权重更新的方均根，β是衰减常数，$\Delta w_{ij}^{(t)}$是迭代中的权重更新，则$h_{ij}^{(t)}$的更新规则和Adadelta的最终权重更新规则可以表示如下：

$$h_{ij}^{(t)} = \beta h_{ij}^{(t-1)} + (1-\beta)(\Delta w_{ij}^{(t)})^2$$

$$w_{ij}^{(t+1)} = w_{ij}^{(t)} - \frac{\sqrt{h_{ij}^{(t)}+\epsilon}}{\text{RMS}(g_{ij}^{(t)})}\frac{\partial C^{(t)}}{\partial w_{ij}}$$

如果我们将 $\sqrt{h_{ij}^{(t)}}+\epsilon$ 表示为 RMS（$h_{ij}^{(t)}$），则更新规则变为

$$w_{ij}^{(t+1)} = w_{ij}^{(t)} - \frac{\text{RMS}(h_{ij}^{(t)})\,\partial C^{(t)}}{\text{RMS}(g_{ij}^{(t)})\,\partial w_{ij}}$$

用法如下：

```
train_op = tf.train.AdadeltaOptimizer(learning_rate=0.001,rho=0.95,
epsilon=1e-08).
```

其中，rho 代表 γ；epsilon 代表 ϵ；learning_rate 代表 η。

Adadelta 的一个显著优势是它完全消除了学习率常数。如果我们比较 Adadelta 和 RMSprop，不考虑学习率常数消除，两者都是相同的。Adadelta 和 RMSprop 是在大致同一时间为解决 Adagrad 的快速学习率衰减问题而开发的。

5. AdamOptimizer

Adam 或 Adaptive Moment Estimator 是另一种优化技术，与 RMSprop 或 Adagrad 一样，对每个参数或权重都具有自适应学习率。Adam 不仅保持二次方梯度的滑动平均值，而且保持过去梯度的滑动平均值。

设每一个权重 w_{ij} 的平均梯度 $m_{ij}^{(t)}$ 和梯度的方均值 $v_{ij}^{(t)}$ 的衰减率分别为 β_1 和 β_2。此外，设 η 为常数学习率因子，则 Adam 的更新规则为

$$m_{ij}^{(t)} = \beta_1 m_{ij}^{(t-1)} + (1-\beta_1)\frac{\partial C^{(t)}}{\partial w_{ij}}$$

$$v_{ij}^{(t)} = \beta_2 v_{ij}^{(t-1)} + (1-\beta_2)\left(\frac{\partial C^{(t)}}{\partial w_{ij}}\right)^2$$

归一化的梯度均值 $\hat{m}_{ij}^{(t)}$ 和梯度的方均值 $\hat{v}_{ij}^{(t)}$ 通过如下计算方法得到：

$$\hat{m}_{ij}^{(t)} = \frac{m_{ij}^{(t)}}{(1-\beta_1^t)}$$

$$\hat{v}_{ij}^{(t)} = \frac{v_{ij}^{(t)}}{(1-\beta_2^t)}$$

每个权重 w_{ij} 的最终的更新规则如下：

$$w_{ij}^{(t+1)} = w_{ij}^{(t)} - \frac{\eta}{\sqrt{\hat{v}_{ij}^{(t)}}+\epsilon}\hat{m}_{ij}^{(t)}$$

用法如下：

```
train_op = tf.train.AdamOptimizer(learning_rate=0.001,beta1=0.9,
beta2=0.999,epsilon=1e-08).minimize(cost)
```

其中，learning_rate 是常数学习率 η，cost C 是需要通过 AdamOptimizer 最小化的成本函数，参数 beta1 和 beta2 分别对应于 β_1 和 β_2，epsilon 代表 ϵ。

成本函数根据与成本函数相关联的 TensorFlow 变量来进行最小化。

```
    intercept_feature = np.ones((n_samples,1))
    X = np.concatenate((features,intercept_feature),axis=1)
    X = np.reshape(X,[n_samples,n_features +1])
    Y = np.reshape(target,[n_samples,1])
    return X,Y
#--------------------------------------------------------------------------------
# 执行读、归一化和将偏差项扩展到数据中的函数
#--------------------------------------------------------------------------------

features,target = read_infile()
z_features = feature_normalize(features)
X_input,Y_input = append_bias(z_features,target)
num_features = X_input.shape[1]

#--------------------------------------------------------------------------------
# 为占位符、权重和权重初始化创建TensorFlow操作
#--------------------------------------------------------------------------------

X = tf.placeholder(tf.float32,[None,num_features])
Y = tf.placeholder(tf.float32,[None,1])
w = tf.Variable(tf.random_normal((num_features,1)),name='weights')
init = tf.global_variables_initializer()

#--------------------------------------------------------------------------------
# 为成本函数和优化器定义不同的TensorFlow操作
#--------------------------------------------------------------------------------

learning_rate = 0.01
num_epochs = 1000
cost_trace = []
pred = tf.matmul(X,w)
error = pred - Y
cost = tf.reduce_mean(tf.square(error))
train_op = tf.train.GradientDescentOptimizer(learning_rate).minimize(cost)

#--------------------------------------------------------------------------------
# 执行梯度下降学习
#--------------------------------------------------------------------------------

with tf.Session() as sess:
    sess.run(init)
    for i in xrange(num_epochs):

        sess.run(train_op,feed_dict={X:X_input,Y:Y_input})
        cost_trace.append(sess.run(cost,feed_dict={X:X_input,Y:Y_input}))
    error_ = sess.run(error,{X:X_input,Y:Y_input})
    pred_ = sess.run(pred,{X:X_input})

print 'MSE in training:',cost_trace[-1]

-- output --

MSE in training: 21.9711
```

清单 2-18a　线性回归的成本与轮次或迭代数的关系图

```
#----------------------------------------------------------------------------------
# 绘制成本随轮次或迭代数下降的图
#----------------------------------------------------------------------------------

import matplotlib.pyplot as plt
%matplotlib inline
plt.plot(cost_trace)
```

清单 2-18b　线性回归中真实房价与预测房价的关系图

```
#------------------------------------------------------------------------
# 绘制真实房价与预测房价的关系图
#------------------------------------------------------------------------

fig, ax = plt.subplots()
plt.scatter(Y_input,pred_)
ax.set_xlabel('Actual House price')
ax.set_ylabel('Predicted House price')
```

图 2-24 展示了关于轮次的成本，图 2-25 展示了训练后的预测房价与实际房价的关系。

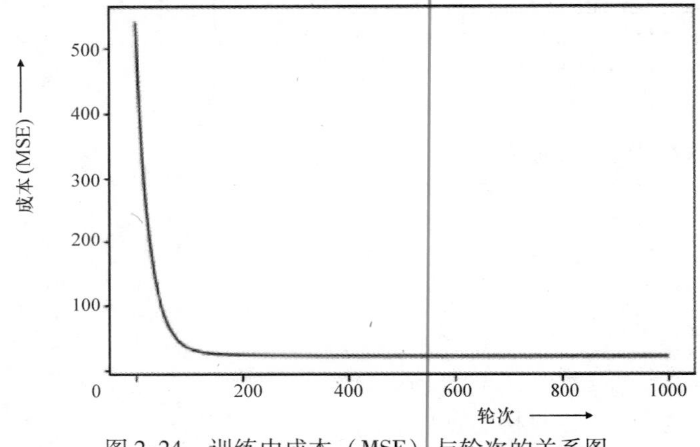

图 2-24　训练中成本（MSE）与轮次的关系图

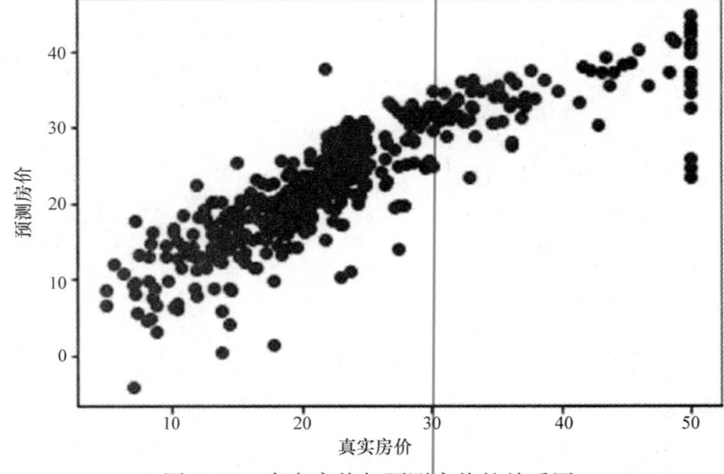

图 2-25　真实房价与预测房价的关系图

2.3.9 使用全批量梯度下降的 SoftMax 函数多分类

在本节中，我们使用全批量梯度下降来说明多分类问题。使用 MNIST 数据集，因为它有 10 个对应于 10 个整数的输出类别。详细实现见清单 2-19。SoftMax 用作输出层。

清单 2-19 使用全批量梯度下降的 SoftMax 函数多分类

```
#------------------------------------------------------------------------------------------
# 导入需要的库
#------------------------------------------------------------------------------------------

import tensorflow as tf
import numpy as np

from sklearn import datasets
from tensorflow.examples.tutorials.mnist import input_data

#------------------------------------------------------------------------------------------
# 读取MNIST数据集和标签的函数
#------------------------------------------------------------------------------------------

def read_infile():
    mnist = input_data.read_data_sets("MNIST_data/", one_hot=True)
    train_X, train_Y,test_X, test_Y = mnist.train.images, mnist.train.
    labels,mnist.test.
    images, mnist.test.labels
    return train_X, train_Y,test_X, test_Y
#------------------------------------------------------------------------------------------
# 为神经网络定义权重和偏差
#------------------------------------------------------------------------------------------

def weights_biases_placeholder(n_dim,n_classes):
    X = tf.placeholder(tf.float32,[None,n_dim])
    Y = tf.placeholder(tf.float32,[None,n_classes])
    w = tf.Variable(tf.random_normal([n_dim,n_classes],stddev=0.01),
    name='weights')
    b = tf.Variable(tf.random_normal([n_classes]),name='weights')
    return X,Y,w,b
#------------------------------------------------------------------------------------------
# 定义前向传递
#------------------------------------------------------------------------------------------

def forward_pass(w,b,X):
    out = tf.matmul(X,w) + b
    return out

#------------------------------------------------------------------------------------------
# 为SoftMax单元定义成本函数
#------------------------------------------------------------------------------------------

def multiclass_cost(out,Y):
    cost = tf.reduce_mean(tf.nn.softmax_cross_entropy_with_logits
```

```
    (logits=out,labels=Y))
    return cost
#-----------------------------------------------------------------------------
# 定义初始化操作
#-----------------------------------------------------------------------------

def init():
    return tf.global_variables_initializer()

#-----------------------------------------------------------------------------
# 定义训练操作
#-----------------------------------------------------------------------------

def train_op(learning_rate,cost):
    op_train = tf.train.GradientDescentOptimizer(learning_rate).
    minimize(cost)
    return op_train

train_X, train_Y,test_X, test_Y = read_infile()
X,Y,w,b = weights_biases_placeholder(train_X.shape[1],train_Y.shape[1])
out = forward_pass(w,b,X)
cost = multiclass_cost(out,Y)
learning_rate,epochs = 0.01,1000
op_train = train_op(learning_rate,cost)
init = init()
loss_trace = []
accuracy_trace = []

#-----------------------------------------------------------------------------
# 激活TensorFlow会话并执行随机梯度下降
#-----------------------------------------------------------------------------

with tf.Session() as sess:
    sess.run(init)
    for i in xrange(epochs):
        sess.run(op_train,feed_dict={X:train_X,Y:train_Y})
        loss_ = sess.run(cost,feed_dict={X:train_X,Y:train_Y})
        accuracy_ = np.mean(np.argmax(sess.run(out,feed_dict={X:train_X,
        Y:train_Y}),axis=1)
 == np.argmax(train_Y,axis=1))
        loss_trace.append(loss_)
        accuracy_trace.append(accuracy_)
        if (((i+1) >= 100) and ((i+1) % 100 == 0 )) :
            print 'Epoch:',(i+1),'loss:',loss_,'accuracy:',accuracy_

    print 'Final training result:','loss:',loss_,'accuracy:',accuracy_
    loss_test = sess.run(cost,feed_dict={X:test_X,Y:test_Y})
    test_pred = np.argmax(sess.run(out,feed_dict={X:test_X,Y:test_Y}),
    axis=1)
    accuracy_test = np.mean(test_pred == np.argmax(test_Y,axis=1))
    print 'Results on test dataset:','loss:',loss_test,'accuracy:',
    accuracy_test
 -- output --
```

```
Extracting MNIST_data/train-images-idx3-ubyte.gz
Extracting MNIST_data/train-labels-idx1-ubyte.gz
Extracting MNIST_data/t10k-images-idx3-ubyte.gz
Extracting MNIST_data/t10k-labels-idx1-ubyte.gz
Epoch: 100 loss: 1.56331 accuracy: 0.702781818182
Epoch: 200 loss: 1.20598 accuracy: 0.772127272727
Epoch: 300 loss: 1.0129 accuracy: 0.800363636364
Epoch: 400 loss: 0.893824 accuracy: 0.815618181818
Epoch: 500 loss: 0.81304 accuracy: 0.826618181818
Epoch: 600 loss: 0.754416 accuracy: 0.834309090909
Epoch: 700 loss: 0.709744 accuracy: 0.840236363636
Epoch: 800 loss: 0.674433 accuracy: 0.845
Epoch: 900 loss: 0.645718 accuracy: 0.848945454545
Epoch: 1000 loss: 0.621835 accuracy: 0.852527272727
Final training result: loss: 0.621835 accuracy: 0.852527272727
Results on test dataset: loss: 0.596687 accuracy: 0.8614
```

清单 2-19a　显示真实数字和预测数字以及真实数字的图片

```
import matplotlib.pyplot as plt
%matplotlib inline
f, a = plt.subplots(1, 10, figsize=(10, 2))
print 'Actual digits!, np.argmax(test_Y[0:10],axis=1)
print 'Predicted digits:',test_pred[0:10]
print 'Actual images of the digits follow:'
for i in range(10):
      a[i].imshow(np.reshape(test_X[i],(28, 28)))

-- output --
```

图 2-26 展示了通过全批量梯度下降学习训练后验证数据集样本的 SoftMax 分类的真实数字与预测数字的对比。

Actual digits:　　[7 2 1 0 4 1 4 9 5 9]
Predicted digits: [7 2 1 0 4 1 4 9 6 9]
Actual images of the digits follow:

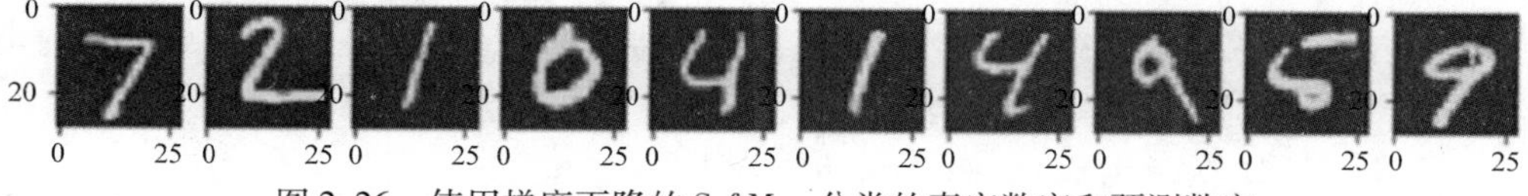

图 2-26　使用梯度下降的 SoftMax 分类的真实数字和预测数字

2.3.10　使用随机梯度下降的 SoftMax 函数多分类

我们现在执行相同的分类任务，但不是使用全批量学习，而是采用批量大小为 1000 的随机梯度下降。详细实现已在清单 2-20 中列出。

清单 2-20　使用随机梯度下降的 SoftMax 函数多分类

```
def read_infile():
    mnist = input_data.read_data_sets("MNIST_data/", one_hot=True)
    train_X, train_Y,test_X, test_Y = mnist.train.images, mnist.train.
    labels,mnist.test.
images, mnist.test.labels
    return train_X, train_Y,test_X, test_Y
def weights_biases_placeholder(n_dim,n_classes):
    X = tf.placeholder(tf.float32,[None,n_dim])
    Y = tf.placeholder(tf.float32,[None,n_classes])
```

```
    w = tf.Variable(tf.random_normal([n_dim,n_classes],stddev=0.01),
    name='weights')
    b = tf.Variable(tf.random_normal([n_classes]),name='weights')
    return X,Y,w,b
def forward_pass(w,b,X):
    out = tf.matmul(X,w) + b
    return out

def multiclass_cost(out,Y):
    cost = tf.reduce_mean(tf.nn.softmax_cross_entropy_with_logits
    (logits=out,labels=Y))
    return cost

def init():
    return tf.global_variables_initializer()

def train_op(learning_rate,cost):
    op_train = tf.train.AdamOptimizer(learning_rate).minimize(cost)
    return op_train

train_X, train_Y,test_X, test_Y = read_infile()
X,Y,w,b = weights_biases_placeholder(train_X.shape[1],train_Y.shape[1])
out = forward_pass(w,b,X)
cost = multiclass_cost(out,Y)
learning_rate,epochs,batch_size = 0.01,1000,1000
num_batches = train_X.shape[0]/batch_size
op_train = train_op(learning_rate,cost)
init = init()
epoch_cost_trace = []
epoch_accuracy_trace = []

with tf.Session() as sess:
    sess.run(init)

    for i in xrange(epochs):
        epoch_cost,epoch_accuracy = 0,0

        for j in xrange(num_batches):
            sess.run(op_train,feed_dict={X:train_X[j*batch_size:(j+1)*batch_
            size],Y:train_Y[j*batch_size:(j+1)*batch_size]})
            actual_batch_size = train_X[j*batch_size:(j+1)*batch_size].shape[0]
            epoch_cost += actual_batch_size*sess.run(cost,feed_dict={X:train_X
            [j*batch_
            size:(j+1)*batch_size],Y:train_Y[j*batch_size:(j+1)*batch_size]})
            epoch_cost = epoch_cost/float(train_X.shape[0])
            epoch_accuracy = np.mean(np.argmax(sess.run(out,feed_dict=
            {X:train_X,Y:train_Y}),
            axis=1) == np.argmax(train_Y,axis=1))
            epoch_cost_trace.append(epoch_cost)
            epoch_accuracy_trace.append(epoch_accuracy)

            if (((i +1) >= 100) and ((i+1) % 100 == 0 )) :
                print 'Epoch:',(i+1),'Average loss:',epoch_cost,'accuracy:',
                epoch_accuracy
```

```
    print 'Final epoch training results:','Average loss:',epoch_cost,'
    accuracy:',epoch_accuracy
    loss_test = sess.run(cost,feed_dict={X:test_X,Y:test_Y})
    test_pred = np.argmax(sess.run(out,feed_dict={X:test_X,Y:test_Y}),axis=1)
    accuracy_test = np.mean(test_pred == np.argmax(test_Y,axis=1))
    print 'Results on test dataset:','Average loss:',loss_test,'accuracy:',
    accuracy_test
-- output --
Extracting MNIST_data/train-images-idx3-ubyte.gz
Extracting MNIST_data/train-labels-idx1-ubyte.gz
Extracting MNIST_data/t10k-images-idx3-ubyte.gz
Extracting MNIST_data/t10k-labels-idx1-ubyte.gz
Epoch: 100 Average loss: 0.217337096686 accuracy: 0.9388
Epoch: 200 Average loss: 0.212256691131 accuracy: 0.939672727273
Epoch: 300 Average loss: 0.210445133664 accuracy: 0.940054545455
Epoch: 400 Average loss: 0.209570150484 accuracy: 0.940181818182
Epoch: 500 Average loss: 0.209083143689 accuracy: 0.940527272727
Epoch: 600 Average loss: 0.208780818907 accuracy: 0.9406
Epoch: 700 Average loss: 0.208577176387 accuracy: 0.940636363636
Epoch: 800 Average loss: 0.208430663293 accuracy: 0.940636363636
Epoch: 900 Average loss: 0.208319870586 accuracy: 0.940781818182
Epoch: 1000 Average loss: 0.208232710849 accuracy: 0.940872727273
Final epoch training results: Average loss: 0.208232710849 accuracy:
0.940872727273
Results on test dataset: Average loss: 0.459194 accuracy: 0.9155
```

清单 2-20a　使用随机梯度下降的 SoftMax 函数分类的真实数字和预测数字

```
import matplotlib.pyplot as plt
%matplotlib inline
f, a = plt.subplots(1, 10, figsize=(10, 2))
print 'Actual digits!, np.argmax(test_Y[0:10],axis=1)
print 'Predicted digits:',test_pred[0:10]
print 'Actual images of the digits follow:'
for i in range(10):
      a[i].imshow(np.reshape(test_X[i],(28, 28)))

--output --
```

图 2-27 展示了通过随机梯度下降学习训练后验证数据集样本的 SoftMax 分类的实际数字与预测数字的对比。

Actual digits:　　[7 2 1 0 4 1 4 9 5 9]
Predicted digits: [7 2 1 0 4 1 4 9 6 9]
Actual images of the digits follow:

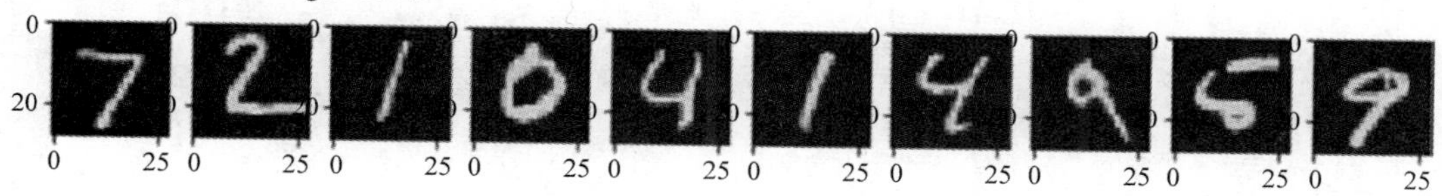

图 2-27　使用随机梯度下降的 SoftMax 函数分类的真实数字和预测数字

2.4　GPU

在结束本章之前，我们想谈谈 GPU，它彻底改变了深度学习的世界。GPU 代表图形处理单元，其最初目的是用于游戏中每秒显示更多帧以获得更好的游戏分辨率。深度学习网络对前向传递和反向传播过程使用大量矩阵乘法，尤其是卷积。GPU 擅长矩阵到矩阵的乘法；因此，利用数千个 GPU 核心来并行处理数据。这加速了深度学习的训练。市场上常见的 GPU 如下：

- NVIDIA GTX TITAN XGE
- NVIDIA GTX TITAN X
- NVIDIA GeForce GTX 1080
- NVIDIA GeForce GTX 1070

2.5 总结

在本章中，我们已经介绍了多年来深度学习如何从人工神经网络发展而来。此外，我们讨论了感知机学习方法、其局限性以及当前训练神经网络的方法。对有关非凸成本函数、椭圆局部成本曲线和鞍点的问题进行了详细讨论，同时需要不同的优化器来解决这些问题。此外，在本章的后半部分，我们了解了 TensorFlow 的基础知识，以及如何通过 TensorFlow 执行与线性回归、多类别 SoftMax 和 XOR 分类相关的简单模型。在下一章中，重点将放在图像的卷积神经网络上。

第 3 章
卷积神经网络

近年来，人工神经网络在非结构化的数据处理中蓬勃发展，尤其是对图像、文本、音频和语音数据的处理。卷积神经网络（CNN）对这些非结构化的数据处理是非常有效的。只要数据之间有相关联的拓扑关系，卷积神经网络就能很好地从中提取出对应的重要特征。从网络结构的角度来看，卷积神经网络的结构设计受到了多层感知机的启发。通过对相邻层之间的神经元施加局部连接约束，卷积神经网络很好地处理了其局部空间相关性信息。

卷积神经网络的核心是通过卷积运算来进行数据的处理。任何一个信号与另外一个信号进行卷积，可以生成第三个信号，该信号能够包含比原始信号本身更多的信息。在深入研究卷积神经网络之前，我们先来详细讨论一下卷积操作的相关过程。

3.1 卷积操作

一个时空域信号与另外一个时空域信号进行卷积，会生成一个与初始信号相对应的新的信号数据。这个新生成的信号可能会比原始数据具有更好的特征表示，从而更适合于特定的任务处理。例如，将灰度图像作为一个二维信号与滤波器或卷积核信号进行卷积操作，其输出信号中会包含有原始图像中的边缘数据。图像中的边缘数据可以是物体的边界，也可以是光照的变化、物体属性的变化或者深度的不连续等产生的分界，这些边缘数据在一些应用中可能会非常有用。了解系统的线性时不变或者线性移不变特性，更有助于我们理解信号的卷积。我们将先讨论这个问题，然后再讨论卷积。

3.1.1 线性时不变和线性移不变系统

当系统以某种方式处理输入信号时，会生成输出信号。如果输入信号为 $x(t)$，生成的输出信号为 $y(t)$，那么 $y(t)$ 可以表示为

$$y(t)=f(x(t))$$

系统是线性的，那么也适用下面的缩放和叠加法则：

放缩法则：$f(\alpha x(t))=\alpha f(x(t))$

叠加法则：$f(\alpha x_1(t)+\beta x_2(t))=\alpha f(x_1(t))+\beta f(x_2(t))$

与此类似，系统是时不变的或广义移不变的，应有

$$f(x(t-\tau))=y(t-\tau)$$

一般地，具有线性和移不变两种特性的系统称为线性移不变（LSI）系统。当线性移不

变系统在时间信号上工作时，又称为线性时不变（LTI）系统。为了不失一般性，我们在本章的其余部分中均使用 LSI 系统来统称这一类系统，如图 3-1 所示。

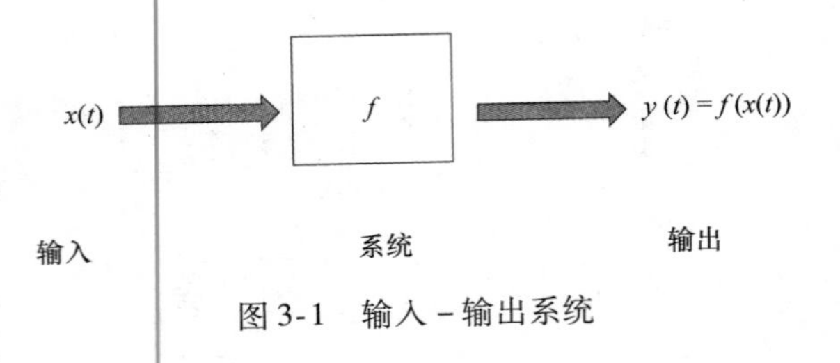

图 3-1 输入 - 输出系统

LSI 系统的关键特性是，如果我们可以得知系统对脉冲响应的输出，那么就可以计算出任何信号的输出响应。

图 3-2a、b 所示为系统对不同类别脉冲函数的脉冲响应。图 3-2a 为系统对狄拉克脉冲函数的连续脉冲响应，而图 3-2b 则为系统对阶跃脉冲函数的离散脉冲响应。图 3-2a 所示的系统是一个连续的 LTI 系统，因此需要狄拉克函数来确定其脉冲响应，而另一方面，图 3-2b 所示的系统则是一个离散的 LTI 系统，需要一个单位阶跃脉冲函数来确定其脉冲响应。

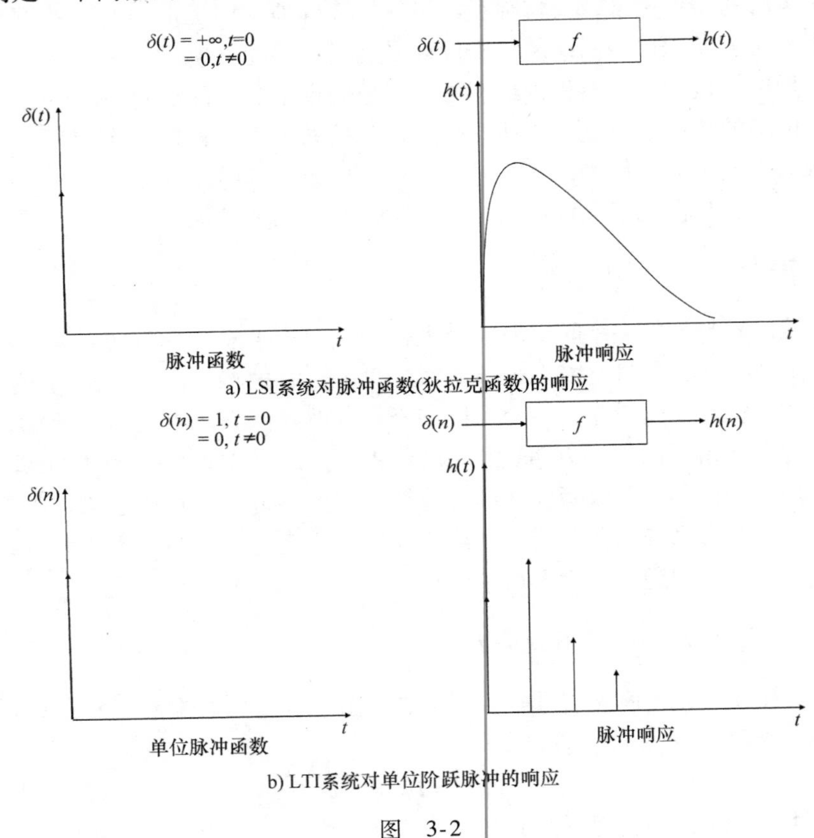

图 3-2

如果我们知道 LSI 系统对脉冲函数 $\delta(t)$ 的响应为 $h(t)$，那么就可以通过对 $h(t)$ 的卷积来计算该 LSI 系统对任意输入信号 $x(t)$ 的响应值 $y(t)$。数学公式表示为 $y(t)=x(t)(*)h(t)$，其中（$*$）表示卷积操作。

系统的脉冲响应可以是已知的，也可以通过记录其对脉冲函数的响应来确定。例如，哈勃太空望远镜的脉冲响应可以通过将其聚焦在黑暗夜空中遥远的恒星上，然后记录生成的图像。这里记录的生成图像则是望远镜的脉冲响应。

3.1.2 一维信号的卷积

直观来讲，卷积衡量了一个函数与另外一个翻转和平移后的函数之间的重叠程度。在离散情况下：

$$y(t) = x(t)(*)h(t) = \sum_{\tau=-\infty}^{+\infty} x(\tau)h(t-\tau)$$

类似地，在连续域中，两个函数的卷积可以表示为

$$y(t) = x(t)(*)h(t) = \int_{\tau=-\infty}^{+\infty} x(\tau)h(t-\tau)\mathrm{d}\tau$$

让我们通过两个离散信号的卷积来更好地解释这个操作，如图3-3a～c所示。

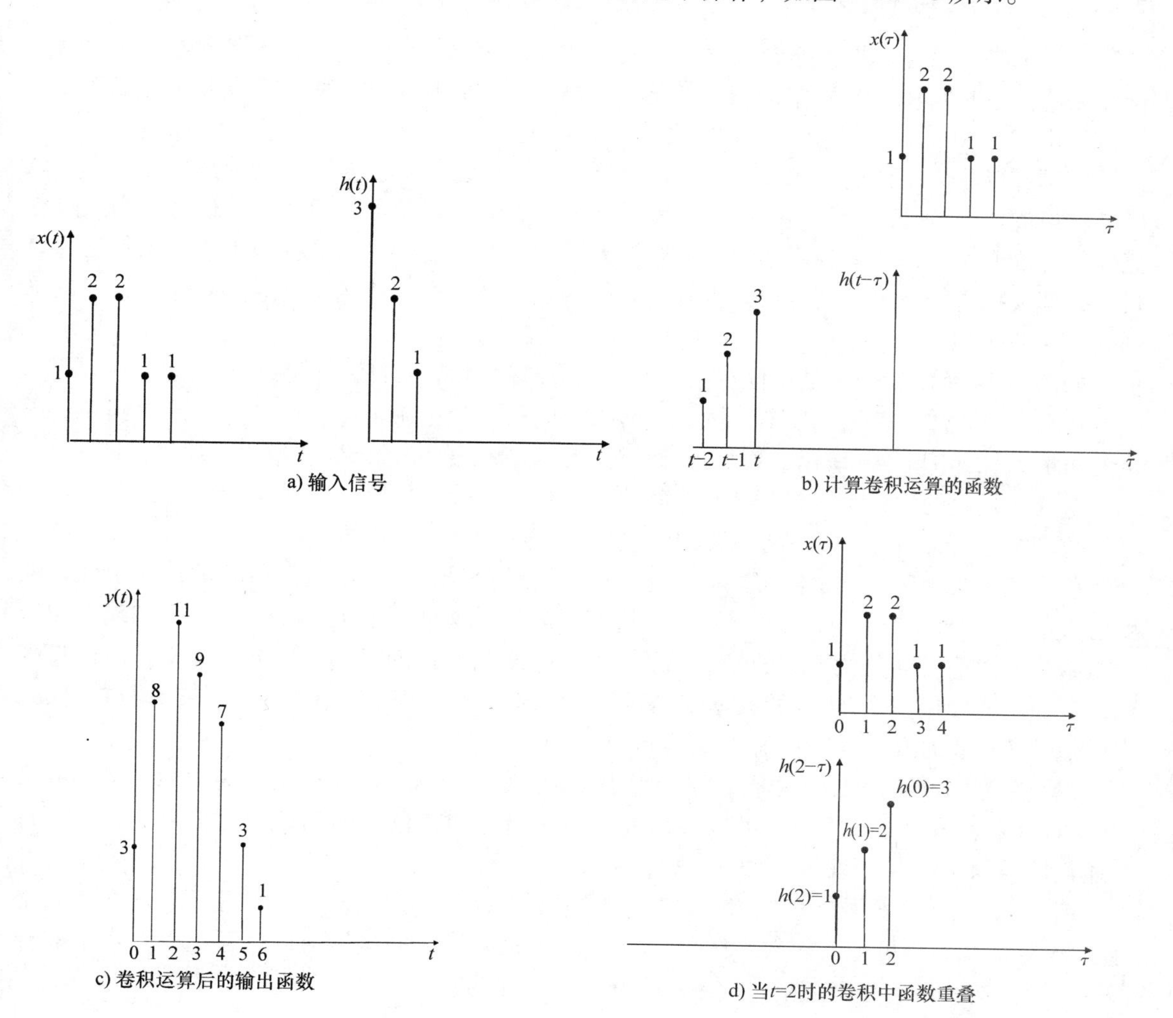

图 3-3

图 3-3b 中，根据横轴上不同的 t 值计算得到函数 $h(t-\tau)$，然后计算其卷积和 $\sum_{\tau=-\infty}^{+\infty} x(\tau)h(t-\tau)$，这个卷积和可以认为是 $x(\tau)$ 的加权均值，其权重为 $h(t-\tau)$。

- 当 $t=-1$ 时，权重 $h(-1-\tau)$ 与 $x(\tau)$ 没有产生重叠，所以和为 0。
- 当 $t=0$ 时，权重 $h(-\tau)$ 与 $x(\tau)$ 的唯一重叠元素为 $x(\tau=0)$，重叠权重值为 $h(0)$，因此卷积和为 $x(\tau=0)*h(0)=1*3=3$，所以 $y(0)=3$。
- 当 $t=1$ 时，权重为 $h(1-\tau)$，重叠元素为 $x(0)$ 和 $x(1)$，重叠权重值分别为 $h(1)$ 和 $h(0)$，因此卷积和为 $x(0)*h(1)+x(1)*h(0)=1*2+2*3=8$。
- 当 $t=2$ 时，权重为 $h(2-\tau)$，重叠元素为 $x(0)$、$x(1)$ 和 $x(2)$，重叠权重值分别为 $h(2)$、$h(1)$ 和 $h(0)$，因此卷积和为 $x(0)*h(2)+x(1)*h(1)+x(2)*h(0)=1*1+2*2+2*3=11$。当 $t=2$ 时的两个函数的重叠部分如图 3-3d 所示。

3.2 模拟信号和数字信号

一般来讲，信号量是指随着时间和（或）空间的变化而产生变化的数据量。因此，信号量可以看作是时间和（或）空间域上的函数。例如，一周时间里的特定股票市场价格就是一个信号量。

信号可以分为模拟信号和数字信号。然而，计算机无法直接处理连续的模拟信号，所以将其转换成数字信号进行处理。比如，语音是声音能量振幅关于时间的连续信号，当通过麦克风发送语音时，该声音的连续信号会转换为连续的电子信号。如果我们想要使用数字计算机去处理模拟电子信号，则需要先将其转换成离散信号。这个转换就是通过对模拟信号的采样和量化完成的。

如图 3-4a 所示，采样是指仅在固定的空间或时间间隔上对信号的振幅进行采集。

在采样过程中，并不是所有的连续信号振幅的值都会记录下来，而是将其量化到一些固定的离散值，如图 3-4b 所示。模拟连续信号中的一些信息经过采样和量化处理后会被丢弃。

采样和量化的过程会将模拟信号转换为数字信号。

数字图像可以看作是二维空间域上的数字信号。彩色 RGB 图像有红色、绿色和蓝色三个颜色通道。其中每个通道都可以看作是空间域上的信号，每一个空间位置的信号由像素强度值表示。每个像素可以由一个 8 位的二进制数表示，这个二进制数可以表示 0 ~ 255 的 256 个像素强度的值。任何位置处的颜色都是由这三个颜色通道的对应位置处的像素强度向量来确定。因此，使用一个 24 位的数据来表示一个特定颜色。而灰度图像只有一个通道，像素强度值的范围也是 0 ~ 255，其中 255 表示白色，0 表示黑色。

视频则是时间维度上的图像序列。黑白视频作为一种信号可以使用空间坐标加时间的形式 (x,y,t) 来表示。彩色视频则可以表示为红色、绿色和蓝色三个颜色通道信号的组合，每个通道信号同样是由空间坐标加时间的形式来表示。

因此，一个 $n\times m$ 的灰度图像可以看作是一个函数，记为 $I(x,y)$，其中 I 表示在空间坐标 x、y 处的像素强度值。对数字图像而言，x、y 是采样后的坐标值，并且是一个离散的数据值。同样地，像素强度值也是被量化在 0 ~ 255 之间的。

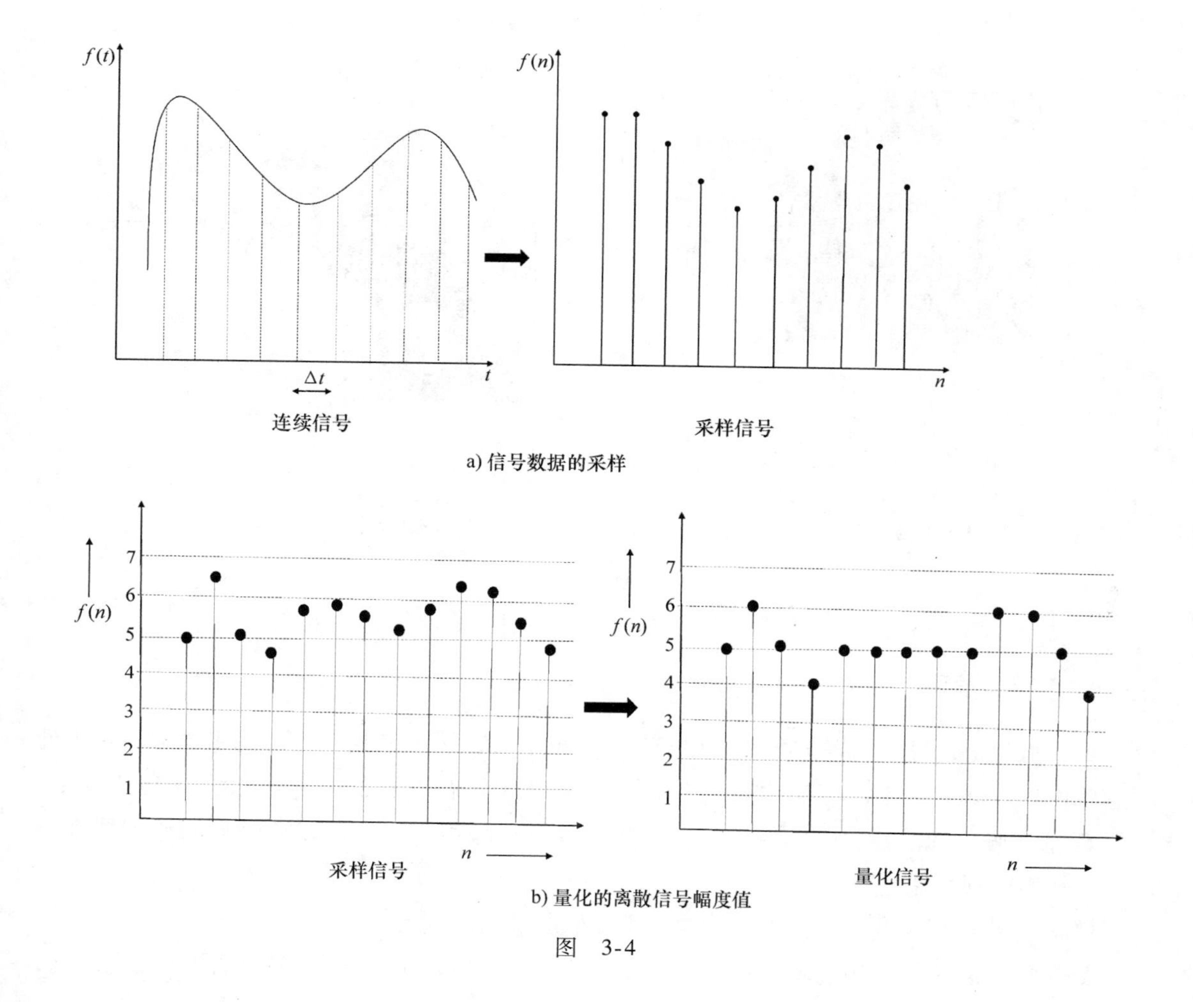

a) 信号数据的采样

b) 量化的离散信号幅度值

图 3-4

3.2.1 二维和三维信号

一个 $N \times M$ 的灰度图像可以看作是关于空间坐标的二维标量信号。这个二维标量信号可以表示为

$$x(n_1, n_2), 0 < n_1 < M-1, 0 < n_2 < N-1$$

式中，n_1 和 n_2 分别表示横纵坐标下的空间离散坐标值；$x(n_1, n_2)$ 则为对应坐标下的像素强度值，像素强度值取值范围为 0 ~ 255。

彩色 RGB 图像则是一个二维信号向量，这个向量的元素都是由每一个空间坐标下的像素强度值组成。对于一个 RGB 图像信号而言，它的维度为 $N \times M \times 3$，可以表示为

$$x(n_1, n_2) = [x_R(n_1, n_2), x_G(n_1, n_2), x_B(n_1, n_2)], 0 < n_1 < M-1, 0 < n_2 < N-1$$

式中，x_R、x_G 和 x_B 分别表示红色、绿色和蓝色三个颜色通道下对应的像素强度值，如图 3-5a、b 所示。

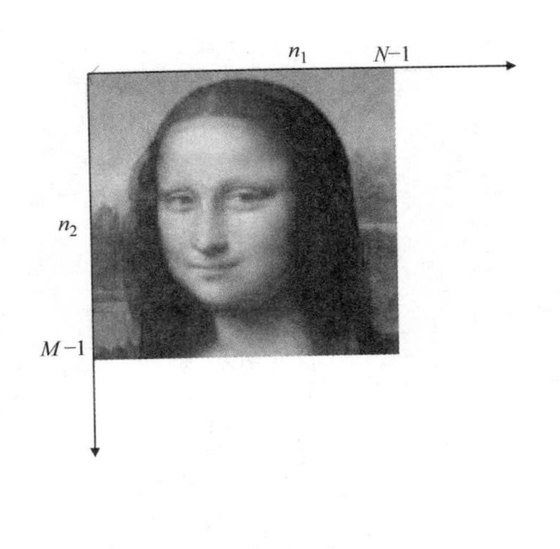

a) 灰度图像作为二维离散信号

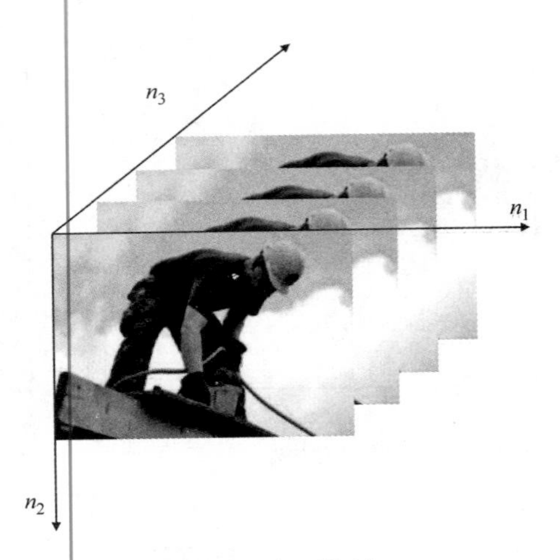

b) 视频作为一个三维对象

图 3-5

3.3 二维卷积

到目前为止，我们是将灰度图像看作一个二维信号，接下来我们将会使用二维卷积来处理这些信号数据。图像可以与图像处理系统的脉冲响应进行卷积以达到不同的目的，比如：

● 通过噪声滤波器去除图像中的可见噪声。对白噪声，我们可以通过高斯滤波器来去除，椒盐噪声则是通过中值滤波器来去除。

● 边缘检测时，我们需要使用滤波器来提取图像的高频成分。

图像处理滤波器可以想象成是线性的移不变图像处理系统。在我们进行图像处理之前，很有必要了解一下这些不同的脉冲函数。

3.3.1 二维单位阶跃函数

二维单位阶跃函数可以记作 $\delta(n_1,n_2)$，其中 n_1 和 n_2 分别为横纵坐标，定义为

$$\delta(n_1,n_2)=1，当 n_1=0 且 n_2=0$$
$$=0，其他情况$$

与此类似，平移后的单位阶跃函数定义为

$$\delta(n_1-k_1,n_2-k_2)=1，当 n_1=k_1 且 n_2=k_2$$
$$=0，其他情况$$

两者之间的联系如图 3-6 所示。

任意离散的二维信号数据可以看作是单位阶跃函数在不同坐标下的加权和。如图 3-7 所示，我们定义该信号为 $x(n_1,n_2)$。

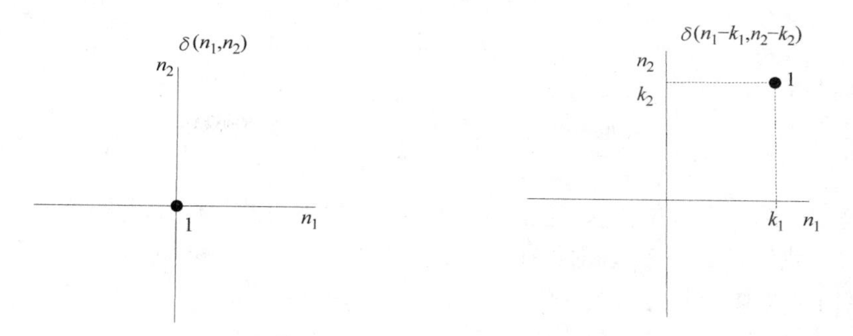

图3-6　单位阶跃函数

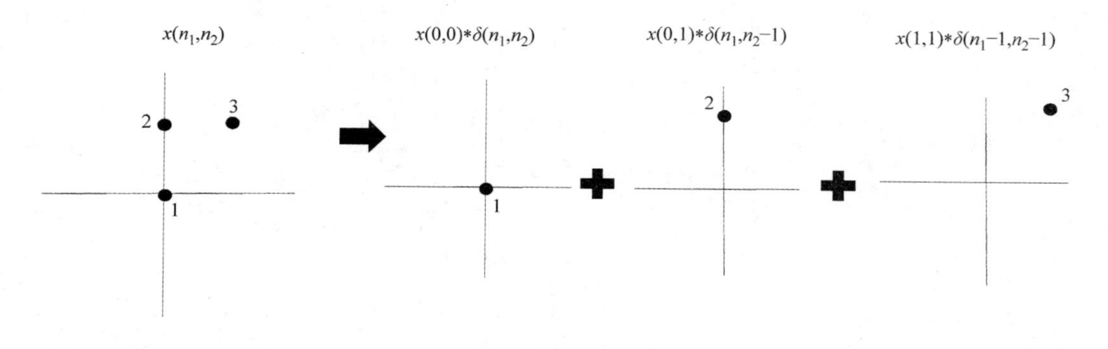

图3-7　二维离散信号作为单位阶跃函数的加权和

$$
\begin{aligned}
x(n_1,n_2) &= 1, \text{当 } n_1=0 \text{ 且 } n_2=0 \\
&= 2, \text{当 } n_1=0 \text{ 且 } n_2=1 \\
&= 3, \text{当 } n_1=1 \text{ 且 } n_2=1 \\
&= 0, \text{其他情况}
\end{aligned}
$$

$$
\begin{aligned}
x(n_1,n_2) &= x(0,0)*\delta(n_1,n_2)+x(0,1)*\delta(n_1,n_2-1)+x(1,1)*\delta(n_1-1,n_2-1) \\
&= 1*\delta(n_1,n_2)+2*\delta(n_1,n_2-1)+3*\delta(n_1-1,n_2-1)
\end{aligned}
$$

因此，一般情况下，任何离散的二维信号都可以记为

$$
x(n_1,n_2) = \sum_{k_2=-\infty}^{+\infty}\sum_{k_1=-\infty}^{+\infty} x(k_1,k_2)\delta(n_1-k_1,n_2-k_2)
$$

3.3.2　LSI系统中单位阶跃响应信号的二维卷积

当上述任何二维离散信号通过一个带有变换f的LSI系统处理时，由于LSI系统是线性的，则

$$
f(x(n_1,n_2)) = \sum_{k_2=-\infty}^{+\infty}\sum_{k_1=-\infty}^{+\infty} x(k_1,k_2)f(\delta(n_1-k_1,n_2-k_2))
$$

现在LSI系统的单位阶跃响应为$f(\delta(n_1,n_2))=h(n_1,n_2)$，并且LSI系统都具有移不变

性，即 $f(\delta(n_1-k_1,n_2-k_2))=h(n_1-k_1,n_2-k_2)$。

因此，$f(x(n_1,n_2))$ 可以改写为

$$f(x(n_1,n_2)) = \sum_{k_2=-\infty}^{+\infty}\sum_{k_1=-\infty}^{+\infty} x(k_1,k_2)h(n_1-k_1,n_2-k_2)$$

该公式是 LSI 系统中单位阶跃响应信号的二维卷积表达式。为了能够更清晰地理解二维卷积的概念，让我们来看一个卷积的例子，示例中将 $x(n_1,n_2)$ 和 $h(n_1,n_2)$ 进行卷积。如图 3-8 所示，该信号及其单位阶跃响应的信号公式定义如下：

$$\begin{aligned}
x(n_1,n_2) &= 4,\text{ 当 } n_1=0 \text{ 且 } n_2=0\\
&= 5,\text{ 当 } n_1=1 \text{ 且 } n_2=0\\
&= 2,\text{ 当 } n_1=0 \text{ 且 } n_2=1\\
&= 3,\text{ 当 } n_1=1 \text{ 且 } n_2=1\\
&= 0,\text{ 其他情况}\\
h(n_1,n_2) &= 1,\text{ 当 } n_1=0 \text{ 且 } n_2=0\\
&= 2,\text{ 当 } n_1=1 \text{ 且 } n_2=0\\
&= 3,\text{ 当 } n_1=0 \text{ 且 } n_2=1\\
&= 4,\text{ 当 } n_1=1 \text{ 且 } n_2=1\\
&= 0,\text{ 其他情况}
\end{aligned}$$

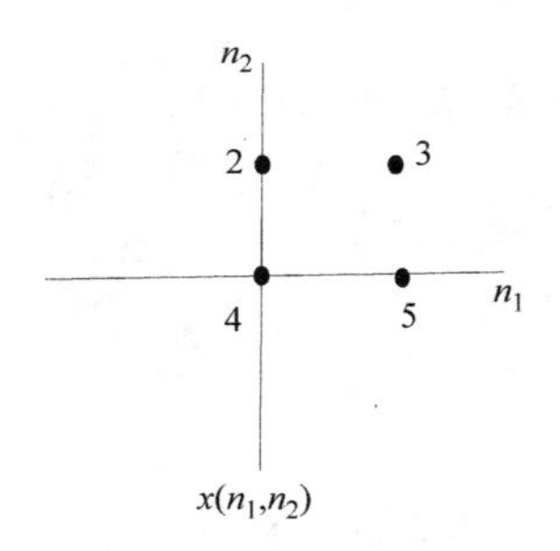

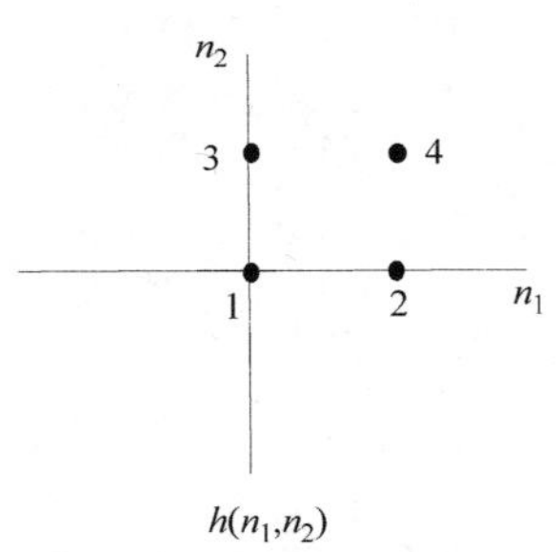

图 3-8　LSI 系统中的二维信号及其单位阶跃响应

为了计算卷积，我们需要把信号量在不同的坐标点上进行表示。我们使用 k_1 和 k_2 表示坐标轴上的横轴和纵轴。并且如图 3-9b 所示，我们先将脉冲响应函数 $h(k_1,k_2)$ 取反为 $h(-k_1,-k_2)$。然后将翻转后的函数 $h(-k_1,-k_2)$ 在不同偏移 n_1 和 n_2 上的值进行标注。广义的翻转函数可以表示为 $h(n_1-k_1,n_2-k_2)$。为了计算在特定偏移 n_1 和 n_2 处的卷积输出 $y(n_1,n_2)$，我们需要看 $h(n_1-k_1,n_2-k_2)$ 与 $x(k_1,k_2)$ 的重叠点，然后取其坐标值对应函数值的乘积的加和作为脉冲响应输出的值。

如图 3-9c 所示，偏移为 $(n_1=0,n_2=0)$ 时，重叠点只有 $(k_1=0,k_2=0)$，所以有 $y(0,0)=x(0,0)*h(0,0)=4*1=4$。

同样地，偏移为 $(n_1=1,n_2=0)$ 时，重叠点为 $(k_1=0,k_2=0)$ 和 $(k_1=1,k_2=0)$，如图 3-9d 所示。

$$
\begin{aligned}
y(1,0) &= x(0,0) * h(1-0,0-0) + x(1,0) * h(1-1,0-0) \\
&= x(0,0) * h(1,0) + x(1,0) * h(0,0) \\
&= 4 * 2 + 5 * 1 = 13
\end{aligned}
$$

偏移为$(n_1=1,n_2=1)$时，重叠点为$(k_1=1,k_2=0)$，如图3-9e所示。

$$
\begin{aligned}
y(2,0) &= x(1,0) * h(2-1,0-0) \\
&= x(1,0) * h(1,0) \\
&= 5 * 2 = 10
\end{aligned}
$$

根据这种通过改变偏移n_1和n_2的值来改变单位阶跃响应信号的方法，我们就可以计算整个函数$y(n_1,n_2)$的值了。

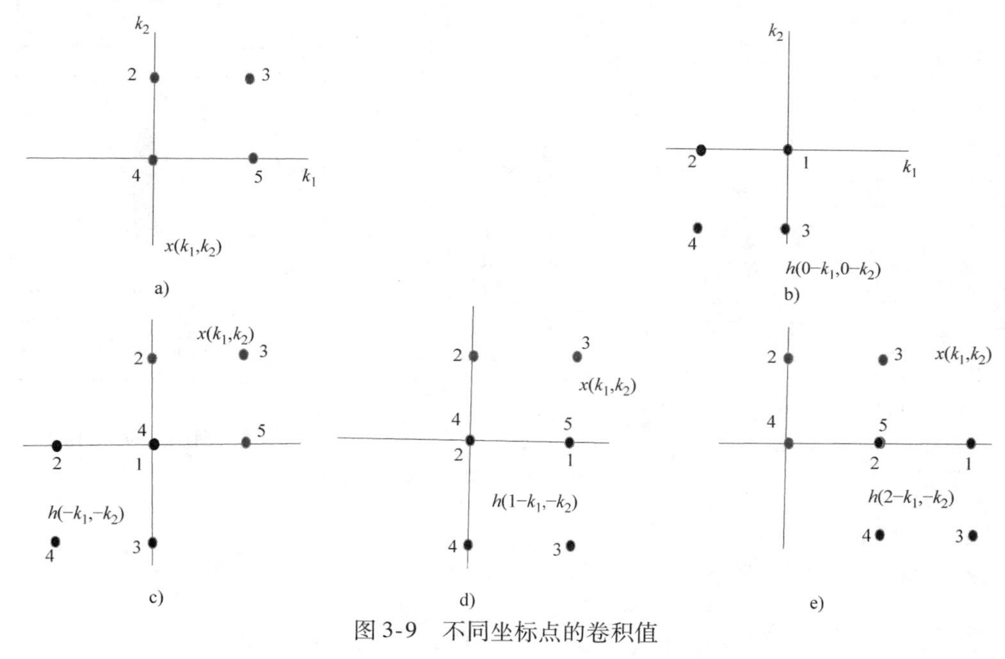

图3-9　不同坐标点的卷积值

3.3.3　不同的LSI系统中图像的二维卷积

任意图像都可以与LSI系统的单位阶跃响应进行卷积操作。这些LSI系统的单位阶跃响应称为滤波器或内核。例如，当使用相机拍摄图像时，由于手部的抖动，图像会变得模糊，这里引入图像模糊的过程可以看作是一个带有特定单位阶跃响应的LSI系统。这个单位阶跃响应与实际的图像数据进行卷积，并生成了输出，即模糊图像。我们通过相机拍摄的任何图像都与相机的单位阶跃响应进行了卷积。因此，相机可以看作是一个带有特定单位阶跃响应的LSI系统。

任何数字图像都是一个二维的离散信号数据。一个$N \times M$的二维图像$x(n_1,n_2)$与一个二维图像处理滤波器$h(n_1,n_2)$之间的卷积可以定义为

$$
y(n_1,n_2) = \sum_{k_2=0}^{N-1} \sum_{k_1=0}^{M-1} x(k_1,k_2) h(n_1-k_1, n_2-k_2)
$$

式中，$0 \leqslant n_1 \leqslant N-1$，$0 \leqslant n_2 \leqslant M-1$。

图像处理滤波器作用在一幅二维灰度图像信号上会生成另外一幅图像（也是一个二维信号）。处理多通道图像时，一般也是使用二维图像处理滤波器来进行处理，处理过程中会将图像的每一个通道数据当作二维信号或者直接将其转换成灰度图像进行处理。

到此为止，我们已经阐述了卷积的概念，我们会将一个 LSI 系统中的单位阶跃响应当成滤波器或内核来与图像进行卷积。

二维卷积的例子如图 3-10a 所示。

1	2	3	4	5	6	7
8	9	10	11	12	13	14
15	16	17	18	19	20	21
22	23	24	25	26	27	28
29	30	31	32	33	34	35
36	37	38	39	40	41	42
43	44	45	46	47	48	49

图像

–1	1	–1
–2	3	1
2	–4	0

滤波器内核

0	0	0	0	0	0	0	0	0
0	1	2	3	4	5	6	7	0
0	8	9	10	11	12	13	14	0
0	15	16	17	18	19	20	21	0
0	22	23	24	25	26	27	28	0
0	29	30	31	32	33	34	35	0
0	36	37	38	39	40	41	42	0
0	43	44	45	46	47	48	49	0
0	0	0	0	0	0	0	0	0

在边界上使用0来进行填充的图像

0	–4	2
0	3	–2
–1	1	–1

翻转的滤波器内核

a) 图像的二维卷积示例

0 0	0 –4	0 2	0	0	0	0	0	0
0 1	1 3	2 –2	3	4	5	6	7	0
0 –1	8 1	9 –1	10	11	12	13	14	0
0	15	16	17	18	19	20	21	0
0	22	23	24	25	26	27	28	0
0	29	30	31	32	33	34	35	0
0	36	37	38	39	40	41	42	0
0	43	44	45	46	47	48	49	0
0	0	0	0	0	0	0	0	0

$I[0,0]=1\times3+2\times-2+8\times1+9\times-1=-2$

0	0 0	0 –4	0 2	0	0	0	0	0
0	1 1	2 3	3 –2	4	5	6	7	0
0	8 –1	9 1	10 –1	11	12	13	14	0
0	15	16	17	18	19	20	21	0
0	22	23	24	25	26	27	28	0
0	29	30	31	32	33	34	35	0
0	36	37	38	39	40	41	42	0
0	43	44	45	46	47	48	49	0
0	0	0	0	0	0	0	0	0

$I[0,1]=1\times1+2\times3+3\times-2+8\times-1+9\times1+10\times-1=-8$

0	0	0	0	0	0	0 0	0 –4	0 2
0	1	2	3	4	5	6 1	7 3	0 –2
0	8	9	10	11	12	13 –1	14 1	0 –1
0	15	16	17	18	19	20	21	0
0	22	23	24	25	26	27	28	0
0	29	30	31	32	33	34	35	0
0	36	37	38	39	40	41	42	0
0	43	44	45	46	47	48	49	0
0	0	0	0	0	0	0	0	0

$I[0,6]=6\times1+7\times3+13\times-1+14\times1=28$

b) 图像的二维卷积示例

图 3-10

为了使输出与输入图像在尺寸上保持一致，原始图像已经在边缘处进行了 0 填充。正如我们所看到的，翻转后的滤波器或内核在原始图像的不同区域上滑动，然后计算每一个坐标点上的卷积和。需要注意图 3-10b 所示的强度值 $I[i,j]$ 的索引指的是矩阵对应的坐标。同样的一个二维卷积的示例见清单 3-1，清单的基本逻辑使用 scipy 完成，两个示例的最终结果是一致的，如图 3-11 所示。

清单 3-1

```
## 图像二维卷积示例

import scipy.signal
import numpy as np
# 使用一个7×7的图像作为例子
image = np.array([[1, 2, 3, 4, 5, 6, 7],
                  [8, 9, 10, 11, 12, 13, 14],
                  [15, 16, 17, 18, 19, 20, 21],
                  [22, 23, 24, 25, 26, 27, 28],
                  [29, 30, 31, 32, 33, 34, 35],
                  [36, 37, 38, 39, 40, 41, 42],
                  [43, 44, 45, 46, 47, 48, 49]])

# 定义一个图像处理滤波器
filter_kernel = np.array([[-1, 1, -1],
                          [-2, 3, 1],
                          [2, -4, 0]])
# 通过scipy的二维卷积函数将图像与滤波器内核进行卷积以生成与输入相同维度的输出图像

I = scipy.signal.convolve2d(image, filter_kernel,mode='same', boundary=
'fill', fillvalue=0)
print(I)
# 我们通过以下步骤来实现 scipy 中的二维卷积
# a) 在图像的两个方向上进行边界扩展，进行0填充为了将7×7的图像与3×3的卷积核进行卷积，
需要将图像的维度进行扩展，即在图像的每个维度上的每一边都进行扩展，扩展长度为(3-1)/2=1。
因此创建一个9×9图像结构，其中边界上的1个像素已经填充0
# b) 将卷积核进行翻转，即旋转180°
# c) 将翻转的卷积核在图像的每一个坐标位置上进行放置，然后计算其坐标对应像素强度值的乘积
和。每一个对应坐标位置上的和作为输出图像对应坐标处的像素强度值
row,col=7,7
## 将卷积核两次旋转 90°，得到 180°的旋转角度
filter_kernel_flipped = np.rot90(filter_kernel,2)
## 使用0填充对应图像的边界，并且使用原始图像填充剩余部分
image1 = np.zeros((9,9))
for i in xrange(row):
    for j in xrange(col):
        image1[i+1,j+1] = image[i,j]
print(image1)

## 定义输出图像
image_out = np.zeros((row,col))
## 在图像每一个坐标点上动态移动翻转后的滤波器，然后计算卷积和
```

```
    for i in xrange(1,1+row):
        for j in xrange(1,1+col):
            arr_chunk = np.zeros((3,3))

            for k,k1 in zip(xrange(i-1,i+2),xrange(3)):
                for l,l1 in zip(xrange(j-1,j+2),xrange(3)):
                    arr_chunk[k1,l1] = image1[k,l]

            image_out[i-1,j-1] = np.sum(np.multiply(arr_chunk,filter_kernel_
            flipped))

    print(image_out)
```

```
[[  -2   -8   -7   -6   -5   -4   28]
 [   5   -3   -4   -5   -6   -7   28]
 [  -2  -10  -11  -12  -13  -14   28]
 [  -9  -17  -18  -19  -20  -21   28]
 [ -16  -24  -25  -26  -27  -28   28]
 [ -23  -31  -32  -33  -34  -35   28]
 [ -29   13   13   13   13   13   27]]
```

scipy上的二维卷积输出

```
[[  -2.   -8.   -7.   -6.   -5.   -4.   28.]
 [   5.   -3.   -4.   -5.   -6.   -7.   28.]
 [  -2.  -10.  -11.  -12.  -13.  -14.   28.]
 [  -9.  -17.  -18.  -19.  -20.  -21.   28.]
 [ -16.  -24.  -25.  -26.  -27.  -28.   28.]
 [ -23.  -31.  -32.  -33.  -34.  -35.   28.]
 [ -29.   13.   13.   13.   13.   13.   27.]]
```

二维卷积的实现

图 3-11

由于图像处理滤波器选择和使用的不同，输出图像的性质也会有很大的不同。例如，高斯滤波器会将输入图像进行模糊，而 Sobel 滤波器会检测和输出图像中的边缘信息。

3.4 常见的图像处理滤波器

接下来讨论的是二维图像处理中经常用到的图像处理滤波器。由于实际的图像索引方式与我们常用的 x 和 y 轴的定义方式是不同的，为了确保符号清晰，我们在空间坐标系中表示图像处理滤波器或图像时，一般使用 n_1 和 n_2 来分别表示 x 和 y 轴方向的离散坐标。在 numpy 中，图像矩阵的列索引是和 x 轴坐标相吻合的，而行索引则正好与 y 轴坐标相反。另外，在卷积操作中，选择图像信号的哪一个像素点作为原点位置并不重要。根据是否使用 0 填充，可以对应处理图像的边缘。当滤波器的内核尺寸过小时，我们通常会将其进行翻转，然后再将其滑过图像以计算卷积。

3.4.1 均值滤波器

均值滤波器或平均值滤波器是一个低通滤波器，它可以在任何一个特定的点计算局部的像素强度平均值。均值滤波器的脉冲响应可以是下面形式中的任何变种（见图 3-12）。

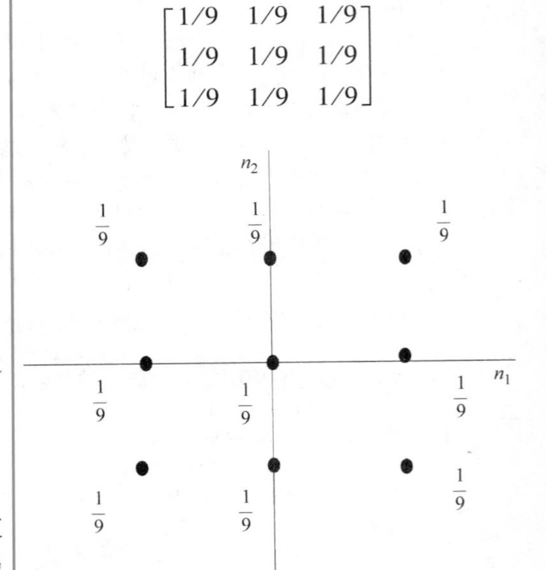

图 3-12 均值滤波器的脉冲响应

在这里，我们使用矩阵元素 h_{22} 对应于坐标系的原点。所以，在任意给定点上的卷积都代表了那个点的像素强度的平均值。清单3-2说明了如何使用均值滤波器对图像进行卷积操作。

请注意，在一些Python实现中，我们使用OpenCV来执行对图像的基本操作，比如读取图像、从RGB向灰度图像的转换等。OpenCV是一个开源的图像处理包，它有丰富的图像处理方法。建议读者学习OpenCV或任何其他图像处理工具，以熟悉基本的图像处理功能。

清单3-2 使用均值滤波器对图像进行卷积操作

```
import cv2
img = cv2.imread('monalisa.jpg')
gray = cv2.cvtColor(img, cv2.COLOR_BGR2GRAY)
plt.imshow(gray,cmap='gray')
mean = 0
var = 100
sigma = var**0.5
row,col = 650,442
gauss = np.random.normal(mean,sigma,(row,col))
gauss = gauss.reshape(row,col)
gray_noisy = gray + gauss
plt.imshow(gray_noisy,cmap='gray')
## 均值滤波器
Hm = np.array([[1,1,1],[1,1,1],[1,1,1]])/float(9)
Gm = convolve2d(gray_noisy,Hm,mode='same')
plt.imshow(Gm,cmap='gray')
```

在清单3-2中，我们读取了蒙娜丽莎图像，然后加入了一些高斯白噪声。添加的高斯白噪声均值为0，方差为100。然后使用均值滤波器对噪声图像进行卷积，以减少白噪声。噪声图像和卷积后的图像如图3-13所示。

带有高斯噪声的图像

均值滤波器卷积处理后的图像

图3-13 在蒙娜丽莎图像上进行均值滤波处理

均值滤波器的主要作用是减少图像噪声。当图像中有高斯白噪声时，均值滤波器就可以降低该噪声，因为它可以在像素的相邻像素区域之间取平均值，所以零均值的白噪声将会被抑制。如图 3-13 所示，带有高斯白噪声的图像与均值滤波器进行卷积之后，其白噪声减少了。生成的新图像会生成少量的高频成分，因此相对于卷积前的图像，新图像的尖锐程度有所降低，所以均值滤波器在减少白噪声方面做得比较好。

3.4.2 中值滤波器

二维的中值滤波器会将图像中的每个像素以其滤波尺寸大小的邻域内像素强度的中值来代替。中值滤波器有利于去除椒盐噪声。椒盐噪声通常是由获取图像时突然出现的扰动造成的，一般在图像中以黑白像素的形式出现。清单 3-3 说明了如何将椒盐噪声添加到图像中，以及如何使用中值滤波器来抑制它。

清单 3-3

```
## 生成0~20的随机整数
## 如果值为0，那么我们将会把图像像素用一个较低的值0替代，以表示黑色像素
## 如果值为20，那么我们将会把图像像素用一个较高的值255替代，以表示白色像素
## 我们已经取了20个整数，我们只把1和20标记为椒盐噪声
## 此时，图像中大约有10%的椒盐噪声
## 如果想把它减少到 5%，那么可以从 0到 40 取整数
## 将 0 作为黑色像素索引，40 作为白色像素索引
np.random.seed(0)
gray_sp = gray*1
sp_indices = np.random.randint(0,21,[row,col])
for i in xrange(row):
    for j in xrange(col):
        if sp_indices[i,j] == 0:
            gray_sp[i,j] = 0
        if sp_indices[i,j] == 20:
            gray_sp[i,j] = 255
plt.imshow(gray_sp,cmap='gray')
## 现在我们想要通过中值滤波器去除椒盐噪声，这里使用OpenCV中的中值滤波器

gray_sp_removed = cv2.medianBlur(gray_sp,3)
plt.imshow(gray_sp_removed,cmap='gray')
##下面是不使用OpenCV情况下实现的 3×3 的中值滤波器

gray_sp_removed_exp = gray*1
for i in xrange(row):
    for j in xrange(col):
        local_arr = []
        for k in xrange(np.max([0,i-1]),np.min([i+2,row])):
            for l in xrange(np.max([0,j-1]),np.min([j+2,col])):
                local_arr.append(gray_sp[k,l])
        gray_sp_removed_exp[i,j] = np.median(local_arr)
plt.imshow(gray_sp_removed_exp,cmap='gray')
```

如图 3-14 所示，椒盐噪声已经被中值滤波器消除了。

3.4.3 高斯滤波器

高斯滤波器是均值滤波器的修正版本，其脉冲函数的权重呈现为在原点附近服从正态分

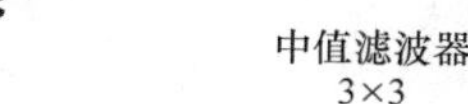

图 3-14　中值滤波器处理

布。滤波器的中心位置的权重最高，从中心点向外呈正态分布。清单 3-4 创建了一个高斯滤波器。正如我们所看到的，图像的强度从原点开始，以高斯的方式下降。当显示为图像时，高斯滤波器在原点处具有最高的像素强度，然后从中心点向外像素强度逐渐减弱。高斯滤波器通过抑制高频成分来减少噪声。然而，在抑制高频成分的过程中，最终会导致图像的模糊，该图像称为高斯模糊图像。

如图 3-15 所示，原始图像与高斯滤波器进行卷积生成了一个高斯模糊图像。然后从原始图像中抽取模糊图像来获得图像的高频成分。将小部分的高频率图像添加到原始图像中，以提高图像的清晰度。

清单 3-4

```
Hg = np.zeros((20,20))
for i in xrange(20):
    for j in xrange(20):
        Hg[i,j] = np.exp(-((i-10)**2 + (j-10)**2)/10)
plt.imshow(Hg,cmap='gray')
gray_blur = convolve2d(gray,Hg,mode='same')
plt.imshow(gray_blur,cmap='gray')
gray_enhanced = gray + 0.025*gray_high
plt.imshow(gray_enhanced,cmap='gray')
```

3.4.4　梯度滤波器

让我们来回顾一下，一个二维函数 $I(x,y)$ 的梯度可以表示为

$$\nabla I(x,y) = \left[\frac{\partial I(x,y)}{\partial x}\ \frac{\partial I(x,y)}{\partial y}\right]^{\mathrm{T}}$$

式中，在横轴方向上的梯度由公式表示为 $\frac{\partial I(x,y)}{\partial x} = \lim_{h\to 0}\frac{I(x+h,y)-I(x,y)}{h}$ 或者可以表示为 $\frac{\partial I(x,y)}{\partial x} = \lim_{h\to 0}\frac{I(x+h,y)-I(x-h,y)}{2h}$。

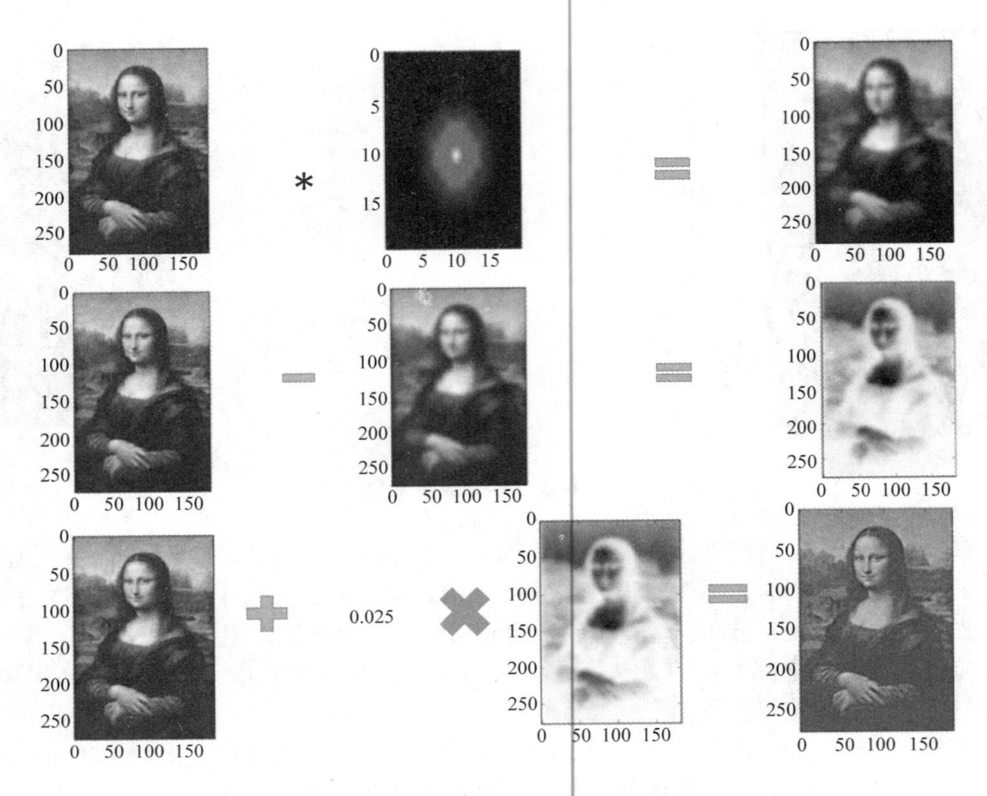

图 3-15 使用高斯滤波器的各种相关操作

对于离散的坐标形式，我们可以取 $h=1$，则沿着横轴方向上的近似梯度为

$$\frac{\partial I(x,y)}{\partial x}=I(x+1,y)-I(x,y)$$

该信号的导数可以通过将信号与滤波器内核$\begin{bmatrix}0 & 0 & 0\\0 & 1 & -1\\0 & 0 & 0\end{bmatrix}$进行卷积来实现。

同样地，对于第二个表达式有

$$\frac{\partial I(x,y)}{\partial x}\propto I(x+1,y)-I(x-1,y)$$

这个导数的形式可以通过将信号与滤波器内核$\begin{bmatrix}0 & 0 & 0\\1 & 0 & -1\\0 & 0 & 0\end{bmatrix}$进行卷积来获得。

在垂直方向上，离散形式下的梯度分量为

$$\frac{\partial I(x,y)}{\partial y}=I(x,y+1)-I(x,y)\text{或者}\frac{\partial I(x,y)}{\partial y}\propto I(x,y+1)-I(x,y-1)$$

通过卷积计算梯度所需要的滤波器内核分别为$\begin{bmatrix}0 & -1 & 0\\0 & 1 & 0\\0 & 0 & 0\end{bmatrix}$和$\begin{bmatrix}0 & -1 & 0\\0 & 0 & 0\\0 & 1 & 0\end{bmatrix}$。

请注意，如图 3-16 所示，滤波器分别使用了 x 轴和 y 轴的方向。x 方向上与矩阵索引 n_2 增量是一致的，而 y 方向上则与矩阵索引 n_1 的增量方向是相反的。

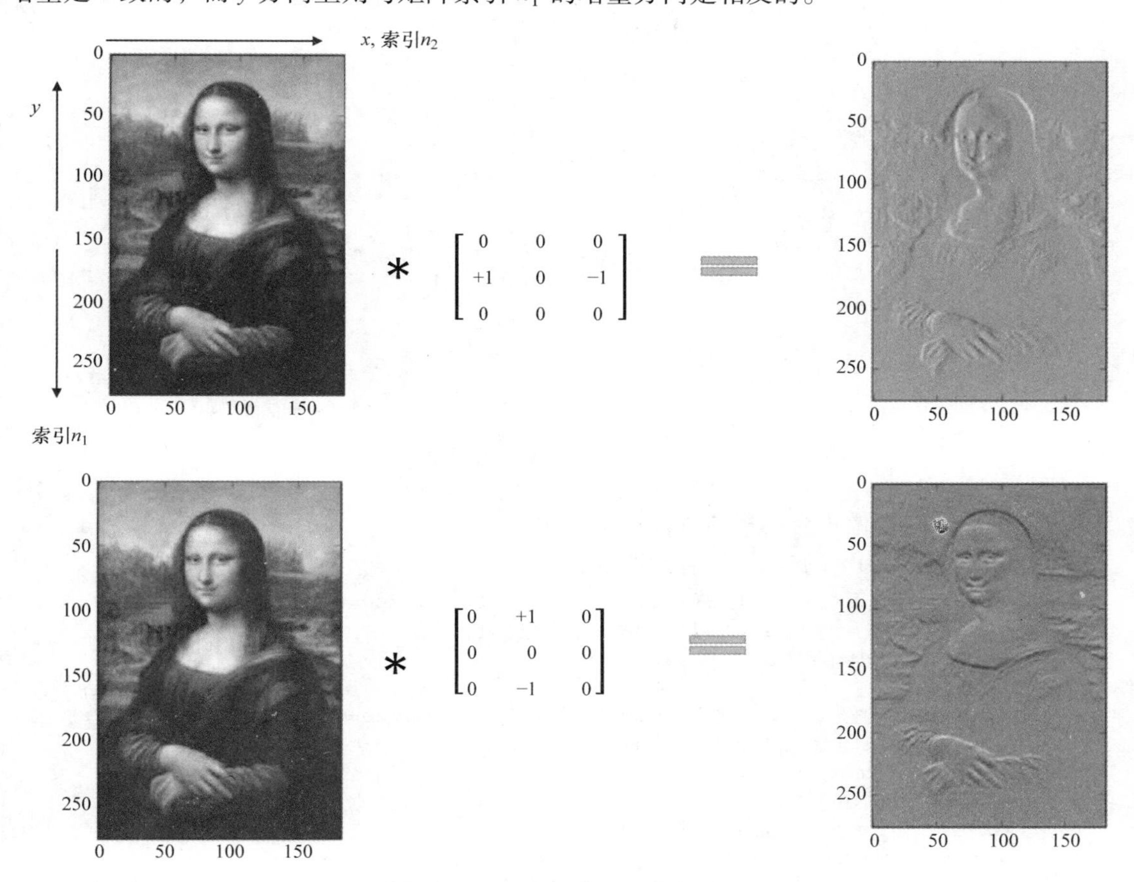

图 3-16　垂直和水平梯度滤波器

图 3-16 所示为蒙娜丽莎图像与水平和垂直梯度滤波器的卷积操作。

3.4.5　Sobel 边缘检测滤波器

横纵坐标轴上的 Sobel 边缘检测器的脉冲响应可以分别使用矩阵 H_x 和 H_y 来表示。Sobel 检测器是刚刚讨论过的水平和垂直梯度滤波器的延伸。它不是只在点上取梯度，而是取它两边各点处的梯度和。同时，它也给出了感兴趣点的双倍权重，如图 3-17 所示。

$$H_x=\begin{bmatrix}1 & 0 & -1\\2 & 0 & -2\\1 & 0 & -1\end{bmatrix}=\begin{bmatrix}1\\2\\1\end{bmatrix}\begin{bmatrix}1 & 0 & -1\end{bmatrix}$$

$$H_y = \begin{bmatrix} -1 & -2 & -1 \\ 0 & 0 & 0 \\ 1 & 2 & 1 \end{bmatrix}$$

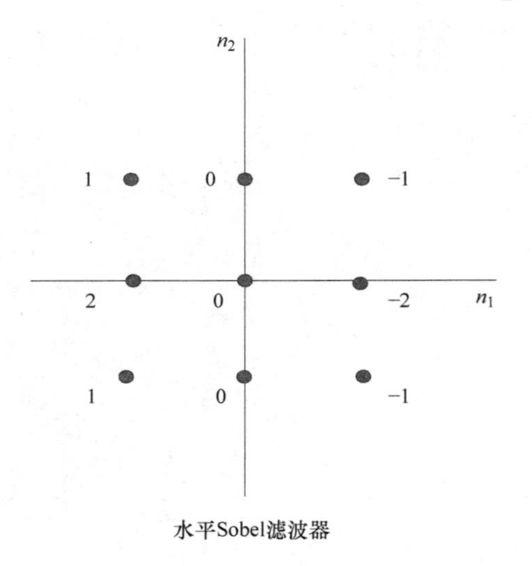

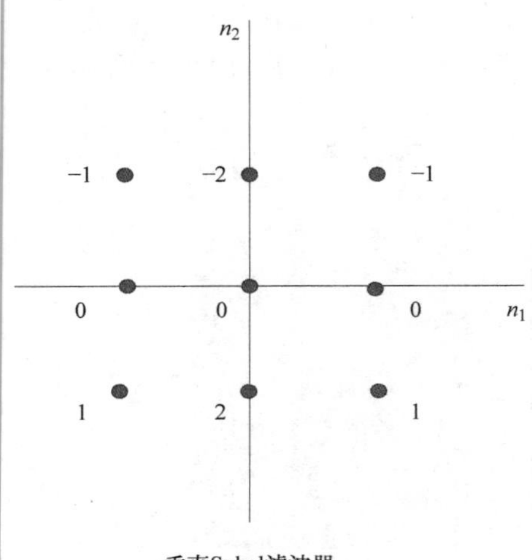

图 3-17　Sobel 滤波器的脉冲响应

Sobel 滤波器与图像进行卷积的过程见清单 3-5。

清单 3-5　使用 Sobel 滤波器的卷积过程

```
Hx = np.array([[ 1,0, -1],[2,0,-2],[1,0,-1]],dtype=np.float32)
Gx = convolve2d(gray,Hx,mode='same')
plt.imshow(Gx,cmap='gray')

Hy = np.array([[ -1,-2, -1],[0,0,0],[1,2,1]],dtype=np.float32)
Gy = convolve2d(gray,Hy,mode='same')
plt.imshow(Gy,cmap='gray')

G = (Gx*Gx + Gy*Gy)**0.5
plt.imshow(G,cmap='gray')
```

清单 3-5 是图像与 Sobel 滤波器进行卷积的逻辑过程。水平 Sobel 滤波器可以检测到横轴方向上的边缘，同样地，垂直 Sobel 滤波器则可以检测到垂直方向上的边缘。两者都属于高通滤波器，因为它们可以衰减图像信号的低频成分，同时只捕获其中的高频成分。边缘信息是图像的重要特征，它可以帮助我们检测图像中的局部变化。边缘通常存在于图像中两个区域之间的边界上，所以边缘检测通常是从图像中检索信息的第一步。图 3-18 为清单 3-5 的输出图像。图像经过水平和垂直 Sobel 滤波器卷积后，每一个位置处的像素的值可以记为向量 $I'(x,y) = [I_x(x,y)\ I_y(x,y)]^{\mathrm{T}}$，其中 $I_x(x,y)$ 表示图像经过水平 Sobel 滤波器后的像素强度值，$I_y(x,y)$ 表示图像经过垂直 Sobel 滤波器后的像素强度值。向量 $I'(x,y)$ 的大小可以作为经过组合 Sobel 滤波器处理后的图像像素强度值。

$C(x,y) = \sqrt{(I_x(x,y))^2 + (I_y(x,y))^2}$，即 $C(x,y)$ 表示经过组合 Sobel 滤波器处理后的图

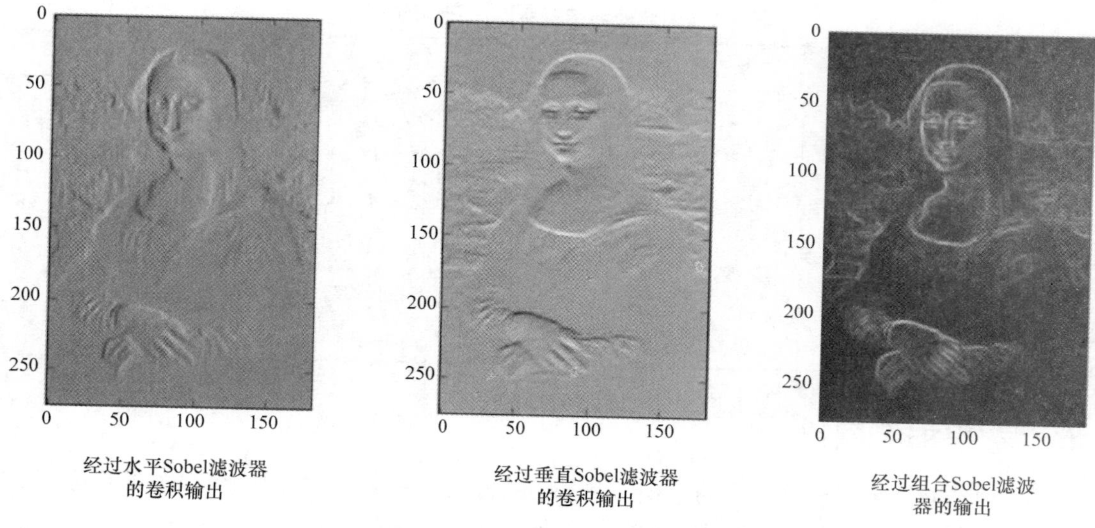

图3-18　经过各种 Sobel 滤波器的输出

像像素强度函数。

3.4.6　恒等变换

通过卷积来进行恒等变换的滤波器如下：

$$\begin{bmatrix} 0 & 0 & 0 \\ 0 & 1 & 0 \\ 0 & 0 & 0 \end{bmatrix}$$

图3-19通过卷积来说明恒等变换。

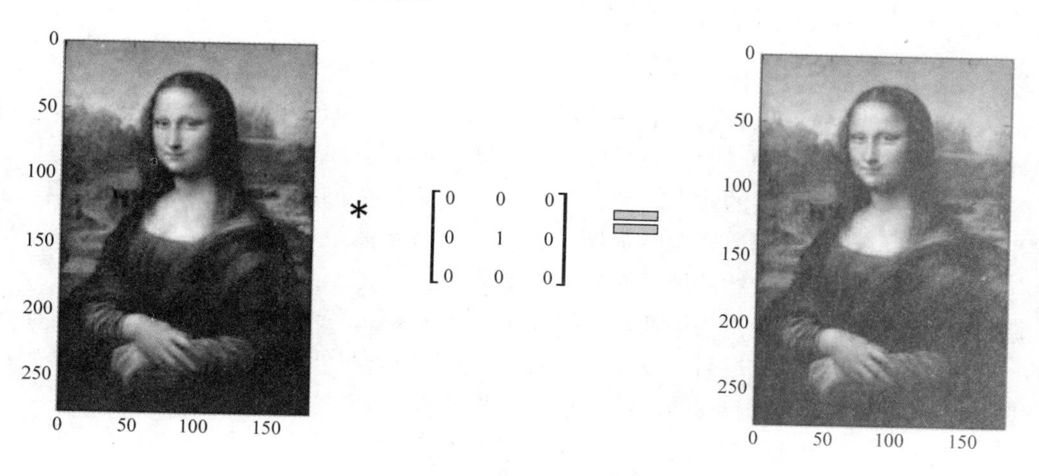

图3-19　通过卷积实现的恒等变换

表3-1列出了一些有用的图像处理滤波器以及它们的用途。

表 3-1　图像处理滤波器以及它们的用途

滤波器	用途
均值滤波器	降低高斯噪声，在上采样后平滑图像
中值滤波器	降低椒盐噪声
Sobel 滤波器	检测图像边缘
高斯滤波器	降低图像噪声
Canny 滤波器	检测图像边缘
维纳滤波器	降低附加的噪声和模糊

3.5　卷积神经网络

卷积神经网络是基于对图像的卷积以及基于滤波器来检测各种图像特征的，其中滤波器是通过对卷积神经网络的训练而学习到的。例如，我们不使用如用于边缘检测或去除高斯噪声的任何已知的滤波器，而是通过卷积神经网络的训练算法自己去学习滤波器参数，这样获取到的图像处理滤波器与通常的图像处理滤波器有很大的不同。对于监督训练，滤波器的学习过程总是会尽可能降低总体损失函数。一般而言，第一个卷积层会学习对于图像边缘的检测，然后第二个卷积层就会学习检测到更多更复杂的可以由不同的边缘组合而成的特征，比如圆形和矩形等。第三层和后续的层会根据前一层中生成的特征来学习到更为复杂的特征。

使用卷积神经网络的好处是由于权重共享而产生的稀疏连接，这可以大大降低要学习的参数的数量。相同的滤波器可以学习通过它的等变性的特性来检测图像的任何给定部分中的相同边缘，这是一个很重要的卷积特性，对于特征检测来说是很有用的。

3.6　卷积神经网络的组成部分

以下是卷积神经网络的典型组成部分：

输入层会接收图像的像素强度值。比如，一幅图像的宽为 64、高为 64 和深度为 3，深度为红绿蓝（RGB）三色通道，那么它的输入维度则为 $64 \times 64 \times 3$。

卷积层会接收前面一层的输出图像，并将它们与特定数量的滤波器进行卷积操作，生成的输出图像称为输出特征图。输出特征图的数量等于特定滤波器的数量。TensorFlow 中的卷积神经网络一般使用二维的滤波器，而最近三维的卷积滤波器使用也越来越多了。

激活函数，在卷积神经网络中通常使用 ReLU 激活函数，这个我们已经在第 2 章中讨论过了。经过 ReLU 激活函数层后，输出数据的维度与输入是一致的。ReLU 层在网络中增加了非线性，同时为正输入（positive inputs）提供非饱和梯度。

池化层将会在高和宽的维度上对二维激活特征图进行下采样。激活特征图的深度或者数量不受影响并保持不变。

全连接层包含传统的神经元（一般是指感知器），它从前面的网络层接收不同的权重集合，但是它的权重之间没有卷积操作的权重共享。全连接层中的每一个神经元将通过独立的权重连接到前面一层网络中的所有神经元或者是连接到输出图中的所有输出坐标点。对于分类问题，分类输出层神经元会接收最终全连接层的输入。

图3-20所示为一个基本的卷积神经网络，它使用了一个卷积层，一个ReLU激活层，一个池化层，后面是全连接层，最后是分类输出层。该网络模型试图从所有图像中辨别出蒙娜丽莎图像。由于该图像识别的任务是一个二分类问题，所以输出单元可以采用一个Sigmoid激活函数。通常，对于大多数的卷积神经网络结构，在全连接层之前，都会有一个或者多个卷积层–ReLU层–池化层的组合进行堆叠。我们会在后面讨论不同的体系结构。现在，让我们来详细地看一看不同的层结构。

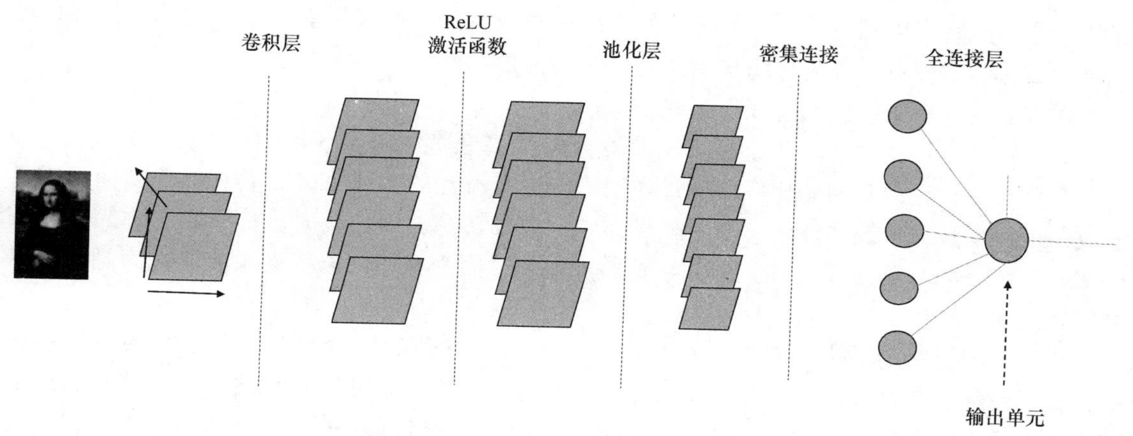

图3-20　卷积神经网络的基本流程图

3.6.1　输入层

输入层的输入一般是图像。通常，输入图像会以一个四维张量的形式批量地传递给网络输入层，其中第一个维度是标识图像的索引，第二个维度和第三个维度是标识图像的高度和宽度，第四个维度则是对应于不同的通道数。彩色图像一般有红色（R）、绿色（G）和蓝色（B）三个通道，而灰度图像则只有一个通道。在一个批次中图像的数量由批量随机梯度下降算法中的批量大小来决定。这里的批量大小同样是用于随机梯度下降的批量大小。

在运行时传递给输入层的输入一般是TensorFlow中的占位符函数tf. placeholder。

3.6.2　卷积层

卷积是任何卷积神经网络的核心部分。TensorFlow同时支持二维和三维的卷积操作。其中因为三维卷积是计算密集型的，所以二维卷积更为常见。输出图像或者中间图像一般是以输出特征图的形式存在的，是图像与特定尺寸的二维滤波器进行二维卷积生成的。二维卷积是在空间维度上进行的，而在图像的深度通道上没有对应的卷积操作。对于每个深度通道而言，会生成相同数量的特征图，然后在深度维度上将它们叠加在一起作为ReLU激活的输入。这些滤波器有助于检测图像中的特征。在网络中具有越深的卷积层，那么它就能学习到越复杂的特征。例如，初始的卷积层可能会学习检测到图像中的边缘信息，而接下来第二个卷积层可能会学习到边缘的组合以形成各种几何形状，比如圆形和矩形等。更深的卷积层可能学会检测到更为复杂的特征，例如，在猫狗分类问题中，它可以学习检测到动物的眼睛、鼻子，或其他身体部位。

在卷积神经网络中，构造时只设定了滤波器的尺寸大小，而在训练开始之前将权重初始化为任意值即可。滤波器权重的值是在卷积神经网络的训练过程中进行学习的，并与一些传统的图像处理滤波器，比如 Sobel、高斯、均值、中值，或者其他形式的滤波器，是不同的。训练所学习到的滤波器的值将会使得定义的整体损失函数最小化，或者基于验证集而达到良好的泛化。虽然它可能不会学习到传统的边缘检测滤波器，但它可能会学习到几种以某种形式检测边缘的滤波器，因为边缘是图像的良好特征检测器。

在定义卷积层时应该熟悉以下一些术语：

滤波器尺寸：滤波器尺寸定义了滤波器内核的高和宽。一个 3×3 的滤波器内核会有 9 个权重。通常，滤波器初始化以后通过在图像上进行滑动的方式来完成卷积操作，而无需将滤波器进行翻转。从技术上讲，在卷积操作中没有翻转滤波器内核时，那么它会称为互相关（cross correlation）而不是卷积。然而，这并不重要，因为我们可以将该滤波器视为翻转版本的图像处理滤波器。

步长：步长决定了执行卷积时在每个空间方向上移动的像素数量。在正常的信号卷积中，我们通常不会跳过任何的像素，而是计算在每个像素位置处的卷积之和，因此对二维信号两个空间方向上的步长为 1。然而，我们可以在卷积时选择跳过一个可选的像素位置，所以步长为 2。如果在图像的高度和宽度两个方向上都选择为 2 的步长，那么卷积输出图像约为输入图像大小的$\frac{1}{4}$。至于为什么是大约而不是精确地等于原始图像或特征图尺寸大小的$\frac{1}{4}$，这将在我们的下一个主题中进行讨论。

填充：当我们使用一个特殊尺寸大小的滤波器与图像进行卷积操作时，得到的结果图像通常是比原图像要小的。比如，二维图像的大小为 5×5，而滤波器的尺寸为 3×3，那么两者进行卷积操作的结果图像大小将会是 3×3。

填充是一种将 0 添加到图像边界来控制卷积输出大小的方法。在一个指定的空间维度上进行卷积后的输出图像长度 L' 由下面的公式得出：

$$L' = \frac{L - K + 2P}{S} + 1$$

式中，L 表示在输入图像的指定维度上的长度；K 表示卷积滤波器的指定维度上的长度；P 表示在该维度上的两端进行拓展添加 0 的数量；S 表示卷积的步长。

通常，当步长为 1 时，图像在每个维度上的尺寸将在两端同时减少 $(K-1)/2$，其中 K 是滤波器内核在对应该维度上的长度。所以，想要使得输出图像和输入图像的尺寸一致，那么需要填充的长度为 $(K-1)/2$。

一个特定的步长是否可能从输出图像的指定维度的长度上计算得知？例如，如果 $L=12$、

$K=3$、$P=0$，那么步长 $S=2$ 则是不可能的，因为根据计算，输出图像在空间维度上的长度为$\frac{12-3}{2}=4.5$，不是一个整数。

在 TensorFlow 中，填充可以有 VALID 和 SAME 两种选择形式。SAME 形式确保了当步长为 1 时，在空间维度上输出图像与输入图像的尺寸是一致的。它使用填充 0 的形式来完成。填充时会在该维度的两端进行填充，以保持填充后的长度为偶数，但是总体的填充长度为奇数时，就只在横轴方向的右侧和纵轴方向的下侧进行填充。

VALID 形式则不使用填充，那么即使当步长为 1 时，输出图像的尺寸也会比输入图像的尺寸小。

TensorFlow 用法如下：

```
#卷积层
def conv2d(x,W,b,strides=1):
    x = tf.nn.conv2d(x,W,strides=[1,strides,strides,1],padding='SAME')
    x = tf.nn.bias_add(x,b)
    return tf.nn.relu(x)
```

我们使用 tf. nn. conv2d 来定义 TensorFlow 中的卷积层，然后我们需要定义卷积操作的输入、卷积核权重参数、步长大小以及填充方式。同时，我们还对每一个输出特征图添加一个偏差。最后，我们使用修正线性单元 ReLUs 作为激活项，以向系统中添加非线性的特性。

3.6.3 池化层

图像的池化操作通常是为了获得图像的局部特性，图像的局部特性是由滤波器内核大小来决定的，滤波器内核尺寸大小的范围称为感受野。局部特征一般是通过最大值池化或者平均值池化操作获取的。在最大值池化中，会将感受野范围内的最大的像素强度值作为该区域的代表值。平均值池化则是将该局部区域的像素强度平均值作为代表值。池化会降低图像空间维度的尺寸大小。池化滤波器内核的尺寸大小一般选择使用 2×2，步长选择为 2，那么输出图像的大小将会是原始图像大小的$\frac{1}{4}$。

TensorFlow 用法如下

```
#池化层
def maxpool2d(x,stride=2):
   return tf.nn.max_pool(x,ksize=[1,stride,stride,1],strides=[1,stride,stride,1],
   padding='SAME')
```

最大值池化层定义使用 tf. nn. max_pool，平均值池化则是使用 tf. nn. avg_pool 来定义。除了输入以外，我们还需要使用参数 ksize 来确定感受野或者最大值池化滤波器内核尺寸。另外，还需要提供最大值池化的步长。为了确保池化输出特征图的每个空间位置处的值都来自输入的相对独立的邻域，那么在每一个空间维度上的池化步长应该选择与对应空间维度上的滤波器内核大小一致。

3.7 卷积层中的反向传播

卷积层中的反向传播与多层感知器网络的反向传播比较相似。唯一的区别是卷积层中的权重连接是稀疏的，因为相同的权重会由输入的不同区域共享用来生成输出特征图。每一个输出特征图都是前一层中的图像或者特征图与其滤波器内核进行卷积之后输出的结果，滤波器内核的值就是这里我们需要通过反向传播来训练学习得到的权重。滤波器内核的权重将由特定的输入输出特征图组合来共享。

如图 3-21 所示，第 L 层中的特征图 A 与其滤波器内核进行卷积生成了第 $L+1$ 层中的特征图 B。

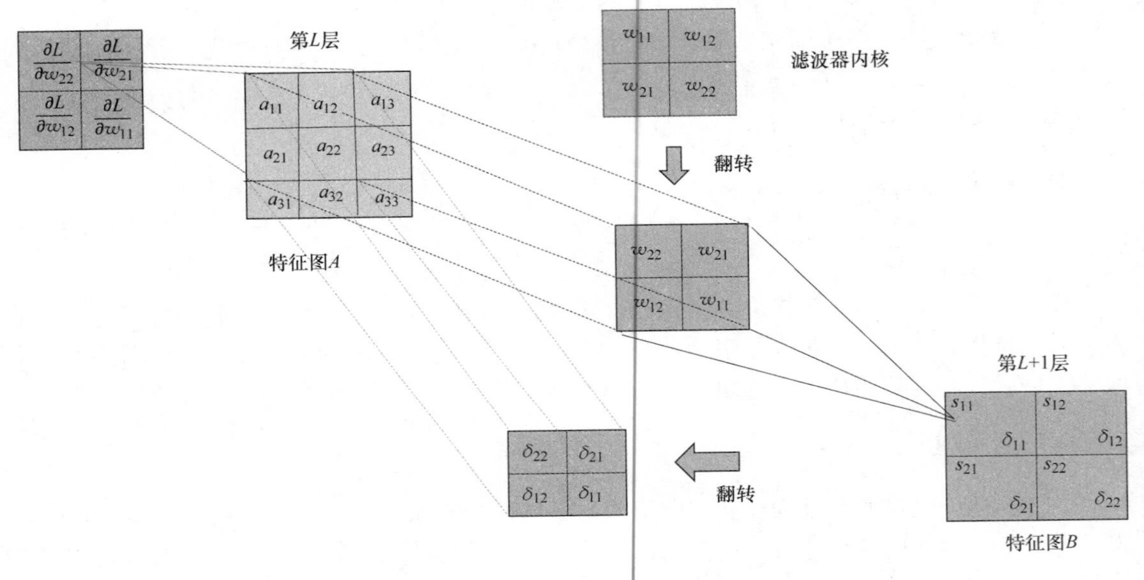

图 3-21　卷积层中的反向传播

输出特征图的值是经过卷积计算后得到的结果，其值可以表示为 $s_{ij}, \forall i,j \in \{1,2\}$：

$$s_{11} = w_{22} * a_{11} + w_{21} * a_{12} + w_{12} * a_{21} + w_{11} * a_{22}$$

$$s_{12} = w_{22} * a_{12} + w_{21} * a_{13} + w_{12} * a_{22} + w_{11} * a_{23}$$

$$s_{21} = w_{22} * a_{21} + w_{21} * a_{22} + w_{12} * a_{31} + w_{11} * a_{32}$$

$$s_{22} = w_{22} * a_{22} + w_{21} * a_{22} + w_{12} * a_{32} + w_{11} * a_{33}$$

通用形式表示为

$$s_{ij} = \sum_{n=1}^{2} \sum_{m=1}^{2} w_{(3-m)(3-n)} * a_{(i-1+m)(j-1+n)}$$

现在，损失函数 L 对网络输入 s_{ij} 的梯度表示为

$$\frac{\partial L}{\partial s_{ij}} = \delta_{ij}$$

然后计算损失函数对权重 w_{22} 的梯度。权重是与所有的 s_{ij} 相关联的，所以我们可以得到使用 s_{ij} 作为中间变量的梯度表示形式：

$$\frac{\partial L}{\partial w_{22}} = \sum_{j=1}^{2} \sum_{i=1}^{2} \frac{\partial L}{\partial s_{ij}} \frac{\partial s_{ij}}{\partial w_{22}}$$
$$= \sum_{j=1}^{2} \sum_{i=1}^{2} \delta_{ij} \frac{\partial s_{ij}}{\partial w_{22}}$$

由前面的公式形式，我们可以推导出：

$$\frac{\partial s_{11}}{\partial w_{22}} = a_{11},\ \frac{\partial s_{12}}{\partial w_{22}} = a_{12},\ \frac{\partial s_{13}}{\partial w_{22}} = a_{21},\ \frac{\partial s_{14}}{\partial w_{22}} = a_{22}$$

因此，

$$\frac{\partial L}{\partial w_{22}} = \delta_{11} * a_{11} + \delta_{12} * a_{12} + \delta_{21} * a_{21} + \delta_{22} * a_{22}$$

类似地有

$$\frac{\partial L}{\partial w_{21}} = \sum_{j=1}^{2} \sum_{i=1}^{2} \frac{\partial L}{\partial s_{ij}} \frac{\partial s_{ij}}{\partial w_{21}}$$
$$= \sum_{j=1}^{2} \sum_{i=1}^{2} \delta_{ij} \frac{\partial s_{ij}}{\partial w_{21}}$$

同样有

$$\frac{\partial s_{11}}{\partial w_{21}} = a_{12},\ \frac{\partial s_{12}}{\partial w_{21}} = a_{13},\ \frac{\partial s_{21}}{\partial w_{21}} = a_{22},\ \frac{\partial s_{22}}{\partial w_{21}} = a_{23}$$

因此，

$$\frac{\partial L}{\partial w_{21}} = \delta_{11} * a_{12} + \delta_{12} * a_{13} + \delta_{21} * a_{22} + \delta_{22} * a_{23}$$

对另外两个权重进行相同的处理，有

$$\frac{\partial L}{\partial w_{11}} = \sum_{j=1}^{2} \sum_{i=1}^{2} \frac{\partial L}{\partial s_{ij}} \frac{\partial s_{ij}}{\partial w_{11}}$$
$$= \sum_{j=1}^{2} \sum_{i=1}^{2} \delta_{ij} \frac{\partial s_{ij}}{\partial w_{11}}$$
$$\frac{\partial s_{11}}{\partial w_{11}} = a_{22},\ \frac{\partial s_{12}}{\partial w_{11}} = a_{23},\ \frac{\partial s_{21}}{\partial w_{11}} = a_{32},\ \frac{\partial s_{22}}{\partial w_{21}} = a_{33}$$
$$\frac{\partial L}{\partial w_{11}} = \delta_{11} * a_{22} + \delta_{12} * a_{23} + \delta_{21} * a_{32} + \delta_{22} * a_{33}$$

$$\frac{\partial L}{\partial w_{12}} = \sum_{j=1}^{2} \sum_{i=1}^{2} \frac{\partial L}{\partial s_{ij}} \frac{\partial s_{ij}}{\partial w_{12}}$$
$$\frac{\partial s_{11}}{\partial w_{12}} = a_{21},\ \frac{\partial s_{12}}{\partial w_{12}} = a_{22},\ \frac{\partial s_{21}}{\partial w_{12}} = a_{31},\ \frac{\partial s_{22}}{\partial w_{22}} = a_{32}$$
$$\frac{\partial L}{\partial w_{12}} = \delta_{11} * a_{21} + \delta_{12} * a_{22} + \delta_{21} * a_{31} + \delta_{22} * a_{32}$$

基于前面的损失函数 L 对 4 个滤波器内核权重的梯度计算，我们得到以下关系：

$$\frac{\partial L}{\partial w_{ij}} = \sum_{n=1}^{2}\sum_{m=1}^{2}\delta_{mn} * a_{(i-1+m)(j-1+n)}$$

当以矩阵的形式进行排列时，我们就能得到下面的关系式（其中（x）表示互相关计算）：

$$\begin{bmatrix} \frac{\partial L}{\partial w_{22}} & \frac{\partial L}{\partial w_{21}} \\ \frac{\partial L}{\partial w_{12}} & \frac{\partial L}{\partial w_{11}} \end{bmatrix} = \begin{bmatrix} a_{11} & a_{12} & a_{13} \\ a_{21} & a_{22} & a_{23} \\ a_{31} & a_{32} & a_{33} \end{bmatrix} (\mathrm{x}) \begin{bmatrix} \delta_{11} & \delta_{12} \\ \delta_{21} & \delta_{22} \end{bmatrix}$$

$\begin{bmatrix} a_{11} & a_{12} & a_{13} \\ a_{21} & a_{22} & a_{23} \\ a_{31} & a_{32} & a_{33} \end{bmatrix}$和$\begin{bmatrix} \delta_{11} & \delta_{12} \\ \delta_{21} & \delta_{22} \end{bmatrix}$的互相关计算与$\begin{bmatrix} a_{11} & a_{12} & a_{13} \\ a_{21} & a_{22} & a_{23} \\ a_{31} & a_{32} & a_{33} \end{bmatrix}$和翻转的$\begin{bmatrix} \delta_{11} & \delta_{12} \\ \delta_{21} & \delta_{22} \end{bmatrix}$（即$\begin{bmatrix} \delta_{22} & \delta_{21} \\ \delta_{12} & \delta_{11} \end{bmatrix}$）的卷积操作是等价的。

所以翻转的梯度矩阵就是$\begin{bmatrix} a_{11} & a_{12} & a_{13} \\ a_{21} & a_{22} & a_{23} \\ a_{31} & a_{32} & a_{33} \end{bmatrix}$和$\begin{bmatrix} \delta_{22} & \delta_{21} \\ \delta_{12} & \delta_{11} \end{bmatrix}$的卷积，也就是，

$$\begin{bmatrix} \frac{\partial L}{\partial w_{22}} & \frac{\partial L}{\partial w_{21}} \\ \frac{\partial L}{\partial w_{12}} & \frac{\partial L}{\partial w_{11}} \end{bmatrix} = \begin{bmatrix} a_{11} & a_{12} & a_{13} \\ a_{21} & a_{22} & a_{23} \\ a_{31} & a_{32} & a_{33} \end{bmatrix} (*) \begin{bmatrix} \delta_{22} & \delta_{21} \\ \delta_{12} & \delta_{11} \end{bmatrix}$$

就层与层而言，我们可以说梯度矩阵的翻转就是第 $L+1$ 层的梯度与第 L 层的输出特征图的互相关计算。另外等价地，梯度矩阵的翻转也是第 $L+1$ 层的梯度矩阵的翻转与第 L 层的输出特征图的卷积计算。

3.8 池化层中的反向传播

图 3-22 说明了最大值池化的操作。特征图在第 L 层时已经经过了卷积操作和 ReLU 激活操作，然后在第 $L+1$ 层经过最大值池化操作后生成输出特征图。最大值池化的内核或者感受野的尺寸为 2×2，步长为 2，则最大值池化层的输出大小为输入特征图的大小的$\frac{1}{4}$，输出值记为 $z_{ij}, \forall i,j \in \{1,2\}$。

由于 z_{11} 对应的 2×2 的区域内最大值为 5，所以 z_{11} 的值为 5。如果在 z_{11} 处的误差导数为$\frac{\partial C}{\partial z_{ij}}$，然后传递到 x_{21} 的整体梯度值为 5，该邻域内的其他元素 x_{11}、x_{12} 和 x_{22} 从 z_{11} 处获得的梯度值为 0。

在同样的样例中使用平均值池化（见图 3-23），输出值为输入的对应 2×2 的区域的平均值。因此，z_{11} 为对应值 x_{11}、x_{12}、x_{21} 和 x_{22} 的平均值。这里在 z_{11} 处的误差梯度$\frac{\partial C}{\partial z_{11}}$将由 x_{11}、

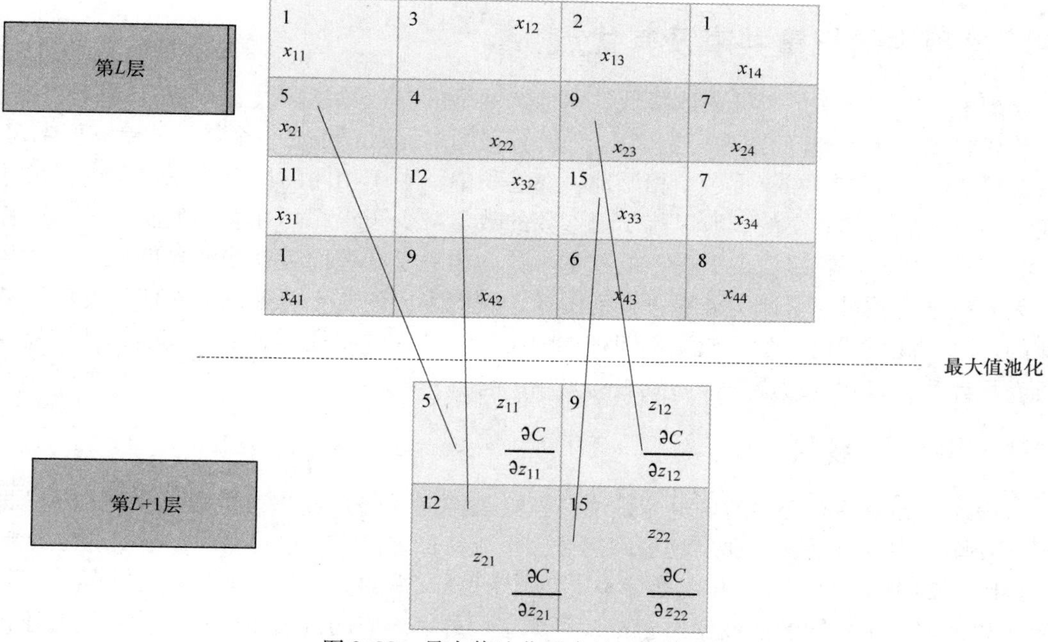

图 3-22　最大值池化层中的反向传播

x_{12}、x_{21} 和 x_{22} 共享。所以有

$$\frac{\partial C}{\partial x_{11}}=\frac{\partial C}{\partial x_{12}}=\frac{\partial C}{\partial x_{21}}=\frac{\partial C}{\partial x_{22}}=\frac{1}{4}\frac{\partial C}{\partial z_{11}}$$

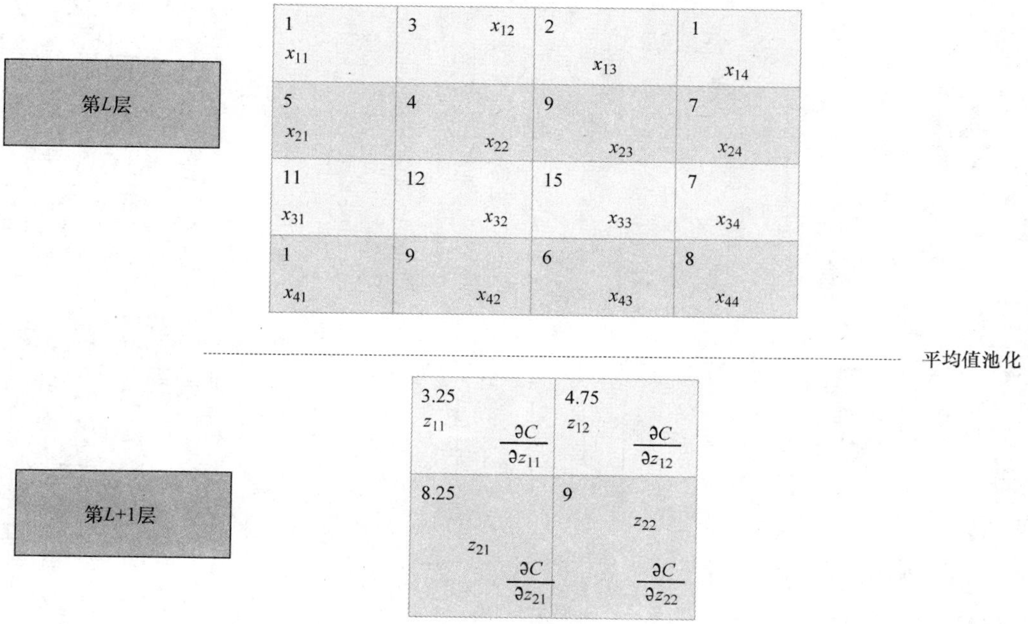

第L层

1 x_{11}	3 x_{12}	2 x_{13}	1 x_{14}
5 x_{21}	4 x_{22}	9 x_{23}	7 x_{24}
11 x_{31}	12 x_{32}	15 x_{33}	7 x_{34}
1 x_{41}	9 x_{42}	6 x_{43}	8 x_{44}

平均值池化

第L+1层

3.25 z_{11} $\frac{\partial C}{\partial z_{11}}$	4.75 z_{12} $\frac{\partial C}{\partial z_{12}}$
8.25 z_{21} $\frac{\partial C}{\partial z_{21}}$	9 z_{22} $\frac{\partial C}{\partial z_{22}}$

图 3-23　平均值池化层中的反向传播

3.9 卷积中的权重共享及其优点

卷积中的权重共享可以极大地降低卷积神经网络的参数数量。设想一下，我们使用全连接来替代卷积，从 $n \times n$ 的图像中生成 $k \times k$ 的特征图。那么要生成一个特征图就需要 k^2n^2 个权重，这已经是非常多的权重了。相反地，在卷积中，由于相同的权重在滤波器内核尺寸大小定义的位置之间是共享的，所以待学习参数的数量减少了很多。在卷积的状况下，同样的场景我们只需要学习特定滤波器内核的权重参数。相对于图像而言，滤波器的尺寸是比较小的，因此权重的数量显著减少。对于任何图像，我们生成的若干特征图是对应于不同滤波器内核的。每个滤波器内核学习检测不同种类的特征。生成的特征图再次与其他的滤波器内核进行卷积计算，以在后续层中学习到更为复杂的特征。

3.10 平移同变性

卷积操作是平移同变性的。也就是说，当输入特征 A 经过卷积后生成输出特征 B，即使特征 A 在图像中经过平移，那么卷积后仍然会生成特征 B，只是它会出现在不同的位置上。

如图 3-24 所示，图像 B 中的数字 9 相对于图像 A 中的数字位置有所平移。然后将输入图像 A 和 B 与一个相同的滤波器做卷积，可见它们分别对应的输出图像 C 和 D 中均在不同的位置处检测到了数字 9 的特征，它们所处的位置与其对应的输入图像的位置是一致的。无论特征如何平移，我们通过卷积仍然可以为数字生成相同的特征。这种特性在卷积中称为平移同变性。实际上，如果这个数字特征表示为一个像素强度集合 x，f 表示对 x 的平移操作，g

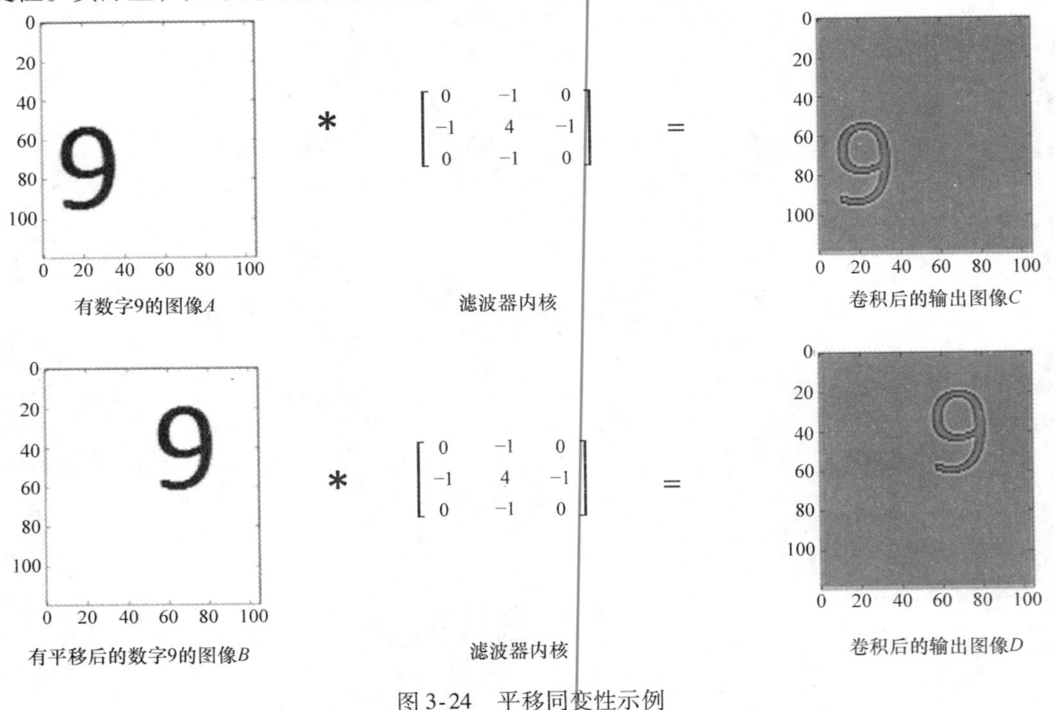

图 3-24 平移同变性示例

表示与滤波器内核的卷积运算，在卷积操作中则有下面的公式成立：

$$g(f(x)) = f(g(x))$$

在前面的例子中，$f(x)$ 使得图像 B 中的数字 9 产生平移，然后平移后的数字 9 所在的图像通过 g 进行卷积生成如图像 D 所示的激活特征。同样地，图像 D 中对数字 9 的激活特征（即 $g(f(x))$）也可以通过图像 C 中对数字 9 的激活特征（即 $g(x)$）通过同样的平移变换 f 来得到。

如图 3-25 所示，我们通过一个小例子来更好地说明同变性。输入图像或者二维信号中，在其左上方我们感兴趣的数据块为 $\begin{bmatrix} 44 & 47 & 64 \\ 9 & 83 & 21 \\ 70 & 88 & 88 \end{bmatrix}$，为了方便将其记为数据块 A。

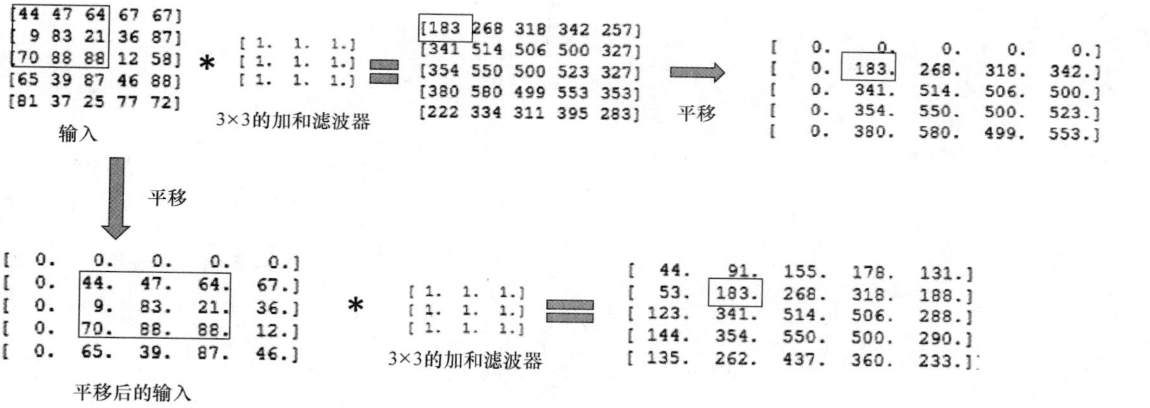

```
[44 47 64 67 67]                            [183 268 318 342 257]              [ 0.    0.    0.    0.    0.]
[ 9 83 21 36 87]      [ 1.  1.  1.]         [341 514 506 500 327]              [ 0.  183.  268.  318.  342.]
[70 88 88 12 58]  *   [ 1.  1.  1.]   ==    [354 550 500 523 327]    ==>       [ 0.  341.  514.  506.  500.]
[65 39 87 46 88]      [ 1.  1.  1.]         [380 580 499 553 353]    平移      [ 0.  354.  550.  500.  523.]
[81 37 25 77 72]      3×3的加和滤波器       [222 334 311 395 283]              [ 0.  380.  580.  499.  553.]
输入

  | 平移
  v

[ 0.   0.   0.   0.   0.]                                 [  44.   91.  155.  178.  131.]
[ 0.  44.  47.  64.  67.]      [ 1.  1.  1.]              [  53.  183.  268.  318.  188.]
[ 0.   9.  83.  21.  36.]  *   [ 1.  1.  1.]    ==        [ 123.  341.  514.  506.  288.]
[ 0.  70.  88.  88.  12.]      [ 1.  1.  1.]              [ 144.  354.  550.  500.  290.]
[ 0.  65.  39.  87.  46.]      3×3的加和滤波器            [ 135.  262.  437.  360.  233.]
平移后的输入
```

图 3-25 同变性示例说明

将输入与加和滤波器 $\begin{bmatrix} 1 & 1 & 1 \\ 1 & 1 & 1 \\ 1 & 1 & 1 \end{bmatrix}$ 进行卷积操作，那么数据块 A 对应的输出值为 183，我们可以将其作为对于数据块 A 的特征检测器。

将平移后的图像与相同的加和滤波器进行卷积操作，平移后的数据块 A 对应生成的输出值仍然是 183。同样地，当我们对原始图像卷积后的输出图像应用相同的平移操作，那么特征值 183 仍然会出现在与平移后图像的卷积输出同样的位置。

3.11 池化的平移不变性

池化根据其感受野内核尺寸的大小会有一些形式上的平移不变性。如图 3-26 所示，我们以最大值池化操作为例。图像 A 中的数字经过卷积滤波器 H 后被检测到，在输出特征图 P 中是以 100 和 80 的值存在的。同时，图像 B 中也有相同的数字，只是相对于图像 A 有轻微的平移。图像 B 与滤波器 H 卷积之后，数字 9 同样被检测到，在特征图 P' 中仍然是以相同的数值 100 和 80 存在，但是其所处的位置有所偏移。当这些特征图通过感受野内核尺寸为 2 ×

2、步长为 2 的最大值池化层后，我们需要检测的特征值 100 和 80 在对应的输出 M 和 M' 中出现在了同样的位置上。以这种方式来讲，在最大值池化中，如果平移距离相对于感受野内核尺寸不是很大，那么它就可以实现对特征的检测具有平移不变性。

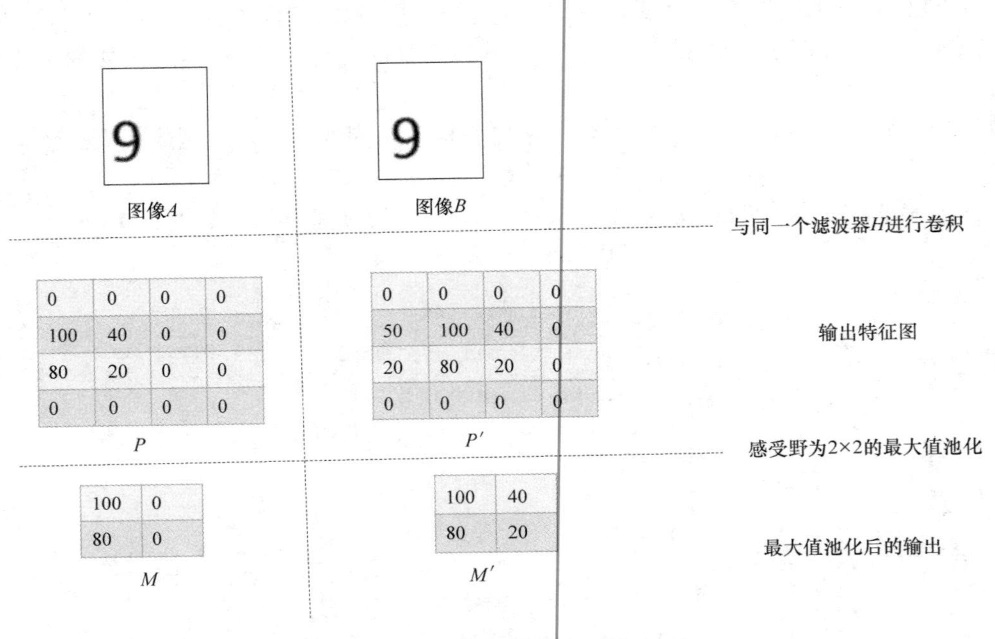

图 3-26　最大值池化中的平移不变性

与之类似，平均值池化是对特征图的感受野尺寸大小的局部数值取平均。所以，如果一个指定的特征从特征图中以一个较高的值在局部被检测到，比如边缘区域，即使该图像已经产生了一些平移，那么取平均值后，它的值仍然是很高的。

3.12　丢弃层和正则化

丢弃（Dropout）是卷积神经网络的全连接层中用来规范权重以避免过拟合的一种操作。然而，它并不仅局限于在卷积神经网络中使用，而是可以应用在所有的前馈神经网络中。丢弃是指在训练时，对每一个小批量训练样本，将隐藏层与可见层中一定比例的神经网络单元随机丢弃，使得剩余的神经元能够仅依靠自己的能力学习到重要特征，而不是依赖于与其他神经元的合作。当这些神经元被随机丢弃以后，那么对于它的输入和输出的连接也将会被丢弃。之所以这样做是因为神经元之间过多的合作会使得它们相互之间产生依赖，这样会导致它们很难学习到不同的特征。较高程度的合作会导致模型在训练集上出现过拟合，如果测试集与训练集在分布上有所不同，模型对于测试集的预测就会失效。

当一些神经单元被随机丢弃时，剩下的可用神经单元将会生成一个与原来网络不同的结构。假设我们完整的神经网络有 N 个神经单元，那么可能的神经网络配置数为 N^2。对每一个小批量的训练样本，一个不同的神经单元集合将会根据丢弃概率进行随机选择。因此，通

```
            batch_x,batch_y = mnist.train.next_batch(batch_size)
            sess.run(optimizer, feed_dict={x:batch_x,y:batch_y,keep_prob:
            dropout})
            loss,acc = sess.run([cost,accuracy],feed_dict={x:batch_x,y:
            batch_y,keep_prob: 1.})
            if epochs % display_step == 0:
                print("Epoch:", '%04d' % (i+1),
                "cost=", "{:.9f}".format(loss),
                "Training accuracy","{:.5f}".format(acc))
    print('Optimization Completed')

    y1 = sess.run(pred,feed_dict={x:mnist.test.images[:256],keep_prob: 1})
    test_classes = np.argmax(y1,1)
    print('Testing Accuracy:',sess.run(accuracy,feed_dict={x:mnist.test.
    images[:256],y:mnist.test.labels[:256],keep_prob: 1}))
    f, a = plt.subplots(1, 10, figsize=(10, 2))

    for i in range(10):
        a[i].imshow(np.reshape(mnist.test.images[i],(28, 28)))
        print(test_classes[i])

end_time = time.time()
print('Total processing time:',end_time - start_time)
```

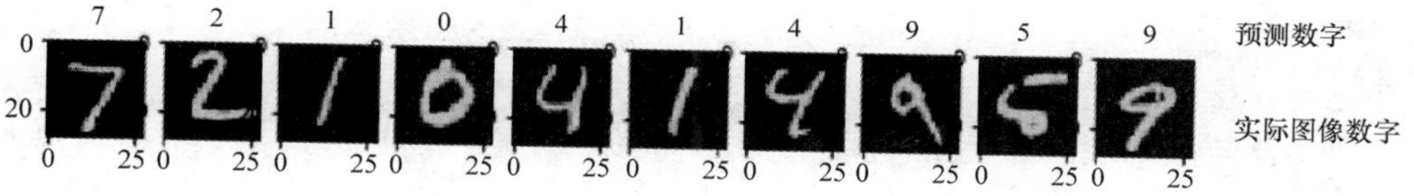

图3-28　实际数字与卷积神经网络模型的预测数字的对比

使用前面的基础卷积神经网络，即在最终的输出单元SoftMax之前使用两个卷积－最大值池化－ReLU激活函数的结构对以及一个全连接层，我们可以在仅仅20次迭代获得0.9765625的测试集精度。我们知道，使用第2章中多层感知器的方法，仅仅能够在1000次迭代获得91%的准确度。这是对使用卷积神经网络进行图像识别问题能够得到较好结果的证明。

在这里我还要强调另外一件事情，即使用正确的超参数和先验知识来调整模型的重要性。其中的参数，比如对学习率的选择可能是非常棘手的，因为通常情况下神经网络的损失函数是非凸的。较大的学习率可能会使损失函数更快地收敛到局部最小值，但这可能会引起振荡，而较低的学习率则会导致损失函数收敛速度缓慢。在理想情况下，学习率应该足够的低，这样才能使网络参数可以收敛到一个有意义的局部最小值，同时它还应该足够高，以使模型更快地达到最小值。一般来说，对于前面提到的神经网络，学习率设为0.01是比较高而且有效的，因为我们只训练了20次迭代周期，但它却能够很好地工作。较低的学习率在20次迭代周期内不会达到如此高的准确度。同样地，小批量版本的随机梯度下降中批量大小参数的选择对于训练过程中的收敛情况也是会有影响的。由于较大的批量大小会使得数据在进行梯度估计时的噪声比较少，所以我们会倾向于选择较大的批量大小，但这是以增加计算量为成本的。另外需要尝试的是不同大小的滤波器尺寸，以及在每个卷积层中尝试不同数量的特征映射。我们是基于先验知识来进行网络模型结构的选择的。

3.14 用来解决现实问题的卷积神经网络

我们接下来通过一个最近由英特尔公司在 Kaggle 上主办发起的关于对不同类型的宫颈癌分类问题比赛，来简单讨论一下如何解决现实世界的图像分析问题。在这场比赛中，需要建立模型根据图像来识别女性的宫颈癌分类类别。这样做将有助于对患者进行有效的治疗。比赛提供了针对三种癌症的特定图像。所以，该问题可以归结为图像的三分类问题。该问题的一个基本解决方案见清单 3-7。

清单 3-7

```
#########################################################
## 导入相关的库
#########################################################
from PIL import ImageFilter, ImageStat, Image, ImageDraw
from multiprocessing import Pool, cpu_count
from sklearn.preprocessing import LabelEncoder
import pandas as pd
import numpy as np
import glob
import cv2
import time
from keras.utils import np_utils
import os
import tensorflow as tf
import shuffle

##########################################################
## 读取图像，并将其大小调整为 64 × 64 × 3
##########################################################
def get_im_cv2(path):
    img = cv2.imread(path)
    resized = cv2.resize(img, (64,64), cv2.INTER_LINEAR)
    return resized

##########################################################
## 每个文件夹对应一个不同的类
## 将图像加载到数组中，然后根据文件夹编号定义其输出类别
##########################################################

def load_train():
    X_train = []
    X_train_id = []
    y_train = []
    start_time = time.time()

    print('Read train images')
```

```
    folders = ['Type_1', 'Type_2', 'Type_3']
    for fld in folders:
        index = folders.index(fld)
        print('Load folder {} (Index: {})'.format(fld, index))
        path = os.path.join('.', 'Downloads', 'Intel','train', fld, '*.jpg')
        files = glob.glob(path)

        for fl in files:
            flbase = os.path.basename(fl)
            img = get_im_cv2(fl)
            X_train.append(img)
            X_train_id.append(flbase)
            y_train.append(index)
    for fld in folders:
        index = folders.index(fld)
        print('Load folder {} (Index: {})'.format(fld, index))
        path = os.path.join('.','Downloads','Intel','Additional',fld,'*.jpg')
        files = glob.glob(path)

        for fl in files:
            flbase = os.path.basename(fl)
            img = get_im_cv2(fl)
            X_train.append(img)
            X_train_id.append(flbase)
            y_train.append(index)

    print('Read train data time: {} seconds'.format(round(time.time() -
    start_time, 2)))
    return X_train, y_train, X_train_id

#################################################################
## 载入测试图像
#################################################################

def load_test():
    path = os.path.join('.', 'Downloads', 'Intel','test', '*.jpg')
    files = sorted(glob.glob(path))

    X_test = []
    X_test_id = []
    for fl in files:
        flbase = os.path.basename(fl)
        img = get_im_cv2(fl)
        X_test.append(img)
        X_test_id.append(flbase)
    path = os.path.join('.', 'Downloads', 'Intel','test_stg2', '*.jpg')
    files = sorted(glob.glob(path))
    for fl in files:
        flbase = os.path.basename(fl)
        img = get_im_cv2(fl)
        X_test.append(img)
        X_test_id.append(flbase)
```

```
    return X_test, X_test_id

##################################################
## 像素强度除以255，将图像数据标准化为0~1之间的值
## 并且将类别标签转换为对应于3个类别长度为3的向量
## 类别 1 - [1 0 0]
## 类别 2 - [0 1 0]
## 类别 3 - [0 0 1]
##################################################

def read_and_normalize_train_data():
    train_data, train_target, train_id = load_train()

    print('Convert to numpy...')
    train_data = np.array(train_data, dtype=np.uint8)
    train_target = np.array(train_target, dtype=np.uint8)

    print('Reshape...')
    train_data = train_data.transpose((0, 2,3, 1))
    train_data = train_data.transpose((0, 1,3, 2))

    print('Convert to float...')
    train_data = train_data.astype('float32')
    train_data = train_data / 255
    train_target = np_utils.to_categorical(train_target, 3)

    print('Train shape:', train_data.shape)
    print(train_data.shape[0], 'train samples')
    return train_data, train_target, train_id

################################################################
## 标准化测试图像数据
################################################################

def read_and_normalize_test_data():
    start_time = time.time()
    test_data, test_id = load_test()

    test_data = np.array(test_data, dtype=np.uint8)
    test_data = test_data.transpose((0,2,3,1))
    train_data = test_data.transpose((0, 1,3, 2))

    test_data = test_data.astype('float32')
    test_data = test_data / 255

    print('Test shape:', test_data.shape)
    print(test_data.shape[0], 'test samples')
    print('Read and process test data time: {} seconds'.format(round(time.
    time() -  start_time, 2)))
    return test_data, test_id
```

● 网络实现的其余部分与 MNIST 分类问题类似，但是在最终的 SoftMax 输出层之前有三层的卷积 - ReLU - 最大值池化组合和两层的全连接层。

● 已经忽略了预测和提交的相关代码。

3.15 批规范化

批规范化是由 Sergey Ioffe 和 Christian Szegedy 发明的，是深度学习领域的先驱元素之一。批规范化的原始论文标题为“Batch Normalization: Accelerating Deep Network Training by Reducing Internal Covariate Shift”，论文地址为 https://arxiv.org/abs/1502.03167。

当使用随机梯度下降算法来训练神经网络时，由于前面层权重的更新，所以每层上输入的分布是会发生变化的。但这会导致训练过程变慢，以及网络层加深时的训练困难。这会减慢训练过程并使训练非常深的神经网络变得困难。神经网络的训练过程是很复杂的，因为每一层的输入都依赖于前面所有层的参数，因此随着网络层的加深，即使是很小的参数变化也可能会产生放大的效果。这导致了网络层中输入分布的变化。

由于前一层中的权重变化导致当前层中激活函数的输入分布的变化，现在，让我们来理解一下这个过程中可能出现的错误。

Sigmoid 或者 Tanh 激活函数只有其输入在指定的范围内时才具有良好的线性梯度，一旦输入变大，梯度就会降为 0。

在 Sigmoid 单元层中，前面层中参数的变化可能会导致输入概率分布的改变，如图 3-29 所示，大多数的输入都属于饱和区域，饱和区域对应的梯度值接近于 0。由于这些 0 梯度或者接近于 0 的梯度，网络的学习过程会变得非常缓慢或者会完全停止。避免此问题的一种方法是使用 ReLU 作为激活函数。而另外一种方法则是保持 Sigmoid 单元的输入分布在不饱和区域内，这样随机梯度下降才不会被卡在饱和区域。

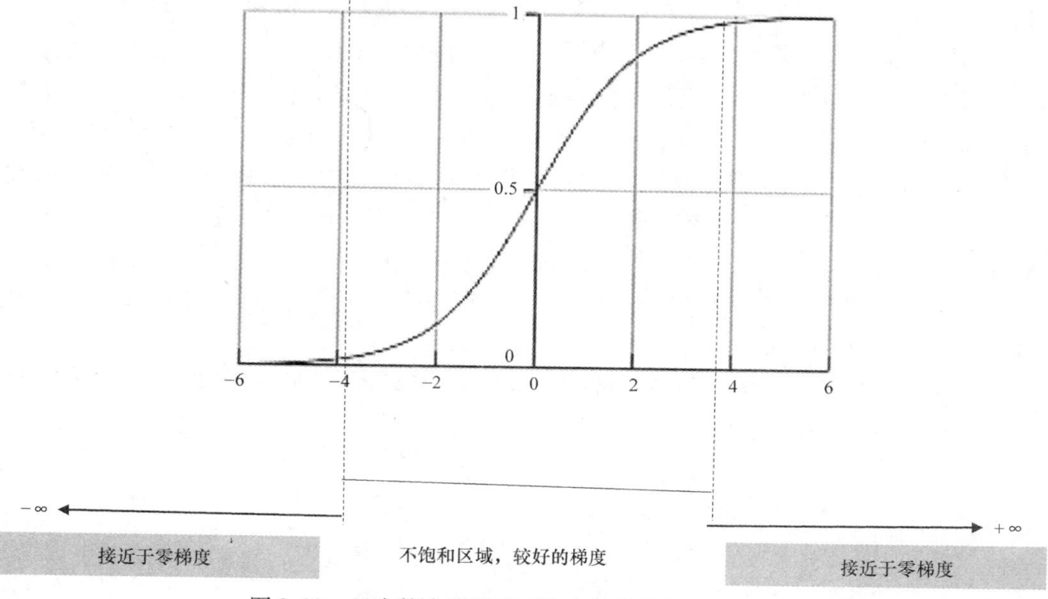

图 3-29　只有较小范围是不饱和区域的 Sigmoid 函数

这种对内部网络单元的输入分布的变化现象，称为内部协变量变化（internal covariate shift）。

批规范化通过将该层的输入规范化为均值为 0 和方差为单位标准方差的分布，以降低内部协变量变化。训练时，在每一层中通过小批量样本来计算它们的均值和标准方差，同时在测试时也使用该总体方差和均值参与计算。

如果一个层从前一层中接受的激活输入为向量 $x = [x_1 x_2 \cdots x_n]^{\mathrm{T}} \in \mathbb{R}^{n\times 1}$，那么在每一个小批量样本中包括 m 个数据点，激活的输入会规范化为

$$\hat{x}_i = \frac{x_i - E[x_i]}{\sqrt{\mathrm{Var}[x_i] + \epsilon}}$$

式中，

$$u_B = \frac{1}{m}\sum_{k=1}^{m} x_i^{(k)}$$

$$\sigma_B^2 = \frac{1}{m}\sum_{k=1}^{m} (x_i^{(k)} - E[x_i])^2$$

在统计学上，u_B 和 σ_B^2 只是样本均值和基于样本的标准方差。

规范化完成之后，我们不会直接将 $\hat{x}_i$ 传递给激活函数，而是通过参数 γ 和 β 进行缩放和平移后再传递给激活函数。如果我们限制激活的输入为标准化的值，那么这可能会改变该层所能表示的内容。所以，我们的想法是通过下面的变换对标准化值进行线性变换，这样如果网络在训练时，就可以向其传递未使用任何变换的原始数据，这样做也能够帮助网络恢复其原始数据。传递给激活函数的实际变换后的激活输入为

$$y_i = \gamma \hat{x}_i + \beta$$

参数 u_B、σ_B^2、γ 和 β 与其他的参数一样，也是需要通过反向传播来学习的。正如前面所述的，如果网络的原始数据更加有用，那么模型可以学习到参数的值为 $\gamma = \mathrm{Var}[x_i]$ 和 $\beta = E[x_i]$。

一个很自然的问题出现了，为什么我们要将小批量样本的均值 u_B 和方差 σ_B^2 作为参数通过批量传播算法来学习，而不是为了规范化的目的来直接计算小批量样本的运行平均值。这是行不通的，因为 u_B 和 σ_B^2 都是通过 x_i 依赖于模型其他参数的，当我们直接计算小批量样本的运行平均值时，这种依赖关系在优化过程中就被忽略了，这是不合适的。为了保持这些依赖的完整性，u_B 和 σ_B^2 应该作为参数参与到优化过程中来，因为 u_B 和 σ_B^2 的梯度在学习过程中相对于 x_i 依赖的其他参数是至关重要的。此优化的整体效果是以这样的方式来修正模型的，即使得输入 x_i 保持均值为 0 和方差为单位标准方差。

在推断或者测试阶段，为了保持小批量样本数据的运行平均值，所以将总体统计的数据 $E[x_i]$ 和 $\mathrm{Var}[x_i]$ 用于规范化过程中。

$$E[x_i] = E[u_B]$$

$$\mathrm{Var}[x_i] = \left(\frac{m}{m-1}\right)E[\sigma_B^2]$$

这个校正因子是为了得到对总体方差的无偏估计。

批规范化的一些优点如下：

- 由于内部协变量变化的去除或降低，模型可以更快地得到训练。获得较好的模型参数只需要少量的迭代训练即可。
- 批规范化具有一定的规范化能力，有时就可以不需要再使用丢弃策略了。
- 批规范化在卷积神经网络中能够很好地工作，只需要在每个输出特征图上添加一个参数集合 γ 和 β。

3.16 卷积神经网络中的几种不同的网络结构

本节中，我们将介绍一些使用比较广泛的卷积神经网络结构。这些网络结构不仅仅能用于分类，稍作修改后还可以应用于图像分割、定位和检测中。此外，每个网络结构都有预训练（pre-trained）的版本，可以快速进行迁移学习或者对模型进行微调。除了 LeNet 模型之外，这里提到的所有卷积神经网络模型都在 1000 个类别分类竞赛“ImageNet”中获得了名次。

3.16.1 LeNet

LeNet 是第一个成功应用于基于 OCR（光学字符识别）的手写字体分类的卷积神经网络，它是由 Yann LeCunn 在 1990 年开发的，主要适用场景有邮政编码读取和检查等。LeNet5 是 LeNet 系列的最新产品。它接受的输入为 32×32 的图像，然后经由卷积层生成6 个 28×28 的特征图。然后对这6 个特征图进行下采样生成6 个 14×14 的输出图像，这里的下采样是通过池化操作来完成的。第二个卷积层的输出为 16 个 10×10 的特征图，第二个下采样层将特征图的尺寸降低为 5×5。接下来是两个分别具有 120 和 84 个连接单元的全连接层，最后是对应 10 个数字的具有 10 个分类的输出层。LeNet5 结构简图如图 3-30 所示。

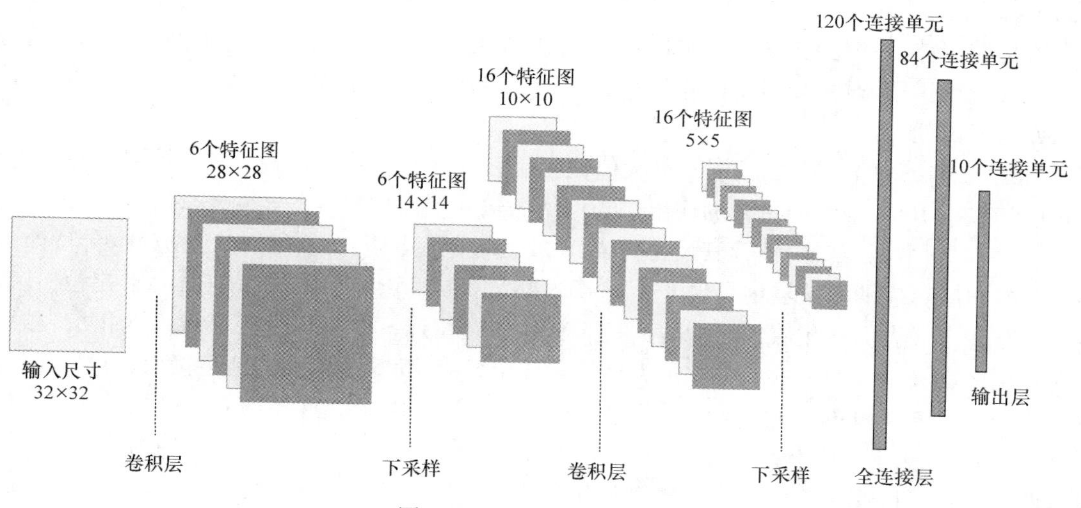

图 3-30　LeNet5 结构简图

LeNet5 网络的主要特性如下：

- 池化的感受野尺寸为 2×2，然后会将该邻域内的 4 个像素强度值相加。然后其和会通过一个可训练的权重和偏差参数进行衡量后传递给 Sigmoid 激活函数。这与最大值池化和平均值池化略有不同。

● 卷积层滤波器内核尺寸为 5×5。输出单元的激活函数是径向基函数（RBF）而不是我们常用的 SoftMax 函数。全连接层的 84 个连接单元对每一个输出类别都会有 84 个连接，因此会有 84 个对应参数。这 84 个权重/类别连接都代表了每一个类别的特征。如果这 84 个单元的输入非常接近于一个类别的权重，那么该输入就更有可能是属于这个类别的。在 SoftMax 中我们计算每一个类别的权重向量和输入的点积，而在 RBF 中我们计算的是输入和输出类别代表的权重向量之间的欧几里得距离（Euclidean distance）。欧几里得距离越大，这个输入属于该类别的概率就越小。同样地，也可以通过对距离的负数进行取幂换算成概率分布，然后对不同的类别进行标准化。一个输入关于所有类别的欧几里得距离可以充当该输入的损失函数。全连接层的输出向量记为 $x=[x_1x_2\cdots x_{84}]^{\mathrm{T}}\in\mathbb{R}^{84\times 1}$，如果第 i 个类别的代表性权重为 $w_i\in\mathbb{R}^{84\times 1}$，那么第 i 个类别的输出则为

$$\|x-w_i\|_2^2=\sum_{j=1}^{84}(x_j-w_{ij})^2$$

● 每个类别的代表性权重是预先确定的，而不是学习到的。

3.16.2 AlexNet

AlexNet 卷积神经网络结构是由 Alex Krizhevsky、Ilya Sutskever 和 Geoffrey Hinton 于 2012 年开发的，赢得了 2012 年的 ImageNet ILSVRC（ImageNet 大规模视觉识别挑战赛）的冠军。与 AlexNet 有关的原始论文是"ImageNet Classification with Deep Convolutional Neural Networks"，网络地址为 https://papers.nips.cc/paper/4824-imagenet-classification-with-deep-convolutional-neural-networks.pdf。

这是卷积神经网络结构第一次以惊人的优势击败其他方法。AlexNet 网络结构在前五（top-5）预测中达到了 15.4% 的错误率，而第二名的 top-5 错误率为 26.2%。AlexNet 的结构图如图 3-31 所示。

AlexNet 网络包括 5 个卷积层、最大值池化层和丢弃层，然后是 3 个全连接层，此外还有输入层和包括 1000 个类别单元的输出层。网络的输入层图像尺寸为 224×224×3。第一个卷积层包含有 96 个滤波器内核，其尺寸为 11×11×3，步长为 4，所以对应生成 96 个特征图。第二个卷积层对应的滤波器内核尺寸为 5×5×48，生成 256 个特征图。前面两层的卷积层之后都跟有一个最大值池化层，然后后面是 3 个卷积层相连，中间均没有最大值池化层，第五个卷积层之后又是一个最大值池化层，然后是 2 个含有 4096 个单元的全连接层，最后是包含有 1000 个类别的 SoftMax 作为输出层。第三个卷积层有 384 个滤波器内核，其尺寸为 3×3×256，第四个和第五个卷积层分别包含 384 个和 256 个滤波器内核，其尺寸均为 3×3×192。最后两个全连接层使用了一个丢弃概率为 0.5 的丢弃层。你可能会注意到，除了第三个卷积层之外，每一个卷积层的滤波器内核尺寸的深度的值都是前面一层中输出特征图个数的一半。这是因为 AlexNet 的计算在当时是相当昂贵的，所以在训练时被划分到两个独立的 GPU 上进行计算了。然而，仔细观察就会发现，在第三个卷积层中包含有交叉连接，所以它的滤

波器内核尺寸为3×3×256，而不是3×3×128。同样的交叉连接也发生在全连接层，因此它们具有普通的全连接层的行为特征，同时拥有4096个连接单元。

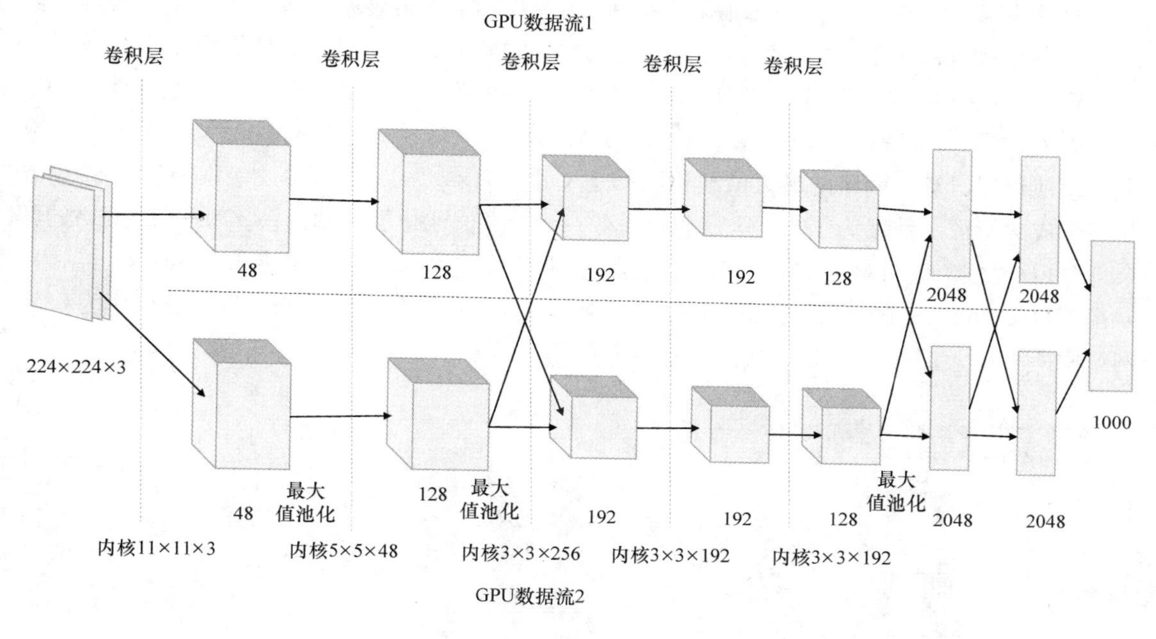

图3-31 AlexNet结构

AlexNet网络的主要特性如下：

● 使用ReLU作为非线性激活函数。因为它更容易计算和具有恒定的非饱和梯度，而Sigmoid和Tanh激活函数则会对较高或者较低的输入产生0梯度。

● 模型中使用了丢弃策略以降低过拟合。

● 使用重叠池化而不是以往的非重叠池化。

● 该模型在两台GTX 580 GPU上进行了约5天时间的快速训练。

● 使用数据增强技术（例如图像变换、水平映射和图像块提取等）增加了数据集的大小。

3.16.3 VGG16

在2014年，VGG小组以一个16层结构的VGG16模型参加ILSVRC－2014比赛，并获得了第二名的成绩。它采用了一种深层而简单的结构，因此获得了很高的流行度。关于VGG网络的论文名称为"Very Deep Convolutional Networks for Large－Scale Image Recognition"，作者是Karen Simonyan和Andrew Zisserman。论文网络链接为https://arxiv.org/abs/1409.1556。

VGG16结构在卷积层中使用了3×3大小的滤波器，而不是使用一个大的内核尺寸，然后采用了ReLU激活函数和感受野内核尺寸为2×2的最大值池化。论文作者这样做的原因是使用两个 3×3 的卷积层相当于使用一个 5×5 的卷积层，同时还保留了小滤波器内核尺寸的长处，即实现了参数数量的减少，并且使用了两个卷积 - ReLU 操作对，以获得更多的非线性特征。该网络的一个比较特殊的特征是，由于卷积和最大值池化导致输入在空间维度上降低了，但是却随着网络层的加深，滤波器内核数量的增加，特征图的数量是增加的。

VGG16 的体系结构如图 3-32 所示。网络的输入图像尺寸为 224×224×3。前两个卷积层都生成了 64 个特征图，其滤波器的空间尺寸为 3×3，步长为 1，填充为 1。其后分别有一个最大值池化层，整个网络的最大值池化层都是尺寸为 2×2、步长为 2 的。第三个和第四个卷积层生成的特征图数量为 128，其后也分别有一个最大值池化层。如图 3-32 所示，网络的其余部分也与之类似。网络的最后有 3 个包含有 4096 个连接单元的全连接层，每一个连接单元都连接着 SoftMax 输出层的 1000 个分类类别。全连接层中的丢弃策略设置丢弃概率为 0.5。网络中所有单元都使用 ReLU 激活函数。

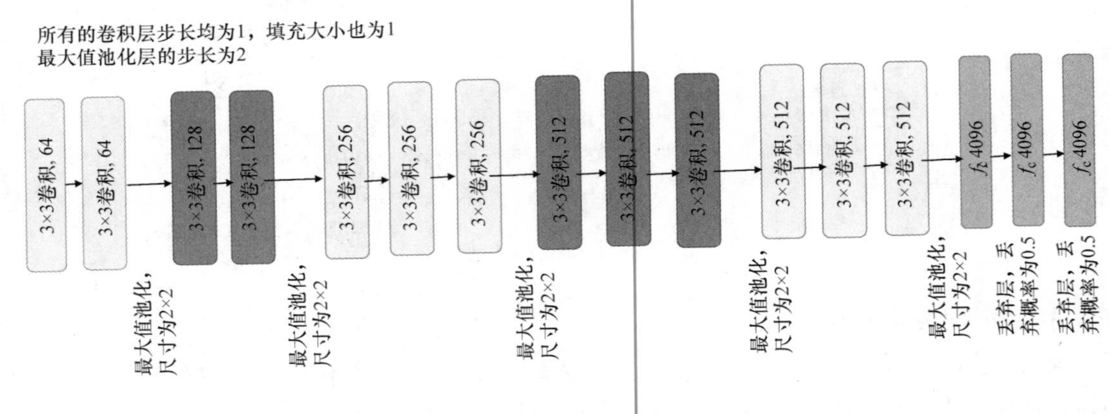

图 3-32　VGG16 网络结构

3.16.4　ResNet

ResNet 是由微软开发的具有 152 层的卷积神经网络，它赢得了 ILSVRC 2015 年比赛的冠军，误差仅有 3.6%，这比人类的误差率 5% ~10% 还要好。ResNet 的论文，作者是 Kaiming He、Xiangyu Zhang、Shaoqing Ren 和 Jian Sun，论文名为"Deep Residual Learning for Image Recognition"，链接为 https://arxiv.org/abs/1512.03385。除了更深之外，ResNet 还实现了一个独特的残差块概念。即在每一个卷积 - ReLU - 卷积系列运算之后，操作的输入被反馈到输出。在较为传统的方法中，在进行卷积和其他的变换过程中，我们尝试将一个底层的映射与原始数据相匹配，以解决分类的任务。但是，使用 ResNet 的残差块概念，我们尝试学习残差映射，而不是从输入到输出的直接映射。形式上，在每个小块活动中，我们将块的输入添加到输出。残差块如图 3-33 所示。这个概念基于这样的假设：拟合残差映射比从输入到输出拟合原始映射更容易。

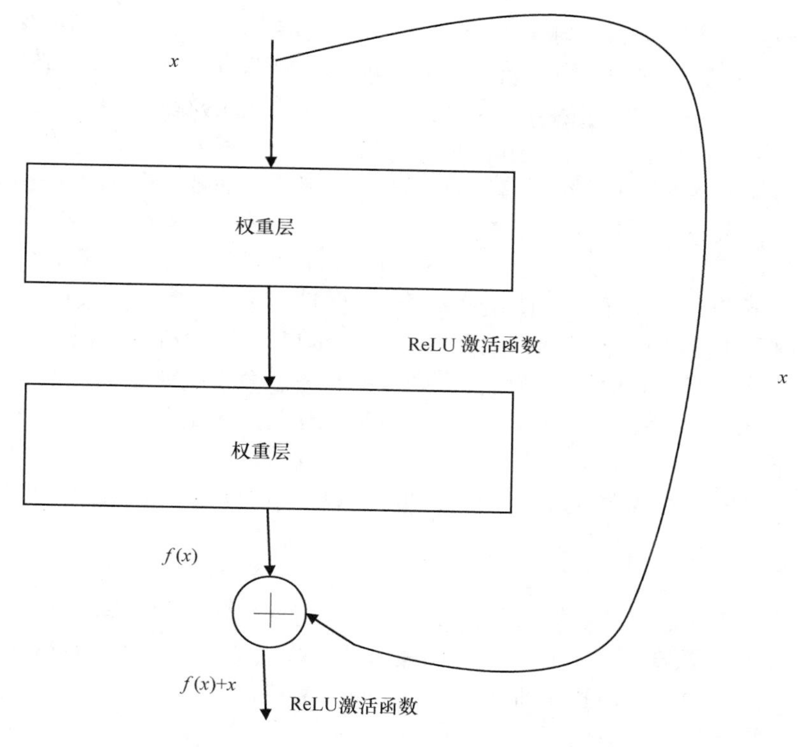

图 3-33　残差块

3.17　迁移学习

广义上的迁移学习是指在解决问题时存储获得的已有知识，以及使用该先验知识去解决类似领域中的不同问题。由于各种原因，迁移学习在深度学习领域中取得了巨大的成功。

由于隐含层的特性以及不同单元之间的连接方案的不同，导致深度学习模型通常都具有大量的参数。要训练具有庞大参数的模型，就需要大量的数据，否则模型就会出现过拟合。然而在很多问题中，缺少训练模型所需要的大量数据，但是问题本质上又需要一个深度学习方案才能够得到合理解决。例如，在物体识别的图像处理问题中，已经能够证实深度学习模型是当前最优的解决方案。在这种情况下，迁移学习可以从预训练的深度学习模型中生成基础特征，然后使用这些特征构建一个简单的模型来解决问题。因此，这个问题的唯一参数就变成了用于构建简单模型的参数。预训练模型通常是通过大量数据集训练得来的，因此具有较为可靠的参数。

一般当我们使用若干层的卷积层来进行图像处理任务时，刚开始的几个卷积层主要是学习一些较为基础的通用的特征，比如一些弯曲和边缘等。随着网络层越来越深入，更深层中的卷积层学习检测到与特定类型数据集相关的更为复杂的特征。例如在分类问题中，较深层次的网络会学习检测到比如眼睛、鼻子和脸部等特征。

假设我们有一个 VGG16 网络模型，它是由 1000 个类别的 ImageNet 数据集训练得来的。现在，如果我们的图像类别少于 VGG16 预训练模型数据集的分类，并且与其相似，那么我们就能够使用直到全连接层的相同 VGG16 模型，然后使用新类别的输出层进行替换。此外，我们会将直到全连接层的网络参数进行固定，只训练模型学习从全连接层到输出层的网络权重即可。这是因为预训练数据集的性质与此处小数据集的性质是相同的，因此通过不同参数在预训练模型中学习的特征可以满足新的分类问题，我们只需要学习从全连接层到输出层的权重。这大大减少了要学习的参数数量，并且减少过拟合。而如果我们使用小数据集去训练 VGG16 网络，因为要在较小数据集上去学习大量的参数，它可能会出现过拟合。

当数据集的性质与用于预训练模型的数据集非常不同时，需要怎么做呢？

在这种情况下，我们同样可以使用同一个预训练模型，但需要修改前面几组的卷积 - ReLU - 最大值池化层参数，然后再添加几组卷积 - ReLU - 最大值池化层，添加的层将学习如何检测到新数据集固有的特征。最后我们必须要有一个全连接层和输出层。由于我们使用来自预训练的 VGG16 网络起始几组的卷积 - ReLU - 最大值池化层权重，这几层的参数不需要训练。如前所述，卷积的早期阶段学习了非常通用的特征，例如边缘和弯曲等，这适用于所有类型的图像。网络的其余部分需要接受训练，以学习到特定问题数据集中固有的特性。

3.17.1 迁移学习的使用指导

以下是一些关于何时以及如何使用预训练模型进行迁移学习的指导原则：

● 问题数据集的数据量很大，且该数据集与预训练模型所用的数据集很相似，这是一个很理想的情况。由于输出类别和预训练模型不一致，需要修改输出层，除此之外我们可以保留整个模型的结构来进行重新训练。然后我们可以将预训练模型的权重作为该模型训练时的初始权重。

● 问题数据集的数据量很大，但该数据集与预训练模型所用的数据集不同，在这种情况下，由于数据集很大，我们可以从头开始训练模型。由于数据集的性质非常不同，所以预训练模型不会给出任何增益，我们有一个大型数据集，我们可以从头训练整个网络，而不会出现与小数据集上训练大型网络相关的过拟合。

● 问题数据集的数据量很小，并且数据集与预训练模型所用的数据集相似，这是我们之前讨论过的情况。由于数据集内容的相似性，我们可以重用模型的大多数权重，而只根据问题数据集的分类类别修改对应的输出层。然后，我们只针对最后一层中的权重进行模型的训练。比如，如果我们的数据集是与 ImageNet 很类似的猫与狗分类图像，那么我们就可以选择在 ImageNet 上进行预训练的 VGG16 模型，只需将输出层由 1000 个分类类别修改为 2 个分类类别。对于新的网络模型，我们只需要针对最后的输出层权重进行训练，而保持所有其他的权重与预训练的 VGG16 模型的权重相同。

● 问题数据集的数据量很小，并且数据集与预训练模型所用的数据集不同，这是一种不好的情况。如前所述，在这种情况下我们可以冻结预训练网络的几个初始层权重，然后在问题数据集上训练模型的其余部分。与前面一样，我们需要将输出层的分类类别根据问题数据集进行修改。由于没有大型的数据集，因此我们尝试通过重用预训练模型的初始层权重来尽可能地减少参数的数量。由于卷积神经网络的前面几层主要是学习图像中固有的基础特征，因此这种方法是可行的。

3.17.2 使用谷歌 InceptionV3 网络进行迁移学习

InceptionV3 网络是由谷歌开发的比较优秀的卷积神经网络结构之一。它是 GoogLeNet 的高级版本，凭借其较为易用的卷积神经网络结构赢得了 ImageNetILSVRC－2014 的第一名。该网络结构的细节记录在由 Christian Szegedy 及其合作者的论文“Rethinking the Inception Architecture for Computer Vision”中。论文网络地址为 https://arxiv.org/abs/1512.00567。GoogLeNet 及其修改版本的核心元素是引入了一个 inception 模块来进行卷积和池化。在传统的卷积神经网络中，卷积层之后一般是执行另一个卷积或最大值池化，而在 inception 模块中，会在每一层上并行执行一系列的卷积和最大值池化操作，然后将每个部分的特征图进行合并。此外，在每层上的卷积操作不是使用一个内核尺寸大小，而是多个。inception 模块如图 3-34 所示。正如我们所看到的，其中存在一系列的与最大值池化并行进行的卷积操作，最后将所有的输出特征图进行合并。1×1 尺寸的卷积操作主要是用来降低维度并执行类似于平均值池化的操作。比如，假设我们的输入尺寸为 224×224×160，其中 160 为特征图的数量。使用尺寸为 1×1×20 的滤波器的卷积将会生成尺寸为 224×224×20 的输出特征图。

这种网络结构运行得很好，因为不同的滤波器内核尺寸会基于滤波器感受野大小进行提取不同粒度级别的特征信息。感受野大小为 3×3 时会比感受野大小为 5×5 时能提取到更细粒度的信息。

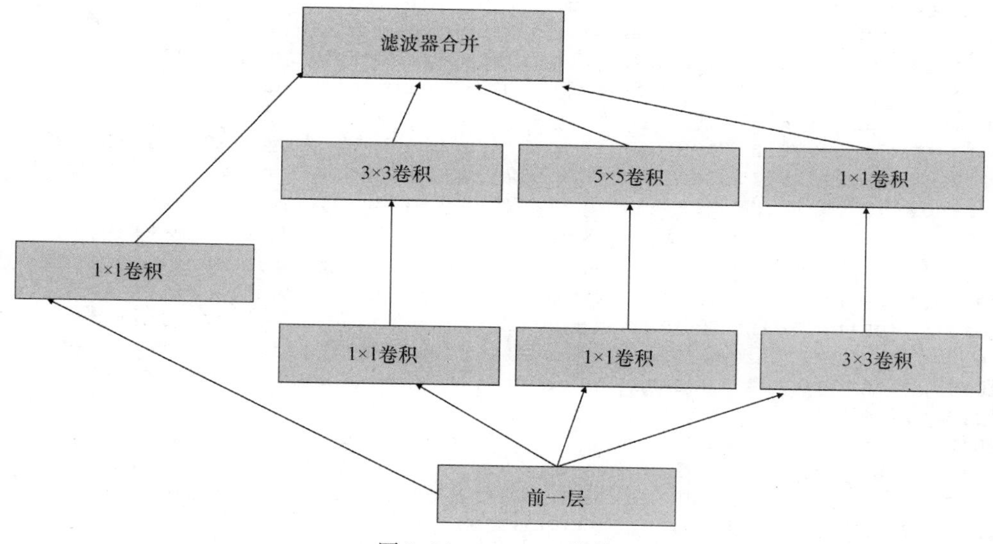

图 3-34 inception 模块

Google 的 TensorFlow 提供了由 ImageNet 数据集训练的预训练模型。这个预训练模型可以用于迁移学习。我们使用这个由 Google 提供的预训练模型来重新训练模型识别猫与狗的图片，该图片来自 https://www.kaggle.com/c/dogs-vs-cats/data。该数据集包含有 25000 幅图像，其中猫狗图片各有 12500 幅。

该预训练模型可以在 TensorFlow 的 GitHub 的 Examples 文件夹中找到。清单 3-8 是执行和使用该模型进行迁移学习需要的步骤。克隆 TensorFlow 在 GitHub 上的存储库，模型就存放在 Examples 文件夹中。克隆完成后进入该文件夹，执行清单 3-8 中所列的命令。

清单 3-8

第 1 步：下载以下数据集并将其解压，用来作为迁移学习的训练数据

cd ~curl -O http://download.tensorflow.org/example_images/flower_photos.tgz

tar xzf flower_photos. tgz

第 2 步：进入克隆完成的 tensorflow 文件夹，并执行以下命令构建图像的再训练模型

bazel build tensorflow/examples/image_retraining:retrain

第 3 步：一旦模型构建完成，对模型的再训练过程就准备好了。在这个例子中，我们将使用从 Kaggle 上下载的猫与狗的数据集来进行测试。这个数据集有两个分类。要在此模型上使用该数据集，不同类别的图像必须放在不同的文件夹下。Cat 和 Dog 子文件夹是在 animals 文件夹下的。接下来，我们使用预训练的 InceptionV3 模型对模型进行再训练。预训练模型的所有层和对应权重将被迁移到再训练模型中。只有输出层会被修改为具有 2 个类别而不是预训练模型的 1000 个类别。在再训练过程中，仅训练学习最后一个全连接层到两个类别的新的输出层的权重。下面的命令开始再训练过程：

```
bazel-bin/tensorflow/examples/image_retraining/retrain--image_dir~/Downloads
/animals
-- Output Log from Model retraining in the Final Few Steps of Learning --
2017-07-05 09:28:26.133994: Step 3750: Cross entropy = 0.006824
2017-07-05 09:28:26.173795: Step 3750: Validation accuracy = 100.0% (N=100)
2017-07-05 09:28:26.616457: Step 3760: Train accuracy = 99.0%
2017-07-05 09:28:26.616500: Step 3760: Cross entropy = 0.017717
2017-07-05 09:28:26.656621: Step 3760: Validation accuracy = 100.0% (N=100)
2017-07-05 09:28:27.055419: Step 3770: Train accuracy = 100.0%
2017-07-05 09:28:27.055461: Step 3770: Cross entropy = 0.004180
2017-07-05 09:28:27.094449: Step 3770: Validation accuracy = 99.0% (N=100)
2017-07-05 09:28:27.495100: Step 3780: Train accuracy = 100.0%
2017-07-05 09:28:27.495154: Step 3780: Cross entropy = 0.014055
2017-07-05 09:28:27.540385: Step 3780: Validation accuracy = 99.0% (N=100)
2017-07-05 09:28:27.953271: Step 3790: Train accuracy = 99.0%
2017-07-05 09:28:27.953315: Step 3790: Cross entropy = 0.029298
2017-07-05 09:28:27.992974: Step 3790: Validation accuracy = 100.0% (N=100)
2017-07-05 09:28:28.393039: Step 3800: Train accuracy = 98.0%
2017-07-05 09:28:28.393083: Step 3800: Cross entropy = 0.039568
2017-07-05 09:28:28.432261: Step 3800: Validation accuracy = 99.0% (N=100)
2017-07-05 09:28:28.830621: Step 3810: Train accuracy = 98.0%
2017-07-05 09:28:28.830664: Step 3810: Cross entropy = 0.032378
2017-07-05 09:28:28.870126: Step 3810: Validation accuracy = 100.0% (N=100)
2017-07-05 09:28:29.265780: Step 3820: Train accuracy = 100.0%
2017-07-05 09:28:29.265823: Step 3820: Cross entropy = 0.004463
2017-07-05 09:28:29.304641: Step 3820: Validation accuracy = 98.0% (N=100)
2017-07-05 09:28:29.700730: Step 3830: Train accuracy = 100.0%
2017-07-05 09:28:29.700774: Step 3830: Cross entropy = 0.010076
2017-07-05 09:28:29.741322: Step 3830: Validation accuracy = 100.0% (N=100)
2017-07-05 09:28:30.139802: Step 3840: Train accuracy = 99.0%
2017-07-05 09:28:30.139847: Step 3840: Cross entropy = 0.034331
2017-07-05 09:28:30.179052: Step 3840: Validation accuracy = 100.0% (N=100)
2017-07-05 09:28:30.575682: Step 3850: Train accuracy = 97.0%
2017-07-05 09:28:30.575727: Step 3850: Cross entropy = 0.032292
2017-07-05 09:28:30.615107: Step 3850: Validation accuracy = 100.0% (N=100)
```

```
2017-07-05 09:28:31.036590: Step 3860: Train accuracy = 100.0%
2017-07-05 09:28:31.036635: Step 3860: Cross entropy = 0.005654
2017-07-05 09:28:31.076715: Step 3860: Validation accuracy = 99.0% (N=100)
2017-07-05 09:28:31.489839: Step 3870: Train accuracy = 99.0%
2017-07-05 09:28:31.489885: Step 3870: Cross entropy = 0.047375
2017-07-05 09:28:31.531109: Step 3870: Validation accuracy = 99.0% (N=100)
2017-07-05 09:28:31.931939: Step 3880: Train accuracy = 99.0%
2017-07-05 09:28:31.931983: Step 3880: Cross entropy = 0.021294
2017-07-05 09:28:31.972032: Step 3880: Validation accuracy = 98.0% (N=100)
2017-07-05 09:28:32.375811: Step 3890: Train accuracy = 100.0%
2017-07-05 09:28:32.375855: Step 3890: Cross entropy = 0.007524
2017-07-05 09:28:32.415831: Step 3890: Validation accuracy = 99.0% (N=100)
2017-07-05 09:28:32.815560: Step 3900: Train accuracy = 100.0%
2017-07-05 09:28:32.815604: Step 3900: Cross entropy = 0.005150
2017-07-05 09:28:32.855788: Step 3900: Validation accuracy = 99.0% (N=100)
2017-07-05 09:28:33.276503: Step 3910: Train accuracy = 99.0%
2017-07-05 09:28:33.276547: Step 3910: Cross entropy = 0.033086
2017-07-05 09:28:33.316980: Step 3910: Validation accuracy = 98.0% (N=100)
2017-07-05 09:28:33.711042: Step 3920: Train accuracy = 100.0%
2017-07-05 09:28:33.711085: Step 3920: Cross entropy = 0.004519
2017-07-05 09:28:33.750476: Step 3920: Validation accuracy = 99.0% (N=100)
2017-07-05 09:28:34.147856: Step 3930: Train accuracy = 100.0%
2017-07-05 09:28:34.147901: Step 3930: Cross entropy = 0.005670
2017-07-05 09:28:34.191036: Step 3930: Validation accuracy = 99.0% (N=100)
2017-07-05 09:28:34.592015: Step 3940: Train accuracy = 99.0%
2017-07-05 09:28:34.592059: Step 3940: Cross entropy = 0.019866
2017-07-05 09:28:34.632025: Step 3940: Validation accuracy = 98.0% (N=100)
2017-07-05 09:28:35.054357: Step 3950: Train accuracy = 100.0%
2017-07-05 09:28:35.054409: Step 3950: Cross entropy = 0.004421
2017-07-05 09:28:35.100622: Step 3950: Validation accuracy = 96.0% (N=100)
2017-07-05 09:28:35.504866: Step 3960: Train accuracy = 100.0%
2017-07-05 09:28:35.504910: Step 3960: Cross entropy = 0.009696
2017-07-05 09:28:35.544595: Step 3960: Validation accuracy = 99.0% (N=100)
2017-07-05 09:28:35.940758: Step 3970: Train accuracy = 99.0%
2017-07-05 09:28:35.940802: Step 3970: Cross entropy = 0.013898
2017-07-05 09:28:35.982500: Step 3970: Validation accuracy = 100.0% (N=100)
2017-07-05 09:28:36.381933: Step 3980: Train accuracy = 99.0%
2017-07-05 09:28:36.381975: Step 3980: Cross entropy = 0.022074
2017-07-05 09:28:36.422327: Step 3980: Validation accuracy = 100.0% (N=100)
2017-07-05 09:28:36.826422: Step 3990: Train accuracy = 100.0%
2017-07-05 09:28:36.826464: Step 3990: Cross entropy = 0.009017
2017-07-05 09:28:36.866917: Step 3990: Validation accuracy = 99.0% (N=100)
2017-07-05 09:28:37.222010: Step 3999: Train accuracy = 99.0%
2017-07-05 09:28:37.222055: Step 3999: Cross entropy = 0.031987
2017-07-05 09:28:37.261577: Step 3999: Validation accuracy = 99.0% (N=100)
Final test accuracy = 99.2% (N=2593)
Converted 2 variables to const ops.
```

从清单 3-8 的输出中我们可以看出，在猫与狗的分类问题上该模型达到了 99.2% 的测试精度，通过对新的输出层权重的训练来重用该预训练的 InceptionV3 模型。在正确适用的背景下，这就是迁移学习的力量。

3.17.3 使用预训练的 VGG16 网络迁移学习

本小节中，我们将使用预训练的 VGG16 网络模型进行迁移学习，该 VGG16 模型是使用具有 1000 个类别的 ImageNet 数据集进行训练的，我们将它进行迁移学习到 Kaggle 上的猫与狗分类数据集上。猫与狗数据集的网络地址为 https://www.kaggle.com/c/dogs-vs-cats/data。我们首先从 TensorFlow Slim 中导入 VGG16 模型，然后加载预训练的 VGG16 网络的权重。该模型权重是使用具有 1000 个类别的 ImageNet 数据集进行训练的。然而我们需要处理的问题只有两个分类，所以我们会将最后一个全连接层的输出与只有一个神经元的输出层连接，进行猫与狗分类的二分类问题处理，全连接层与输出层之间连接的权重采用一组新的权重。整体思想是使用预训练的权重生成基础特征，最终我们只需要训练学习最后的一组输出层的权重值即可。以这种方式，我们就只需学习一个相对较小的权重，可以使用少量的数据进行模型的训练。详细实现见清单 3-9。

清单 3-9　预训练的 VGG16 网络迁移学习

```
import os
import numpy as np
import pandas as pd
import matplotlib.pyplot as plt
import tensorflow as tf
from scipy.misc import imresize
from sklearn.model_selection import train_test_split
import cv2
from nets import vgg
from preprocessing import vgg_preprocessing
from mlxtend.preprocessing import shuffle_arrays_unison
sys.path.append("/home/santanu/models/slim")

%matplotlib inline

batch_size = 32
width = 224
height = 224
cat_train = '/home/santanu/CatvsDog/train/cat/'
dog_train = '/home/santanu/CatvsDog/train/dog/'
checkpoints_dir = '/home/santanu/checkpoints'
slim = tf.contrib.slim

all_images = os.listdir(cat_train) + os.listdir(dog_train)
train_images, validation_images = train_test_split(all_images, train_
size=0.8, test_size=0.2)

MEAN_VALUE = np.array([103.939, 116.779, 123.68])
################################################
# 读取图像数据，并且将其进行均值修正
################################################

def image_preprocess(img_path,width,height):
    img = cv2.imread(img_path)
```

```
    img = imresize(img,(width,height))
    img = img - MEAN_VALUE
    return(img)

#################################################
# 创建小批量图像的生成器，这样就只有一个批量的图像被加载到内存中
#################################################

def data_gen_small(images, batch_size, width,height):
        while True:
            ix = np.random.choice(np.arange(len(images)), batch_size)
            imgs = []
            labels = []
            for i in ix:
                data_dir = ' '
                # 图像
                if images[i].split('.')[0] == 'cat':
                    labels.append(1)
                    data_dir = cat_train
                else:
                    if images[i].split('.')[0] == 'dog':
                        labels.append(0)
                        data_dir = dog_train
                #print 'data_dir',data_dir
                img_path = data_dir + images[i]
                array_img = image_preprocess(img_path,width,height)
                imgs.append(array_img)

            imgs = np.array(imgs)
            labels = np.array(labels)
            labels = np.reshape(labels,(batch_size,1))
            yield imgs,labels
########################################################
## 定义训练和验证的批量数据的生成器
########################################################
train_gen = data_gen_small(train_images,batch_size,width,height)
val_gen = data_gen_small(validation_images,batch_size, width,height)

with tf.Graph().as_default():

    x = tf.placeholder(tf.float32,[None,width,height,3])
    y = tf.placeholder(tf.float32,[None,1])

###############################################
## 从 slim 中载入 VGG16 模型，并且提取最终输出层前的全连接层
###############################################
    with slim.arg_scope(vgg.vgg_arg_scope()):
        logits, end_points = vgg.vgg_16(x, num_classes=1000, is_training=False)
              fc_7 = end_points['vgg_16/fc7']
###############################################
```

```
## 定义待训练权重 W1 和 b1
################################################
    Wn =tf.Variable(tf.random_normal([4096,1],mean=0.0,stddev=0.02),name='Wn')
    b = tf.Variable(tf.random_normal([1],mean=0.0,stddev=0.02),name='b')

   ################################################
   ## 改变全连接层 fc_7 的输出维度，然后定义 logitx 和输出概率probx
   ################################################
    fc_7 = tf.reshape(fc_7, [-1,W1.get_shape().as_list()[0]])
    logitx = tf.nn.bias_add(tf.matmul(fc_7,W1),b1)
    probx = tf.nn.sigmoid(logitx)

    ###################################################
    # 定义损失函数和优化器
    # 我们只需要训练权重 Wn 和 b，所以将它们添加到 var_list 中
   ###################################################

    cost = tf.reduce_mean(tf.nn.sigmoid_cross_entropy_with_logits(logits=
    logitx,labels=y))
    optimizer = tf.train.AdamOptimizer(learning_rate=learning_rate).minimize
    (cost,var_list=[W1,b1])

    ###################################################
    # 加载预训练的VGG16权重
    ###################################################
    init_fn = slim.assign_from_checkpoint_fn(os.path.join(checkpoints_dir,
       'vgg_16.ckpt'), slim.get_model_variables('vgg_16'))

    ###################################################
    # 运行优化，每次迭代批量大小为32，进行50次小批量训练
    ###################################################
    with tf.Session() as sess:
        init_op = tf.global_variables_initializer()
        sess.run(init_op)
        # 加载权重
        init_fn(sess)
        for i in xrange(1):
            for j in xrange(50):
                batch_x,batch_y = next(train_gen)
                #val_x,val_y = next(val_gen)
                sess.run(optimizer,feed_dict={x:batch_x,y:batch_y})
                cost_train = sess.run(cost,feed_dict={x:batch_x,y:batch_y})
                cost_val = sess.run(cost,feed_dict={x:val_x,y:val_y})
                prob_out = sess.run(probx,feed_dict={x:val_x,y:val_y})
                print "Training Cost",cost_train,"Validation Cost",cost_val
        out_val = (prob_out > 0.5)*1
        print 'accuracy', np.sum(out_val == val_y)*100/float(len(val_y))
        plt.imshow(val_x[1] + MEAN_VALUE)
        print "Actual Class:",class_dict[val_y[1][0]]
        print "Predicted Class:",class_dict[out_val[1][0]]
```

```
        plt.imshow(val_x[3] + MEAN_VALUE)
        print "Actual Class:",class_dict[val_y[2][0]]
        print "Predicted Class:",class_dict[out_val[2][0]]
--output--

Training Cost 0.12381 Validation Cost 0.398074
Training Cost 0.160159 Validation Cost 0.118745
Training Cost 0.196818 Validation Cost 0.237163
Training Cost 0.0502732 Validation Cost 0.183091
Training Cost 0.00245218 Validation Cost 0.129029
Training Cost 0.0913893 Validation Cost 0.104865
Training Cost 0.155342 Validation Cost 0.050149
Training Cost 0.00783684 Validation Cost 0.0179586
Training Cost 0.0533897 Validation Cost 0.00746072
Training Cost 0.0112999 Validation Cost 0.00399635
Training Cost 0.0126569 Validation Cost 0.00537223
Training Cost 0.315704 Validation Cost 0.00140141
Training Cost 0.222557 Validation Cost 0.00225646
Training Cost 0.00431023 Validation Cost 0.00342855
Training Cost 0.0266347 Validation Cost 0.00358525
Training Cost 0.0939392 Validation Cost 0.00183608
Training Cost 0.00192089 Validation Cost 0.00105589
Training Cost 0.101151 Validation Cost 0.00049641
Training Cost 0.139303 Validation Cost 0.000168802
Training Cost 0.777244 Validation Cost 0.000357215
Training Cost 2.20503e-06 Validation Cost 0.00628659
Training Cost 0.00145492 Validation Cost 0.0483692
Training Cost 0.0259771 Validation Cost 0.102233
Training Cost 0.278693 Validation Cost 0.11214
Training Cost 0.0387182 Validation Cost 0.0736753
Training Cost 9.19127e-05 Validation Cost 0.0431452
Training Cost 1.19147 Validation Cost 0.0102272
Training Cost 0.302676 Validation Cost 0.0036657
Training Cost 2.22961e-07 Validation Cost 0.00135369
Training Cost 8.65403e-05 Validation Cost 0.000532816
Training Cost 0.00838018 Validation Cost 0.00029422
Training Cost 0.0604016 Validation Cost 0.000262787
Training Cost 0.648359 Validation Cost 0.000327267
Training Cost 0.00821085 Validation Cost 0.000334495
Training Cost 0.178719 Validation Cost 0.000776928
Training Cost 0.362365 Validation Cost 0.000317593
Training Cost 0.000330557 Validation Cost 0.000139824
Training Cost 0.0879459 Validation Cost 5.76907e-05
Training Cost 0.0881795 Validation Cost 1.21865e-05
Training Cost 1.11339 Validation Cost 1.9081e-05
Training Cost 0.000440863 Validation Cost 3.60468e-05
Training Cost 0.00730334 Validation Cost 6.98846e-05
Training Cost 3.65983e-05 Validation Cost 0.000141883
Training Cost 0.296884 Validation Cost 0.000196292
Training Cost 2.10772e-06 Validation Cost 0.000269568
Training Cost 0.179874 Validation Cost 0.000185331
```

```
Training Cost 0.380936 Validation Cost 9.48413e-05
Training Cost 0.0146583 Validation Cost 3.80007e-05
Training Cost 0.387566 Validation Cost 5.26306e-05
Training Cost 7.43922e-06 Validation Cost 7.17469e-05
accuracy 100.0
```

可以看到，在进行只有 50 次批量迭代后其验证集精度达到了 100%，其中每次批量迭代的适量大小为 32。在训练过程中，由于批量大小太小，训练精度和损失变化有些混乱，但是总体来讲验证损失是下降的，验证精度是上升的。图 3-35 所示为两幅验证集图像，并且标注了其实际类别和预测类别，可以看到其预测都是正确的。因此，正确地使用迁移学习有助于我们在解决新问题的时候可以重用针对某一问题所学习到的特征检测器。迁移学习方法极大地减少了我们需要训练的参数数量，从而减少了网络模型计算上的负担。此外，还降低了对训练数据大小的约束，因为在训练中只需要训练较少的参数，所以对数据的需求量降低了。

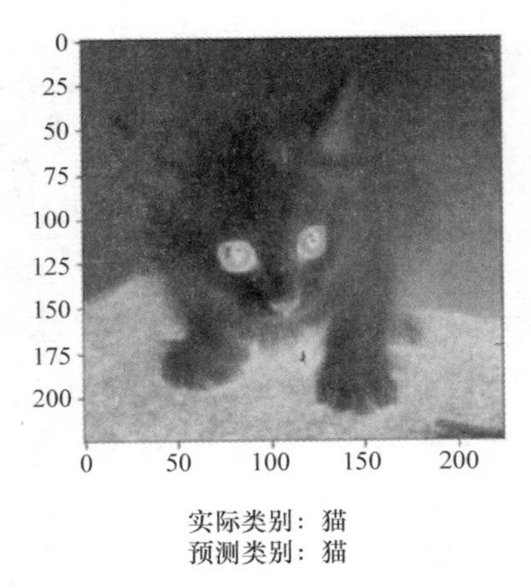

0 25 50 75 100 125 150 175 200
0 50 100 150 200

实际类别：狗
预测类别：狗

图 3-35　验证集图像及其实际类别与预测类别

3.18　总结

在本章中，我们学习了卷积运算及其如何用于构造卷积神经网络。另外，我们还学习了卷积神经网络的各种关键组件以及训练卷积层和池化层的反向传播算法。我们讨论了卷积神经网络的两个核心概念，这对于图像处理是否成功至关重要，即卷积的同变性和池化的平移不变性。此外，我们还讨论了几种卷积神经网络结构以及如何使用这些预训练的卷积神经网络模型来进行迁移学习。在下一章中，我们将讨论在自然语言处理领域中的递归神经网络及其变体。

第 4 章 基于循环神经网络的自然语言处理

在现代信息处理和分析中，自然语言处理（NLP）可以说是最重要的技术之一了。从人工智能的角度理解语言复杂的构造并获取其中的思想和作用非常重要。在众多领域，自然语言处理都占据着至高无上的地位，并且它的重要性还在不断增长，毕竟以语言形式存在的数字信息无处不在。自然语言处理的应用包括语言翻译、段落分析、网页搜索应用、自动化客服、文本分类、主题检索和语言模型等。传统的自然语言处理方法依赖于词袋模型、单词向量空间模型及手头已编码的知识库和本体。自然语言处理的一个关键领域是语言的句法和语义分析。句法分析指单词是如何被组织和连接成一个句子。句法分析的主要任务是标注词类，检测句法分类（如动词、名词、名词短语等），并通过构造句法树来组合句子。语义分析指诸如搜索同义词、词义消歧等复杂的任务。

4.1 向量空间模型

在自然语言处理信息检索系统中，文档通常表示为其所包含的单词的计数的向量。要想检索类似于某个特定文档的文档，需要计算两个文档之间的余弦或点积。两个向量之间的余弦能够基于它们的向量组成之间的相似度，测算两个向量的相似度。为了更好地阐述，我们看看下述两个向量 x，$y \in \mathbb{R}^{3\times 1}$：

$$x = [2\ 3]^{\mathrm{T}}$$

$$y = [4\ 6]^{\mathrm{T}}$$

尽管向量 x 和 y 不同，它们的余弦相似度都是 1，即最大的可能值。这是因为这两个向量的成分组成是相同的。两个向量第一个元素与第二个元素的比值都为$\frac{2}{3}$，因此从内容组成的角度来说它们是一样的。因此，我们通常把余弦接近的文档看作是类似的。

假设我们有两个句子：

Doc1 = [The dog chased the cat]

Doc2 = [The cat was chased down by the dog]

这两个句子中的不同单词的数量将是这个问题的向量空间维数。不同的词是 The、dog、chased、the、cat、down、by 和 was，因此，我们可以用一个表示单词数量的八维向量来表示一个文档。

$$
\begin{array}{lcccccccccc}
 & & \text{The}' & \text{dog}' & \text{chased}' & \text{the}' & \text{cat}' & \text{down}' & \text{by}' & '\text{was}' & \\
\text{Doc1} = & [& 1 & 1 & 1 & 1 & 1 & 0 & 0 & 0 &] \in \mathbb{R}^{8\times 1} \\
\text{Doc2} = & [& 1 & 1 & 1 & 1 & 1 & 1 & 1 & 1 &] \in \mathbb{R}^{8\times 1}
\end{array}
$$

用 v_1 和 v_2 分别代表 Doc1 和 Doc2，那么余弦相似度可以表示成这样：

$$\cos(v_1, v_2) = \frac{(v_1^{\mathrm{T}} v_2)}{\|v_1\|\|v_2\|} = \frac{1\times1+1\times1+1\times1+1\times1+1\times1}{\sqrt{5}\sqrt{8}} = \frac{5}{\sqrt{40}}$$

式中，$\|v_1\|$是向量 v_1 的大小或者说 l^2 范数。

如同前文所述，两个向量之间的余弦能够基于它们的向量组成之间的相似度，测算两个向量的相似度。如果文档向量以等比的形式组成，余弦距离会变得很大。这就没有考虑到向量的大小。

在某些情况下，当文档的长度变化范围很大时，我们用文档向量之间的点积来取代余弦相似性。当除了文档的内容，文档的大小也需要比较时，会采用这样的方式这样做。比如，一个推文，其中 global 和 economics 分别出现了 1 次和 2 次，而一篇报纸的文章中，同样的单词可能出现了 50 次和 100 次。假设文档中其他单词的数量可以忽略不计，那么推文和报文的余弦相似度将会接近 1。由于推文的大小明显偏小，global 和 economics 出现词数的 1∶2 的比例与报文中的没有可比性。因此，在某些应用中对文档使用这样的相似度测量方法是没有意义的。在这种情况下，将点积而不是余弦相似度作为相似度度量很有用，因为它通过两个文档的单词向量的大小来缩放余弦相似度。当余弦相似度接近时，较大的文档将具有较高的点积相似性，因为它们有足够的文本来验证它们的单词组成。短文本的单词组成可能仅仅是偶然的，而不是真实的表现形式。对于大多数文档长度类似的应用来说，余弦相似度是一个合适的度量方式。

图 4-1 表示两个向量 v_1 和 v_2，余弦相似度为它们之间的夹角 θ 的余弦。

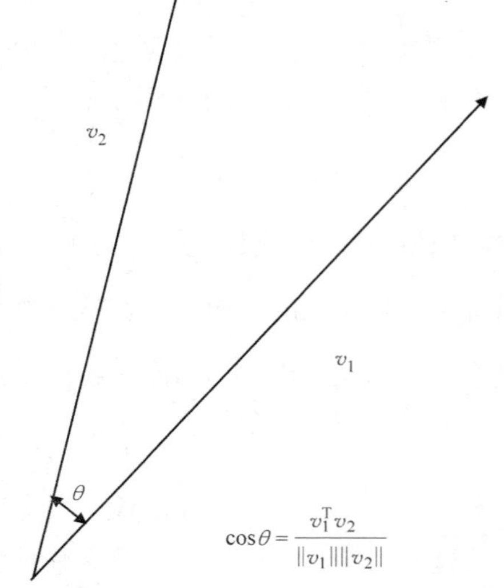

图 4-1　两个文本向量之间的余弦相似度

有时，与余弦相似度相对应的距离也值得研究。余弦距离定义为在需要计算距离的原始向量方向上的单位向量之间欧几里得距离的二次方。对于两个夹角为 θ 的向量 v_1 和 v_2，余弦距离等于 $2(1-\cos\theta)$。

通过取单位向量 $u_1 = \frac{v_1}{\|v_1\|}$ 和 $u_2 = \frac{v_2}{\|v_2\|}$ 之间的欧几里得距离的二次方可以很容易地推导出这个结果，如下：

$$
\begin{aligned}
\|u_1 - u_2\|^2 &= (u_1 - u_2)^{\mathrm{T}}(u_1 - u_2) \\
&= u_1{}^{\mathrm{T}} u_1 + u_2{}^{\mathrm{T}} u_2 - 2u_1^{\mathrm{T}} u_2 \\
&= \|u_1\|^2 + \|u_2\|^2 - 2\|u_1\|\|u_2\|\cos\theta
\end{aligned}
$$

此时，u_1 和 u_2 都是单位向量，它们的大小都等于 1，因此

$$\|u_1-u_2\|^2=1+1-2\cos\theta=2(1-\cos\theta)$$

通常来讲，在处理文档的词频向量时，将不计算原始的单词，而是用这个单词在语料库中出现的频率来将其归一化。例如，单词 the 在任何语料库中都是一个经常出现的词，这个单词有可能在两个文档中都有着很高的数量。the 的高数量可能会增加余弦相似性，而我们知道这个词是任何语料库中经常出现的词，并且对文档相似度的影响很小。在文档词向量中这些词的计数用一个称为逆文档频率的因子来惩罚。对于在文档 d 中出现 n 次，且在 M 个文档的语料库中出现在 N 个文档中的单词 t，使用逆文档频率后的归一化计数为

$$\begin{aligned}\text{归一化计数}&=(\text{词频})\times(\text{逆文档频率})\\&=n\log\left(\frac{M}{N}\right)\end{aligned}$$

可以看到，当 N 相对于 M 增加时，$\log\left(\frac{M}{N}\right)$ 分量减小，直到 $M=N$ 时为零。因此，如果一个单词在语料库中频繁出现，那么它就不会对单个文档的词向量造成很大影响。在文档中具有高频率但在语料库中不那么频繁的词将对文档词向量造成更大影响。这种归一化方案就是广为人知的 tf－idf（词频－逆文档频率的缩写）。通常在实际应用中，使用（$N+1$）作为分母，来避免除零导致 log 函数未定义。因此，可以将逆文档频率改写为 $\log\left(\frac{M}{N+1}\right)$。

归一化方案也可以用于词频 n 来使其非线性。一种流行的这样的归一化方案是 BM25，当 n 较小时，它对文档频率的影响是线性的，随着 n 的增加逐渐趋于平稳。BM25 归一化词频的过程如下：

$$\text{BM25}(n)=\frac{(k+1)n}{k+n}$$

式中，k 是在不同情况下取值不同的参数，需要根据语料库进行优化。

在图 4-2 中绘制了使用不同的归一化方法得到的归一化词频与（原始）词频的对比。平方根变换是亚线性的，而当 $k=1.2$ 时，BM25 的图像攀升很快，曲线在词频不到 5 的时候就趋于平缓。如前文所述，k 可以通过交叉验证优化，或者根据问题需要采用其他方法。

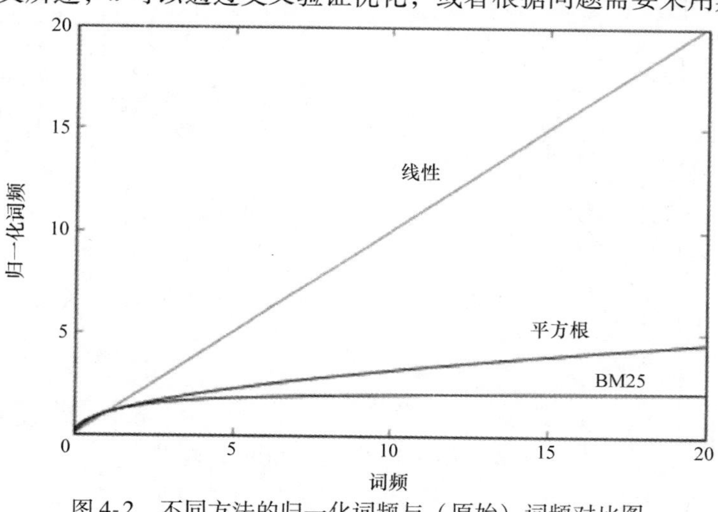

图 4-2　不同方法的归一化词频与（原始）词频对比图

4.2 单词的向量表示

正如文档可表示为不同单词数量的向量一样，语料库中的单词也可以表示为向量，由这个单词在每个文档中出现的次数组成。

将单词表示为向量的另一种方式是，如果文档中存在该单词，将对应的向量元素设为 1；如果不存在则设为 0。

$$
\begin{array}{lcccccccc}
 & \text{'The'} & \text{dog'} & \text{chased'} & \text{the'} & \text{cat'} & \text{down'} & \text{by'} & \text{'was'} \\
\text{Doc1} = [& 1 & 1 & 1 & 1 & 1 & 0 & 0 & 0\ ] \in \mathbb{R}^{8\times 1} \\
\text{Doc2} = [& 1 & 1 & 1 & 1 & 1 & 1 & 1 & 1\ ] \in \mathbb{R}^{8\times 1}
\end{array}
$$

还是用的同一个例子，在一个有两个文档的语料库中，单词 The 可以表示为一个二维向量 $[1 \quad 1]^{T}$。在大型的文献语料库中，词向量的维数也会变得很大。与文档相似性一样，词相似度可以通过余弦相似度或点积来计算。

在语料库中表示单词的另一种方法是对其进行独热编码。在这种情况下，每个词的维度将是语料库中所有不同单词的数量。每个单词将对应于一个下标，下标对应的值将被设为 1，其余所有条目将被设为 0。所以，向量的每一行都非常稀疏。即使是相似的词，置为 1 的下标也会不同，因此任何类型的相似度度量都不起作用。为了更好地表示单词向量、获取更有意义的单词相似度，同时也让单词向量占用较少的维数，我们将介绍 Word2Vec。

4.3 Word2Vec

Word2Vec 是一个智能工具，通过训练单词与其相邻单词的关系，来把单词表示成向量。与给定单词上下文相关的单词在考虑 Word2Vec 表示时会产生高余弦相似度或点积。

一般而言，语料库中的单词相对于其邻域中的单词进行训练，以导出 Word2Vec 表示的集合。两种最流行的提取 Word2Vec 表示的方法是 CBOW（连续词袋）法和 Skip - gram 法。CBOW 的核心观念如图 4-3 所示。

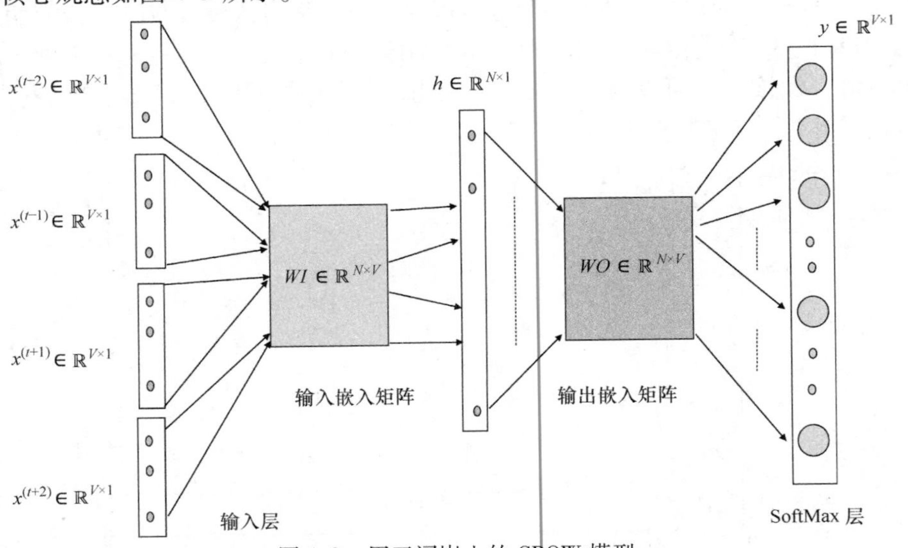

图 4-3　用于词嵌入的 CBOW 模型

4.3.1 CBOW

CBOW 法试图从特定的窗口长度中的相邻单词的上下文来预测中心词。让我们来看看下面的句子，以一个长度为 5 的窗口作为一个邻域。

"The cat jumped over the fence and crosed the road"

在第一个例子中，我们将尝试从邻域 The cat over the 预测单词 jumped。在第二个例子中，当我们将窗口滑动了一个位置时，我们尝试从邻域 cat jumped the fence 预测单词 over。这个过程将在整个语料库中重复进行。

如图 4-3 所示，CBOW 模型以上下文单词作为输入，以中心词作为输出。输入层中的单词表示为一个独热编码向量，其中特定单词的分量设置为 1，所有其他分量设置为 0。语料库中的不同单词 V 的数量决定了这些独热编码向量的维数，因此 $x^{(t)} \in \mathbb{R}^{V\times 1}$。每一个独热编码向量 $x^{(t)}$ 乘以输入的嵌入矩阵 $WI \in \mathbb{R}^{N\times V}$，以提取这个单词的词嵌入向量 $u^{(k)} \in \mathbb{R}^{N\times 1}$。$u^{(k)}$ 中的索引 k 表示 $u^{(k)}$ 是词汇中嵌入第 k 个词的词。隐藏的层向量 h 是窗口中的所有上下文单词的输入嵌入向量的平均值，因此 $h \in \mathbb{R}^{N\times 1}$ 具有与词嵌入向量相同的维数。

$$h = \frac{1}{l-1}\sum_{\substack{k=(t-2)\\ k\neq t}}^{(t+2)} (WI)\, x^{(k)}$$

式中，l 是窗口的长度。

为了理解这个概念，假设我们有一个 6 个词的词汇表，即 $V=6$，包含 cat、rat、chased、garden、the 和 was。

使用独热编码按顺序分配下标，则它们可以表示如下：

$$x_{\text{cat}} = \begin{bmatrix}1\\0\\0\\0\\0\\0\end{bmatrix}\quad x_{\text{rat}} = \begin{bmatrix}0\\1\\0\\0\\0\\0\end{bmatrix}\quad x_{\text{chased}} = \begin{bmatrix}0\\0\\1\\0\\0\\0\end{bmatrix}\quad x_{\text{garden}} = \begin{bmatrix}0\\0\\0\\1\\0\\0\end{bmatrix}\quad x_{\text{the}} = \begin{bmatrix}0\\0\\0\\0\\1\\0\end{bmatrix}\quad x_{\text{was}} = \begin{bmatrix}0\\0\\0\\0\\0\\1\end{bmatrix}$$

将输入的每个单词对应的维数为 5 的嵌入向量的表示如下：

$$\begin{array}{c} \\ WI = \end{array}\begin{array}{c} \begin{array}{cccccc} \text{cat} & \text{rat} & \text{chased} & \text{garden} & \text{the} & \text{was} \end{array} \\ \begin{bmatrix} 0.5 & 0.3 & 0.1 & 0.01 & 0.2 & 0.2 \\ 0.7 & 0.2 & 0.1 & 0.02 & 0.3 & 0.3 \\ 0.9 & 0.7 & 0.3 & 0.4 & 0.4 & 0.33 \\ 0.8 & 0.6 & 0.3 & 0.53 & 0.91 & 0.4 \\ 0.6 & 0.5 & 0.2 & 0.76 & 0.6 & 0.5 \end{bmatrix}\end{array}$$

将一个单词的独热编码向量乘以嵌入矩阵，就得到单词的嵌入向量。因此，用输入的嵌入矩阵 WI 乘以 cat 的独热向量（即 x_{cat}），将得到对应于 cat 的 WI 矩阵的第一列，如下：

$$[WI][x_{\text{cat}}] = \begin{bmatrix} 0.5 & 0.3 & 0.1 & 0.01 & 0.2 & 0.2 \\ 0.7 & 0.2 & 0.1 & 0.02 & 0.3 & 0.3 \\ 0.9 & 0.7 & 0.3 & 0.4 & 0.4 & 0.33 \\ 0.8 & 0.6 & 0.3 & 0.53 & 0.91 & 0.4 \\ 0.6 & 0.5 & 0.2 & 0.76 & 0.6 & 0.5 \end{bmatrix} \begin{bmatrix} 1 \\ 0 \\ 0 \\ 0 \\ 0 \\ 0 \end{bmatrix} = \begin{bmatrix} 0.5 \\ 0.7 \\ 0.9 \\ 0.8 \\ 0.6 \end{bmatrix}$$

$\begin{bmatrix} 0.5 \\ 0.7 \\ 0.9 \\ 0.8 \\ 0.6 \end{bmatrix}$是单词 cat 的词嵌入向量。

同样地，所有输入单词的词嵌入向量被提取出来，它们的平均值就是隐藏层的输出。

隐藏层 h 的输出应该表示目标词的嵌入。

词汇中的所有单词都有另一组词嵌入在输出嵌入矩阵 $WO \in \mathbb{R}^{V \times N}$中。将 WO 中的词嵌入写作 $v^{(j)} \in \mathbb{R}^{N \times 1}$，其中索引 j 表示词汇表中的第 j 个单词，在独热编码方案和输入嵌入矩阵中都保持了这一顺序。

$$WO = \begin{bmatrix} v^{(1)\mathrm{T}} \rightarrow \\ v^{(2)\mathrm{T}} \rightarrow \\ \vdots \\ v^{(j)\mathrm{T}} \rightarrow \\ \vdots \\ v^{(V)\mathrm{T}} \rightarrow \end{bmatrix}$$

将矩阵 WO 乘以 h 来计算隐藏层嵌入向量 h 与 $v^{(j)}$ 中的每一个元素的点积。这些点积，如我们所知，将给出每个输出词嵌入向量 $v^{(j)} \in \{1, 2, \cdots, N\}$ 与隐藏层经过计算后的嵌入向量 h 之间的相似性度量。这些点积通过一个 SoftMax 函数归一化为概率，并基于目标词 $w^{(t)}$，计算分类交叉熵损失，并通过梯度下降反向传播，以更新输入和输出嵌入矩阵的矩阵权重。

SoftMax 的输入可以表示成如下公式：

$$[WO][h] = \begin{bmatrix} v^{(1)\mathrm{T}} \rightarrow \\ v^{(2)\mathrm{T}} \rightarrow \\ \vdots \\ v^{(j)\mathrm{T}} \rightarrow \\ \vdots \\ v^{(V)\mathrm{T}} \rightarrow \end{bmatrix} [h] = [v^{(1)\mathrm{T}}h \quad v^{(2)\mathrm{T}}h \quad \cdots \quad v^{(j)\mathrm{T}}h \quad \cdots \quad v^{(V)\mathrm{T}}h]$$

给定上下文单词的词汇 $w^{(j)}$ 的第 j 个单词的 SoftMax 输出概率由以下公式给出：

$$P(w = w^{(j)}/h) = p^{(j)} = \frac{\mathrm{e}^{v^{(j)\mathrm{T}}h}}{\sum_{k=1}^{V} \mathrm{e}^{v^{(k)\mathrm{T}}h}}$$

如果实际输出以一个独热编码向量 $y = [y_1 y_2 \cdots y_j \cdots y_n]^{\mathrm{T}} \in \mathbb{R}^{V \times 1}$ 的形式表示，其中只有一个 y_j 为 1（即 $\sum_{j=0}^{V} y_j = 1$），那么目标词和它的上下文的特定组合的损失函数可以由以下给出：

$$C = -\sum_{j=1}^{V} y_j \log(p^{(j)})$$

不同的 $p^{(j)}$ 依赖于输入和输出嵌入矩阵的组成，并且是成本函数 C 的参数。通过反向传播梯度下降技术，成本函数可以相对于这些嵌入参数优化到最小。

为了使这更直观，假设我们的目标变量是 cat。如果隐藏层向量 h 与 cat 的输出矩阵字嵌入向量的点积最大，而与其他输出词嵌入的点积较小，则嵌入向量或多或少是正确的，并且在反向传播来纠正嵌入矩阵时，只会传递很少的误差或对数损失。然而，假设 h 与 cat 的点积较小，而与其他外嵌入向量的点积更大；SoftMax 函数的损失将非常高，因此更多的误差或对数损失将被反向传播以减少误差。

4.3.2 CBOW 在 TensorFlow 中的实现

本节将讲述 CBOW 在 TensorFlow 中的实现。与中心词相距为 2 以内的相邻单词用来预测中心词。输出层是一个涵盖所有词汇的 SoftMax 层。词嵌入向量的大小定为 128。清单 4-1a 概述了详细的实现。同时参见图 4-4。

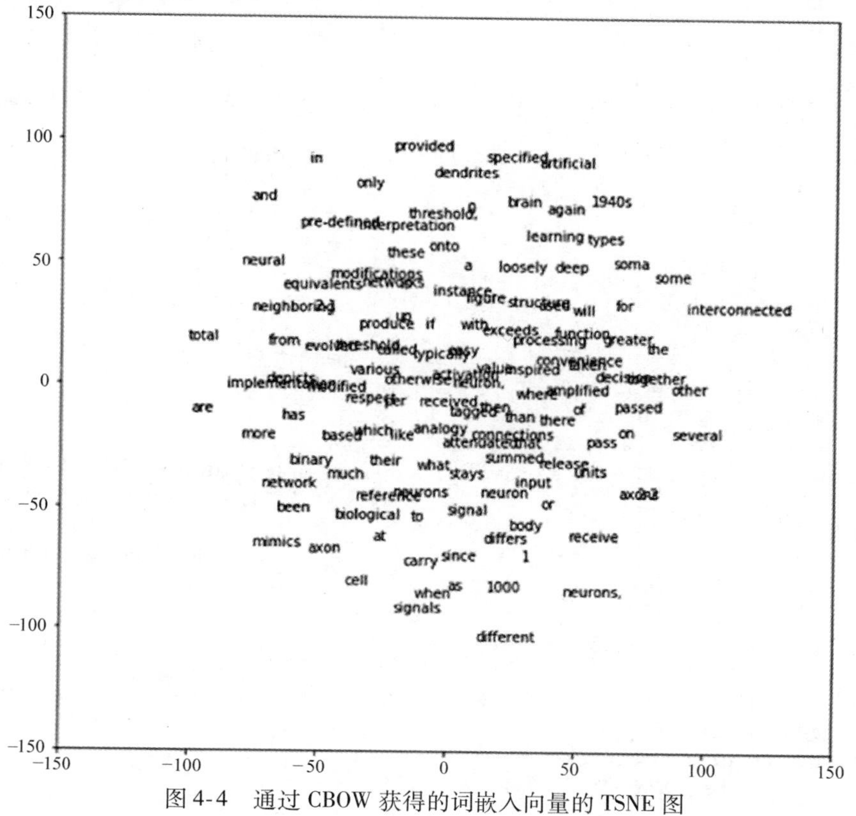

图 4-4　通过 CBOW 获得的词嵌入向量的 TSNE 图

清单 4-1a　CBOW 在 TensorFlow 中的实现

```
import numpy as np
import tensorflow as tf
from sklearn.manifold import TSNE
import matplotlib.pyplot as plt
%matplotlib inline

def one_hot(ind,vocab_size):
    rec = np.zeros(vocab_size)
    rec[ind] = 1
    return rec
def create_training_data(corpus_raw,WINDOW_SIZE = 2):
    words_list = []

    for sent in corpus_raw.split('.'):
        for w in sent.split():
            if w != '.':
                words_list.append(w.split('.')[0])# 如果分隔符处于单词的末尾，则将其删除


    words_list = set(words_list)                    # 删除重复单词

    word2ind = {}                                   # 定义把单词转换成索引的字典

    ind2word = {}                                   # 定义用索引来检索单词的字典

    vocab_size = len(words_list)                    # 词汇表中不重复的单词数量

    for i,w in enumerate(words_list):               # 构建字典
        word2ind[w] = i
        ind2word[i] = w

    print word2ind
    sentences_list = corpus_raw.split('.')
    sentences = []

    for sent in sentences_list:
        sent_array = sent.split()
        sent_array = [s.split('.')[0] for s in sent_array]
        sentences.append(sent_array)              #  最终 sentences 保存了多个数组，每个
                                                     数组是由单个句子的单词组成

    data_recs = []                                  # 用于保存输入输出的记录

    for sent in sentences:
        for ind,w in enumerate(sent):
            rec = []
            for nb_w in sent[max(ind - WINDOW_SIZE, 0) : min(ind + WINDOW_SIZE,
            len(sent)) + 1] :
                if nb_w != w:
                    rec.append(nb_w)
```

```
            data_recs.append([rec,w])

    x_train,y_train = [],[]

    for rec in data_recs:
        input_ = np.zeros(vocab_size)
        for i in xrange(WINDOW_SIZE-1):
            input_ += one_hot(word2ind[ rec[0][i] ], vocab_size)
        input_ = input_/len(rec[0])
        x_train.append(input_)
        y_train.append(one_hot(word2ind[ rec[1] ], vocab_size))

    return x_train,y_train,word2ind,ind2word,vocab_size
corpus_raw = "Deep Learning has evolved from Artificial Neural Networks,
which has been there since the 1940s. Neural Networks are interconnected
networks of processing units called artificial neurons that loosely
mimic axons in a biological brain. In a biological neuron, the dendrites
receive input signals from various neighboring neurons, typically greater
than 1000. These modified signals are then passed on to the cell body or
soma of the neuron,where these signals are summed together and then passed
on to the axon of the neuron. If the received input signal is more than a
specified threshold, the axon will release a signal which again will pass
on to neighboring dendrites of other neurons. Figure2-1 depicts the
structure of a biological neuron for reference. The artificial neuron
units are inspired by the biological neurons with some modifications
as per convenience. Much like the dendrites,the input connections to the
neuron carry the attenuated or amplified input signals from other
neighboring neurons. The signals are passed on to the neuron,where the
input signals are summed up and then a decision is taken what to output
based on the total input received. For instance, for a binary threshold
neuron an output value of 1 is provided when the total input exceeds a
pre-defined threshold; otherwise the output stays at 0. Several other
types of neurons are used in artificial neural networks,and their
implementation only differs with respect to the activation function on
the total input to produce the neuron output. In Figure 2-2 the different
biological equivalents are tagged in the artificial neuron for easy analogy
and interpretation."

corpus_raw = (corpus_raw).lower()
x_train,y_train,word2ind,ind2word,vocab_size= create_training_data(corpus_
raw,2)

import tensorflow as tf
emb_dims = 128
learning_rate = 0.001

#-----------------------------------------
# 输入输出的占位符
#-----------------------------------------
x = tf.placeholder(tf.float32,[None,vocab_size])
y = tf.placeholder(tf.float32,[None,vocab_size])

#-----------------------------------------
# 定义嵌入矩阵的权重和偏差
#-----------------------------------------
W = tf.Variable(tf.random_normal([vocab_size,emb_dims],mean=0.0,stddev=0.02,
dtype=tf.float32))
b = tf.Variable(tf.random_normal([emb_dims],mean=0.0,stddev=0.02,dtype=tf.
```

```
float32))
W_outer = tf.Variable(tf.random_normal([emb_dims,vocab_size],mean=0.0,stddev=
0.02,dtype=tf.float32))
b_outer = tf.Variable(tf.random_normal([vocab_size],mean=0.0,stddev=0.02,dtype=
tf.float32))

hidden = tf.add(tf.matmul(x,W),b)
logits = tf.add(tf.matmul(hidden,W_outer),b_outer)
cost = tf.reduce_mean(tf.nn.softmax_cross_entropy_with_logits(logits=logits,
labels=y))
optimizer = tf.train.AdamOptimizer(learning_rate=learning_rate).minimize(cost)

epochs,batch_size = 100,10
batch = len(x_train)//batch_size

# 迭代 n_iter 次
with tf.Session() as sess:
    sess.run(tf.global_variables_initializer())
    print 'was here'
    for epoch in xrange(epochs):
        batch_index = 0
        for batch_num in xrange(batch):
            x_batch = x_train[batch_index: batch_index +batch_size]
            y_batch = y_train[batch_index: batch_index +batch_size]
            sess.run(optimizer,feed_dict={x: x_batch,y: y_batch})
            print('epoch:',epoch,'loss :', sess.run(cost,feed_dict=
            {x: x_batch,y: y_batch}))
    W_embed_trained = sess.run(W)

W_embedded = TSNE(n_components=2).fit_transform(W_embed_trained)
plt.figure(figsize=(10,10))
for i in xrange(len(W_embedded)):
    plt.text(W_embedded[i,0],W_embedded[i,1],ind2word[i])

plt.xlim(-150,150)
plt.ylim(-150,150)

--output--
('epoch:', 99, 'loss :', 1.0895648e-05)
```

学习到的词嵌入向量通过 TSNE 图投射到一个二维平面上。TSNE 图粗略地给出了每个单词的邻域。我们可以看到学习到的词嵌入向量比较合理。比如，单词 deep 和 learning 紧密相邻。类似地，单词 biological 和 reference 同样关系紧密。

4.3.3 词向量嵌入的 Skip - gram 模型

Skip - gram 模型是另一种方法。不同于 CBOW 法尝试通过上下文单词去预测当前单词，Skip - gram 模型是基于当前单词预测上下文单词。通常来讲，一个给定的单词，上下文单词会从每个窗口的邻域去取。一个长度为 5 的窗口会包含四个需要基于当前单词预测的上下文单词。图 4-5 展示了 Skip - gram 模型的高层设计。与 CBOW 模型类似，在 Skip - gram 模型中需要学习两组词嵌入向量：输入和输出各一组。Skip - gram 模型可以看作是倒置的 CBOW 模型。

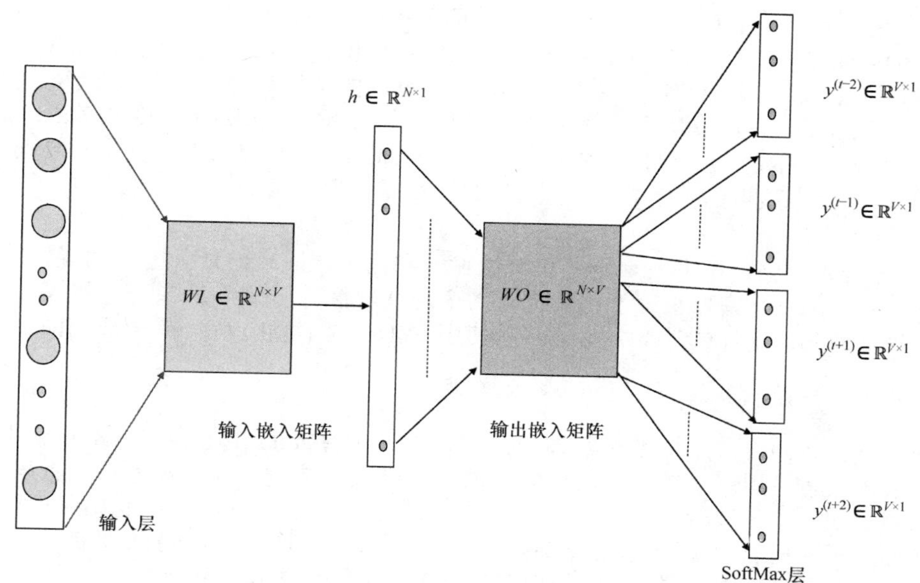

图 4-5　词向量嵌入的 Skip - gram 模型

在 CBOW 模型中，模型的输入是当前单词的一个独热编码向量 $x^{(t)} \in \mathbb{R}^{V\times1}$，其中 V 是语料库的词汇量。与 CBOW 法不同，这里输入的是当前单词而不是上下文单词。令 $x^{(t)}$ 表示词汇表中的第 k 个单词，输入向量 $x^{(t)}$ 乘以输入词嵌入矩阵 WI 时，会获得词嵌入向量 $u^{(k)} \in \mathbb{R}^{N\times1}$。$N$，如前所述，代表词嵌入向量的维数。隐藏层的输出 h 只包含 $u^{(k)}$。

隐藏层的输出 h 与输出嵌入矩阵 $WO \in \mathbb{R}^{V\times N}$ 的每个词向量 $v^{(j)}$ 的点积是通过计算 $[WO][h]$ 获得的，就如同 CBOW 法一样。不过，根据上下文单词数量的不同，我们将要预测的 SoftMax 层会是多个而不是一个。例如，在图 4-5 中，对应四个上下文单词，会有四个 SoftMax 输出层。每个 SoftMax 层的输入是 $[WO][h]$ 中相同的一组点积，表示输入单词与词汇表中每个单词的相似程度。

$$[WO][h] = [v^{(1)\mathrm{T}}h\ v^{(2)\mathrm{T}}h \cdots v^{(j)\mathrm{T}}h \cdots v^{(V)\mathrm{T}}h]$$

类似地，所有的 SoftMax 层将接收同一个概率，对应词汇表中所有的词，设当前或中心词的向量为 $w^{(k)}$，其中第 j 个词 $w^{(j)}$ 的概率可以由下式得出：

$$P(w = w^{(j)} / w = w^{(k)}) = p^{(j)} = \frac{e^{v^{(j)\mathrm{T}}h}}{\sum_{k=1}^{V} e^{v^{(k)\mathrm{T}}h}} = \frac{e^{v^{(j)\mathrm{T}}w^{(k)}}}{\sum_{k=1}^{V} e^{v^{(k)\mathrm{T}}w^{(k)}}}$$

如果有四个目标单词，且它们的独热编码向量以 $y^{(t-2)}$，$y^{(t-1)}$，$y^{(t+1)}$，$y^{(t+2)} \in \mathbb{R}^{V\times1}$ 表示，那么单词组成的总损失函数 C 就是四个 SoftMax 损失函数的总和，表示如下：

$$C = -\sum_{\substack{m=t+2 \\ m\neq t}}^{t+2} \sum_{j=1}^{V} y_j^{(m)} \log(p^{(j)})$$

可以使用反向传播的梯度下降来最小化成本函数，并导出输入和输出嵌入矩阵的分量。

以下是 Skip - gram 和 CBOW 模型的一些特征：

● 对 Skip - gram 来说，窗口大小通常并不固定。给定最大窗口大小，每个当前单词的窗口大小会随机选择，这样较小的窗口会更容易被选中。使用 Skip - gram，可以从有限数量的文本中生成大量的训练样本，并且生僻的单词和短语也很好地被表示。

- CBOW 训练得比 Skip - gram 快得多，并且对于出现频率较高的单词准确率略高。
- Skip - gram 和 CBOW 都是观察本地窗口中单词的共同关系，然后尝试从上下文预测中心词（如 Skip - gram）或从中心词预测上下文（如 CBOW）。所以，总的来说，如果我们在 Skip - gram 中观察每一个窗口的局部，上下文单词 w_c 和当前单词 w_t 的共现的概率，设为 $P(w_c/w_t)$，应该与它们的词嵌入向量的点积的指数成正比。例如，

$$P(w_c = w_t) \propto e^{u^T v}$$

式中，u 和 v 分别是当前单词及上下文单词的输入和输出词嵌入向量。由于共现在本地度量，这些模型没有利用一定窗口长度下，单词对的全局共现统计。接下来，我们将探讨一种查看语料库上的全局共现统计的基本方法，然后使用 SVD（奇异值分解）来生成词向量。

4.3.4 Skip - gram 在 TensorFlow 中的实现

在本节中，我们将讲述用于学习词向量嵌入的 Skip - gram 模型在 TensorFlow 中的实现。为了便于表示，将使用一个较小的数据集来训练该模型。不过，这个模型可以根据需要训练大型语料库。如 4.3.3 节所述，这个模型用于训练分类网络。然而，比起实际的单词分类，我们对词嵌入矩阵更感兴趣。词嵌入向量的大小定为 128。详细的代码见清单 4-1b。一旦词嵌入向量被学习，它们将通过 TSNE 投射在二维表面上用于可视化解读。

清单 4-1b　Skip - gram 在 TensorFlow 中的实现

```
import numpy as np
import tensorflow as tf
from sklearn.manifold import TSNE
import matplotlib.pyplot as plt
%matplotlib inline

#----------------------------------------------------------------
# 将单词向量进行独热编码的函数
#----------------------------------------------------------------
def one_hot(ind,vocab_size):
    rec = np.zeros(vocab_size)
    rec[ind] = 1
    return rec

#------------------------------------------------------------------------
# 从语料库创建训练数据的函数
#------------------------------------------------------------------------
def create_training_data(corpus_raw,WINDOW_SIZE = 2):
    words_list = []
    for sent in corpus_raw.split('.'):
        for w in sent.split():
            if w != '.':
                words_list.append(w.split('.')[0]) # 如果分隔符被绑定到单词的末尾，
                                                   则将其删除

    words_list = set(words_list)                   # 删除重复单词

    word2ind = {}                                  # 定义把单词转换成索引的字典

    ind2word = {}                                  # 定义用索引来检索单词的字典
```

```
vocab_size = len(words_list)                    # 词汇表中不重复的单词数量

for i,w in enumerate(words_list):               # 构建字典
    word2ind[w] = i
    ind2word[i] = w

print word2ind

sentences_list = corpus_raw.split('.')
sentences = []

for sent in sentences_list:
    sent_array = sent.split()
    sent_array = [s.split('.')[0] for s in sent_array]
    sentences.append(sent_array)            #  最终每个代表句子的数组sentences
                                               将保存单词的数组

data_recs = []                              # 用于保存输入输出的记录

for sent in sentences:
    for ind,w in enumerate(sent):
        for nb_w in sent[max(ind - WINDOW_SIZE, 0) : min(ind + WINDOW_SIZE,
        len(sent)) + 1] :
            if nb_w != w:
                data_recs.append([w,nb_w])

x_train,y_train = [],[]

for rec in data_recs:
    x_train.append(one_hot(word2ind[ rec[0] ], vocab_size))
    y_train.append(one_hot(word2ind[ rec[1] ], vocab_size))

return x_train,y_train,word2ind,ind2word,vocab_size

corpus_raw = "Deep Learning has evolved from Artificial Neural Networks which
has been there since the 1940s. Neural Networks are interconnected networks of
processing units called artificial neurons, that loosely mimics axons in a
biological brain. In a biological neuron, the Dendrites receive input signals
from various neighboring neurons, typically greater than 1000. These modified
signals are then passed on to the cell body or soma of the neuron where these
signals are summed together and then passed on to the Axon of the neuron. If
the received input signal is more than a specified threshold, the axon will
release a signal which again will pass on to neighboring dendrites of other
neurons. Figure 2-1 depicts the structure of a biological neuron for reference.
The artificial neuron units are inspired from the biological neurons with some
modifications as per convenience. Much like the dendrites the input connections
to the neuron carry the attenuated or amplified input signals from other
neighboring neurons. The signals are passed on to the neuron where the input
signals are summed up and then a decision is taken what to output based on the
total input received.For instance, for a binary threshold neuron output value
of 1 is provided when the total  input exceeds a pre-defined threshold,
otherwise the output stays at 0. Several other types of neurons are used in
artificial neural network and their implementation only differs with respect
to the activation function on the total input to produce the neuron output.
In Figure 2-2 the different biological equivalents are tagged in the artificial
neuron for easy analogy and interpretation."
```

```
corpus_raw = (corpus_raw).lower()
x_train,y_train,word2ind,ind2word,vocab_size= create_training_data
(corpus_raw,2)

#-------------------------------------------------------------------
# 定义TensorFlow的操作和变量并开始训练
#-------------------------------------------------------------------
emb_dims = 128
learning_rate = 0.001
#----------------------------------------------
# 输入输出的占位符
#----------------------------------------------
x = tf.placeholder(tf.float32,[None,vocab_size])
y = tf.placeholder(tf.float32,[None,vocab_size])
#----------------------------------------------
# 定义嵌入矩阵的权重和偏差
#----------------------------------------------
W = tf.Variable(tf.random_normal([vocab_size,emb_dims],mean=0.0,stddev=0.02,
dtype=tf.float32))
b = tf.Variable(tf.random_normal([emb_dims],mean=0.0,stddev=0.02,dtype=tf.
float32))
W_outer = tf.Variable(tf.random_normal([emb_dims,vocab_size],mean=0.0,
stddev=0.02,dtype=tf.float32))
b_outer = tf.Variable(tf.random_normal([vocab_size],mean=0.0,stddev=0.02,
dtype=tf.float32))

hidden = tf.add(tf.matmul(x,W),b)
logits = tf.add(tf.matmul(hidden,W_outer),b_outer)
cost = tf.reduce_mean(tf.nn.softmax_cross_entropy_with_logits(logits=logits,
labels=y))
optimizer =tf.train.AdamOptimizer(learning_rate=learning_rate).minimize(cost)

epochs,batch_size = 100,10
batch = len(x_train)//batch_size

# 迭代 n_iter 次
with tf.Session() as sess:
    sess.run(tf.global_variables_initializer())
    print 'was here'
    for epoch in xrange(epochs):
        batch_index = 0
        for batch_num in xrange(batch):
            x_batch = x_train[batch_index: batch_index +batch_size]
            y_batch = y_train[batch_index: batch_index +batch_size]
            sess.run(optimizer,feed_dict={x: x_batch,y: y_batch})
            print('epoch:',epoch,'loss :', sess.run(cost,feed_dict={x:
            x_batch,y: y_batch}))
    W_embed_trained = sess.run(W)
W_embedded = TSNE(n_components=2).fit_transform(W_embed_trained)
plt.figure(figsize=(10,10))
for i in xrange(len(W_embedded)):
    plt.text(W_embedded[i,0],W_embedded[i,1],ind2word[i])
```

```
plt.xlim(-150,150)
plt.ylim(-150,150)

--output--

('epoch:', 99, 'loss :', 1.022735)
```

与 CBOW 法中的词嵌入向量一样，从 Skip - gram 法中学习的词嵌入向量是合理的。例如，单词 deep 和 learning 在 Skip - gram 的图中同样非常接近，如图 4-6 所示。此外，我们还能看到其他有意思的现象，例如单词 attenuated 与单词 signal 非常接近。

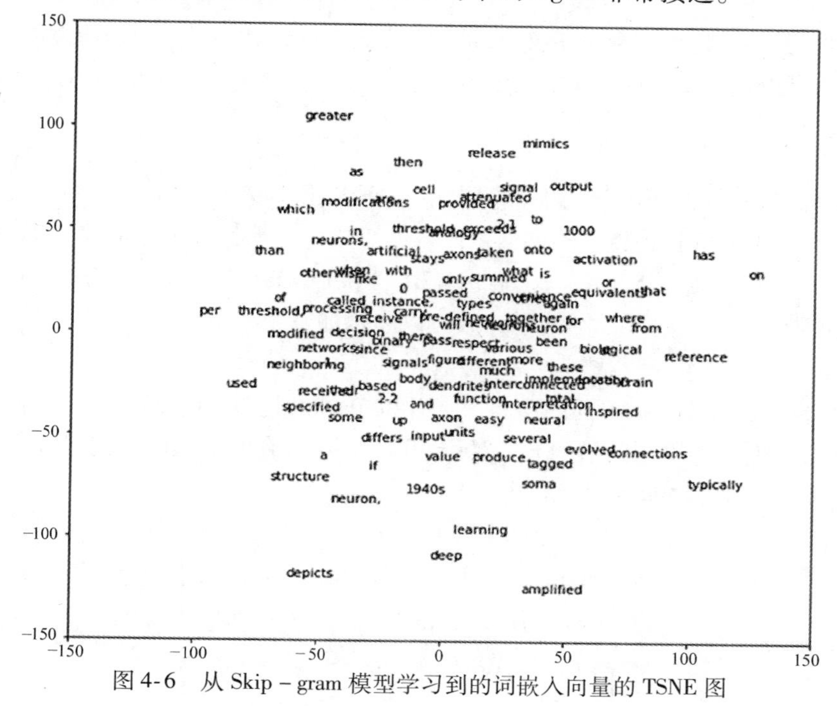

图 4-6　从 Skip - gram 模型学习到的词嵌入向量的 TSNE 图

4.3.5　基于全局共现方法的词向量

全局共现方法会收集单词在整个语料库的每个窗口中共同出现的全局计数，可以用来获得有意义的词向量。首先，我们将研究在全局共现矩阵上通过 SVD 进行矩阵分解的方法，以得到有意义的低维词表示。然后，我们将研究词向量表示的 GloVe 技术，它结合了全局共现统计的优点和 CBOW 和/或 Skip - gram 的预测方法，用以表示单词向量。

让我们看看这个语料库：

‘I like Machine Learning.’

‘I like Tensor Flow.’

‘I prefer Python.’

首先我们统计一个窗口内的每个单词组合的全局共现数量。在处理前一个语料库时，我们将得到一个共现矩阵。此外，假设每当两个单词 w_1 和 w_2 一起出现，概率 $P(w_1/w_2)$ 和

$P(w_2/w_1)$都会增加，计数桶 $c(w_1/w_2)$ 和 $c(w_2/w_1)$ 的计数都会增加 1，使得共现矩阵对称。$c(w_1/w_2)$表示单词 w_1 和 w_2 的共现，其中 w_1 作为单词，而 w_2 充当上下文。对于成对出现的单词，角色可以对换，可以把上下文视为单词，把单词视为上下文。由于这个原因，每当我们遇到一个共同出现的单词对（w_1，w_2）时，计数桶 $c(w_1/w_2)$ 和 $c(w_2/w_1)$ 都会增加。

至于计数器的增量，当两个单词共现时我们不需要总是增加 1。如果我们正在研究一个用于包含共生矩阵的大小为 K 的窗口，我们可以定义一个差分加权方案，为距离较近的共现上下文提供更大的权重，并随着距离的增加而惩罚它们。一种这样的权重方案是通过$\left(\frac{1}{k}\right)$递增共现计数器，其中 k 是单词和上下文之间的偏移。当单词和上下文彼此相邻时，偏移量为 1，共现计数器可以递增 1；而偏移量处于窗口最大值，假设窗口的大小为 K，计数器增量最小，为$\left(\frac{1}{k}\right)$。

在生成词向量嵌入的 SVD 方法中，假设单词 w_i 和上下文 w_j 之间的全局共现计数 $c(w_i/w_j)$可以表示为单词 w_i和上下文 w_j的词向量嵌入的点积。一般情况下，需要考虑两个词嵌入，一个用于单词，另一个用于上下文。如果 $u_i \in \mathbb{R}^{D\times 1}$ 和 $v_i \in \mathbb{R}^{D\times 1}$ 分别表示语料库中的第 i 个单词 w_i的单词向量和上下文向量，则共现计数可以表示如下：

$$c(w_i/w_j) = u_i^{\mathrm{T}} v_j$$

让我们来看一个拥有三个单词的语料库，并以单词和上下文向量的点积来表示共现矩阵 $X \in \mathbb{R}^{3\times 3}$。更进一步，令单词向量为 w_i，$\forall i = \{1, 2, 3\}$，它们对应的词向量和上下文向量为 u_i，$\forall i = \{1, 2, 3\}$ 和 v_i，$\forall i = \{1, 2, 3\}$。

$$\begin{aligned} X &= \begin{bmatrix} c(w_1/w_1) & c(w_1/w_2) & c(w_1/w_3) \\ c(w_2/w_1) & c(w_2/w_2) & c(w_2/w_3) \\ c(w_3/w_1) & c(w_3/w_2) & c(w_3/w_3) \end{bmatrix} \\ &= \begin{bmatrix} u_1^{\mathrm{T}} v_1 & u_1^{\mathrm{T}} v_2 & u_1^{\mathrm{T}} v_3 \\ u_2^{\mathrm{T}} v_1 & u_2^{\mathrm{T}} v_2 & u_2^{\mathrm{T}} v_3 \\ u_3^{\mathrm{T}} v_1 & u_3^{\mathrm{T}} v_2 & u_3^{\mathrm{T}} v_3 \end{bmatrix} \\ &= \begin{bmatrix} u_1^{\mathrm{T}} \rightarrow \\ u_2^{\mathrm{T}} \rightarrow \\ u_3^{\mathrm{T}} \rightarrow \end{bmatrix} \begin{bmatrix} v_1 & v_2 & v_3 \end{bmatrix} \\ &= [W][C] \end{aligned}$$

正如我们所看到的，共现矩阵原来是两个矩阵的乘积，它们就是单词和上下文的词向量嵌入矩阵。词向量嵌入矩阵 $W \in \mathbb{R}^{3\times D}$ 和上下文词嵌入矩阵 $C \in \mathbb{R}^{D\times 3}$，其中 D 是单词和上下文嵌入向量的维数。

现在我们知道词共现矩阵是词向量嵌入矩阵和上下文嵌入矩阵的乘积，我们可以通过任何适用的矩阵分解技术来分解共现矩阵。SVD 是一种很好的方法，因为它很有效，即使矩阵不是正方形或对称的。

我们从SVD中知道，任何矩形矩阵X都可以分解成三个矩阵U、Σ和V，使得

$$X = [U][\Sigma][V^{\mathrm{T}}]$$

矩阵U通常选择为词向量嵌入矩阵W，而Σ^{T}选择为上下文向量嵌入矩阵C，但是这并不是强制的，并且在给定的语料库中都能有效运行。令W为$U\Sigma^{1/2}$和C为$\Sigma^{1/2}V^{\mathrm{T}}$是个很好的选择。通常，会基于显著奇异值选择维度较少的数据来减小U、Σ和V的大小。如果$X \in \mathbb{R}^{m \times n}$，那么$U \in \mathbb{R}^{m \times m}$。然而，用截断的SVD，我们只需要几个重要的方向，沿着这些方向，数据具有最大的变化率，而其余的都没那么重要，可以忽略不计。如果我们选用了D维，新的词向量嵌入矩阵$U' \in \mathbb{R}^{m \times D}$，其中$D$是每个词向量嵌入的维度。

通常，共现矩阵$X \in \mathbb{R}^{m \times n}$通过遍历整个语料库来获得。然而，由于语料库可能会随着时间的推移加入新的文档或内容，这些新文档或内容可以增量处理。图4-7展示了词向量或词嵌入的三步推导。

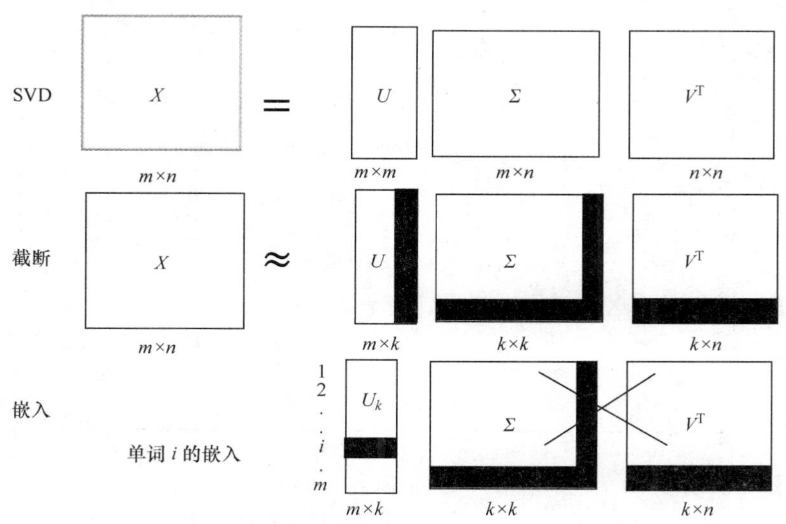

图4-7　利用SVD提取词共现矩阵的词嵌入向量

- 第一步，对共现矩阵$X \in \mathbb{R}^{m \times n}$进行SVD，生成$U \in \mathbb{R}^{m \times m}$，其中$\Sigma \in \mathbb{R}^{m \times n}$为包含奇异值的左奇异向量，$V \in \mathbb{R}^{n \times n}$为对应的右奇异值向量。通常，对于词对词的共现矩阵，维数m和n应该相等。然而，有时不是用词来表达词，而是通过上下文来表达词，因此为了一般化，我们应该采用不同的m和n。
- 第二步，通过从Σ中取k个能求出数据中的最大方差的重要奇异值，并在U和V中选择相应的k个左奇异向量和右奇异向量来逼近共现矩阵。

如果我们以$U = [u_1 \quad u_2 \quad u_3 \cdots u_m]$，$\Sigma = \begin{bmatrix} \sigma_1 & \cdots & 0 \\ \vdots & \ddots & \vdots \\ 0 & \cdots & \sigma_m \end{bmatrix}$，$V^{\mathrm{T}} = \begin{bmatrix} v_1^{\mathrm{T}} \rightarrow \\ v_2^{\mathrm{T}} \rightarrow \\ \vdots \\ v_n^{\mathrm{T}} \rightarrow \end{bmatrix}$开始，在截断之后，我们会有

$$U' = [u_1 \quad u_2 \quad u_3 \cdots u_k],\ \Sigma' = \begin{bmatrix} \sigma_1 & \cdots & 0 \\ \vdots & \ddots & \vdots \\ 0 & \cdots & \sigma_k \end{bmatrix},\ V'^{\mathrm{T}} = \begin{bmatrix} v_1^{\mathrm{T}} \rightarrow \\ v_2^{\mathrm{T}} \rightarrow \\ \vdots \\ v_k^{\mathrm{T}} \rightarrow \end{bmatrix}$$

● 第三步，丢弃 Σ' 和 V'^{T}，并取矩阵 $U' \in \mathbb{R}^{m \times k}$ 为词嵌入向量矩阵。词向量有 k 个维度，对应所选的 k 个奇异值。因此，我们可以从一个稀疏的共生矩阵，得到一个密集表示的词向量嵌入。处理后的语料库的每个词将对应 m 个词嵌入。

清单 4-1c 描述了使用 SVD 分解不同单词的共现矩阵，来建立来自给定语料库的词向量的逻辑。伴随清单的是图 4-8 中派生词向量嵌入的图。

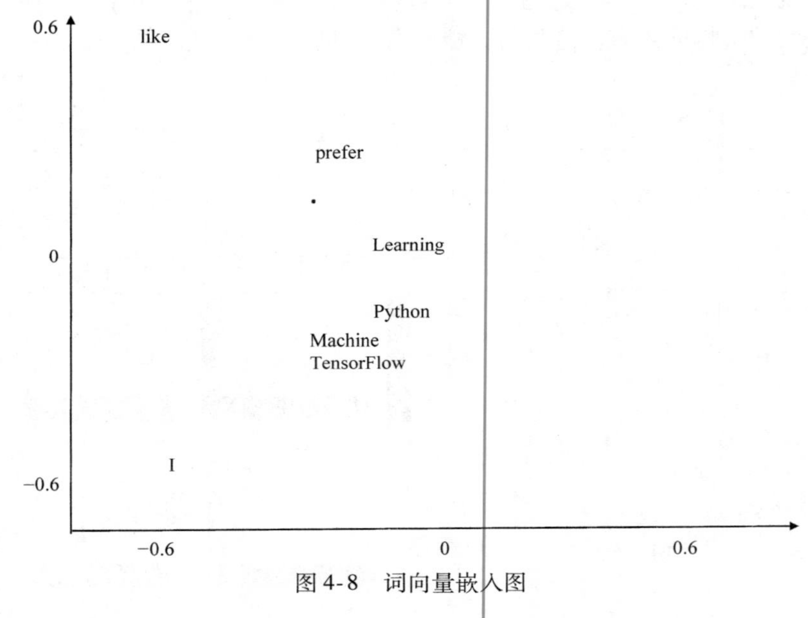

图 4-8　词向量嵌入图

清单 4-1c

```
import numpy as np

corpus = ['I like Machine Learning.','I like TensorFlow.','I prefer Python.']

corpus_words_unique = set()

corpus_processed_docs = []
for doc in corpus:
    corpus_words_ = []
    corpus_words = doc.split()
    print corpus_words
    for x in corpus_words:
        if len(x.split('.')) == 2:
            corpus_words_ += [x.split('.')[0]] + ['.']
        else:
```

清单 4-2a

```
import numpy as np
import scipy
from sklearn.manifold import TSNE
import matplotlib.pyplot as plt
%matplotlib inline
########################
# 载入 glove 向量
########################
EMBEDDING_FILE = '~/Downloads/glove.6B.300d.txt'

print('Indexing word vectors')
embeddings_index = {}
f = open(EMBEDDING_FILE)
count = 0
for line in f:
    if count == 0:
        count = 1
        continue
    values = line.split()
    word = values[0]
    coefs = np.asarray(values[1:], dtype='float32')
    embeddings_index[word] = coefs
f.close()

print('Found %d word vectors of glove.' % len(embeddings_index))
-- output --

Indexing word vectors
Found 399999 word vectors of glove.
```

清单 4-2b

```
king_wordvec = embeddings_index['king']
queen_wordvec = embeddings_index['queen']
man_wordvec = embeddings_index['man']
woman_wordvec= embeddings_index['woman']

pseudo_king = queen_wordvec-woman_wordvec + man_wordvec
cosine_simi = np.dot(pseudo_king/np.linalg.norm(pseudo_king),king_wordvec/
np.linalg.norm(king_wordvec))
print 'Cosine Similarity',cosine_simi
--output --
Cosine Similarity 0.663537
```

清单 4-2c

```
tsne = TSNE(n_components=2)
words_array = []
word_list = ['king','queen','man','woman']
for w in word_list:
    words_array.append(embeddings_index[w])
index1 = embeddings_index.keys()[0:100]
```

```
    for i in xrange(100):
        words_array.append(embeddings_index[index1[i]])
    words_array = np.array(words_array)
    words_tsne = tsne.fit_transform(words_array)

    ax = plt.subplot(111)
    for i in xrange(4):
        plt.text(words_tsne[i, 0], words_tsne[i, 1],word_list[i])
        plt.xlim((-50,20))
        plt.ylim((0,50))

    --output--
```

在清单 4-2a 中，将预先训练的维度为 300 的 GloVe 向量加载并存储在字典中。我们用 GloVe 矢量来形容 king、queen、man 和 woman，寻找一个类比。取词向量 queen、man 和 woman，一个词向量 pseudo_ king 创建如下：

$$pseudo\_\ king = queen - woman + man$$

这个想法是看前面创建的向量是否代表了 king 的概念。pseudo_ king 和 king 之间的余弦高达 0.67 左右，这表明（queen - woman + man）很好地代表了 king 的概念。

接下来，在清单 4-2c 中，我们试图表示类比，为此，通过 TSNE，我们在二维空间中表示维度为 300 的 GloVe 向量。结果如图 4-10 所示。我们可以看到，king 和 queen 的向量是相互接近并聚集在一起的，而 man 和 woman 的词向量也聚集在一起。而且，我们看到 king 和 man 的向量差与 queen 和 woman 的向量差方向几乎平行，长度也相近。

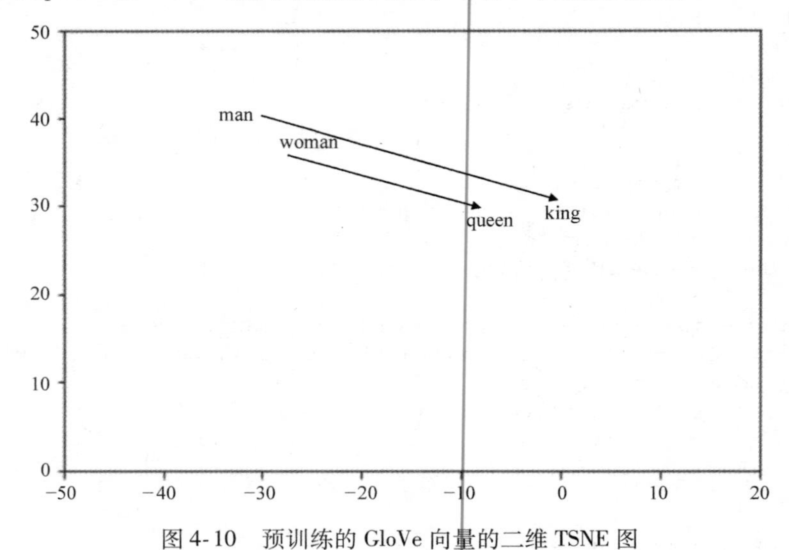

图 4-10　预训练的 GloVe 向量的二维 TSNE 图

在我们回到循环神经网络之前，有一点值得一提，在自然语言处理的背景下，词嵌入对于循环神经网络的重要性。循环神经网络不理解文本，因此文本中的每个单词都需要某种形式的数字表示。词嵌入向量是一个很好的选择，因为单词可以由词嵌入向量的分量表示成多种形式。循环神经网络可以通过提供词嵌入向量作为输入，或者通过让网络自己学习这些嵌入向量来进行双向工作。在后一种情况下，词嵌入向量将更倾向于通过循环神经网络解决最终问题。然而，有时循环神经网络可能有很多其他参数要学习，或者网络可能只有很少的训练数据。在这种情况下，学习词嵌入向量作为参数，可能导致过拟合或不理想的结果。在这种情况下，使用预训练的词向量嵌入可能是明智的选择。

4.4 循环神经网络的介绍

循环神经网络（RNN）可以用来利用和学习序列信息。循环神经网络结构为序列的每个元素执行相同的任务，其命名中的“循环”由此得来。循环神经网络在自然语言处理的任务中有着广泛的应用，因为任何语言中的单词都是依赖序列的。例如，在预测句子中下一个单词的任务中，之前出现的单词的序列是非常重要的。一般来说，对于一个序列的某一时间步长，循环神经网络会基于其迄今为止的计算，即之前的存储和当前的输入，计算一部分存储。该计算存储器用于对当前时间步长进行预测，并作为输入传递到下一步长。循环神经网络的基本结构原理如图4-11所示。

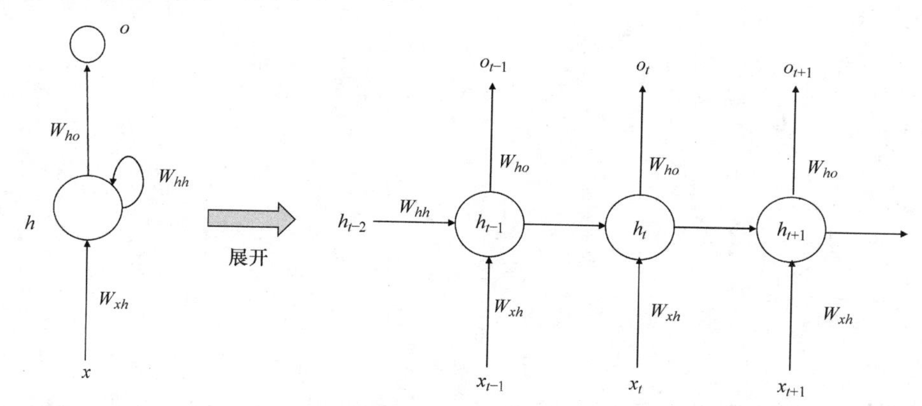

图4-11　循环神经网络的折叠展开结构

图4-11按时间展开，完整地描述了循环神经网络的结构序列。如果我们希望处理一个七个单词序列的句子，那么展开的循环神经网络体系结构将代表一个七层前馈神经网络，唯一的区别是，每个层的权重都是共享的。这显著地减少了在循环神经网络中学习参数的数量。

使用我们熟悉的符号 x_t、h_t 和 o_t 表示时间步长为 t 时的输入、计算存储器或隐藏状态和输出。W_{hh} 表示从时间 t 的存储器状态 h_t 到时间（$t+1$）的存储器状态 h_{t+1} 的权重矩阵。W_{xh} 表示从输入 x_t 到隐藏状态 h_t 的权重矩阵，而 W_{ho} 表示从存储器状态 h_t 到 o_t 的权重矩阵。当输入以独热编码形式呈现时，权重矩阵 W_{xh} 充当某种词向量嵌入矩阵。另外，当输入为独热编码时，可以选择可学习的独立嵌入矩阵，使得当一个独热编码输入向量穿过嵌入层时，其期望的嵌入向量呈现为输出。

现在，让我们详细地了解循环神经网络的每一个部分：

● 输入 x_t 表示在步长 t 的输入单词的向量。例如，它可以是一个独热编码向量，对应单词下标在词汇表中的分量设置为 1。它也可以是来自一些预训练知识库，如 GloVe 的词向量嵌入。一般来说，我们假设 $x_t \in \mathbb{R}^{D\times 1}$。另外，如果我们要预测 V 个分类，那么输出 $y_t \in \mathbb{R}^{V\times 1}$。

● 根据用户的选择，存储器或隐藏状态向量h_t可以具有任意长度。如果状态的数量是 n，则 $h_t \in \mathbb{R}^{n\times 1}$，权重矩阵 $W_{hh} \in \mathbb{R}^{n\times n}$。

● 将输入连接到存储器状态 $W_{xh} \in \mathbb{R}^{n\times D}$的权重矩阵和将存储器状态连接到输出 $W_{ho} \in \mathbb{R}^{n\times V}$的权重矩阵。

● 步长 t 的存储器 h_t计算如下：

$$h_t = f(W_{hh}h_{t-1} + W_{xh}x_t)$$

式中，f 是一个非线性的激活函数；（$W_{hh}h_{t-1} + W_{xh}x_t$） 的维度为 n，即($W_{hh}h_{t-1} + W_{xh}x_t$) $\in \mathbb{R}^{n\times 1}$。

函数f 基于（$W_{hh}h_{t-1} + W_{xh}x_t$） 的每个元素产生 h_t，因此（$W_{hh}h_{t-1} + W_{xh}x_t$） 和 h_t具有相同的维度。

如果 $W_{hh}h_{t-1} + W_{xh}x_t = \begin{bmatrix} s_{1t} \\ s_{2t} \\ \vdots \\ s_{nt} \end{bmatrix}$，那么下式成立：

$$h_t = \begin{bmatrix} f(s_{1t}) \\ f(s_{2t}) \\ \vdots \\ f(s_{nt}) \end{bmatrix}$$

● 从存储器状态到输出的连接就像从全连接层到输出层的连接。当涉及多类分类问题时，例如预测下一个单词，则输出层将是一个词汇表中单词数量的 SoftMax 函数。在这种情况下，预计的输出向量 $o_t \in \mathbb{R}^{V\times 1}$可以表示为 SoftMax($W_{ho}h_t$)。为了保持标记简单，没有提到偏差。在每一个单元中，我们可以在不同函数的输入之前添加偏差。所以，o_t可以表示为

$$o_t = \text{SoftMax}(W_{ho}h_t + b_o)$$

式中，$b_o \in \mathbb{R}^{n\times 1}$是输出单元的偏差向量。

● 同样，可以在存储器单元中引入偏差，因此可以将 h_t表示为

$$h_t = f(W_{hh}h_{t-1} + W_{xh}x_t + b_h)$$

式中，$b_h \in \mathbb{R}^{n\times 1}$是存储单元上的偏差向量。

● 对于预测 T 个时间步长的文本序列的下一个词的分类问题，在每个时间步长的输出是一个 V 个分类的 SoftMax 函数，其中 V 是词汇表的大小。因此，每个时间步长对应的损失是所有词汇量 V 的负对数损失。每个时间步长的损失可以表示如下：

$$C_t = -\sum_{j=1}^{V} y_t^{(j)} \log o_t^{(j)}$$

● 为了获得所有时间步长 T 的总损失，需要对所有这样的 C_t 求和或平均。一般来说，所有 C_t 的平均值对于随机梯度下降更为方便，以便在序列长度变化时能进行合理的对比。因此，所有时间步长 T 的总成本函数可以由下式来表示：

$$C = -\sum_{t=1}^{T}\sum_{j=1}^{V} y_t^{(j)} \log o_t^{(j)}$$

4.4.1 语言建模

在语言建模中，单词序列的概率可以通过事件交集的乘积规则来计算。一个长度为 n 的单词序列的概率 $w_1w_2w_3\cdots w_n$ 给出如下：

$$\begin{aligned} P(w_1w_2w_3\cdots w_n) &= P(w_1)P(w_2|w_1)P(w_3/w_1w_2)\cdots P(w_3|w_1w_2)\cdots P(w_n|w_1w_2\cdots w_{n-1}) \\ &= P(w_1)\prod_{k=2}^{n} P(w_k|w_1w_2\cdots w_{k-1}) \end{aligned}$$

在传统的方法中，在时间步长 k 时的单词的概率一般不在其之前的长度（$k-1$）的整个序列上调整，而是在 t 之前的小窗口 L 上。因此，通常概率近似如下：

$$P(w_1w_2w_3\cdots w_n) \cong P(w_1)\prod_{k=2}^{n} P(w_k|w_{k-L}\cdots w_{k-2}w_{k-1})$$

这种基于 L 最近状态的状态调整方法称为链规则概率的马尔可夫假设。虽然这是一种近似，但对于传统的语言模型来说，它是必要的，因为存储限制，单词不能被限制在一个大的单词序列上。

语言模型通常用于与自然语言处理相关的各种任务，例如通过预测下一个词完成句子补全、机器翻译、语音识别等。在机器翻译中，可能需要把另一种语言的单词翻译成英语，但它本身句法上就不正确。例如，一个印地语中的句子被机器翻译成英语句子“beautiful very is the sky”。如果计算机器翻译序列的概率 P（“beautiful very is the sky”），它将比对应的有序排列 P（“The sky is very beautiful”）小得多。通过语言建模，可以对文本序列的概率进行这样的比较。

4.4.2 用循环神经网络与传统方法预测句子中的下一个词的对比

在传统的语言模型中，下一个单词出现的概率一般是在一个指定先前单词数量的窗口上进行的，如前面所讨论的。为了估计概率，通常计算不同的 n 元文法（n - gram）计数。根据二元文法（bi - gram）和三元文法（tri - gram）计数，条件概率可以计算如下：

$$P(w=w_2|w=w_1) = \frac{\text{count}(w_1,w_2)}{\text{count}(w_1)}$$

$$P(w=w_3|w=w_1,w=w_2) = \frac{\text{count}(w_1,w_2,w_3)}{\text{count}(w_1,w_2)}$$

以类似的方式，我们可以通过保持更大的 n 元文法数来限制较长单词序列的概率。一般来说，当在较高的 n 元文法（比如四元文法（four - gram））上没有找到匹配时，则尝试低阶的 n 元文法，例如三元文法。这种方法称为回退，并且性能比固定的 n 元文法的方法高出不少。

由于单词预测基于先前选择的窗口大小而因此仅限于几个先前的单词，所以通过 n 元文法计数计算概率的传统方法不如那些使用整个单词序列预测下一个单词的模型。

在循环神经网络中，每一步的输出都是基于所有先前的词，因此循环神经网络在语言模型作业上比 n 元文法模型表现得更好。为了理解这一点，让我们看看对于一个长度为 n 的序列（$x_1x_2x_3\cdots x_n$），生成的循环神经网络的工作原理。

循环神经网络将其隐藏状态 h_t递归地更新为 $h_t=f(h_{t-1}, x_t)$。隐藏状态 h_{t-1}累积了单词序列（$x_1\ x_2\ x_3\ \cdots\ x_{t-1}$）的信息，当序列中的新单词 x_t 到达时，更新后的序列信息（$x_1x_2x_3\cdots x_t$）通过递归更新在 h_t中编码。

现在，如果我们必须基于已知的单词序列预测下一个单词，即（$x_1x_2x_3\cdots x_t$），需要观察的条件概率分布是

$$P(x_{n+1}=o_i \mid x_1x_2x_3\cdots x_t)$$

式中，o_i泛指词汇表中的任意单词。

对于神经网络，这种概率分布是由计算所得的隐藏状态 h_t决定，基于已知的序列，即 $x_1x_2x_3\cdots x_t$和模型参数 V，它将隐藏状态转换为对应于词汇表中每个单词的概率。

因此

$$P(x_{n+1}=o_i \mid x_1x_2x_3\cdots x_t)$$
$$=P(x_{n+1}=o_i \mid h_t)\text{或}P(x_{n+1}=o_i \mid x_t;h_{t-1})$$

对应于词汇表上的所有索引 i 的概率 $P(x_{n+1}=o_i \mid h_t)$的向量，由 $\text{SoftMax}(W_{ho}h_t)$给出。

4.4.3 基于时间的反向传播

循环神经网络的反向传播与前馈神经网络相同，唯一的区别是，其梯度是相对于每一步长的对数损失的梯度之和。

首先，在时间上展开循环神经网络，然后执行前向步骤以获得内部激活和最终预测的输出。基于预测输出和实际输出的标签，计算每个时间步长的损失和相应的误差。在每个时间步长中的误差被反向传播以更新权重。因此，在所有时间步长 T，任何权重更新与梯度在误差中的占比的总和成正比。

让我们来看一个长度为 T 的序列，以及通过基于时间的反向传播的权重更新。我们将存储器状态的数目记为 n（即 $h_t\in\mathbb{R}^{n\times 1}$），并设输入向量长度为 D（即 $x_t\in\mathbb{R}^{D\times 1}$）。在每个序列步长 t 中，我们通过一个 SoftMax 函数从一个有 V 个单词的词汇表预测下一个单词。

长度为 T 的序列的总成本函数如下：

$$C=-\sum_{t=1}^{T}\sum_{j=1}^{V}y_t^{(j)}\log o_t^{(j)}$$

让我们计算成本函数相对于连接隐藏的存储器状态到输出状态层的权重的梯度，即属于矩阵 W_{ho}的权重。权重 w_{ij}表示将隐藏状态 i 连接到输出单元 j 的权重。

成本函数 C_t相对于 w_{ij}的梯度可以由偏导数链式法则分解为成本函数关于第 j 个单元的输

出的偏导数（即$\frac{\partial C_t}{\partial o_t^{(j)}}$），第 j 个单元的输出关于第 j 个单元上的净输入$s_t^{(j)}$的偏导数（即$\frac{\partial o_t^{(j)}}{\partial s_t^{(j)}}$），以及第$j$个单元上的净输入关于第 i 个存储单元到第j个隐藏层的相关权重的偏导数（即$\frac{\partial s_t^{(j)}}{\partial w_{ij}}$）的乘积。

$$\frac{\partial C_t}{\partial w_{ij}}=\frac{\partial C_t}{\partial o_t^{(j)}}\frac{\partial o_t^{(j)}}{\partial s_t^{(j)}}\frac{\partial s_t^{(j)}}{\partial w_{ij}} \tag{4-6}$$

$$\frac{\partial s_t^{(j)}}{\partial w_{ij}}=h_t^{(i)} \tag{4-7}$$

考虑词汇表 V 上的 SoftMax 函数和时间 t 的实际输出为 $y_t=[y_t^{(1)}y_t^{(2)}\cdots y_t^{(V)}]^{\mathrm{T}}\in\mathbb{R}^{V\times 1}$，

$$\frac{\partial C_t}{\partial o_t^{(j)}}=-\frac{y_t^{(j)}}{o_t^{(j)}} \tag{4-8}$$

$$\frac{\partial o_t^{(j)}}{\partial s_t^{(j)}}=o_t^{(j)}(1-o_t^{(j)}) \tag{4-9}$$

把式（4-7）、式（4-8）、式（4-9）中每个梯度的表达式代入式（4-6），可得

$$\frac{\partial C_t}{\partial w_{ij}}=-\frac{y_t^{(j)}}{o_t^{(j)}}o_t^{(j)}(1-o_t^{(j)})=-y_t^{(j)}(1-o_t^{(j)})h_t^{(i)} \tag{4-10}$$

为了得到相对于 w_{ij}的总成本函数 C 的梯度的表达式，需要把每个序列步长中的梯度相加。因此，梯度$\frac{\partial C}{\partial w_{ij}}$的表达式如下：

$$\frac{\partial C}{\partial w_{ij}}=\sum_{t=1}^{T}\frac{\partial C_t}{\partial w_{ij}}=\sum_{t=1}^{T}-y_t^{(j)}(1-o_t^{(j)})h_t^{(i)} \tag{4-11}$$

因此，我们可以看到，确定从存储器状态到输出层的连接的权重的过程与前馈神经网络的全连接层几乎相同，唯一的区别是，最终的梯度需要将每个序列步长的结果相加。

现在，让我们来看看成本函数的梯度相对于连接当前和下一步长中的存储器状态的权重，即矩阵 W_{hh}的权重。我们采用广义加权 $u_{ki}\in W_{hh}$，其中 k 和 i 是连续存储单元中的存储单元的索引。

由于内存单元连接的递归特性，这会有点复杂难懂。为了理解这一事实，让我们看看索引为 i 的存储单元在步长 t 的输出，即 $h_t^{(i)}$：

$$h_t^{(i)}=g\left(\sum_{l=1}^{N}u_{li}h_{t-1}^{(l)}+\sum_{m=1}^{D}v_{mi}x_t^{(m)}+b_{hi}\right) \tag{4-12}$$

现在，让我们看看在步长 t 中关于权重 u_{ki}的成本函数的梯度：

$$\frac{\partial C_t}{\partial u_{ki}}=\frac{\partial C_t}{\partial h_t^{(i)}}\frac{\partial h_t^{(i)}}{\partial u_{ki}} \tag{4-13}$$

我们只需要将 $h_t^{(i)}$ 表达为 u_{ki}的函数，因此我们重新排列式（4-12），如下：

$$h_t^{(i)} = g\left(u_{ki}h_{t-1}^{(k)} + u_{ii}h_{t-1}^{(i)} + \sum_{\substack{l=1 \\ l\neq k,i}}^{N} u_{li}h_{t-1}^{(l)} + \sum_{m=1}^{D} v_{mi}x_t^{(m)}\right)$$
$$= g(u_{ki}h_{t-1}^{(k)} + u_{ii}h_{t-1}^{(i)} + c_t^{(i)}) \tag{4-14}$$

式中，

$$c_t^{(i)} = \sum_{\substack{l=1 \\ l\neq k,i}}^{N} u_{li}h_{t-1}^{(l)} + \sum_{m=1}^{D} v_{mi}x_t^{(m)}$$

我们把 $h_t^{(i)}$ 重新排列成一个包含所需权重 u_{ki} 的函数并保留了 $h_{t-1}^{(i)}$，因为它可以通过递归调用表示成 $g(u_{ki}h_{t-2}^{(k)} + u_{ii}h_{t-2}^{(i)} + c_{t-1}^{(i)})$。

每个时间步长 t 的这种递归性质将延续到第一个步长，因此需要考虑从 $t=T$ 到 $t=1$ 的所有相关梯度的求和。如果相对于权重 u_{ki} 的 $h_t^{(i)}$ 的梯度遵循递归，并且如果我们取式（4-14）中表示的 $h_t^{(i)}$ 与 u_{ki} 的导数，那么下式成立：

$$\frac{\partial h_t^{(i)}}{\partial u_{ki}} = \sum_{t'=1}^{t} \frac{\partial h_t^{(i)}}{\partial h_{t'}^{(i)}} \frac{\bar{\partial} h_{t'}^{(i)}}{\partial u_{ki}} \tag{4-15}$$

请注意表达式 $\frac{\bar{\partial} h_{t'}^{(i)}}{\partial u_{ki}}$ 中的横杠。它表示保持 $h_{t'-1}^{(i)}$ 为常数，相对于 u_{ki} 的 $h_t^{(i)}$ 的局部梯度。

用式（4-13）代替式（4-14）可得

$$\frac{\partial C_t}{\partial u_{ki}} = \sum_{t'=1}^{t} \frac{\partial C_t}{\partial h_t^{(i)}} \frac{\partial h_t^{(i)}}{\partial h_{t'}^{(i)}} \frac{\bar{\partial} h_{t'}^{(i)}}{\partial u_{ki}} \tag{4-16}$$

式（4-16）给出了时间为 t 时的成本函数的梯度的通用方程。所以，为了得到总梯度，我们需要在每个时间步长上相对于成本的梯度相加。因此，总梯度可以表示为

$$\frac{\partial C}{\partial u_{ki}} = \sum_{t=1}^{T}\sum_{t'=1}^{t} \frac{\partial C_t}{\partial h_t^{(i)}} \frac{\partial h_t^{(i)}}{\partial h_{t'}^{(i)}} \frac{\bar{\partial} h_{t'}^{(i)}}{\partial u_{ki}} \tag{4-17}$$

表达式 $\frac{\partial h_t^{(i)}}{\partial h_{t'}^{(i)}}$ 遵循乘积递归，因此可以表述为

$$\frac{\partial h_t^{(i)}}{\partial h_{t'}^{(i)}} = \prod_{g=t'+1}^{t} \frac{\partial h_g^{(i)}}{\partial h_{g-1}^{(i)}} \tag{4-18}$$

结合式（4-17）和式（4-18），得到

$$\frac{\partial C}{\partial u_{ki}} = \sum_{t=1}^{T}\sum_{t'=1}^{t} \frac{\partial C_t}{\partial h_t^{(i)}}\left(\prod_{g=t'+1}^{t} \frac{\partial h_g^{(i)}}{\partial h_{g-1}^{(i)}}\right)\frac{\bar{\partial} h_{t'}^{(i)}}{\partial u_{ki}} \tag{4-19}$$

矩阵 W_{xh} 的权重的成本函数 C 的梯度与计算对应于存储器状态的权重的方式类似。

4.4.4 循环神经网络中的梯度消失与爆炸问题

循环神经网络的目的是学习长距依赖关系，以便捕获彼此相距很远的单词之间的相互关系。例如，句子试图传达的实际意义可以通过彼此不接近的词语来很好地捕获。循环神经网络能够学习这些依赖关系。然而，循环神经网络面临着一个固有的问题：它们无法捕获单词

之间的长距依赖关系。这是因为在长序列的实例中梯度有很大的可能快速趋近于零或无穷大。当梯度非常迅速地降到零时，模型就无法了解在时间上相距甚远的事件之间的相关性。推导出的成本函数相对于隐藏层权重的梯度将有助于我们理解为什么梯度消失问题可能发生。

步长 t 的成本函数 C_t 关于广义加权 $u_{ki} \in W_{hh}$ 的梯度如下：

$$\frac{\partial C_t}{\partial u_{ki}} = \sum_{t'=1}^{t} \frac{\partial C_t}{\partial h_t^{(i)}} \frac{\partial h_t^{(i)}}{\partial h_{t'}^{(i)}} \frac{\partial h_{t'}^{(i)}}{\partial u_{ki}}$$

式中，符号含义见4.4.3节的解释。

用来相加求得 $\frac{\partial C_t}{\partial u_{ki}}$ 的分量称为其时间分量。每个分量表示步长 t' 时的权重 u_{ki} 对步长 t 的损失的影响。分量 $\frac{\partial h_t^{(i)}}{\partial h_{t'}^{(i)}}$ 将步长 t 的误差反向传播到步长 t'。

此外，

$$\frac{\partial h_t^{(i)}}{\partial h_{t'}^{(i)}} = \prod_{g=t'+1}^{t} \frac{\partial h_g^{(i)}}{\partial h_{g-1}^{(i)}}$$

结合前面的两个方程，我们得到

$$\frac{\partial C_t}{\partial u_{ki}} = \sum_{t'=1}^{t} \frac{\partial C_t}{\partial h_t^{(i)}} \left(\prod_{g=t'+1}^{t} \frac{\partial h_g^{(i)}}{\partial h_{g-1}^{(i)}} \right) \frac{\partial h_{t'}^{(i)}}{\partial u_{ki}}$$

让我们把在时间步长 g 的存储单元 i 的净输入设为 $z_g^{(i)}$。所以，如果我们取存储单元的激活方法为Sigmoid，那么

$$h_g^{(i)} = \sigma(z_g^{(i)})$$

式中，σ 是Sigmoid函数。

现在，

$$\frac{\partial h_g^{(i)}}{\partial h_{g-1}^{(i)}} = \sigma'(z_g^{(i)}) \frac{\partial z_g^{(i)}}{\partial h_{g-1}^{(i)}} = \sigma'(z_g^{(i)}) u_{ii}$$

式中，$\sigma'(z_g^{(i)})$ 表示 $\sigma(z_g^{(i)})$ 相对于 $z_g^{(i)}$ 的梯度。

如果我们有一个长序列，即 $t=t$ 和 $t'=k$，那么下面的数值将有许多Sigmoid函数的导数，如下：

$$\frac{\partial h_t^{(i)}}{\partial h_k^{(i)}} = \prod_{g=k+1}^{T} \frac{\partial h_g^{(i)}}{\partial h_{g-1}^{(i)}} = \frac{\partial h_{k+1}^{(i)}}{\partial h_k^{(i)}} \frac{\partial h_{k+2}^{(i)}}{\partial h_{k+1}^{(i)}} \cdots \frac{\partial h_t^{(i)}}{\partial h_{(t-1)}^{(i)}} = \sigma'(z_{k+1}^{(i)}) u_{ii} \sigma'(z_{k+2}^{(i)}) u_{ii} \cdots \sigma'(z_t^{(i)}) u_{ii}$$

将梯度表达式用连乘符号表示，这个重要的等式可以改写如下：

$$\frac{\partial h_t^{(i)}}{\partial h_k^{(i)}} = (u_{ii})^{t-k} \prod_{g=k+1}^{t} \sigma'(z_g^{(i)}) (1)$$

Sigmoid函数只有在很小的范围内具有良好的梯度，并且饱和很快。而且，Sigmoid激活函数的梯度小于1。因此，当误差从长距离的 $t=T$ 传递到步长 $t=1$ 时，该误差必须通过（$T-1$）个Sigmoid激活函数梯度，而（$T-1$）个小于1的值的相乘使梯度分量 $\frac{\partial h_T^{(i)}}{\partial h_1^{(i)}}$ 以指数

减小的速度消失。如前所述，$\frac{\partial {h_T}^{(i)}}{\partial {h_1}^{(i)}}$把 $t=T$ 的误差反向传播到步长 $t=1$，从而学习步长 $t=1$ 和 $t=T$ 的单词之间的长距相关性。然而，由于梯度消失问题，$\frac{\partial {h_T}^{(i)}}{\partial {h_1}^{(i)}}$可能接收不到足够的梯度而趋向于零，因此无法学习到句子中的长距单词之间的相关性或依赖性。

循环神经网络也会受到梯度爆炸的影响。我们在$\frac{\partial {h_T}^{(i)}}{\partial {h_1}^{(i)}}$的表达式中看到，权重 u_{ii}已经被重复乘以（$T-1$）次。如果 $u_{ii}>1$，为了简单起见，我们假设 $u_{ii}=2$，那么经过 50 次反向传播后，从序列步长 T 到序列步长（$T-50$），梯度将被放大约2^{50}倍，从而为模型训练带来不稳定性。

4.4.5　循环神经网络中的梯度消失与爆炸问题的解决方法

深度学习社区采用了几种方法来消除梯度消失问题。在本节中，在转到一种特殊的循环神经网络——长短期记忆（LSTM）网络之前，我们将讨论这些方法。LSTM 对于梯度消失和爆炸有更好的鲁棒性。

4.4.5.1　梯度裁剪

爆炸梯度可以通过一种称为梯度裁剪的简单的技术解决。如果梯度向量的大小超过指定阈值，则梯度向量的大小设置为阈值，同时保持梯度向量的方向不变。因此，当在时间 t 上在神经网络上进行反向传播时，如果成本函数 C 相对于权重向量 w 的梯度超过了阈值 k，则用于反向传播的梯度 g 更新如下：

- **步骤 1**：更新 $g \leftarrow \nabla C(w=w^{(t)})$
- **步骤 2**：如果$\|g\|>k$，更新 $g \leftarrow \frac{k}{\|g\|}g$

4.4.5.2　存储器到存储器权重连接矩阵的智能初始化和 ReLU 单元

将权重矩阵 $W_{hh'}$初始化为单位矩阵，而不是随机初始化其中的权重，将有助于防止梯度消失问题。梯度消失问题的一个主要原因是，当 $t' << t$ 时在时间 t 上隐藏单元 i 相对于时间 t' 中的隐藏单元 i 的梯度表示如下：

$$\frac{\partial h_t^{(i)}}{\partial h_{t'}^{(i)}} = \prod_{g=t'+1}^{t} \frac{\partial h_g^{(i)}}{\partial h_{g-1}^{(i)}}$$

在激活函数是 Sigmoid 函数的情况下，每个表达式$\frac{\partial h_g^{(i)}}{\partial h_{g-1}^{(i)}}$可以扩展如下：

$$\frac{\partial h_g^{(i)}}{\partial h_{g-1}^{(i)}} = \sigma'(z_g^{(t)})u_{ii}$$

式中，$\sigma(.)$表示 Sigmoid 函数；$z_g^{(t)}$表示在步长 t 中隐藏单元 i 的净输入；参数 u_{ii}是连接步长 t 和步长（$t-1$）下第 i 个隐藏存储器状态的权重。

序列步长 t'和 t 之间的距离越大，在从 t 到 t'的过程中误差就会经历越多的 Sigmoid 导数。由于 Sigmoid 激活函数的导数总是小于 1 并且饱和得很快，在长距依赖情况下，梯度趋于零的机会是很高的。

然而，如果我们选择 ReLU 单元，那么 Sigmoid 梯度将被 ReLU 梯度所取代，ReLU 梯度对于正净输入具有恒定值 1。这将缓解梯度消失问题，因为当梯度为 1 时，梯度将不会衰减。此外，当权重矩阵为单位矩阵时，权重连接 u_{ii} 将为 1，因此，无论序列步长 t 和序列步长 t' 之间的距离如何，$\frac{\partial h_t^{(i)}}{\partial h_{t'}^{(i)}}$ 的数量将始终为 1。这意味着，不论步长 t 到 t' 的距离为多少，从时间 t 的隐式存储器状态 $h_t^{(i)}$ 到先前的时间步长 t' 的隐式存储器状态 $h_{t'}^{(i)}$ 传播的误差将是恒定的。这将使循环神经网络能够学习一个句子中的长距离单词之间的相关性或依赖关系。

4.4.6 LSTM

长短期记忆（LSTM）循环神经网络，是一种可以学习句子中单词之间远距离依赖关系的特殊的循环神经网络。如前面所讨论的，基本的循环神经网络不能学习远距离单词之间的这种关联。LSTM 循环神经网络的结构与传统的循环神经网络有很大的不同。图 4-12 是 LSTM 的高层表示。

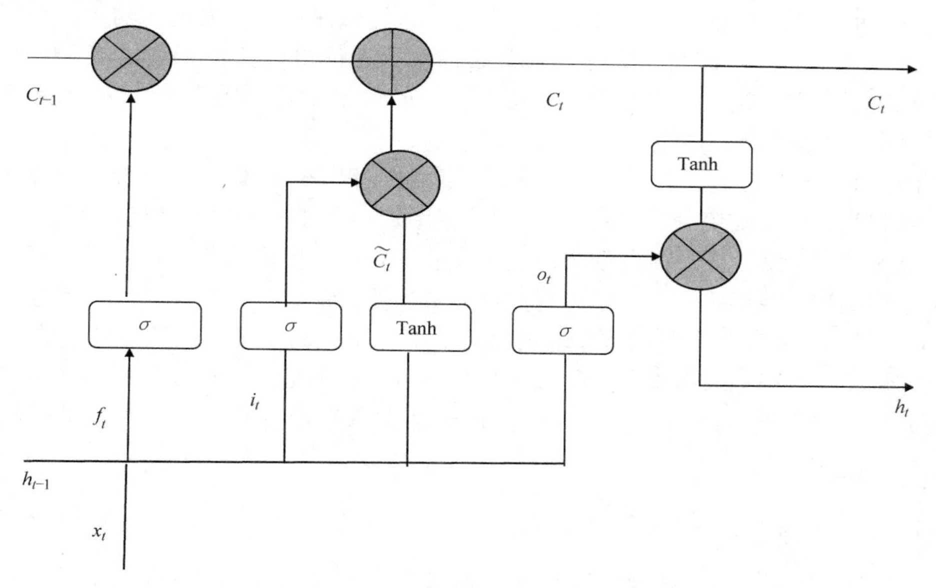

图 4-12　LSTM 结构

LSTM 的基本组成部分和它们的功能如下：

● LSTM 的新元素是细胞状态 C_t 的引入，它由三个门调节。门由 Sigmoid 函数组成，因此它们的输出值介于 0 和 1 之间。在序列步长 t，输入 x_t 和前一个步长的隐藏状态 h_{t-1} 决定了从细胞状态 C_{t-1} 通过遗忘门层需要忘记哪些信息。遗忘门会查看 x_t 和 h_{t-1}，并为细胞状态向量 C_{t-1} 中的每个元素分配 0 ~ 1 之间的数字。输出为 0 意味着完全忘记状态，而输出为 1 意味着完全保持状态。遗忘门的输出计算如下：

$$f_t = \sigma(W_f x_t + U_f h_{t-1})$$

● 接下来，输入门决定哪些细胞单元应该更新信息。为此，像遗忘门的输出一样，通过以下逻辑为每个细胞状态分量计算 0 ~ 1 之间的值：

$$i_t = \sigma(W_i x_t + U_i h_{t-1})$$

然后，使用 x_t 和 h_{t-1} 作为输入，为细胞状态创建候选值集。候选细胞状态 C_t 计算如下：

$$\widetilde{C}t = \mathrm{Tanh}(W_c x_t + U_c h_{t-1})$$

新的细胞状态 C_t 更新如下：

$$C_t = f_t * C_{t-1} + i_i * \widetilde{C}t$$

● 下一个任务是确定需要输出哪个细胞状态，因为细胞状态包含很多信息。为此，x_t 和 h_{t-1} 会通过一个输出门，为细胞状态向量 C_t 的每个分量输出一个 0 ~ 1 之间的值。该门的输出计算如下：

$$o_t = \sigma(W_o x_t + U_o h_{t-1})$$

更新的隐藏状态 h_t 由单元状态 C_t 计算，令其每一个元素通过一个 Tanh 函数，然后用输出门的值做一个元素层面的乘积：

$$h_t = o_t * \mathrm{Tanh}(C_t)$$

请注意，前面等式中的符号 * 表示元素乘法。这样做使得，根据门的输出，我们可以将权重分配给它操作的向量的每个元素。此外，注意，无论得到什么门输出值，它们都会相乘。门的输出不会被转换成离散的 0 和 1。通过 Sigmoid 层后得到的 0 ~ 1 之间的连续值会为反向传播提供平滑的梯度。

遗忘门在 LSTM 中起着至关重要的作用，当遗忘门单元的输出为零时，循环梯度变为零，相应的旧细胞状态单元被丢弃。这样，LSTM 就会抛掉它认为将来不会有用的信息。此外，当遗忘门单元输出 1 时，误差流过细胞单元不衰减，并且该模型可以学习长距时间间隔单词之间的长距相关性。我们将在下一节中对此进行更多的讨论。

LSTM 的另一个重要特征是引入了输出门。输出门单元确保了并非所有的细胞状态 C_t 单元的信息都暴露于网络的其余部分，仅以 h_t 的形式展示相关信息。这使得网络的其余部分不受不必要的数据的影响，而细胞状态中的数据仍然保留在细胞状态中，以帮助推动未来的决策。

4.4.7 LSTM 在减少梯度爆炸和梯度消失问题中的应用

LSTM 不会受到梯度消失或梯度爆炸问题的影响。主要原因是引入了遗忘门 f_t 和它对于当前细胞状态的影响，方程如下：

$$C_t = f_t * C_{t-1} + i_t * \widetilde{C}_t$$

这个方程可以被分解为一个细胞状态单元级别的带有索引 i 的一般方程：

$$C_t^{(i)} = f_t^{(i)} C_{t-1}^{(i)} + i_t^{(i)} \widetilde{C}_t^{(i)}$$

这里要注意的是，$C_t^{(i)}$ 是线性依赖于 $C_{t-1}^{(i)}$ 的，因此激活函数是梯度为 1 的恒等函数。

在循环神经网络反向传播中，可能导致梯度消失或爆炸的“声名狼藉”的分量是当 $(t-k)$ 较大时的分量 $\frac{\partial h_t^{(i)}}{\partial h_k^{(i)}}$。该分量将序列步长 t 中的误差反向传播到序列步长 k，因此模型学习了长距相关性。$\frac{\partial h_t^{(i)}}{\partial h_k^{(i)}}$的表达式，如我们在4.4.4节中所看到的，给出如下：

$$\frac{\partial h_t^{(i)}}{\partial h_k^{(i)}} = (u_{ii})^{t-k} \prod_{g=k+1}^{t} \sigma'(z_g^{(i)})$$

当梯度和/或权重小于1时，会出现梯度消失的条件，因为（$t-k$）次相乘会迫使整个乘积接近0。由于Sigmoid梯度和Tanh梯度大部分时间小于1，并且在它们的梯度接近0的情况下饱和得很快，因此梯度消失的问题将更加严重。类似地，当第i个隐藏单元到第i个隐藏单元之间的权重连接u_{ii}大于1时，会发生梯度爆炸，因为（$t-k$）次相乘会使项（u_{ii}）$^{t-k}$指数递增。

在LSTM中相当于$\frac{\partial h_t^{(i)}}{\partial h_k^{(i)}}$的是分量$\frac{\partial C_t^{(i)}}{\partial C_k^{(i)}}$，也可以用以下乘积形式表示：

$$\frac{\partial C_t^{(i)}}{\partial C_k^{(i)}} = \prod_{g=t'+1}^{t} \frac{\partial C_g^{(i)}}{\partial C_{g-1}^{(i)}} \tag{4-20}$$

对单元状态更新方程的两侧取偏导数，可以得到一个重要的表达式：

$$\frac{\partial C_t^{(i)}}{\partial C_{t-1}^{(i)}} = f_t^{(i)} \tag{4-21}$$

结合式（4-20）和式（4-21），可得

$$\frac{\partial C_t^{(i)}}{\partial C_k^{(i)}} = (f_t^{(i)})^{t-k} \tag{4-22}$$

式（4-22）表示，如果遗忘门的值保持在1附近，LSTM将不会遭受梯度消失或爆炸问题。

4.4.8 在TensorFlow中使用循环神经网络进行MNIST数字识别

让我们来看看一个通过LSTM对MNIST数据集中的图像进行分类的循环神经网络实现。MNIST数据集中的图像像素为28×28。每个图像具有28个序列步长，并且每个序列步长由图像中的行组成。在每个序列步长之后不会有输出，而是只在28个步长的末尾有一个对应每一个图像的输出。输出是0~9的十个数字之一。因此，输出层是十个分类的SoftMax函数。最终序列步长h_{28}的隐藏单元状态将通过权重馈入输出层。因此，只有最终序列步长会对成本函数造成影响；而不会有与中间序列步长相关联的成本函数。不知道你是否记得，当每一个序列步长都具有输出时，反向传播与每个单独的序列步长t的成本函数C_t有关，最终相对于每一个成本函数的梯度加在一起。这里，所有其他的都是相同的，反向传播只与步长28的成本函数C_{28}有关。此外，如前所述，图像的每一行将在序列步长t形成数据，即输入向量x_t。最后，我们将小批量处理图像，因此对于批处理中的每个图像，将遵循类似的处理过程，使批处理的平均成本最小化。更重要的一点是，TensorFlow要求在小批量的输入张量中每个步长都有单独的张量。为了便于理解，在图4-13中描述了输入张量结构。

既然我们对问题和方法有了一些清晰的认识，我们将继续了解TensorFlow中的实现。清单4-3中展示了用于训练模型并在测试数据集上验证模型的详细代码。

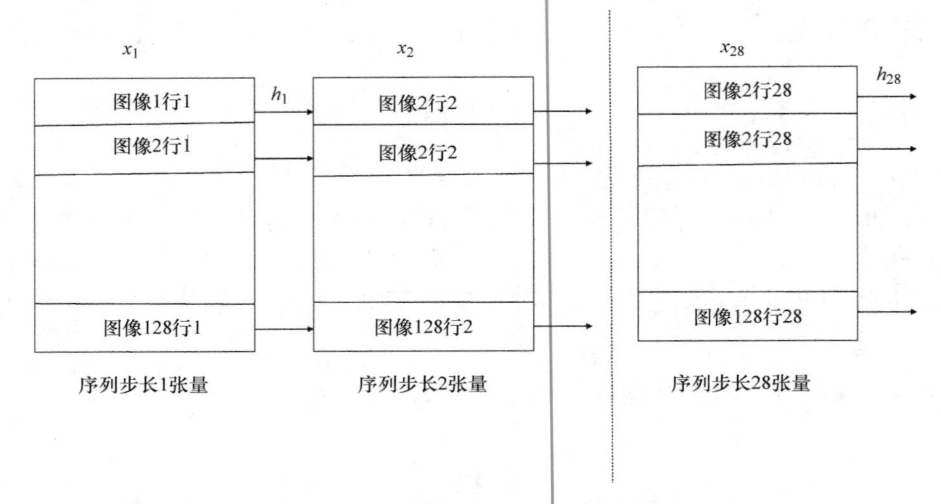

图 4-13　TensorFlow 中循环神经网络 LSTM 网络的输入张量描述

清单 4-3　基于 LSTM 的循环神经网络分类算法在 TensorFlow 中的实现

```
# 导入需要使用的库
import tensorflow as tf
from tensorflow.contrib import rnn
import numpy as np

# 导入MINST数据
from tensorflow.examples.tutorials.mnist import input_data
mnist = input_data.read_data_sets("MNIST_data/", one_hot=True)

# 批量学习参数
learning_rate = 0.001
training_iters = 100000
batch_size = 128
display_step = 50
num_train = mnist.train.num_examples
num_batches = (num_train//batch_size) + 1
epochs = 2

# 循环神经网络 LSTM 网络参数
n_input = 28 # MNIST 数据输入（图像形状：28×28）
n_steps = 28 # 时间步长
n_hidden = 128 # 隐藏特征层的数量
n_classes = 10 # MNIST 总分类 (0~9 的数字)

# 定义循环神经网络的前向传递

def RNN(x, weights, biases):

    # 出栈以获得 n_steps 个形状为(batch_size, n_input)的张量的清单，
如图4-12所示
```

```
    x = tf.unstack(x, n_steps, 1)

    # 定义LSTM细胞
    lstm_cell = rnn.BasicLSTMCell(n_hidden, forget_bias=1.0)

    # 获取LSTM细胞输出
    outputs, states = rnn.static_rnn(lstm_cell, x, dtype=tf.float32)

    # 线性激活，使用循环神经网络内部循环的最后一个输出
    return tf.matmul(outputs[-1], weights['out']) + biases['out']

# tf 图像输出
x = tf.placeholder("float", [None, n_steps, n_input])
y = tf.placeholder("float", [None, n_classes])
# 定义权重
weights = {
    'out': tf.Variable(tf.random_normal([n_hidden, n_classes]))
}
biases = {
    'out': tf.Variable(tf.random_normal([n_classes]))
}

pred = RNN(x, weights, biases)

# 定义损失和优化器
cost = tf.reduce_mean(tf.nn.softmax_cross_entropy_with_logits(logits=pred,
labels=y))
optimizer = tf.train.AdamOptimizer(learning_rate=learning_rate).minimize
(cost)

# 模型评估
correct_pred = tf.equal(tf.argmax(pred,1), tf.argmax(y,1))
accuracy = tf.reduce_mean(tf.cast(correct_pred, tf.float32))

# 变量初始化
init = tf.global_variables_initializer()

with tf.Session() as sess:
    sess.run(init)
    i = 0

    while i < epochs:
        for step in xrange(num_batches):
            batch_x, batch_y = mnist.train.next_batch(batch_size)
            batch_x = batch_x.reshape((batch_size, n_steps, n_input))
            # 进行优化操作（反向传播）
            sess.run(optimizer, feed_dict={x: batch_x, y: batch_y})
            if (step + 1) % display_step == 0:
             # 计算批量准确率
             acc = sess.run(accuracy, feed_dict={x: batch_x, y: batch_y})
             # 计算批量损失
             loss = sess.run(cost, feed_dict={x: batch_x, y: batch_y})
```

```
            print "Epoch: " + str(i+1) + ",step:"+ str(step+1) +", Minibatch
            Loss= " + \
                  "{:.6f}".format(loss) + ", Training Accuracy= " + \
                  "{:.5f}".format(acc)
        i += 1
    print "Optimization Finished!"

    # 计算准确率
    test_len = 500
    test_data = mnist.test.images[:test_len].reshape((-1, n_steps, n_input))
    test_label = mnist.test.labels[:test_len]
    print "Testing Accuracy:", \
        sess.run(accuracy, feed_dict={x: test_data, y: test_label})
xx---output--xx

Extracting MNIST_data/train-images-idx3-ubyte.gz
Extracting MNIST_data/train-labels-idx1-ubyte.gz
Extracting MNIST_data/t10k-images-idx3-ubyte.gz
Extracting MNIST_data/t10k-labels-idx1-ubyte.gz
Epoch: 1,step:50, Minibatch Loss= 0.822081, Training Accuracy= 0.69531
Epoch: 1,step:100, Minibatch Loss= 0.760435, Training Accuracy= 0.75781
Epoch: 1,step:150, Minibatch Loss= 0.322639, Training Accuracy= 0.89844
Epoch: 1,step:200, Minibatch Loss= 0.408063, Training Accuracy= 0.85156
Epoch: 1,step:250, Minibatch Loss= 0.212591, Training Accuracy= 0.93750
Epoch: 1,step:300, Minibatch Loss= 0.158679, Training Accuracy= 0.94531
Epoch: 1,step:350, Minibatch Loss= 0.205918, Training Accuracy= 0.92969
Epoch: 1,step:400, Minibatch Loss= 0.131134, Training Accuracy= 0.95312
Epoch: 2,step:50, Minibatch Loss= 0.161183, Training Accuracy= 0.94531
Epoch: 2,step:100, Minibatch Loss= 0.237268, Training Accuracy= 0.91406
Epoch: 2,step:150, Minibatch Loss= 0.130443, Training Accuracy= 0.94531
Epoch: 2,step:200, Minibatch Loss= 0.133215, Training Accuracy= 0.93750
Epoch: 2,step:250, Minibatch Loss= 0.179435, Training Accuracy= 0.95312
Epoch: 2,step:300, Minibatch Loss= 0.108101, Training Accuracy= 0.97656
Epoch: 2,step:350, Minibatch Loss= 0.099574, Training Accuracy= 0.97656
Epoch: 2,step:400, Minibatch Loss= 0.074769, Training Accuracy= 0.98438
Optimization Finished!
Testing Accuracy: 0.954102
```

正如我们从清单 4-3 的输出中看到的，只要运行 2 个周期，就可以在测试数据集上获得 95% 的准确率。

4.4.8.1 在 TensorFlow 中用循环神经网络进行下一个单词的预测和语句补全

我们用 Alice in Wonderland 的一个小段落训练模型，并用 LSTM 利用给定的词汇表预测下一个单词。输入为三个单词的序列，输出为随后的单词。另外，选用了两层的 LSTM 模型，而不是一层。从语料库中随机选择输入和输出集合，并将其作为大小为 1 的小批量进行输入。我们看到该模型准确率良好，能够很好地学习文章。然后，一旦模型被训练，我们输入一个三个单词的句子，并让模型预测接下来的 28 个单词。每次它预测一个新词时，会把这个词附加到更新后的句子中。为了预测下一个单词，将之前三个来自更新后的句子的单词作为输入。清单 4-4 中列出了问题的详细实现代码。

清单 4-4　在 TensorFlow 中用循环神经网络进行下一个单词的预测和语句补全

```
# 导入需要使用的库
import numpy as np
import tensorflow as tf
from tensorflow.contrib import rnn
import random
import collections
import time

# 参数定义
learning_rate = 0.001
training_iters = 50000
display_step = 500
n_input = 3

# 循环神经网络细胞中的单元数量
n_hidden = 512

# 读取和处理输入文件的函数
def read_data(fname):
    with open(fname) as f:
        data = f.readlines()
    data = [x.strip() for x in data]
    data = [data[i].lower().split() for i in range(len(data))]
    data = np.array(data)
    data = np.reshape(data, [-1, ])
    return data

# 构造和翻转单词字典的函数
def build_dataset(train_data):
    count = collections.Counter(train data).most common()
    dictionary = dict()
    for word, _ in count:
        dictionary[word] = len(dictionary)
    reverse_dictionary = dict(zip(dictionary.values(), dictionary.keys()))
    return dictionary, reverse_dictionary

# 对输入向量进行独热编码的函数
def input_one_hot(num):
    x = np.zeros(vocab_size)
    x[num] = 1
    return x.tolist()

# 读取输入文件并构造所需的字典
train_file = 'alice in wonderland.txt'
train_data = read_data(train_file)
dictionary, reverse_dictionary = build_dataset(train_data)
vocab_size = len(dictionary)

# 小批量输入输出的占位符
x = tf.placeholder("float", [None, n_input, vocab_size])
y = tf.placeholder("float", [None, vocab_size])

# 循环神经网络输出节点的权重和偏差
weights = {
    'out': tf.Variable(tf.random normal([n hidden, vocab size]))
}
biases = {
    'out': tf.Variable(tf.random_normal([vocab_size]))
}
```

```
# 循环神经网络的前向传递
def RNN(x, weights, biases):

    x = tf.unstack(x, n_input, 1)

    # 定义双层 LSTM
    rnn_cell = rnn.MultiRNNCell([rnn.BasicLSTMCell(n_hidden),rnn.BasicLSTMCell
    (n_hidden)])

    # 产生预测
    outputs, states = rnn.static_rnn(rnn_cell, x, dtype=tf.float32)

    # 共有 n_input 个输出，不过我们只需要最后一个输出
    return tf.matmul(outputs[-1], weights['out']) + biases['out']

pred = RNN(x, weights, biases)

# 损失和优化器
cost = tf.reduce_mean(tf.nn.softmax_cross_entropy_with_logits(logits=pred,
labels=y))

optimizer = tf.train.RMSPropOptimizer(learning_rate=learning_rate).minimize
(cost)
# 模型评估
correct_pred = tf.equal(tf.argmax(pred,1), tf.argmax(y,1))
accuracy = tf.reduce_mean(tf.cast(correct_pred, tf.float32))

# 变量初始化
init = tf.global_variables_initializer()

# 绘制图像
with tf.Session() as session:
    session.run(init)
    step = 0
    offset = random.randint(0,n_input+1)
    end_offset = n_input + 1
    acc_total = 0
    loss_total = 0

    while step < training_iters:
        if offset > (len(train_data)-end_offset):
            offset = random.randint(0, n_input+1)

        symbols_in_keys = [ input_one_hot(dictionary[ str(train_data[i])]) for
        i in range(offset, offset+n_input) ]
        symbols_in_keys = np.reshape(np.array(symbols_in_keys), [-1, n_input,
        vocab_size])
        symbols_out_onehot = np.zeros([vocab_size], dtype=float)
        symbols_out_onehot[dictionary[str(train_data[offset+n_input])]] = 1.0
        symbols_out_onehot = np.reshape(symbols_out_onehot,[1,-1])

        _, acc, loss, onehot_pred = session.run([optimizer, accuracy, cost,
        pred],
                                                feed_dict={x: symbols_in_keys, y: symbols_
                                                out_onehot})
```

```
        loss_total += loss
        acc_total += acc

        if (step+1) % display_step == 0:
            print("Iter= " + str(step+1) + ", Average Loss= " + \
                  "{:.6f}".format(loss_total/display_step) + ", Average
                  Accuracy= " + \
                  "{:.2f}%".format(100*acc_total/display_step))
            acc_total = 0
            loss_total = 0
            symbols_in = [train_data[i] for i in range(offset, offset + n_
            input)]
            symbols_out = train_data[offset + n_input]
            symbols_out_pred = reverse_dictionary[int(tf.argmax(onehot_pred,
            1).eval())]
            print("%s - Actual word:[%s] vs Predicted word:[%s]" % (symbols_in,
            symbols_out,symbols_out_pred))
        step += 1
        offset += (n_input+1)
    print("TrainingCompleted!")
# 输入一个三个单词的句子，让模型预测接下来的28个单词
    sentence = 'i only wish'
    words = sentence.split(' ')
    try:
        symbols_in_keys = [ input_one_hot(dictionary[ str(train_data[i])])
        for i in range(offset, offset+n_input) ]
        for i in range(28):
            keys = np.reshape(np.array(symbols_in_keys), [-1, n_input,vocab_
            size])
        onehot_pred = session.run(pred, feed_dict={x: keys})
        onehot_pred_index = int(tf.argmax(onehot_pred, 1).eval())
            sentence = "%s %s" % (sentence,reverse_dictionary[onehot_pred_
            index])
             symbols_in_keys = symbols_in_keys[1:]
             symbols_in_keys.append(input_one_hot(onehot_pred_index))
         print "Complete sentence follows!'
         print(sentence)
     except:
         print("Error while processing the sentence to be completed")
---output --

Iter= 30500, Average Loss= 0.073997, Average Accuracy= 99.40%
['only', 'you', 'can'] - Actual word:[find] vs Predicted word:[find]
Iter= 31000, Average Loss= 0.004558, Average Accuracy= 99.80%
['very', 'hopeful', 'tone'] - Actual word:[though] vs Predicted word:[though]
Iter= 31500, Average Loss= 0.083401, Average Accuracy= 99.20%
['tut', ',', 'tut'] - Actual word:[,] vs Predicted word:[,]
Iter= 32000, Average Loss= 0.116754, Average Accuracy= 99.00%
['when', 'they', 'met'] - Actual word:[in] vs Predicted word:[in]
Iter= 32500, Average Loss= 0.060253, Average Accuracy= 99.20%
['it', 'in', 'a'] - Actual word:[bit] vs Predicted word:[bit]
Iter= 33000, Average Loss= 0.081280, Average Accuracy= 99.00%
['perhaps', 'it', 'was'] - Actual word:[only] vs Predicted word:[only]
Iter= 33500, Average Loss= 0.043646, Average Accuracy= 99.40%
['you', 'forget', 'to'] - Actual word:[talk] vs Predicted word:[talk]
```

```
Iter= 34000, Average Loss= 0.088316, Average Accuracy= 98.80%
[',', 'and', 'they'] - Actual word:[walked] vs Predicted word:[walked]
Iter= 34500, Average Loss= 0.154543, Average Accuracy= 97.60%
['a', 'little', 'startled'] - Actual word:[when] vs Predicted word:[when]
Iter= 35000, Average Loss= 0.105387, Average Accuracy= 98.40%
['you', 'again', ','] - Actual word:[you] vs Predicted word:[you]
Iter= 35500, Average Loss= 0.038441, Average Accuracy= 99.40%
['so', 'stingy', 'about'] - Actual word:[it] vs Predicted word:[it]
Iter= 36000, Average Loss= 0.108765, Average Accuracy= 99.00%
['like', 'to', 'be'] - Actual word:[rude] vs Predicted word:[rude]
Iter= 36500, Average Loss= 0.114396, Average Accuracy= 98.00%
['make', 'children', 'sweet-tempered'] - Actual word:[.] vs Predicted
word:[.]
Iter= 37000, Average Loss= 0.062745, Average Accuracy= 98.00%
['chin', 'upon', "alice's"] - Actual word:[shoulder] vs Predicted word:
[shoulder]
Iter= 37500, Average Loss= 0.050380, Average Accuracy= 99.20%
['sour', '\xe2\x80\x94', 'and'] - Actual word:[camomile] vs Predicted word:
[camomile]
Iter= 38000, Average Loss= 0.137896, Average Accuracy= 99.00%
['very', 'ugly', ';'] - Actual word:[and] vs Predicted word:[and]
Iter= 38500, Average Loss= 0.101443, Average Accuracy= 98.20%
["'", 'she', 'went'] - Actual word:[on] vs Predicted word:[on]
Iter= 39000, Average Loss= 0.064076, Average Accuracy= 99.20%
['closer', 'to', "alice's"] - Actual word:[side] vs Predicted word:[side]
Iter= 39500, Average Loss= 0.032137, Average Accuracy= 99.60%
['in', 'my', 'kitchen'] - Actual word:[at] vs Predicted word:[at]
Iter= 40000, Average Loss= 0.110244, Average Accuracy= 98.60%
[',', 'tut', ','] - Actual word:[child] vs Predicted word:[child]
Iter= 40500, Average Loss= 0.088653, Average Accuracy= 98.60%
["i'm", 'a', 'duchess'] - Actual word:[,] vs Predicted word:[,]
Iter= 41000, Average Loss= 0.122520, Average Accuracy= 98.20%
["'", "'", 'perhaps'] - Actual word:[it] vs Predicted word:[it]
Iter= 41500, Average Loss= 0.011063, Average Accuracy= 99.60%
['it', 'was', 'only'] - Actual word:[the] vs Predicted word:[the]
Iter= 42000, Average Loss= 0.057289, Average Accuracy= 99.40%
['you', 'forget', 'to'] - Actual word:[talk] vs Predicted word:[talk]
Iter= 42500, Average Loss= 0.089094, Average Accuracy= 98.60%
['and', 'they', 'walked'] - Actual word:[off] vs Predicted word:[off]
Iter= 43000, Average Loss= 0.023430, Average Accuracy= 99.20%
['heard', 'her', 'voice'] - Actual word:[close] vs Predicted word:[close]
Iter= 43500, Average Loss= 0.022014, Average Accuracy= 99.60%
['i', 'am', 'to'] - Actual word:[see] vs Predicted word:[see]
Iter= 44000, Average Loss= 0.000067, Average Accuracy= 100.00%
["wouldn't", 'be', 'so'] - Actual word:[stingy] vs Predicted word:[stingy]
Iter= 44500, Average Loss= 0.131948, Average Accuracy= 98.60%
['did', 'not', 'like'] - Actual word:[to] vs Predicted word:[to]
Iter= 45000, Average Loss= 0.074768, Average Accuracy= 99.00%
['that', 'makes', 'them'] - Actual word:[bitter] vs Predicted word:[bitter]
Iter= 45500, Average Loss= 0.001024, Average Accuracy= 100.00%
[',', 'because', 'she'] - Actual word:[was] vs Predicted word:[was]
Iter= 46000, Average Loss= 0.085342, Average Accuracy= 98.40%
['new', 'kind', 'of'] - Actual word:[rule] vs Predicted word:[rule]
Iter= 46500, Average Loss= 0.105341, Average Accuracy= 98.40%
```

```
['alice', 'did', 'not'] - Actual word:[much] vs Predicted word:[much]
Iter= 47000, Average Loss= 0.081714, Average Accuracy= 98.40%
['soup', 'does', 'very'] - Actual word:[well] vs Predicted word:[well]
Iter= 47500, Average Loss= 0.076034, Average Accuracy= 98.40%
['.', "'", "everything's"] - Actual word:[got] vs Predicted word:[got]
Iter= 48000, Average Loss= 0.099089, Average Accuracy= 98.20%
[',', "'", 'she'] - Actual word:[said] vs Predicted word:[said]
Iter= 48500, Average Loss= 0.082119, Average Accuracy= 98.60%
['.', "'", "'"] - Actual word:[perhaps] vs Predicted word:[perhaps]
Iter= 49000, Average Loss= 0.055227, Average Accuracy= 98.80%
[',', 'and', 'thought'] - Actual word:[to] vs Predicted word:[to]
Iter= 49500, Average Loss= 0.068357, Average Accuracy= 98.60%
['dear', ',', 'and'] - Actual word:[that] vs Predicted word:[that]
Iter= 50000, Average Loss= 0.043755, Average Accuracy= 99.40%
['affectionately', 'into', "alice's"] - Actual word:[,] vs Predicted word:[,]
Training Completed!

"Complete sentence follows!'
i only wish off together . alice was very glad to find her in such a
pleasant temper , and
thought to herself that perhaps it was only the pepper that
```

我们可以从清单 4-4 的输出中看到，训练得当的情况下，该模型能够很好地预测实际单词。在语句补全任务中，虽然前两个预测不是很准，但对于其余 28 个字符，它的预测值得褒奖。生成的句子具有丰富的语法和标点符号。模型准确率可以通过增加序列长度和通过在序列中的每个词之后引入预测来增加。此外，训练语料库着实小了些。如果模型用更大的语料库数据进行训练，将进一步提高单词预测和语句补全的质量。清单 4-5 展示了 Alice in Wonderland 中用来训练模型的段落。

清单 4-5

'You can't think how glad I am to see you again , you dear old thing ! ' said the Duchess , as she tucked her arm affectionately into Alice's , and they walked off together . Alice was very glad to find her in such a pleasant temper , and thought to herself that perhaps it was only the pepper that had made her so savage when they met in the kitchen . ' When I'm aDuchess , ' she said to herself, (not in a very hopeful tone though) , ' I won't have any pepper in my kitchen at all . Soup does very well without — Maybe it's always pepper that makes people hot – tempered , ' she went on, very much pleased at having found out a new kind of rule , ' and vinegar that makes them sour — and camomile that makes them bitter — and —and barley – sugar and such things that make children sweet – tempered . I only wish people knew that : then they wouldn't be so stingy about it , you know — 'She had quite forgotten the Duchess by this time , and was a little startled when she heard her voice close to her ear. ' You're thinking about something , my dear , and that makes you forget to talk . I can'ttell you just now what the moral of that is , but I shall remember it in a bit . "Perhaps it hasn't one , ' Alice ventured to remark . ' Tut , tut , child ! ' said the Duchess . 'Everything's got a moral , if only you can find it . ' And she squeezed herself up closer to Alice's side as she spoke . Alice did not much like keeping so close to her : first , because the Duchess was very ugly;

and secondly , because she was exactly the right height to rest her chin upon Alice's shoulder , and it was an uncomfortably sharp chin . However, she did not like to be rude , so she bore it as well as she could.

4.4.9 门控循环单元

与 LSTM 很像，门控循环单元（GRU）是具有控制内部信息流的门控单元。与 LSTM 不同的是，它没有独立的存储单元。在任何时间步长 t 的隐式存储器状态 h_t 是先前隐藏的存储器状态 h_{t-1} 和候选的新隐藏状态 h_t 之间的线性插值。GRU 的结构如图 4-14 所示。

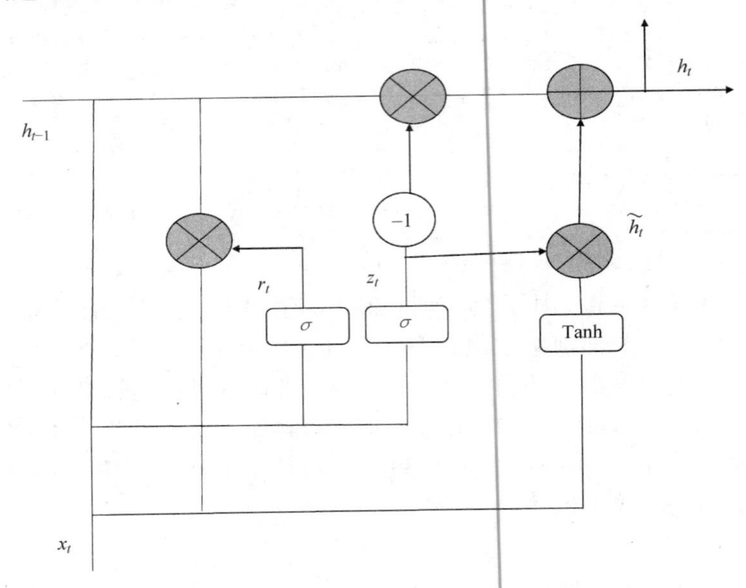

图 4-14　GRU 结构

以下是 GRU 如何工作的高层细节：

● 基于隐式存储器状态 h_{t-1} 和当前输入 x_t，复位门 r_t 和更新门 z_t 如下计算：

$$r_t = \sigma(W_r h_{t-1} + U_r x_t)$$
$$r_z = \sigma(W_z h_{t-1} + U_z x_t)$$

复位门决定 h_{t-1} 在确定候选新隐藏状态中的重要性。更新门决定新候选状态对新隐藏状态的影响程度。

● 候选的新隐藏状态 h_t 计算如下：

$$\widetilde{h}_t = \mathrm{Tanh}(r_t * U h_{t-1} + W x_t) \tag{4-23}$$

● 基于候选状态和先前隐藏状态，新的隐藏存储器状态更新如下：

$$h_t = (1 - z_t) * h_{t-1} + z_t * \widetilde{h}_t \tag{4-24}$$

在 GRU 中强调的关键点是门控函数的作用，如这里所讨论的：

● 当复位门输出单元 r_t 接近 0 时，这些单元先前的隐藏状态在计算候选的新隐藏状态时被忽略，如式（4-23）所示。这允许模型丢弃在将来不会有用的信息。

● 当更新门输出单元 z_t 接近0时，这些单元的先前步长状态被复制到当前步长。正如我们之前看到的，在循环神经网络反向传播中可能导致梯度消失或爆炸的“声名狼藉”的分量是$\frac{\partial h_t^{(i)}}{\partial h_k^{(i)}}$，它将序列步长 t 中的误差反向传播到序列步长 k，从而使模型能够学习长距相关性。$\frac{\partial h_t^{(i)}}{\partial h_k^{(i)}}$的表达式，如我们在4.4.4节中所看到的，给出如下：

$$\frac{\partial h_t^{(i)}}{\partial h_k^{(i)}} = (u_{ii})^{t-k} \prod_{g=k+1}^{t} \sigma'(z_g^{(i)})$$

当（$t-k$）较大，且隐藏状态单元中的激活函数相对于权重的梯度小于1时，会出现梯度消失的条件，因为它们中的（$t-k$）次相乘会迫使整个乘积接近0。由于Sigmoid梯度和Tanh梯度通常小于1，并且在接近0的情况下饱和得很快，因此梯度消失的问题将更加严重。类似地，当第 i 个隐藏单元到第 i 个隐藏单元之间的权重连接 u_{ii} 大于1时，会发生梯度爆炸，因为（$t-k$）次相乘会使项$(u_{ii})^{t-k}$指数递增。

● 现在，回到GRU，当z_t中的更新门输出单元接近0时，由式（4-24）可得

$$h_t^{(i)} \approx h_{t-1}^{(i)} \quad \forall i \in K \tag{4-25}$$

式中，K 是所有隐藏单元的集合，其中 $z_t^{(i)} \approx 0$。

取式（4-25）中 $h_t^{(i)}$ 关于 $h_{t-1}^{(i)}$ 的偏导数，我们得到如下结论：

$$\frac{\partial h_t^{(i)}}{\partial h_{t-1}^{(i)}} \approx 1$$

这将确保“声名狼藉”的式子$\frac{\partial h_t^{(i)}}{\partial h_k^{(i)}}$也接近1，因为它可以表示为

$$\begin{aligned}\frac{\partial h_t^{(i)}}{\partial h_k^{(i)}} &= \prod_{g=t'+1}^{t} \frac{\partial h_g^{(i)}}{\partial h_{g-1}^{(i)}} \\ &= 1^{(t-k)} = 1\end{aligned}$$

这允许隐藏状态在许多序列步长上被复制而不改变，因此能减少梯度消失的机会，同时模型能够学习单词之间的长距相关性。

4.4.10 双向循环神经网络

在一个标准的循环神经网络中，我们根据过去的序列状态进行预测。例如，为了预测序列中的下一个单词，我们考虑前面出现的单词。然而，对于自然语言处理中的某些任务，如词性标注，对给定单词的前置单词和后置单词进行标记对于确定给定单词的词性标记至关重要。并且对于词类标注的应用，整个句子都可以用于标记，因此对于每个给定的单词——除非是在句子的开头和结尾处的单词——其前置和后置的单词将被使用。

双向循环神经网络是一种特殊的循环神经网络，它结合前置和后置的状态来预测当前状态下的输出标签。双向循环神经网络连接了两个循环神经网络，其中一个从左向右运行，另一个从右向左运行。双向循环神经网络的高层结构如图4-15所示。

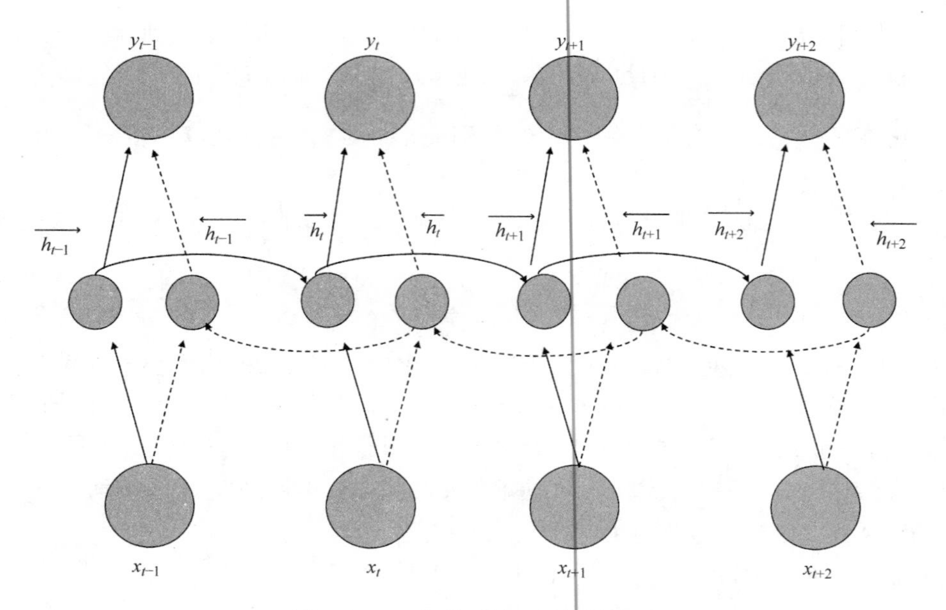

图 4-15　双向循环神经网络结构图

对于双向循环神经网络，每个序列步长 t 存在两个隐藏的存储器状态。在标准的循环神经网络中，对应于正向信息流的隐藏存储器状态可以表示为$\overrightarrow{h_t}$，而对应于反向信息流的那些可以表示为$\overleftarrow{h_t}$。在任何序列步长 t 的输出取决于存储器状态$\overrightarrow{h_t}$和$\overleftarrow{h_t}$。下面是双向循环神经网络的调节方程：

$$\overrightarrow{h_t} = f(\overrightarrow{W_{xh}} x_t + \overrightarrow{W_{hh}}\ \overrightarrow{h_{t-1}} + \overrightarrow{b})$$

$$\overleftarrow{h_t} = f(\overleftarrow{W_{xh}} x_t + \overleftarrow{W_{hh}}\ \overleftarrow{h_{t-1}} + \overleftarrow{b})$$

$$y_t = g(U[\overrightarrow{h_t};\ \overleftarrow{h_t}] + c)$$

表达式 $[\overrightarrow{h_t};\ \overleftarrow{h_t}]$ 表示时间 t 上的组合存储状态向量。它可以通过连接两个向量$\overrightarrow{h_t}$和$\overleftarrow{h_t}$的元素获得。

$\overrightarrow{W_{hh}}$和$\overleftarrow{W_{hh}}$分别是前向传递和后向传递的隐藏状态连接权重。类似地，$\overrightarrow{W_{xh}}$和$\overleftarrow{W_{xh}}$是前向传递和后向传递的隐藏状态权重的输入。$\overrightarrow{b}$和 $\overleftarrow{b}$分别给出了前向和后向隐藏存储器状态的偏差。U 表示从组合隐藏状态到输出状态的权重矩阵，而 c 表示输出的偏差。

函数f通常是在隐藏存储器状态中选择的非线性激活函数。可选的激活函数f一般为 Sigmoid 和 Tanh。然而，现在 ReLU 激活也正在被使用，因为它减少了梯度消失和爆炸的问题。函数 g 的选择将取决于实际的分类问题。在多个分类的情况下，将使用 SoftMax，而对于二分类问题，可以使用 Sigmoid 或二分类 SoftMax。

4.5　总结

通过阅读本章，读者应该对循环神经网络及其变体的工作原理有了深刻的了解。并且，读者应该能够相对容易地用 TensorFlow 实现循环神经网络。梯度消失和爆炸问题对于如何有效地训练循环神经网络是一个关键的挑战，因此许多有效的循环神经网络版本已经发展起来，解决了这个问题。LSTM 作为一种强大的循环神经网络体系结构，在社区中得到了广泛的应用，基本上已经取代了基本的循环神经网络。读者应该知道这些先进技术的用途和优点，如 LSTM、GRU 等，这样可以基于实际问题针对性地实现它们。预训练的 Word2Vec 和 GloVe 词向量嵌入被一些循环神经网络、LSTM 和其他网络使用，使得每个序列步长的模型的输入单词可以由其预训练的 Word2Vec 或 GloVe 向量来表示，而不是在循环神经网络内学习这些词向量嵌入。

在下一章中，我们将学习受限玻尔兹曼机（RBM），这是基于能量的神经网络，以及各种自动编码器作为无监督深度学习的一部分。此外，我们将讨论深度信念网络，它可以通过堆叠多个受限玻尔兹曼机，以贪婪的方式训练这样的网络，并通过受限玻尔兹曼机进行协同过滤。期待在下一章再会。

第5章 用受限玻尔兹曼机和自编码器进行无监督学习

无监督学习是机器学习的一个分支，它试图找到无标签数据中的隐藏结构并从中获得新的思考（insight）。聚类、数据降维技术、降噪、分割、异常检测、欺诈检测和其他诸多方法都依赖于无监督学习来推动分析。今天，由于我们周遭充斥着大量的数据，所以不可能为监督式学习标记所有数据。这使得无监督学习显得尤为重要。受限玻尔兹曼机和自编码器是基于人工神经网络的无监督方法。它们在数据压缩、降维、数据降噪、异常检测、生成模型（Generative Modeling）、协同过滤和深度神经网络的初始化等方面具有广泛应用。本章中，我们将详细介绍这些主题，然后了解几种无监督的图像预处理技术，即PCA（Principal Component Analysis，主成分分析）白化和ZCA（Zero - phase Component Analysis，零相位分量分析）白化（也称Mahalanobis白化）。另外，由于受限玻尔兹曼机在训练期间使用采样技术，因此为方便读者，我将简要介绍贝叶斯推断和马尔可夫链蒙特卡罗（Markov Chain Monte Carlo，MCMC）采样。

5.1 玻尔兹曼分布

受限玻尔兹曼机是基于经典物理的玻尔兹曼分布定律的能量模型，其中任一系统的粒子状态由其广义坐标和速度表示。这些广义的坐标和速度形成了粒子的相空间，粒子可以以特定的能量和概率位于相空间中的任何位置。让我们考虑一个包含 N 个气体分子的经典系统，令任一粒子的广义位置和速度分别表示为 $r \in \mathbb{R}^{3\times1}$ 和 $v \in \mathbb{R}^{3\times1}$，粒子在相空间的位置表示为 (r,v)。粒子采用的每对可能的 (r,v) 值称为粒子的组态（configuration）。而且，从某种意义上来说，所有 N 个粒子都是相同的，因为它们可能处于任何状态。在热力学温度 T 下，给定一个系统，则任一粒子组态的概率如下：

$$P(r,v) \propto e^{-\frac{E(r,v)}{KT}}$$

$E(r,v)$ 是任一粒子在组态 (r,v) 处的能量，K 是玻尔兹曼常数。因此，我们看到相空间中任一粒子组态的概率与能量负值除以玻尔兹曼常数和热力学温度的乘积的指数成正比。为了将（比例）关系转化为等式，粒子组态的概率需要通过所有可能的组态的概率之和来归一化。如果粒子有 M 个可能的相空间组态，则任一广义组态 (r,v) 的概率可表示为

$$P(r,v) = \frac{e^{-\frac{E(r,v)}{KT}}}{Z}$$

式中，Z 是配分函数（partition function），

$$Z = \sum_{i=1}^{M} e^{-\frac{E((r,v)_i)}{KT}}$$

r 和 v 分别有多种不同的值，M 表示 r 和 v 所有可能的不同组合，它们在上述等式中用 $(r, v)_i$ 表示。如果 r 有 n 个不同的坐标值，而 v 有 m 个不同的速度值，则可能的组态数有 $M = n \times m$，在这种情况下，配分函数也可以表示为

$$Z = \sum_{j=1}^{m} \sum_{i=1}^{n} e^{-\frac{E(r_i,v_j)}{KT}}$$

这里需要注意的是，当某一粒子相关能量较低时，其组态的概率较高。对于气体分子来说，这是很直观的，因为高能态总是与不稳定的平衡相关，因此不太可能长时间保持高能组态。处于高能态的粒子总是力图处于更稳定的低能态。

我们假设有两种组态 $s_1 = (r_1, v_1)$ 和 $s_2 = (r_2, v_2)$，如果这两种状态下的气体分子数分别为 N_1 和 N_2，那么两种状态的概率比值是两种状态之间能量差的函数：

$$\frac{N_1}{N_2} = \frac{P(r_1,v_1)}{P(r_2,v_2)} = e^{\frac{E(r_1,v_1)-E(r_2,v_2)}{KT}}$$

我们先稍稍离题来简单讨论贝叶斯推断和 MCMC 方法，因为受限玻尔兹曼机利用 MCMC 技术，尤其是吉布斯采样法，进行采样。对这些知识的了解将有助于读者理解受限玻尔兹曼机的工作原理。

5.2 贝叶斯推断：似然、先验和后验概率分布

正如在第 1 章讨论的那样，每当我们获得数据时，我们通过对在模型参数条件下的数据定义一个似然函数，来构建模型。然后尝试最大化该似然函数。似然只是给定模型参数下，可见或观察数据的概率：

$$\text{likelihood} = P(\text{Data} \mid \text{Model})$$

为了获得由其参数定义的模型，我们最大化了可见数据的似然：

$$\text{Model} = \underbrace{\text{Arg Max}}_{\text{Model}} P(\text{Data} \mid \text{Model})$$

由于我们只是试图根据观察数据拟合模型，如果我们选择简单的最大似然，那么模型过拟合的可能性会很高，且不能泛化到新数据。

如果数据量很大，那么可见数据能够很好地代表总体，因此最大化似然就足够了。另一方面，如果可见数据规模很小，则很可能不能很好地代表总体，因此基于似然的模型不会很好地泛化到新数据。在这种情况下，对模型具有某种先验信念并通过先验信念约束似然将有更好的结果。假设先验信念是以概率分布形式表示的已知模型参数的不确定性，即 $P(\text{Model})$ 是已知的。在这种情况下，我们可以通过先验信息更新我们的似然以获得给定数据下模型的分布。根据贝叶斯的条件概率定理：

$$P(\text{Model}|\text{Data}) = \frac{P(\text{Data}|\text{Model})P(\text{Model})}{P(\text{Data})}$$

$P(\text{Model}|\text{Data})$被称为后验分布，通常带有很多信息，因为它结合了关于数据或模型的先验知识。由于数据概率与模型无关，因此后验与似然和先验的乘积成正比：

$$P(\text{Model}|\text{Data}) \propto P(\text{Data}|\text{Model})P(\text{Model})$$

人们可以通过最大化后验概率分布而非似然来建立模型。这种获得模型的方法称为最大后验（Maximize a Posterior，MAP）估计。似然和 MAP 都是模型的点估计，因此不包括整个不确定性空间。采用最大化后验模型意味着采用模型概率分布模式。由最大似然函数给出的点估计不对应于任何模式，因为似然不是概率分布函数。如果概率分布是多模态的，那么这些点估计的效果将会很差。

更好的方法是在整个不确定性空间中取模型的平均值；例如，基于后验分布取模型的均值，如下：

$$\text{Model} = E[\text{Model}|\text{Data}] = \int_{\text{Model}} \text{Model}P(\text{Model}|\text{Data})\,\text{d}(\text{Model})$$

为了思考似然和后验以及如何使用它们来推导模型参数，让我们再次回到硬币问题。

假设我们扔了六次硬币，其中五次出现正面，如果估计出现正面的概率，那么会是多少呢？

在这里，我们的模型是估计投掷硬币时，正面出现的概率 θ。每次投掷一枚硬币都可视为独立的伯努利实验，其出现正面的概率为 θ。给定模型后，数据的似然如下：

$$P(\text{Data}|\theta) = P(x_1x_2x_3x_4x_5x_6|\theta)$$

式中，x_i，$\forall i \in \{1, 2, 3, 4, 5, 6\}$，表示出现正面或反面的事件。

由于硬币的投掷是独立的，因此似然可以如下分解：

$$P(\text{Data}|\theta) = P(x_1x_2x_3x_4x_5x_6|\theta) = \prod_{i=1}^{6} P(x_i|\theta) \tag{5-1}$$

每次掷骰子都服从伯努利分布，因此出现正面的概率是 θ，出现反面的概率是（$1-\theta$），一般来说，它的概率质量函数由下式给出：

$$P(x = j|\theta) = \theta^j(1-\theta)^{(1-j)}, \forall j \in \{0, 1\} \tag{5-2}$$

式中，$j=1$ 表示正面，$j=0$ 表示反面。

结合式（5-1）和式（5-2），出现 5 次正面和 1 次反面，那么作为 θ 的函数的似然 L 可以表示如下：

$$L(\theta) = \theta^5(1-\theta) \tag{5-3}$$

最大似然法将使 $L(\theta)$ 最大的$\hat{\theta}$作为模型参数。因此，

$$\hat{\theta} = \underbrace{\text{Arg Max}}_{\theta} L(\theta)$$

如果我们对式（5-3）中得到的似然求导，并令其为零，我们将得出 θ 的似然估计：

$$\frac{\text{d}L(\theta)}{\text{d}\theta} = 5\theta^4 - 6\theta^5 = 0 \Rightarrow \theta = \frac{5}{6}$$

一般来说，如果有人问我们对 θ 的估计而我们没有做类似的最大似然，我们通过在高中

学到的概率的基本定义，可以立即回答其概率为$\frac{5}{6}$，比如：

$$P(\text{event}) = \frac{\text{no of events}}{\text{total number of events in the whole population}}$$

迄今为止，在某种程度上，我们的大脑以似然的方式思考且依赖于所见到的数据。

现在，假设我们没有看到数据，有人要求我们确定出现正面的概率；什么是合乎逻辑的估计？

这取决于我们对于硬币正反出现概率的先验信念。如果我们假设一个匀称的硬币（正反面等概率出现），一般来说这是最显然的假设，因为我们没有关于硬币的其他信息，因此$\theta=\frac{1}{2}$是一个很好的估计。但是，当我们假设先验概率分布而不是对θ进行先验点估计时，在$\theta=\frac{1}{2}$上具有概率最大值的概率分布最好。其中先验概率分布是模型参数θ的概率分布。

在这种情况下，参数$\alpha=2$，$\beta=2$的 Beta 分布将是一个很好的先验分布，因为它在$\theta=\frac{1}{2}$上具有最大概率，并且它是对称的。

$$P(\theta) = \text{Beta}(\alpha=2,\beta=2) = \frac{\theta^{\alpha-1}(1-\theta)^{\beta-1}}{B(\alpha,\beta)} = \frac{\theta(1-\theta)}{B(\alpha,\beta)}$$

若α和β为固定值，则$B(\alpha,\beta)$是常数，并且是该概率分布的配分函数（归一化函数）。计算如下：

$$B(\alpha,\beta) = \frac{\tau(\alpha)\tau(\beta)}{\tau(\alpha+\beta)} = \frac{\tau(2)\tau(2)}{\tau(4)} = \frac{1!\ 1!}{3!} = \frac{1}{6}$$

即使你不记得公式，也可以通过对$\theta(1-\theta)$进行积分，将积分值倒数作为归一化常数来算出($B(\alpha,\beta)$)，因为概率分布的积分为1。

$$P(\theta) = \frac{\theta(1-\theta)}{6} \tag{5-4}$$

如果我们将似然和先验结合起来，可以得到后验概率分布如下：

$$P(\theta|D) \propto \theta^5(1-\theta)\frac{\theta(1-\theta)}{6} = \frac{\theta^6(1-\theta)^2}{6}$$

由于我们忽略了数据的概率$P(\text{data})$，因此出现了比例符号$\propto$。事实上，我们也可以去掉分母6，则后验分布表示如下：

$$P(\theta|D) \propto \theta^6(1-\theta)^2$$

现在，因为θ是一个概率，所以$0\leqslant\theta\leqslant1$。对$\theta^6(1-\theta)^2$在0~1的范围内积分，并取倒数，得到我们后验的归一化因子252。因此，后验可表示如下：

$$P(\theta|D) = \frac{\theta^6(1-\theta)^2}{252} \tag{5-5}$$

既然我们有后验，我们可以用两种方法来估计θ。我们可以最大化后验并获得θ的 MAP 估计如下：

$$\theta_{\mathrm{MAP}} = \underbrace{\mathrm{Arg\ Max}}_{\theta} P(\theta|D)$$

$$\frac{\mathrm{d}P(\theta|D)}{\mathrm{d}\theta} = 0 \Rightarrow \theta = \frac{3}{4}$$

我们看到$\frac{3}{4}$的 MAP 估计比$\frac{5}{6}$的似然估计更保守，因为它考虑了先验并且不盲目地相信数据。

现在，让我们看第二种方法——纯贝叶斯方法，采用后验分布的均值来平均 θ 的所有不确定性。

$$\begin{aligned} E[\theta|D] &= \int_{\theta=0}^{1} \theta P(\theta|D)\,\mathrm{d}\theta \\ &= \int_{\theta=0}^{1} \frac{\theta^7(1-\theta)^2}{252}\mathrm{d}\theta \\ &= 0.7 \end{aligned}$$

图 5-1a ~ c 中绘制的是硬币问题的似然函数、先验和后验概率分布。需要注意的一点是，似然函数不是概率密度函数或概率质量函数，而先验和后验是概率质量或密度函数。

对于复杂的分布，后验概率分布会有多个参数，可能变得非常复杂并且不太可能表示成已知的概率分布形式，例如正态分布、伽马分布等。因此，为了计算后验的均值，在模型的整个不确定空间上计算积分似乎是不可能的。

在这种情况下，可以利用 MCMC 采样方法对模型参数进行采样，它们的均值是对后验分布均值的无偏估计。如果我们采样 n 组模型参数 M_i，

$$E[\mathrm{Model}|\mathrm{Data}] \approx \sum_{i=1}^{n} M_i$$

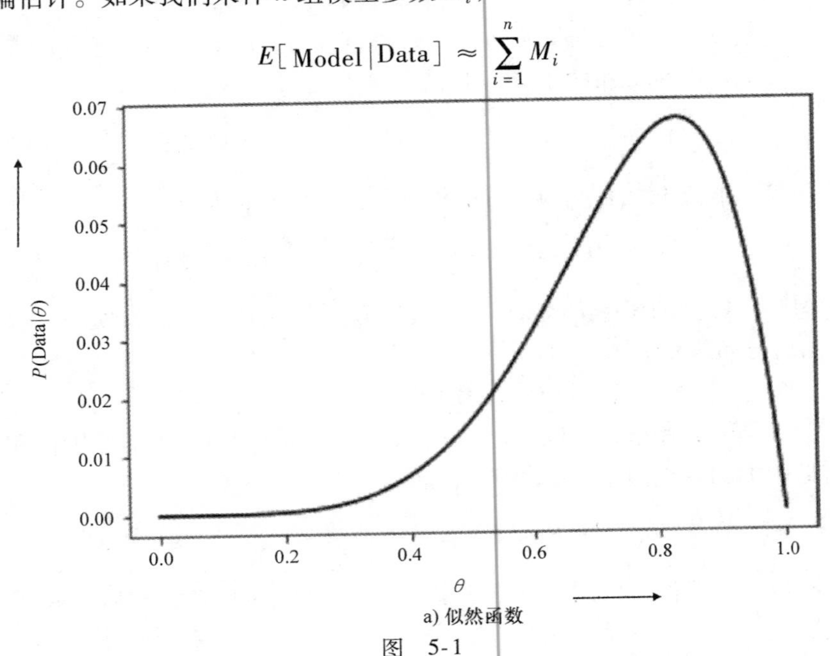

a) 似然函数

图 5-1

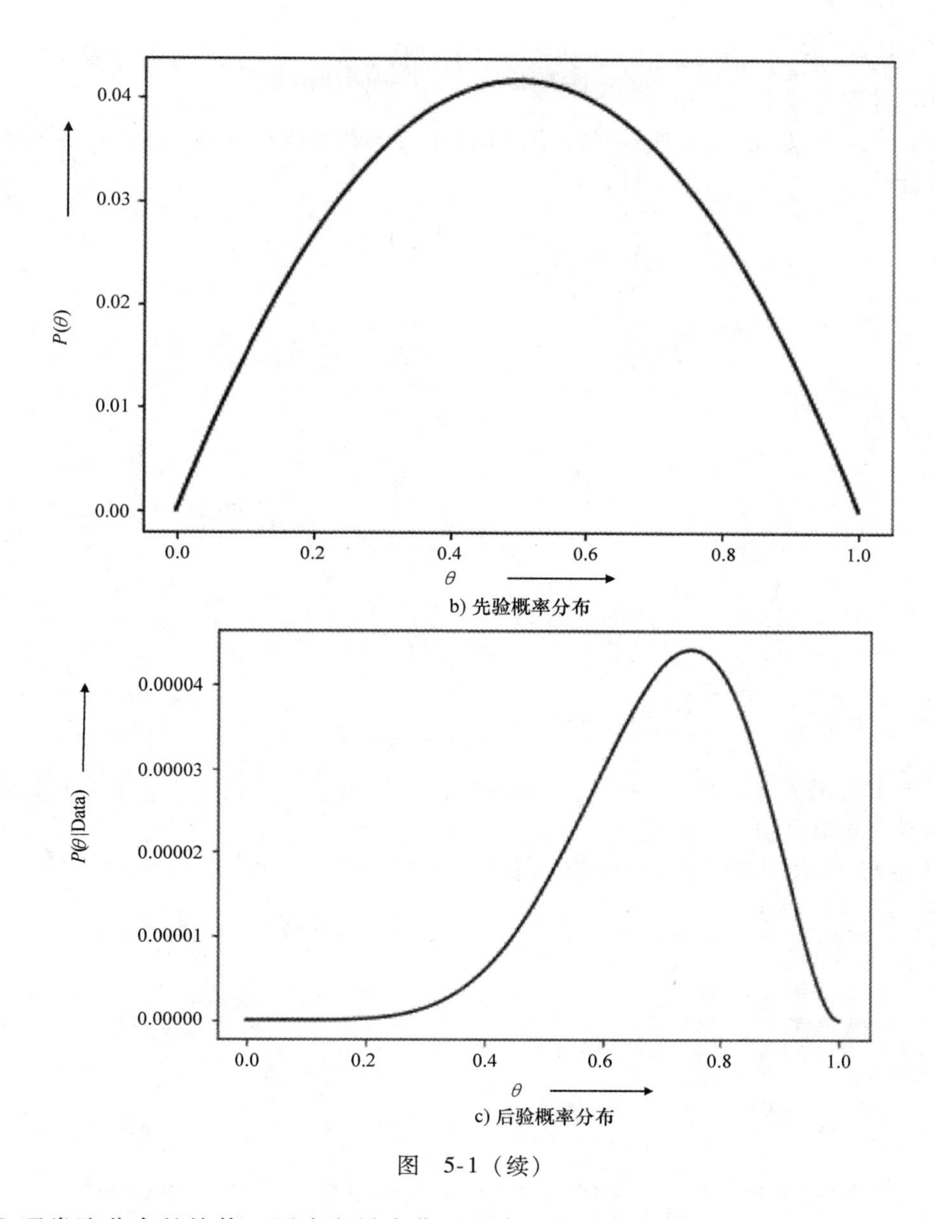

b) 先验概率分布

c) 后验概率分布

图 5-1（续）

我们通常取分布的均值，因为它最小化了所有 c 的平方误差。

当 $c=E[y]$ 时，$E[(y-c)^2]$ 最小，考虑到我们试图通过单个值表示分布的概率，使得概率分布上的平方误差最小，均值是最好的选择。

然而，如果分布是偏斜的或者数据中有大量以潜在离群值的形式存在的噪声，则可以取分布的中位数。这个估计的中位数可以是基于从后验中抽取的样本。

5.3 MCMC 采样方法

MCMC 方法是从复杂的后验概率分布或者多元概率分布中采样的一种最流行的技术。在我们开始 MCMC 方法之前，让我们来谈谈一般的蒙特卡罗采样方法。蒙特卡罗采样方法试图根据采样点计算曲线下的面积。

例如，超越数 Pi(π)可以通过对边长为 1 的正方形和被该正方形包围的单位圆的 1/4 进行采样来计算。如图 5-2 所示，Pi 值计算如下：

$$\frac{4\text{Area}(OAC)}{\text{Area}(OABC)} = 4\frac{\left(\frac{1}{4}\right)\pi r^2}{r^2} = \pi$$

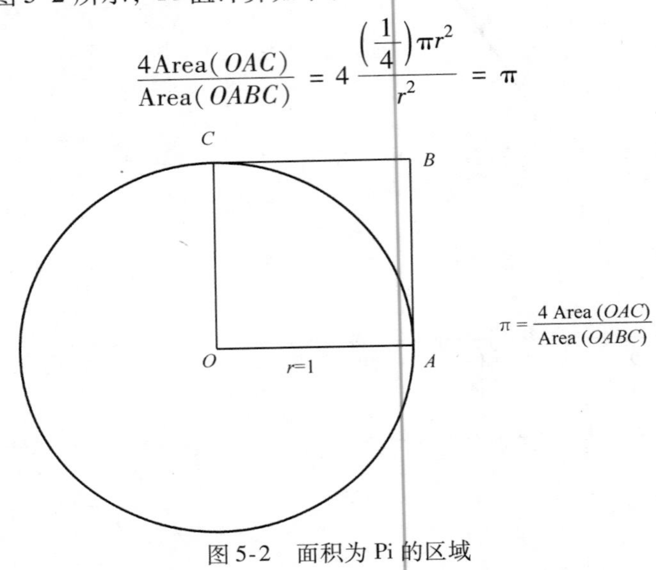

图 5-2　面积为 Pi 的区域

清单 5-1 所示为计算 Pi 值的蒙特卡罗方法，正如我们所看到的，该值非常接近 *Pi* 值。可以通过采样更多点提高准确度。

清单 5-1　通过蒙特卡罗采样计算 Pi 值。

```
import numpy as np
number_sample = 100000
inner_area,outer_area = 0,0
for i in range(number_sample):
    x = np.random.uniform(0,1)
    y = np.random.uniform(0,1)
    if (x**2 + y**2) < 1 :
        inner_area += 1
    outer_area += 1

print("The computed value of Pi:",4*(inner_area/float(outer_area)))

--Output--
('The computed value of Pi:', 3.142)
```

如果维度空间很大，那么简单的蒙特卡罗方法是非常低效的，因为维度越大，相关性的影响越大。MCMC 方法在这种情况下是有效的，因为它们花更多时间从高概率区域收集样本而不是从低概率区域收集样本。普通的蒙特卡罗方法均匀地探索概率空间，其探索低概率区域所费时间与探索高概率区域相同。众所周知，在通过采样计算函数的期望时，低概率区域的贡献是微不足道的，因此，当算法在这样的区域中花费大量时间时，会使处理时间更长。MCMC 方法背后的主要启发式方法不是均匀地探索概率空间，而是更多地关注高概率区域。在高维空间中，由于相关性，大部分空间区域稀疏，仅在特定区域是密集的。因此，我们的想法是花更多时间从这些高概率区域收集更多样本，并花尽可能少的时间来探索低概率区域。

马尔可夫链是一种随机过程，它生成随时间演变的随机样本序列。随机变量的下一个值仅由变量的前一个值确定。马尔可夫链一旦进入高概率区域，就会尝试尽可能多地收集具有高概率密度的点。它通过以当前样本值为条件生成下一个样本，从而以较高概率选择当前样本附近的点，并以低概率选择较远的点。这确保马尔可夫链从当前的高概率区域收集尽可能多的点。然而，偶尔需要从当前样本远跳才能探索，离当前马尔可夫链正在执行的区域很远的其他潜在高概率区域。

马尔可夫链的概念可以通过气体分子在稳定状态下的封闭容器中的运动来说明。容器的某些部分具有比其他区域更高的气体分子密度，并且由于气体分子处于稳定状态，每个状态的概率（由气体分子的位置确定）将保持恒定，即使可能有气体分子从一个位置移动到另一个位置。

为简单起见，我们假设气体分子只有三种状态（在这种情况下是气体分子的位置），如图5-3所示。让我们用 A、B 和 C 表示这些状态以及用 P_A、P_B 和 P_C 来表示对应概率。

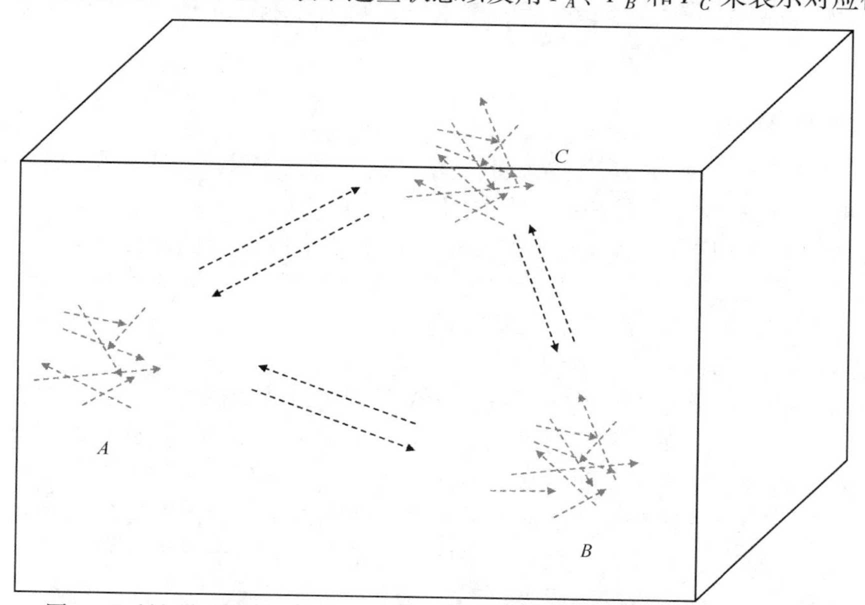

图5-3　封闭容器中的气体在稳定状态下的运动仅有三种状态：A、B 和 C

由于气体分子处于稳定状态，如果有气体分子转变为其他状态，则需要保持平衡以保持概率分布平稳。最简单的假设是从状态 A 到状态 B 丢失的概率质量应该由从状态 B 回到状态 A 补充回来；即成对地，状态处于平衡状态。

假设 $P(B|A)$ 是从状态 A 到状态 B 的转移概率。那么，从状态 A 到状态 B 的概率质量由下式给出：

$$P(A)(B|A) \tag{5-6}$$

同样，从状态 B 到状态 A 的概率质量由下式给出：

$$P(B)P(A \mid B) \tag{5-7}$$

因此，根据式（5-6）和式（5-7），在稳定状态下，我们有

$$P(A)(B \mid A) = P(B)P(A \mid B) \tag{5-8}$$

保持概率分布的平稳性。这称为细致平衡条件（detailed balance condition），它是概率分布平稳性的充分不必要条件。气体分子可以以更复杂的方式处于平衡状态，当可能的状态空间是无限时，这种形式的细致平衡在数学上十分简洁。这种方法已广泛应用于 MCMC 方法中，其基于当前点去采样下一个点且具有较高的接受概率。简而言之，我们希望马尔可夫链的移动表现得像稳定状态下的气体分子在高概率区域花费更多时间而不是在低概率区域保持细致平衡条件完整。

这里列出了一些马尔可夫链良好的实现需要满足的其他条件：

不可约性——马尔可夫链的理想特性是我们可以从一个状态进入任何其他状态。这一点很重要，因为在马尔可夫链中，尽管我们希望继续探索高概率状态的附近状态，但有时我们可能需要跳转并探索一些远区，希望新区域可能是另一个高概率区域。

非周期性——马尔可夫链不应该经常重复，否则将无法遍历整个空间。想象一下有 20 个状态的空间。如果在探索五个状态后，链重复，则不可能遍历所有 20 个状态，从而导致次优采样。

5.3.1 Metropolis 算法

Metropolis 算法是一种 MCMC 方法，其使用当前接受状态来确定下一状态。时间（$t+1$）处的样本与时间 t 处的样本条件相关。在时间（$t+1$）的状态是从正态分布中得出的，其中均值等于在时间 t 处的样本，具有特定的方差。一旦进行采样，检查时间（$t+1$）处和时间 t 处的样本之间的概率比。如果 $P(x^{(t+1)})/P(x^{(t)})$ 大于或等于 1，则选择样本 $x^{(t+1)}$；如果小于 1，则随机选择样本。接下来是详细的实施步骤。

- 从任意随机采样点 $X^{(1)}$ 开始。
- 选择下一个点 $X^{(2)}$，$X^{(2)}$ 与 $X^{(1)}$ 条件相关。你可以从均值为 $X^{(1)}$、方差为有限值、假设为 $S^{(2)}$ 的正态分布中选择 $X^{(2)}$。所以，$X^{(2)} \sim \text{Normal}(X^{(1)}, S^2)$。良好采样的决定因素是非常合理地选择方差 S^2，方差不应该太大，因为方差太大会使下一个样本 $X^{(2)}$ 不太可能在当前样本 $X^{(1)}$ 附近，这时探索高概率区域的时间可能不会那么多，大多数时候选择的下一个样本会远离当前样本。同时，方差不应太小。在这种情况下，下一个样本几乎总是保持在当前点附近，因此探索远离当前区域的不同高概率区域的概率将降低。
- 一些特殊的启发式方法用于确定是否接受从上一步生成的 $X^{(2)}$。
  - ■ 如果比值 $P(X^{(2)})/P(X^{(1)}) \geqslant 1$，则接受 $X^{(2)}$ 并将其保持为有效采样点。接受的样本成为生成下一个样本的 $X^{(1)}$。
  - ■ 如果比值 $P(X^{(2)})/P(X^{(1)}) < 1$，那么从 0 和 1 之间的均匀分布，如 $U[0,1]$ 中随机生成的一个数字，若比值大于该数字，则接受 $X^{(2)}$。

我们可以看到，如果我们转向更高概率的样本，那么我们接受新样本；如果我们转向概率较低的样本，我们有时接受，有时拒绝新样本。如果比值 $P(X^{(2)})/P(X^{(1)})$ 小，则拒绝概率增加。假设比值 $P(X^{(2)})/P(X^{(1)}) = 0.1$。当我们从均匀分布中生成 0 ~ 1 之间的随机数 r_u

时，则 $r_u > 0.1$ 的概率为0.9，这反过来意味着新样本被拒绝的概率为0.9。一般来说，

$$P(r_u > r) = 1 - r$$

式中，r 是新样本和旧样本的概率之比。

让我们试着直观地来看，为什么这样的启发式方法可以用于 MCMC 方法。根据细致平衡，

$$P(X^{(1)})P(X^{(2)} \mid X^{(1)}) = P(X^{(2)})P(X^{(1)} \mid X^{(2)})$$

我们假设转换概率服从正态分布。我们没有检查所采用的转移概率框架是否足以维持我们希望服从的以细致平衡形式表达的概率分布的平稳性。我们假设 $P(X_1 \mid X_2)$ 和 $P(X_2 \mid X_1)$ 为两个状态 X_1 和 X_2 之间保持分布平稳性的理想转移概率。所以，根据细致平衡条件，必须满足以下条件：

$$P(X_1 \mid X_2)P(X_1) = P(X_2 \mid X_1)P(X_2)$$

然而，找到这样一个理想的转移概率函数，其可以通过施加细致平衡条件来确保平稳性，是非常困难的。我们从合适的转移概率函数开始，假设为 $T(x/y)$，其中 y 表示当前状态，x 表示基于 y 的下一个要采样的状态。对于两个状态 X_1 和 X_2，从状态 X_2 到 X_1 的转移，转移概率为 $T(X_1/X_2)$；从状态 X_1 到 X_2 的转移，转移概率为 $T(X_2/X_1)$。由于假定的转移概率不同于通过细致平衡维持平稳性所需的理想转移概率，因此我们有一定概率根据下一步行动的好坏接受或拒绝样本。为了描述这个概率，考虑到从 X_1 到 X_2 的状态转移的接受概率为

$$P(X_2 \mid X_1) = T(X_2 \mid X_1)A(X_2 \mid X_1)$$

式中，$A(X_2 \mid X_1)$ 是从 X_1 转移到 X_2 的接受概率。

根据细致平衡条件，

$$P(X_1 \mid X_2)P(X_1) = P(X_2 \mid X_1)P(X_2)$$

将理想转移概率替换为假定的转移概率和接受概率的乘积，我们有

$$T(X_2 \mid X_1)A(X_2 \mid X_1)P(X_1) = T(X_1 \mid X_2)A(X_1 \mid X_2)P(X_2)$$

整理上式，我们得到接受概率比为

$$\frac{A(X_2 \mid X_1)}{A(X_1 \mid X_2)} = \frac{T(X_1 \mid X_2)P(X_2)}{T(X_2 \mid X_1)P(X_1)}$$

Metropolis 算法给出了满足上式的简单提议：

$$A(X_2 \mid X_1) = \min\left(1, \frac{T(X_1 \mid X_2)P(X_2)}{T(X_2 \mid X_1)P(X_1)}\right)$$

在 Metropolis 算法中，假定的转移概率通常设为对称的正态分布，因此 $T(X_1 \mid X_2) = T(X_2 \mid X_1)$。这简化了从 X_1 到 X_2 的转移的接受概率，

$$A(X_2 \mid X_1) = \min\left(1, \frac{P(X_2)}{P(X_1)}\right)$$

如果接受概率为1，那么我们接受概率为1的移动，而如果接受概率 r 小于1，那么我们以概率为 r 接受新样本并以概率为（$1-r$）拒绝样本。通过比较来自0和1之间均匀分布的随机生成的样本 r_u 的比值并且在 $r_u > r$ 的情况下拒绝样本，来实现对概率为（$1-r$）的样本的拒绝。这是因为对于均匀分布概率 $P(r_u > r) = 1 - r$，这确保了保持所需的拒绝概率。

在清单5-2中，我们实现了基于 Metropolis 算法的二元高斯分布采样。

清单 5-2　基于 Metropolis 算法的二元高斯分布

```
import numpy as np
import matplotlib.pyplot as plt
# 现在让我们用一种名为Metropolis Hastings算法的MCMC方法生成概率分布
# 我们假定的转移概率服从X2 ~N(X1,Covariance= [[0.2 , 0],[0,0.2]])


import time
start_time = time.time()
# 设置常数和初始变量条件
num_samples=100000
prob_density = 0
## 计划是从二元高斯分布中采样，两个变量的分布为均值(0,0)和协方差0.7

mean = np.array([0,0])
cov = np.array([[1,0.7],[0.7,1]])
cov1 = np.matrix(cov)
mean1 = np.matrix(mean)
x_list,y_list = [],[]
accepted_samples_count = 0
## 概率分布的归一化器
## 实际上这并不需要，因为我们推断采用的是概率的比值
normalizer = np.sqrt( ((2*np.pi)**2)*np.linalg.det(cov))
## 从初始点 (0,0) 开始
x_initial, y_initial = 0,0
x1,y1 = x_initial, y_initial

for i in xrange(num_samples):
    ## 设置条件概率分布，将现有点作为均值，设置小方差为0.2，使得现有点附近的点被采样

    mean_trans = np.array([x1,y1])
    cov_trans = np.array([[0.2,0],[0,0.2]])
    x2,y2 = np.random.multivariate_normal(mean_trans,cov_trans).T
    X = np.array([x2,y2])
    X2 = np.matrix(X)
    X1 = np.matrix(mean_trans)
    ## 计算现有点和新采样点的概率密度
    mahalnobis_dist2 = (X2 - mean1)*np.linalg.inv(cov)*(X2 - mean1).T
    prob_density2 = (1/float(normalizer))*np.exp(-0.5*mahalnobis_dist2)
    mahalnobis_dist1 = (X1 - mean1)*np.linalg.inv(cov)*(X1 - mean1).T
    prob_density1 = (1/float(normalizer))*np.exp(-0.5*mahalnobis_dist1)
    ## 这是算法的核心。比较新点的概率密度与现有点的比率 (acceptance_ratio)，如果新点概率密度大，选择新点。如果概率密度较小，则随机选择，其中所选择的概率与接受率的比值成比例
    acceptance_ratio = prob_density2[0,0] / float(prob_density1[0,0])
    if (acceptance_ratio >= 1) | ((acceptance_ratio < 1) and (acceptance_ratio >= np.random.uniform(0,1)) ):
        x_list.append(x2)
        y_list.append(y2)
        x1 = x2
        y1 = y2
        accepted_samples_count += 1
```

在 v 条件下，h 各元素的联合概率分布分解为在 v 条件下彼此独立的表达式的乘积。这使得 h 的分量（即 h_i，$\forall i \in \{1, 2, \cdots, n\}$）在给定的 v 条件下，彼此条件独立。我们得到

$$P(h_1 h_2 \cdots h_n | v) = P(h_1 | v) P(h_2 | v) \cdots P(h_n | v) \tag{5-19}$$

$$P(h_j | v) = \frac{e^{c_j h_j + v^{T} W[:,j] h_j}}{\sum_{h_j=0}^{1} e^{c_j h_j + v^{T} W[:,j] h_j}} \tag{5-20}$$

将 $h_j = 1$ 和 $h_j = 0$ 代入式（5-20），我们得到

$$P(h_j = 1 | v) = \frac{e^{c_j + v^{T} W[:,j]}}{1 + e^{c_j + v^{T} W[:,j]}} \tag{5-21}$$

$$P(h_j = 0 | v) = \frac{1}{1 + e^{c_j + v^{T} W[:,j]}} \tag{5-22}$$

式（5-21）和式（5-22）说明隐藏单元 h_i，$\forall i \in \{1, 2, \cdots, n\}$ 是独立的 Sigmoid 单元：

$$P(h_j = 1 | v) = \sigma(c_j + v^{T} W[:,j]) \tag{5-23}$$

将 v 和 W［:，j］的分量展开，我们可以重写式（5-23），得

$$P(h_j = 1 | v) = \sigma\left(c_j + \sum_{i=1}^{m} v_i w_{ij}\right) \tag{5-24}$$

式中，σ（.）表示 Sigmoid 函数，即

$$\sigma(x) = \frac{1}{(1 + e^{-x})}$$

类似地，可以证明：

$$P(v_1 v_2 \cdots v_m | h) = P(v_1 | h) P(v_2 | h) \cdots P(v_m | h)$$

这意味着在给定可见状态的情况下，隐藏单元彼此条件独立。由于受限玻尔兹曼机是对称的无向网络，与可见单元一样，给定隐藏状态的可见单元的概率可以类似地表示为

$$P(v_i = 1 | h) = \sigma\left(b_i + \sum_{j=1}^{n} h_j w_{ij}\right) \tag{5-25}$$

从式（5-24）和式（5-25）我们可以清楚地看到可见和隐藏单元实际上是二进制 Sigmoid 单元，向量 b 和 c 分别为可见和隐藏单元处的偏差。在训练模型时，隐藏单元和可见单元的这种对称且条件独立的依赖性是有用的。

5.4.1 训练受限玻尔兹曼机

我们需要训练玻尔兹曼机以得到模型参数 b、c、W，其中 b 和 c 分别是可见单元和隐藏单元的偏差向量，W 是可见层和隐藏层之间的权重连接矩阵。为便于参考，模型参数可统称为

$$\theta = [b; c; W]$$

可以通过最大化输入数据点的对数似然函数来训练模型参数。对于每个数据点来说，输入就是对应于可见单元的数据。似然函数如下：

$$L(\theta) = P(v^{(1)} v^{(2)} \cdots v^{(m)} | \theta)$$

由于在给定模型条件下，输入的数据点是独立的，即

$$L(\theta) = P(v^{(1)} | \theta) P(v^{(2)} | \theta) \cdots P(v^{(m)} | \theta) = \prod_{t=1}^{m} P(v^{(t)} | \theta) \tag{5-26}$$

对式（5-26）中的函数两边求对数，获得对数似然：

$$C = \log L(\theta) = \sum_{t=1}^{m} \log P(v^{(t)} | \theta) \tag{5-27}$$

通过联合概率形式展开式（5-27）中的概率，我们得到

$$\begin{aligned}
C &= \sum_{t=1}^{m} \log P(v^{(t)} | \theta) \\
&= \sum_{t=1}^{m} \log \sum_{h} P(v^{(t)}, h | \theta) \\
&= \sum_{t=1}^{m} \log \sum_{h} \frac{e^{-E(v^{(t)}, h)}}{Z} \\
&= \sum_{t=1}^{m} \log \frac{\sum_{h} e^{-E(v^{(t)}, h)}}{Z} \\
&= \sum_{t=1}^{m} \log \sum_{h} e^{-E(v^{(t)}, h)} - \sum_{t=1}^{m} \log Z \\
&= \sum_{t=1}^{m} \log \sum_{h} e^{-E(v^{(t)}, h)} - m \log Z
\end{aligned} \tag{5-28}$$

与式（5-28）中的第一项不同，配分函数 Z 不受可见层输入 $v^{(t)}$ 的约束。Z 是在 v 和 h 的所有可能组合上，能量的负指数的和，因此可以表示为

$$Z = \sum_{v} \sum_{h} e^{-E(v,h)}$$

用式（5-28）替换 Z，得到

$$C = \sum_{t=1}^{m} \log \sum_{h} e^{-E(v^{(t)}, h)} - m \log \sum_{v} \sum_{h} e^{-E(v,h)} \tag{5-29}$$

现在，让我们对组合参数 θ 求成本函数的梯度。我们可以认为 C 包含两部分——ρ^{+} 和 ρ^{-}，其中

$$\rho^{+} = \sum_{t=1}^{m} \sum_{h} e^{-E(v^{(t)}, h)}$$

$$\rho^{-} = m \log \sum_{v} \sum_{h} e^{-E(v,h)}$$

我们对 θ 求 ρ^{+} 的梯度，得

$$\nabla_{\theta}(\rho^{+}) = \sum_{t=1}^{m} \frac{\sum_{h} e^{-E(v^{(i)}, h)} \nabla_{\theta}(-E(v^{(t)}, h))}{\sum_{h} e^{-E(v^{(t)}, h)}} \tag{5-30}$$

现在，让我们简化一下 $\dfrac{\sum_h e^{-E(v^{(t)},h)}\nabla_\theta(-E(v^{(t)},h))}{\sum_h e^{-E(v^{(t)},h)}}$，将分子和分母同除以 Z，得

$$\nabla_\theta(\rho^+) = \sum_{t=1}^{m} \frac{\sum_h \frac{e^{-E(v^{(t)},h)}}{Z}\nabla_\theta(-E(v^{(t)},h))}{\frac{\sum_h e^{-E(v^{(t)},h)}}{Z}} \tag{5-31}$$

$\dfrac{e^{-E(v^{(t)},h)}}{Z} = P(v^{(t)},h|\theta)$ 和 $\dfrac{\sum_h e^{-E(v^{(t)},h)}}{Z} = P(v^{(t)}|\theta)$。使用这两个公式来表示式（5-31）的概率，我们得到

$$\begin{aligned}\nabla_\theta(\rho^+) &= \sum_{t=1}^{m} \frac{\sum_h P(v^{(t)},h|\theta)\nabla_\theta(-E(v^{(t)},h))}{P(v^{(t)}|\theta)}\\ &= \sum_{t=1}^{m}\sum_h \frac{P(v^{(t)},h|\theta)}{P(v^{(t)}|\theta)}\nabla_\theta(-E(v^{(t)},h))\\ &= \sum_{t=1}^{m}\sum_h P(h|v^{(t)},\theta)\nabla_\theta(-E(v^{(t)},h))\end{aligned} \tag{5-32}$$

可以从概率符号，例如 $P(v^{(t)},h|\theta)$、$P(v^{(t)},h|\theta)$ 等中，去掉 θ，以便于符号表达，如果有人希望这么做的话，但是保留它们会更好，因为它可以使推导更加完整，从而可以更好地解释整个训练过程。

让我们看一下函数的期望，它给出了我们在式（5-32）中看到的表达式，它是一种更有意义的形式，非常适合训练。给定 x，x 服从概率质量函数 $P(x)$，$f(x)$ 的期望由下式给出

$$E[f(x)] = \sum_x P(x)f(x)$$

如果 $x=[x_1x_2\cdots x_n]^T \in \mathbb{R}^{n\times 1}$ 是多变量的，那么要前面的表达式维持正确，那么

$$E[f(x)] = \sum_x P(x)f(x) = \sum_{x_1}\sum_{x_2}\cdots\sum_{x_n} P(x_1,x_2,\cdots,x_n)f(x_1,x_2,\cdots,x_n)$$

类似地，如果 $f(x)$ 是函数的向量，如 $f(x)=[f_1(x)\quad f_2(x)]^T$，可以使用与期望相同的表达式。在这里，人们会得到一个期望的向量，如下所示：

$$E[f(x)] = \sum_x P(x)f(x) = \begin{bmatrix}\sum_{x_1}\sum_{x_2}\cdots\sum_{x_n} P(x_1,x_2,\cdots,x_n)f_1(x_1,x_2,\cdots,x_n)\\ \sum_{x_1}\sum_{x_2}\cdots\sum_{x_n} P(x_1,x_2,\cdots,x_n)f_2(x_1,x_2,\cdots,x_n)\end{bmatrix} \tag{5-33}$$

为了显式地指出期望符号中的概率分布，可以重写函数的期望或函数向量的期望，其变量 x 服从概率分布 $P(x)$，如下：

$$E_{P(x)}[f(x)] = \sum_x P(x)f(x)$$

由于我们正在使用梯度，它是不同偏导数的向量，并且每个偏导数对于给定的 θ 和 v 值

都是 h 的函数，式（5-32）中的表达式可以用概率分布 $P(h|v^{(t)},\theta)$ 的梯度 $\nabla_\theta(-E(v^{(t)},h))$ 的期望来表示。

$$\nabla_\theta(\rho^+)=\sum_{t=1}^{m}E_{P(h|v^{(t)},\theta)}[\nabla_\theta(-E(v^{(t)},h))] \tag{5-34}$$

我们记表达式 $E_{P(h|v^{(t)},\theta)}[\nabla_\theta(-E(v^{(t)},h))]$ 是向量的期望，这在式（5-33）中说明过了。

现在，让我们对 θ 求 $\rho^-=m\log\sum_v\sum_k \mathrm{e}^{-E(v,h)}$ 的梯度：

$$\begin{aligned}\nabla_\theta(\rho^-)&=m\frac{\sum_v\sum_h \mathrm{e}^{-E(v,h)}\nabla_\theta(-E(v,h))}{\sum_v\sum_h \mathrm{e}^{-E(v,h)}}\\&=m\frac{\sum_v\sum_h \mathrm{e}^{-E(v,h)}\nabla_\theta(-E(v,h))}{Z}\\&=m\sum_v\sum_h\frac{\mathrm{e}^{-E(v,h)}}{Z}\nabla_\theta(-E(v,h))\\&=m\sum_v\sum_h P(v,h|\theta)\nabla_\theta(-E(v,h))\\&=mE_{P(h,v|\theta)}[\nabla_\theta(-E(v,h))]\end{aligned} \tag{5-35}$$

式（5-35）中的期望是 h 和 v 的联合分布，而式（5-34）中的期望是在给定的 v 条件下 h 的期望。结合式（5-34）和式（5-35），我们得到

$$\nabla_\theta(C)=\sum_{t=1}^{m}E_{P(h|v^{(t)},\theta)}[\nabla_\theta(-E(v^{(t)},h))]-mE_{P(h,v|\theta)}[\nabla_\theta(-E(v,h))] \tag{5-36}$$

如果我们看式（5-36）中对所有参数求的梯度，它有两项。第一项取决于可见数据 $v^{(t)}$，而第二项取决于来自模型的样本。第一项增加了给定观察数据的似然性，而第二项减少了来自模型的数据点的似然性。

现在，让我们针对参数集 θ 中的每个参数，即 b、c 和 W，为梯度做一些的简化，得

$$\nabla_b(-E(v,h))=\nabla_b(b^{\mathrm{T}}v+c^{\mathrm{T}}h+v^{\mathrm{T}}Wh)=v \tag{5-37}$$

$$\nabla_c(-E(v,h))=\nabla_c(b^{\mathrm{T}}v+c^{\mathrm{T}}h+v^{\mathrm{T}}Wh)=h \tag{5-38}$$

$$\nabla_W(-E(v,h))=\nabla_W(b^{\mathrm{T}}v+c^{\mathrm{T}}h+v^{\mathrm{T}}Wh)=vh^{\mathrm{T}} \tag{5-39}$$

从式（5-36）到式（5-39），参数集中对每个参数求的梯度表达式由下式给出

$$\nabla_b(C)=\sum_{t=1}^{m}E_{P(h|v^{(t)},\theta)}[v^{(t)}]-mE_{P(h,v|\theta)}[v] \tag{5-40}$$

由于第一项的概率分布以 $v^{(t)}$ 为条件，因此对 $P(h|v(t),\theta)$ 的 $v^{(t)}$ 期望是 $v^{(t)}$。

$$\nabla_b(C)=\sum_{t=1}^{m}v^{(t)}-mE_{P(h,v|\theta)}[v] \tag{5-41}$$

$$\nabla_c(C)=\sum_{t=1}^{m}E_{P(h|v^{(t)},\theta)}[h]-mE_{P(h,v|\theta)}[h] \tag{5-42}$$

由于在给定 $v^{(t)}$ 下，h（即 h_j）的每个单元是独立的，因此可以容易地计算在概率分布 $P(h|v^{(t)},\theta)$ 上 h 的期望。h 中的每一个分量都是一个带有两种可能结果的 Sigmoid 单元，它们的期望只不过是 Sigmoid 单元的输出；即

$$E_{P(h|v^{(t)},\theta)}[h] = \hat{h}^{(t)} = \sigma(c + W^{\mathrm{T}}v^{(t)})$$

如果我们用 $\hat{h}$ 代替期望值，那么式（5-42）可以写成

$$\nabla_c(C) = \sum_{t=1}^{m} \hat{h}^{(t)} - mE_{P(h,v|\theta)}[h] \tag{5-43}$$

类似地

$$\begin{aligned}\nabla_W(C) &= \sum_{t=1}^{m} E_{P(h|v^{(t)},\theta)}[v^{(t)}h^{\mathrm{T}}] - mE_{P(h,v|\theta)}[h] \\ &= \sum_{t=1}^{m} v^{(t)}\ \hat{h}^{(t)\mathrm{T}} - mE_{P(h,v|\theta)}[h]\end{aligned} \tag{5-44}$$

因此，式（5-41）、式（5-43）和式（5-44）分别表示对三个参数集求梯度。为便于参考：

$$\begin{cases}\nabla_b(C) = \sum_{t=1}^{m} v^{(t)} - mE_{P(h,v|\theta)}[v] \\ \nabla_c(C) = \sum_{t=1}^{m} \hat{h}^{(t)} - mE_{P(h,v|\theta)}[h] \\ \nabla_W(C) = \sum_{t=1}^{m} v^{(t)}\ \hat{h}(t)^{\mathrm{T}} - mE_{P(h,v|\theta)}[h]\end{cases} \tag{5-45}$$

基于这些梯度，可以用梯度下降技术来迭代地获得使似然函数最大化的参数值。然而，在梯度下降的每次迭代中计算联合概率分布 $P(h, v|\theta)$ 的期望是比较复杂的。联合分布很难计算，因为在 h 和 v 维度稍大一点的情况下，h 和 v 就有非常多的不同组合。MCMC 技术，尤其是吉布斯采样，可用于从联合分布中进行采样，并且对不同参数集，能够计算式（5-45）中的期望值。然而，MCMC 技术需要很长时间才能收敛到平稳分布，这之后它们才能提供良好的样本。因此，在梯度下降的每次迭代中调用 MCMC 采样将使学习非常缓慢且不切实际。

5.4.2 吉布斯采样

吉布斯采样是一种 MCMC 方法，可用于从多变量概率分布中采样观测。假设我们想要从多变量联合概率分布 $P(x)$ 中采样，其中 $x = [x_1 x_2 \cdots x_n]^{\mathrm{T}}$。

吉布斯采样以其他所有变量的当前值为条件，生成变量 x_i 的下一个值。令第 t 个样本表示为 $x^{(t)} = [x_1^{(t)} x_2^{(t)} \cdots x_n^{(t)}]^{\mathrm{T}}$。要生成第（$t+1$）个样本，请沿着以下思路：

● 通过从以其余变量为条件下的概率分布中采样 $x_j^{(t+1)}$。换句话说，从 $P(x_j^{(t+1)} | x_1^{(t+1)} x_1^{(t+1)} \cdots x_{j-1}^{(t+1)} x_{j+1}^{(t)} \cdots x_n^{(t)})$ 中抽取 $x_j^{(t+1)}$。所以基本上，对于在其余变量的条件下，对 x_j 采样。对于 x_j 之前的 $j-1$ 个变量，考虑它们（$t+1$）的实例，因为它们已经被采样，而对于其

余的变量，考虑它们在 t 的实例，因为它们尚未被采样。对所有变量重复该步骤。

如果每个 x_j 是离散的且有两个值 0 和 1，那么我们需要计算概率 $p_1 = P(x_j^{(t+1)} = 1 | x_1^{(t+1)} x_2^{(t+1)} \cdots x_{j-1}^{(t+1)} x_{j+1}^{(t)} \cdots x_n^{(t)})$。然后我们可以从 0 ~ 1 之间的均匀概率分布（即 $U[0, 1]$）抽取样本 u，如果 $p_1 \geqslant u$，令 $x_j^{(t+1)} = 1$，则令 $x_j^{(t+1)} = 0$。这种随机启发式方法确保概率 p_1 越高，$x_j^{(t+1)}$ 选为 1 的可能性越大。但即使 p_1 相对较大，但仍留有 $x_j^{(t+1)}$ 为 0 的空间，从而确保马尔可夫链不会卡在局部区域中，并且也可以探索其他潜在的高密度区域。我们在 Metropolis 算法中也有同样的启发式方法。

- 如果希望从联合概率分布 $P(x)$ 生成 m 个样本，则前一步骤必须重复 m 次。

在能采样进行之前，要确定基于联合概率分布的每个变量的条件分布。如果你正在研究贝叶斯网络或受限玻尔兹曼机，那么变量中存在某些约束，这些约束有助于以有效的方式确定这些条件分布。

例如，如果需要从具有均值 $[0 \quad 0]$ 和协方差矩阵 $\begin{bmatrix} 1 & \rho \\ \rho & 1 \end{bmatrix}$ 的二元正态分布进行吉布斯采样，那么条件概率分布计算如下：

$$P(x_2 | x_1) = P(x_1, x_2) / P(x_1)$$
$$P(x_1 | x_2) = P(x_1, x_2) / P(x_2)$$

如果通过 $\int_{x_2} P(x_1, x_2) \mathrm{d}x_2$ 和 $\int_{x_1} P(x_1, x_2) \mathrm{d}x_1$ 得到边缘分布 $P(x_1)$ 和 $P(x_2)$，那么，

$$x_2 | x_1 \sim \text{Normal}(\rho x_1, 1 - p^2)$$
$$x_1 | x_2 \sim \text{Normal}(\rho x_2, 1 - p^2)$$

5.4.3 块吉布斯采样

吉布斯采样有多种变体，块吉布斯采样（Block Gibbs Sampling）就是其中之一。在块吉布斯采样中，将多个变量组合在一起，然后以剩余变量为条件对变量组进行采样，而不是单独对各个变量进行采样。例如，在受限玻尔兹曼机中，能够以可见单元状态变量 $v = [v_1 v_2 \cdots v_m]^{\mathrm{T}} \in \mathbb{R}^{m \times 1}$ 条件，对隐藏单元状态变量 $h = [h_1 h_2 \cdots h_n]^{\mathrm{T}} \in R^{n \times 1}$ 一起采样，反之亦然。因此，对联合概率分布 $P(v, h)$ 采样，通过块吉布斯采样，可以通过条件分布 $P(h|v)$ 在给定可见单元状态条件下，对所有隐藏单元状态进行采样，以及通过条件分布 $P(v|h)$ 在给定隐藏单元状态条件下，对所有可见单元状态进行采样。吉布斯采样的第（$t+1$）次迭代生成的样本为

$$h^{(t+1)} \sim P(h \mid v^{(t)})$$
$$v^{(t+1)} \sim P(v \mid h^{(t+1)})$$

所以，（$v^{(t+1)}$，$h^{(t+1)}$）是在第（$t+1$）次迭代时的组合样本。

如果我们必须计算函数 $f(h, v)$ 的期望，可以按如下方式计算：

$$E[f(h,v)] \approx \frac{1}{M} \sum_{t=1}^{M} f(h^{(t)}, v^{(t)})$$

式中，M 表示从联合概率分布 $P(v, h)$ 生成的样本数。

5.4.4 Burn－in 阶段和吉布斯采样中的样本生成

对于计算期望或其他基于联合概率分布的计算，为了使样本尽可能独立，通常以 k 个样本的间隔抽取样本。k 的值越大，越能消除生成样本之间的自相关。此外，直接忽略在吉布斯采样开始时生成的样本。这些被忽略的样本就是在 burn－in 阶段（不作数阶段）生成的。

在我们真正开始采样之前需要经历 burn－in 阶段，该阶段利用马尔可夫链收敛到平衡分布。这是必需的，因为我们可能是从实际分布中的低概率区域采样的任意样本中生成马尔可夫链，因此我们可以丢弃这些不需要的样本。低概率样本对实际期望没有太大贡献，因此样本中含有大量低概率样本会使期望变得不准确。一旦马尔可夫链运行足够长时间，它就会定位到一些高概率区域，此时我们可以开始收集样本。

5.4.5 基于吉布斯采样的受限玻尔兹曼机

块吉布斯采样可用于计算联合概率分布 $P(v,\ h\mid\theta)$ 的期望，在式（5-45）中，其可以用于对模型参数 b、c 和 W 求梯度。以下是式（5-45），以便于参考。

$$
\begin{cases}
\nabla_b(C) = \sum\limits_{t=l}^{m} v^{(t)} - mE_{P(h,v|\theta)}[v] \\
\nabla_c(C) = \sum\limits_{t=l}^{m} \hat{h} - mE_{P(h,v|\theta)}[h] \\
\nabla_W(C) = \sum\limits_{t=l}^{m} v^{(t)}\hat{h}^{\mathrm{T}} - mE_{P(h,v|\theta)}[vh^{\mathrm{T}}]
\end{cases}
$$

期望 $E_{P(h,v|\theta)}[v]$、$E_{P(h,v|\theta)}[h]$ 和 $E_{P(h,v|\theta)}[vh^{\mathrm{T}}]$ 都需要从联合概率分布 $P(v,h|\theta)$ 中采样。通过块吉布斯采样，样本（v，h）可以根据其条件概率采样如下，其中 t 表示吉布斯采样的迭代次数，即

$$
h^{(t+1)} \sim P(h|v^{(t)},\theta)
$$
$$
v^{(t+1)} \sim P(v|h^{(t+1)},\theta)
$$

使采样变得更容易的原因是，在给定可见单元状态条件下，隐藏单元的 h_j 是独立的，反之亦然，

$$
P(h|v) = P(h_1|v)P(h_2|v)\cdots P(h_n|v) = \prod_{j=1}^{n} P(h_j|v)
$$

这允许在给定可见单元状态值的条件下，并行独立地对各个隐藏单元的 h_j 进行采样。参数 θ 已从前面的符号中删除，因为当我们进行吉布斯采样时，对于每一步梯度下降来说，θ 保持不变。现在，每个隐藏单元输出状态 h_j 可以是 0 或 1，并且其假定状态 1 的概率由式（5-24）给出：

$$
P(h_j = 1 \mid v) = \sigma\left(c_j + \sum_{i=1}^{m} v_i w_{ij}\right)
$$

可以基于当前值 $v = v^{(t)}$ 和模型参数 c，$W \in \theta$ 来计算该概率。将计算的概率 $P(h_j|v^{(t)})$

与从均匀分布 $U[0,1]$ 生成的随机样本 u 进行比较。如果 $P(h_j|v^{(t)})>u$，那么采样的 $h_j=1$，否则 $h_j=0$。以这种方式采样的所有这些 h_j 形成组合隐藏单元状态向量 $h^{(t+1)}$。

同样，在给定隐藏单元状态条件下，可见单元是独立的，即

$$P(v\mid h) = P(v_1\mid h)P(v_2\mid h)\cdots P(v_n\mid h) = \prod_{i=1}^{m}P(v_i\mid h)$$

给定 $h^{(t+1)}$ 条件下，可以独立地对每个可见单元进行采样，以与隐藏单元相同的方式得到组合 $v^{(t+1)}$。如此，在第（$t+1$）次迭代中产生所需样本（$v^{(t+1)}$，$h^{(t+1)}$）。

所有期望 $E_{P(h,v|\theta)}[v]$、$E_{P(h,v|\theta)}[h]$和 $E_{P(h,v|\theta)}[vh^{\mathrm{T}}]$可以通过吉布斯采样生成的样本的均值来计算。如果我们在考虑如前所述的 burn - in 阶段和自相关后，采用 N 个样本，则可以按如下方式计算所需的期望值，即

$$E_{P(h,v|\theta)}[v] \approx \frac{1}{N}\sum_{i=1}^{N}v^{(i)}$$

$$E_{P(h,v|\theta)}[h] \approx \frac{1}{N}\sum_{i=1}^{N}h^{(i)}$$

$$E_{P(h,v|\theta)}[vh^{\mathrm{T}}] \approx \frac{1}{N}\sum_{i=1}^{N}v^{(i)}h^{(i)\mathrm{T}}$$

然而，对于联合分布进行吉布斯采样，以在每次梯度下降迭代中生成 N 个样本，通常是非常麻烦且是不切实际的。还有另一种方法来近似这些期望，称为对比散度，我们将在下一节讨论。

5.4.6 对比散度

在每一步梯度下降的过程中，对联合概率分布 $P(h,v|\theta)$进行吉布斯采样，是非常具有挑战性的。因为 MCMC 方法，如吉布斯采样，需要很长的时间收敛，这是为了产生无偏样本所需要的。从联合概率分布中提取的这些无偏样本用于计算期望项 $E_{P(h,v|\theta)}[v]$、$E_{P(h,v|\theta)}[h]$和 $E_{P(h,v|\theta)}[vh^{\mathrm{T}}]$，这些期望项仅是 $E_{P(h,v|\theta)}[\nabla_\theta(-E(v,h))]$中的分量。如式（5-36）所推导的那样，得

$$\nabla_\theta(C) = \sum_{t=1}^{m}E_{P(h|v^{(t)},\theta)}[\nabla_\theta(-E(v^{(t)},h))] - mE_{P(h,v|\theta)}[\nabla_\theta(-E(v,h))]$$

上式中的第二项可以改写为在 M 个数据点上的求和，因此

$$\nabla_\theta(C) = \sum_{t=1}^{m}E_{P(h|v^{(t)},\theta)}[\nabla_\theta(-E(v^{(t)},h))] - \sum_{t=1}^{m}E_{P(h,v|\theta)}[\nabla_\theta(-E(v,h))]$$

通过一次迭代进行吉布斯采样获得候选样本（$\bar{v}$，$\bar{h}$），然后通过在该样本上进行点估计，用对比散度近似总体期望 $E_{P(h,v|\theta)}[\nabla_\theta(-E(v,h))]$。

$$E_{P(h,v|\theta)}[\nabla_\theta(-E(v,h))] \approx \nabla_\theta(-E(\bar{v},\bar{h}))$$

对每个数据点 $v^{(t)}$ 进行这种近似，则总体梯度的表达式改写如下：

$$\nabla_\theta(C) \approx \sum_{t=1}^{m}E_{P(h|v^{(t)},\theta)}\ [\nabla_\theta(-E(v^{(t)},h))] - \sum_{t=1}^{m}[\nabla_\theta(-E(\bar{v}^{(t)},\bar{h}(t)))]$$

图5-6显示出了如何对每个输入数据点 $v^{(t)}$ 进行吉布斯采样，以通过点估计获得联合概率分布上的期望近似。吉布斯采样从 $v^{(t)}$ 开始，基于条件概率分布 $P(h|v^{(t)})$，得到新的隐藏状态 h'。如前面所讨论的，每个隐藏单元 h_j 可以独立采样，然后组合形成隐藏状态向量 h'。然后基于条件概率分布 $P(v|h')$ 对 v' 进行采样。这个迭代过程通常运行两对迭代，最后的 v 和 h 同时被采样作为候选样本（$\bar{v}$，$\bar{h}$）。

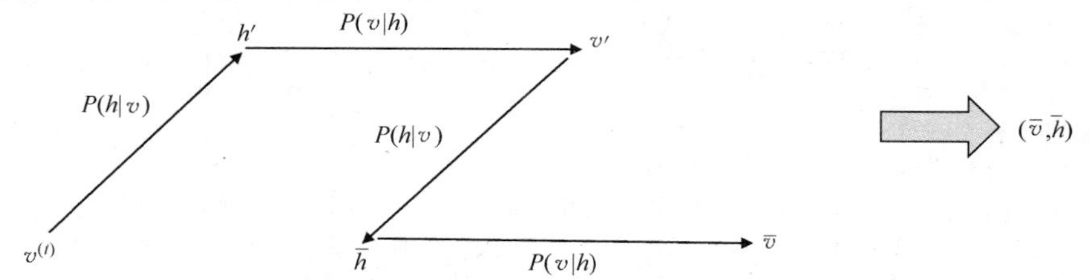

图5-6　两次迭代的吉布斯采样求一个样本的对比散度

对比散度法使得梯度下降速度更快，因为每一步梯度下降过程中的吉布斯采样仅限于几次迭代，通常情况下每个数据点只要一次或两次迭代就可以了。

5.4.7　受限玻尔兹曼机的 TensorFlow 实现

在本节中，我们将在 MNIST 数据集上实现受限玻尔兹曼机。在这里，我们试图通过定义一个受限玻尔兹曼机网络来对 MNIST 图像结构建模，该网络由作为可见单元的图像像素和500个隐藏层组成，以破译每个图像的内部结构。由于 MNIST 图像的维数为 28×28，当拍平为向量时，我们有784个可见单元。我们试图通过训练玻尔兹曼机来正确地捕捉隐藏的结构。在给定输入图像的可见表示，对所述隐藏状态进行采样时，表示相同数字的图像，应该有相同或相似的隐藏状态。在给定它们的隐藏结构，对可见单元进行采样时，以图像形式组织起来的可见单元值应对应于图像的标签。详细的代码如清单5-3a所示。

清单5-3a　MNIST 数据集上的受限玻尔兹曼机实现

```
## 导入所需库
import numpy as np
import pandas as pd
import tensorflow as tf
import matplotlib.pyplot as plt
%matplotlib inline

## 读取 MNIST 文件
from tensorflow.examples.tutorials.mnist import input_data
mnist = input_data.read_data_sets("MNIST_data", one_hot=True)

## 设置训练参数

n_visible    = 784
n_hidden   = 500
display_step = 1
num_epochs = 200
batch_size = 256
lr        = tf.constant(0.001, tf.float32)
```

```
## 定义权重和偏差的 tensorflow 变量以及输入的占位符
x  = tf.placeholder(tf.float32, [None, n_visible], name="x")
W  = tf.Variable(tf.random_normal([n_visible, n_hidden], 0.01), name="W")
b_h = tf.Variable(tf.zeros([1, n_hidden], tf.float32, name="b_h"))
b_v = tf.Variable(tf.zeros([1, n_visible],tf.float32, name="b_v"))

## 将概率转换为离散二进制状态，即0和1
def sample(probs):
    return tf.floor(probs + tf.random_uniform(tf.shape(probs), 0, 1))

## 吉布斯采样步骤
def gibbs_step(x_k):
        h_k = sample(tf.sigmoid(tf.matmul(x_k, W) + b_h))
        x_k = sample(tf.sigmoid(tf.matmul(h_k, tf.transpose(W)) + b_v))
        return x_k
## 从初始点开始运行多个吉布斯采样步骤
def gibbs_sample(k,x_k):
    for i in range(k):
        x_out = gibbs_step(x_k)
# 在k次迭代后返回吉布斯样本
    return x_out


# 对比散度算法
# 1. 通过吉布斯采样，根据当前可见状态x 定位新的可见状态 x_sample
# 2. 基于新的x样本，新的h为 h_sample
x_s = gibbs_sample(2,x)
h_s = sample(tf.sigmoid(tf.matmul(x_s, W) + b_h))

# 基于给定可见状态对隐藏状态进行采样
h = sample(tf.sigmoid(tf.matmul(x, W) + bh))
# 基于给定隐藏状态对可见状态进行采样
x_ = sample(tf.sigmoid(tf.matmul(h, tf.transpose(W)) + b_v))

# 基于梯度下降更新权重
size_batch = tf.cast(tf.shape(x)[0], tf.float32)
W_add = tf.multiply(lr/size_batch, tf.subtract(tf.matmul(tf.transpose
      (x), h), tf.matmul(tf.
transpose(x_s), h_s)))
bv_add = tf.multiply(lr/size_batch, tf.reduce_sum(tf.subtract
(x, x_s), 0, True))
bh_add = tf.multiply(lr/size_batch, tf.reduce_sum(tf.subtract
(h, h_s), 0, True))
updt = [W.assign_add(W_add), b_v.assign_add(bv_add), b_h.assign_add
(bh_add)]
# 执行 TensorFlow 图

with tf.Session() as sess:
    # Initialize the variables of the Model
    init = tf.global_variables_initializer()
    sess.run(init)
```

```
    total_batch = int(mnist.train.num_examples/batch_size)
    # 开始训练
    for epoch in range(num_epochs):
        # 循环所有批次
        for i in range(total_batch):
            batch_xs, batch_ys = mnist.train.next_batch(batch_size)
            # 进行权重更新
            batch_xs = (batch_xs > 0)*1
            _ = sess.run([updt], feed_dict={x:batch_xs})
        # 显示运行步骤
        if epoch % display_step == 0:
            print("Epoch:", '%04d' % (epoch+1))

print("RBM training Completed !")

## 为MNIST测试集中的前20个图像生成隐藏结构

out = sess.run(h,feed_dict={x:(mnist.test.images[:20]> 0)*1})
label = mnist.test.labels[:20]

## 显示任意测试图像的隐藏表示，例如第3条记录

## 第3条记录的输出级别应对应于生成的图
plt.figure(1)
for k in range(20):
    plt.subplot(4, 5, k+1)
    image = (mnist.test.images[k]> 0)*1
    image = np.reshape(image,(28,28))
    plt.imshow(image,cmap='gray')

plt.figure(2)

for k in range(20):
    plt.subplot(4, 5, k+1)
    image = sess.run(x_,feed_dict={h:np.reshape(out[k],(-1,n_hidden))})
    image = np.reshape(image,(28,28))
    plt.imshow(image,cmap='gray')
    print(np.argmax(label[k]))

sess.close()

--Output --
```

我们可以从图 5-7 和图 5-8 看出受限玻尔兹曼机模型对输入图像的隐藏表示进行了很好的模拟。因此，受限玻尔兹曼机也可以用作生成模型。

5.4.8 基于受限玻尔兹曼机的协同过滤

受限玻尔兹曼机可用于协同过滤以提供推荐。协同过滤是通过分析大量用户对项目的偏好来预测某一用户对某一项目的偏好的方法。给定一组项目和用户以及用户为各种项目提供的评分，协同过滤的最常用方法是矩阵分解方法，其分别为项目及用户确定一组向量。然

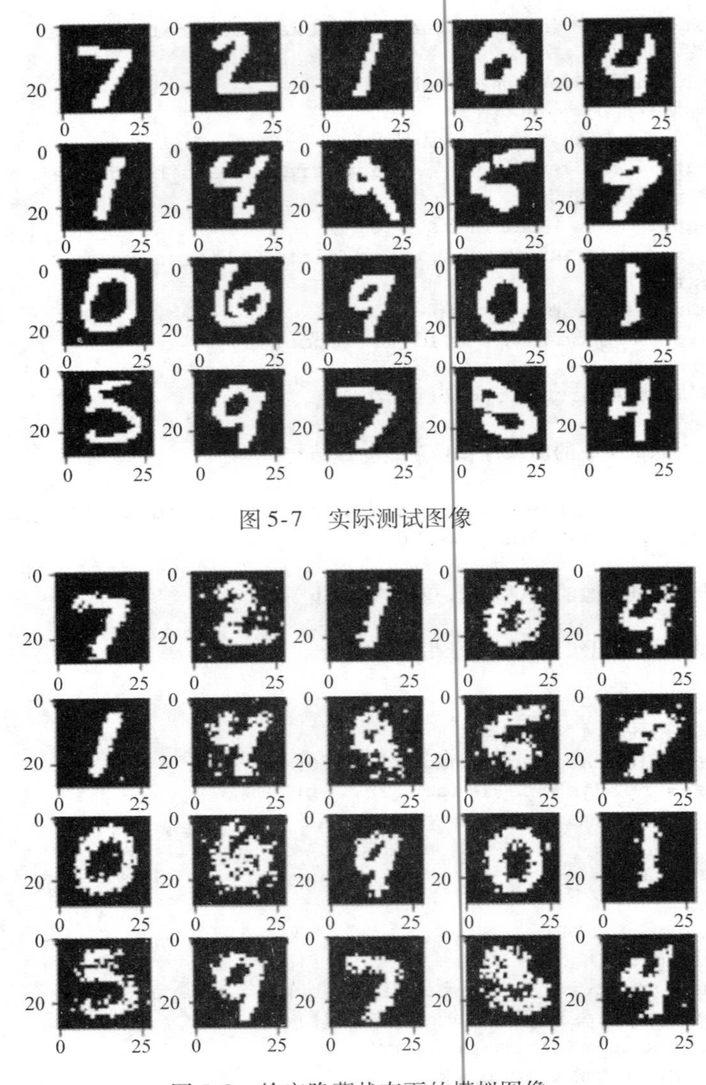

图 5-7　实际测试图像

图 5-8　给定隐藏状态下的模拟图像

后，用户向量 $u^{(j)}$ 与项目向量 $v^{(k)}$ 的点积作为用户给项目的评分。因此，评分可以表示为

$$r^{(jk)} = u^{(j)\mathrm{T}} v^{(k)}$$

式中，j 和 k 分别代表第 j 个用户和第 k 个项目。一旦学习了每个项目和用户的向量，可以通过上述方法找到用户给尚未评分的产品的预期评分。矩阵分解被认为是将大的评分矩阵分解为用户和项目向量。

图 5-9 所示的是矩阵分解方法的示意图，该方法将用户项目评分矩阵分解成由用户向量和项目向量组成的两个矩阵。用户向量和项目向量的维度必须相等才能进行点积，这可以估计用户给特定项目的评分。有几种矩阵分解方法，如 SVD、非负矩阵分解、交替最小二乘等。根据用途，可以选择任一合适的方法用于矩阵分解。通常，SVD 要求补全矩阵中缺失值

（用户未对项目进行评分），这可能是一项艰巨的任务，因此像采用交替最小二乘法等方法，仅采用所提供的评分而非缺失值，很适合协同过滤。

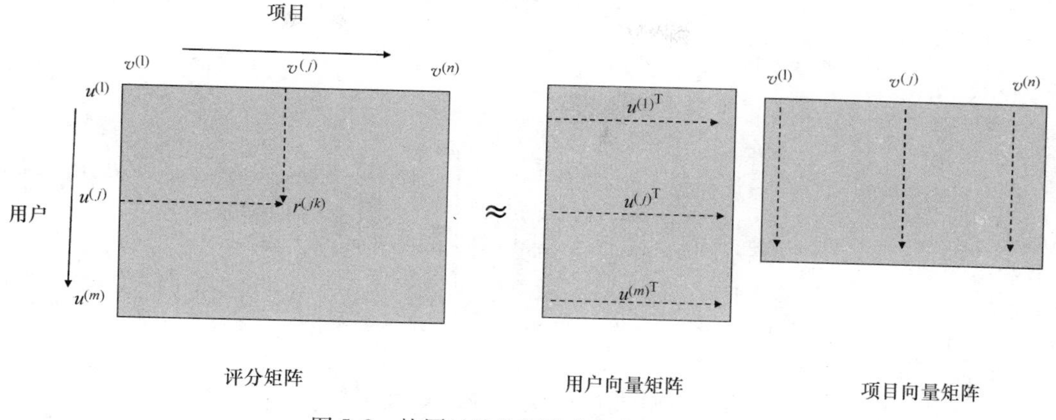

图5-9　协同过滤的矩阵分解方法示意图

现在，我们将研究一种不同的基于受限玻尔兹曼机的协同过滤方法。获奖团队在Netflix协同过滤挑战赛中使用受限玻尔兹曼机，因此我们将电影作为项目来讨论。该受限玻尔兹曼机网络的可见单元将对应于电影评分，而不是二进制值，考虑到从1到5的五种评分，每个电影将是五路SoftMax单元。隐藏单元的数量可以任意选择，我们在这里选择d。由于任何用户都不会对所有电影进行评分，因此不同电影会有多个缺失值。处理它们的方法是仅基于用户评分的电影为每个用户训练单独的受限玻尔兹曼机。从电影到隐藏单元的权重将由所有用户共享。例如，假设用户A和用户B对同一部电影进行评分，他们会使用相同的权重将电影单元连接到隐藏单元。因此，所有受限玻尔兹曼机都具有相同的隐藏单元，当然隐藏单元的激活函数可能非常不同。

从图5-10和图5-11可以看出，用户A和用户B的受限玻尔兹曼视角是不同的，因为它们选择评分的电影不同。然而，对于他们都评价的电影，权重连接是相同的。这种架构——其中每个用户的受限玻尔兹曼机被单独训练，而受限玻尔兹曼机共享相同电影的权重——有助于克服缺失评分的问题，同时允许所有用户的广义权重连接电影到隐藏层。从每部电影到隐藏单元，或从每个隐藏单元到电影，实际上有五个连接，每一个对应电影的一个评分。但是，为了使表达简单，图中仅显示了一个组合连接。可以使用对比散度通过梯度下降分别训练每个模型，并且可以跨不同受限玻尔兹曼机对模型权重进行平均，使得所有受限玻尔兹曼机共享相同的权重。

根据式（5-25），对于二进制可见单元我们有

$$P(v_i = 1 \mid h) = \sigma\left(b_i + \sum_{j=1}^{n} h_j w_{ij}\right)$$

既然可见单元有K个可能的评分，则可见单元是K维向量，其中仅一个对应于实际评分的索引设为1，其余全部置为零。因此，SoftMax函数将给出，在K个可能评分上，新评分概率表达式。此外，请注意，在这种情况下，m是用户观看的电影数量，并且对于不同用户的

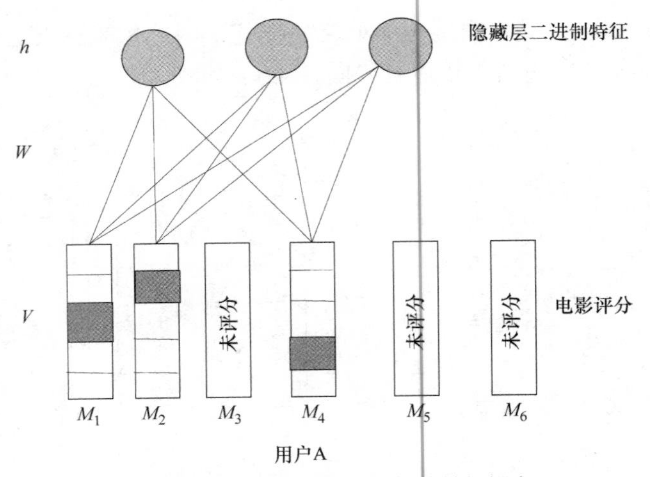

图 5-10　用户 A 的受限玻尔兹曼机视角

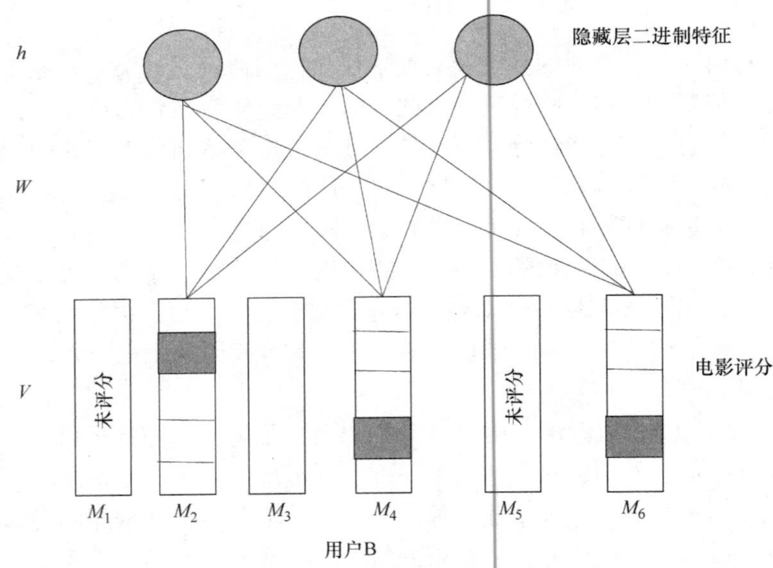

图 5-11　用户 B 的受限玻尔兹曼机视角

不同受限玻尔兹曼机会有所不同。常数 n 表示每个受限玻尔兹曼机的隐藏层中的隐藏单元的数量。

$$P(v_i^{(k)}=1\mid h)=\frac{\mathrm{e}^{(b_i^{(k)}+\sum_{j=1}^{n}h_jw_{ij}^{(k)})}}{\sum_{l=1}^{K}\mathrm{e}^{(b_i^{(l)}+\sum_{j=1}^{n}h_jw_{ij}^{(l)})}} \tag{5-46}$$

式中，$w_{ij}^{(k)}$ 是连接可见单元 i 与隐藏单元 j 的第 k 个评分指数权重，$b_i^{(k)}$ 表示可见单元 i 对其第 k 个评分的偏差。

联合组态的能量 $E(v,\ h)$ 由下式给出

$$E(v,h) = -\sum_{k=1}^{K}\sum_{i=1}^{m} b_i^{(k)} v_i^{(k)} - \sum_{j=1}^{n} c_j h_j - \sum_{k=1}^{K}\sum_{j=1}^{n}\sum_{i=1}^{m} v_i^{(k)} w_{ij}^{(k)} h_j \tag{5-47}$$

所以，

$$P(v,h) \propto \mathrm{e}^{-E(v,h)} = \mathrm{e}^{\sum_{k=1}^{K}\sum_{i=1}^{m} b_i^{(k)} v_i^{(k)}} + \sum_{j=1}^{n} c_j h_j + \sum_{k=1}^{K}\sum_{j=1}^{n}\sum_{i=1}^{m} v_i^{(k)} w_{ij}^{(k)} h_j \tag{5-48}$$

给定输入 v 的条件下，隐藏单元的概率是

$$P(hj = 1 \mid v) = \frac{\mathrm{e}^{\left(c_j + \sum_{i=1}^{m}\sum_{k=1}^{K} v_i^{(k)} w_{ij}^{(k)}\right)}}{1 + \mathrm{e}^{\left(c_j + \sum_{i=1}^{m}\sum_{k=1}^{K} v_i^{(k)} w_{ij}^{(k)}\right)}} \tag{5-49}$$

现在，一个显而易见的问题是，我们如何预测用户尚未看过电影的评分？事实证明，这不是可以在线性时间内计算的。做出这个决定的最详细的方法是对用户、电影 q 的评级 r 的概率进行条件设置，受用户提供的电影评分的制约。令用户提供的电影评分用 V 表示。因此，我们需要计算概率 $P(v_q^{(k)} \mid V)$ 如下：

$$P(v_q^{(k)} \mid V) = \sum_h P(v_q^{(k)}, h \mid V) = \frac{\sum_h P(v_q^{(k)}, h, V)}{P(V)} \tag{5-50}$$

由于 $P(V)$ 对于所有电影评分 k 都是固定的，因此从式（5-50）中，我们有

$$\begin{aligned} P(v_q^{(k)} \mid V) &\propto \sum_h P(v_q^{(k)}, h, V) \\ &\propto \sum_h \mathrm{e}^{-E(v_q^{(k)}, h, V)} \end{aligned} \tag{5-51}$$

这是一种三向能量组态，可以通过在式（5-47）中添加 $v_q^{(k)}$ 的贡献来轻松计算，如下：

$$E(v_q^{(k)}, V, h) = -\sum_{k=1}^{K}\sum_{i=1}^{m} b_i^{(k)} v_i^{(k)} - \sum_{j=1}^{n} c_j h_j - \sum_{k=1}^{K}\sum_{j=1}^{n}\sum_{i=1}^{m} v_i^{(k)} w_{ij}^{(k)} h_j - \sum_{j=1}^{n} v_s^{(k)} w_{sj}^{(k)} h_j - v_s^{(k)} b^{(k)} \tag{5-52}$$

用式（5-52）中的 $v_q^{(k)} = 1$ 代替，可以找到 $E(v_q^{(k)} = 1, V, h)$ 的值，这与 $P(v_q^{(k)} = 1, V, h)$ 成正比。

对于评分 k 的所有 K 值，需要计算能量 $E(v_q^{(k)} = 1, V, h)$，归一化以形成概率。然后，可以取概率最大的 k 值，或者从派生概率计算 k 的期望值，如下：

$$\hat{k} = \underbrace{\text{Arg Max}}_{k} P(v_q^{(k)} = 1 \mid V)$$

$$\hat{k} = \sum_{k=1}^{5} k \times P(v_q^{(k)} = 1 \mid V)$$

以数学期望的方式推导出的评分比基于最大化概率直接给出的评分预测更准确。

此外，用具有评分矩阵 V 的用户导出特定未评分电影 q 的评分 k 的概率的一种简单方式是首先对给定可见评分输入 V 的隐藏状态 h 进行采样，即从 $h \sim P(h \mid V)$ 中采样。隐藏单元对所有人都是通用的，因此携带有关所有电影的模式的信息。从采样的隐藏单元，我们尝试采样 $v_q^{(k)}$ 的值，即从 $v_q^{(k)} \sim P(v_q^{(k)} \mid h)$ 中采样。这种背靠背采样，首先从 $V \to h$，然后从 $h \to v_q^{(k)}$，

相当于采样 $v_q^{(k)} \sim P(v_q^{(k)} | V)$。我希望这有助于提供更简单的解释。

5.4.9　深度置信网络

深度置信网络（Deep Belief Network，DBN）是基于受限玻尔兹曼机的，但与受限玻尔兹曼机网络不同，DBN 具有多个隐藏层。通过保持第（$K-1$）层中的所有权重恒定来训练第 K 层隐藏层中的权重。第将（$K-1$）层中隐藏单元的激活值作为第 K 层的输入。在任何训练两层的特定时间，都涉及学习连接它们之间的权重。学习算法与受限玻尔兹曼机相同。图 5-12 所示的是 DBN 的高层次示意图。

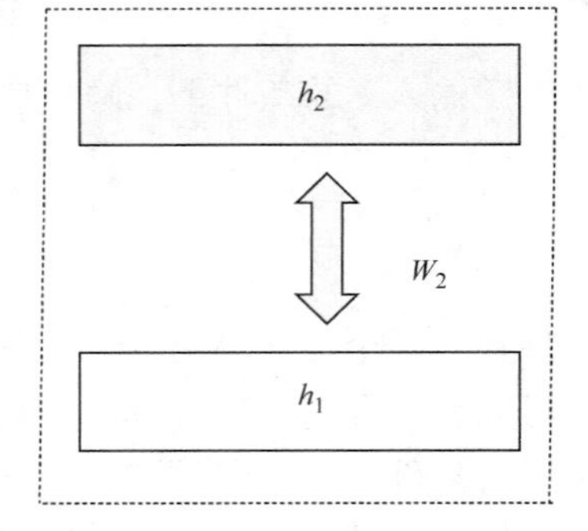

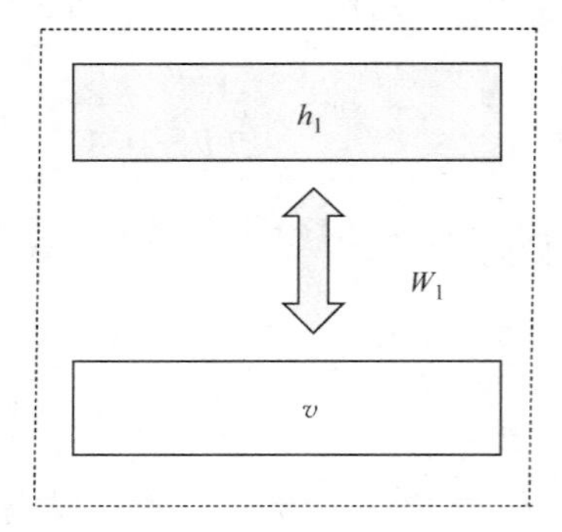

图 5-12　基于受限玻尔兹曼机的 DBN

与受限玻尔兹曼机一样，在 DBN 中，可以使用对比散度通过梯度下降来训练每个层。DBN 学习算法用于学习监督式的深度网络的初始权重，以便网络具有一组良好的初始权重。一旦针对 DBN 进行了预训练，我们就可以根据手头的监督问题向 DBN 添加输出层。假设我们想训练一个模型来对 MNIST 数据集进行分类。在这种情况下，我们必须附加一个十类的 SoftMax 层。然后我们可以通过使用反向传播误差来微调模型。由于模型已经具有来自无监督 DBN 学习的初始权重集，因此当调用反向传播时，该模型很有可能更快地收敛。

每当我们在网络中有 Sigmoid 单元时，如果网络权重没有正确初始化，那么很可能会出现梯度弥散问题。这是因为 Sigmoid 单元的输出在小范围内是线性的，之后输出饱和，导致梯度接近零。由于反向传播本质上是一个求导的链式法则，因此对任一权重，成本函数的梯度将具有前一层的 Sigmoid 梯度，层的顺序是反向传播的顺序。所以，如果小部分 Sigmoid 层中的梯度在饱和区域中运行并产生接近于零的梯度，后一层，成本函数对权重的梯度将接近于零，并且很有可能会停止学习。当权重未被正确初始化时，网络 Sigmoid 单元很可能进入不饱和区域并导致在 Sigmoid 单元中接近零梯度。然而，当通过 DBN 学习初始网络权重时，Sigmoid 单元在饱和区域中运行的可能性较小。这是因为网络在预训练时已经了解了数据，并且 Sigmoid 单元在饱和区域中运行的可能性较小。对于 ReLU 激活函数，激活单元饱和的这些问题不存在，因为对于大于零的输入值，它们具有恒定的梯度 1。

我们现在看一下 DBN 预训练权重的实现，然后通过将输出层附加到受限玻尔兹曼机的隐藏层来训练分类网络。在清单 5-3a 中，我们实现了受限玻尔兹曼机，其中我们学习了连接可见层到隐藏层的权重，假设所有单元都是 Sigmoid。对于该受限玻尔兹曼机，我们将为 MNIST 数据集堆叠十个类的输出层，并使用从作为分类网络的初始权重学习的可见到隐藏单元的权重来训练分类模型。当然，我们将有一组新的权重对应于隐藏层与输出层的连接。请参阅清单 5-3b 中的详细实现。

清单 5-3b DBN 的基本实现

```
## 导入所需的库
import numpy as np
import pandas as pd
import tensorflow as tf
import matplotlib.pyplot as plt
%matplotlib inline

## 读取MNIST文件
from tensorflow.examples.tutorials.mnist import input_data
mnist = input_data.read_data_sets("MNIST_data", one_hot=True)

## 设置训练参数

n_visible    = 784
n_hidden   = 500
display_step = 1
num_epochs = 200
batch_size = 256
lr        = tf.constant(0.001, tf.float32)
learning_rate_train = tf.constant(0.01, tf.float32)
n_classes = 10
training_iters = 200
## 定义权重和偏差的tensorflow变量以及输入的占位符

x  = tf.placeholder(tf.float32, [None, n_visible], name="x")
y  = tf.placeholder(tf.float32, [None,10], name="y")

W  = tf.Variable(tf.random_normal([n_visible, n_hidden], 0.01),
    name="W")
b_h = tf.Variable(tf.zeros([1, n_hidden],tf.float32, name="b_h"))
b_v = tf.Variable(tf.zeros([1, n_visible],tf.float32, name="b_v"))
W_f = tf.Variable(tf.random_normal([n_hidden,n_classes], 0.01),
 name="W_f")
b_f = tf.Variable(tf.zeros([1, n_classes],tf.float32, name="b_f"))
## 将概率转换为离散二进制状态，即0和1
def sample(probs):

   return tf.floor(probs + tf.random_uniform(tf.shape(probs), 0, 1

## 吉布斯采样步骤
def gibbs_step(x_k):
        h_k = sample(tf.sigmoid(tf.matmul(x_k, W) + b_h))
        x_k = sample(tf.sigmoid(tf.matmul(h_k, tf.transpose(W)) + b_
        return x_k
## 从初始点开始运行多个吉布斯采样步骤
def gibbs_sample(k,x_k):
    for i in range(k):
        x_out = gibbs_step(x_k)
# 在k次迭代后返回吉布斯样本
    return x_out
```

```
# 对比散度算法
# 1.通过吉布斯采样，根据当前可见状态x定位新的可见状态 x_sample
# 2.基于新的x样本，新的h为 h_sample
x_s = gibbs_sample(2,x)
h_s = sample(tf.sigmoid(tf.matmul(x_s, W) + b_h))

# 基于给定可见状态对隐藏状态进行采样
h = sample(tf.sigmoid(tf.matmul(x, W) + b_h))
# 基于给定隐藏状态对可见状态进行采样
x_ = sample(tf.sigmoid(tf.matmul(h, tf.transpose(W)) + b_v))

# 基于梯度下降更新权重
size_batch = tf.cast(tf.shape(x)[0], tf.float32)
W_add = tf.multiply(lr/size_batch, tf.subtract(tf.matmul
     (tf.transpose(x), h), tf.matmul(tf.transpose(x_s), h_s)))
bv_add = tf.multiply(lr/size_batch, tf.reduce_sum(tf.subtract
(x, x_s), 0, True))
bh_add = tf.multiply(lr/size_batch, tf.reduce_sum(tf.subtract
(h, h_s), 0, True))
updt = [W.assign_add(W_add), b_v.assign_add(bv_add),
b_h.assign_add(bh_add)]
###############################################################
## 分类网络的操作
###############################################################
h_out = tf.sigmoid(tf.matmul(x, W) + b_h)
logits = tf.matmul(h_out,W_f) + b_f
prob = tf.nn.softmax(logits)
cost = tf.reduce_mean(tf.nn.softmax_cross_entropy_with_logits
(logits=logits, labels=y))
optimizer = tf.train.AdamOptimizer(learning_rate=learning_rate_train).
minimize(cost)
correct_pred = tf.equal(tf.argmax(logits,1), tf.argmax(y, 1))
accuracy = tf.reduce_mean(tf.cast(correct_pred, tf.float32))

## 隐藏单元的操作

# 执行TensorFlow图

with tf.Session() as sess:
    # Initialize the variables of the Model
    init = tf.global_variables_initializer()
sess.run(init)

total_batch = int(mnist.train.num_examples/batch_size)
# 开始训练
for epoch in range(num_epochs):
    # 循环所有批次
    for i in range(total_batch):
        batch_xs, batch_ys = mnist.train.next_batch(batch_size)
```

```
            # 进行权重更新
            batch_xs = (batch_xs > 0)*1
            _ = sess.run([updt], feed_dict={x:batch_xs})

        # 显示运行步骤
        if epoch % display_step == 0:
            print("Epoch:", '%04d' % (epoch+1))

    print("RBM training Completed !")

    out = sess.run(h,feed_dict={x:(mnist.test.images[:20]> 0)*1})
    label = mnist.test.labels[:20]

    plt.figure(1)
    for k in range(20):
        plt.subplot(4, 5, k+1)
        image = (mnist.test.images[k]> 0)*1
        image = np.reshape(image,(28,28))
        plt.imshow(image,cmap='gray')

    plt.figure(2)

    for k in range(20):
        plt.subplot(4, 5, k+1)
        image = sess.run(x_,feed_dict={h:np.reshape(out[k],(-1,n_hidden))})
        image = np.reshape(image,(28,28))
        plt.imshow(image,cmap='gray')
        print(np.argmax(label[k]))
    ####################################################
    ### 开始训练分类网络
    ####################################################
    for i in xrange(training_iters):
        batch_x, batch_y = mnist.train.next_batch(batch_size)
        # 执行优化操作 (反向传播)
        sess.run(optimizer, feed_dict={x: batch_x, y: batch_y})
        if i % 10 == 0:
            # 计算批量损失和精确度
            loss, acc = sess.run([cost, accuracy], feed_dict={x: batch_x,
                                                              y: batch_y})
            print "Iter " + str(i) + ", Minibatch Loss= " + \
                  "{:.6f}".format(loss) + ", Training Accuracy= " + \
                  "{:.5f}".format(acc)
        print "Optimization Finished!"

        # 计算256个MNIST测试图像的精度
        print "Testing Accuracy:", \
            sess.run(accuracy, feed_dict={x: mnist.test.images[:256],
                                          y: mnist.test.labels[:256]})

        sess.close()

--output--
```

```
Iter 0, Minibatch Loss= 11.230852, Training Accuracy= 0.06641
Iter 10, Minibatch Loss= 2.809783, Training Accuracy= 0.60938
Iter 20, Minibatch Loss= 1.450730, Training Accuracy= 0.75000
Iter 30, Minibatch Loss= 0.798674, Training Accuracy= 0.83594
Iter 40, Minibatch Loss= 0.755065, Training Accuracy= 0.87891
Iter 50, Minibatch Loss= 0.946870, Training Accuracy= 0.82812
Iter 60, Minibatch Loss= 0.768834, Training Accuracy= 0.89062
Iter 70, Minibatch Loss= 0.445099, Training Accuracy= 0.92188
Iter 80, Minibatch Loss= 0.390940, Training Accuracy= 0.89062
Iter 90, Minibatch Loss= 0.630558, Training Accuracy= 0.90234
Iter 100, Minibatch Loss= 0.633123, Training Accuracy= 0.89844
Iter 110, Minibatch Loss= 0.449092, Training Accuracy= 0.92969
Iter 120, Minibatch Loss= 0.383161, Training Accuracy= 0.91016
Iter 130, Minibatch Loss= 0.362906, Training Accuracy= 0.91406
Iter 140, Minibatch Loss= 0.372900, Training Accuracy= 0.92969
Iter 150, Minibatch Loss= 0.324498, Training Accuracy= 0.91797
Iter 160, Minibatch Loss= 0.349533, Training Accuracy= 0.93750
Iter 170, Minibatch Loss= 0.398226, Training Accuracy= 0.90625
Iter 180, Minibatch Loss= 0.323373, Training Accuracy= 0.93750
Iter 190, Minibatch Loss= 0.555020, Training Accuracy= 0.91797
Optimization Finished!
Testing Accuracy: 0.945312
```

正如我们从前面的输出中看到的那样，使用来自受限玻尔兹曼机的预训练权重作为分类网络的初始权重，我们在 MNIST 测试数据集上，通过运行仅 200 个批次，便获得大约 95% 的良好准确度。令人印象深刻的是网络没有使用任何卷积层。

5.5 自编码器

自编码器是无监督的人工神经网络，用于生成输入数据有效的内部表示。自编码器网络通常由三层组成——输入层、隐藏层和输出层。输入层和隐藏层组合充当编码器，而隐藏层和输出层组合充当解码器。编码器尝试将输入表示为在隐藏层的有效表示，而解码器在输出层处将输入重建为原始维度。通常，作为训练过程的一部分，需要最小化重建输入和原始输入之间的成本函数。

图 5-13 表示一个基本的自编码器，它有一个隐藏层、输入层和输出层。输入 $x = [x_1 x_2 x_3 \cdots x_6]^{\mathrm{T}} \in \mathbb{R}^{6\times 1}$，而隐藏层 $h = [h_1 h_2 h_3 h_4]^{\mathrm{T}} \in \mathbb{R}^{4\times 1}$。选择输出 y 等于 x，以便可以最小化重构和输入 y 之间的误差，从而在隐藏层中获得有效的输入表达。出于一般性目的，我们来看看

$$
\begin{aligned}
x &= [x_1 x_2 x_3 \cdots x_n]^{\mathrm{T}} \in \mathbb{R}^{n\times 1} \\
h &= [h_1 h_2 h_3 \cdots h_d]^{\mathrm{T}} \in \mathbb{R}^{d\times 1} \\
y = x &= [y_1 y_2 y_3 \cdots y_n]^{\mathrm{T}} \in \mathbb{R}^{n\times 1}
\end{aligned}
$$

令从 x 到 h 的权重用权重矩阵 $W \in \mathbb{R}^{d\times n}$ 表示，隐藏单元的偏差用 $b = [b_1 b_2 b_3 \cdots b_n]^{\mathrm{T}} \in \mathrm{R}^{d\times 1}$ 表示。

类似地，令 h 到 y 的权重由权重矩阵 $W' \in \mathbb{R}^{n\times d}$ 表示，输出单元的偏差表示为 $b' = [b_1 b_2 b_3 \cdots b_n]^{\mathrm{T}} \in \mathbb{R}^{n\times 1}$。

隐藏单元的输出可表示为

$$h = f_1(Wx + b)$$

式中，f_1 是隐藏层的元素激活函数。激活函数可以是线性的、ReLU、Sigmoid 等，具体用哪个，取决于其用途。

类似地，输出层的输出可以表示为

$$\hat{y} = f_2(W'h + b')$$

如果输入特征具有连续性，则可以最小化基于最小二乘的成本函数，根据训练数据导出模型权重和偏差，如下：

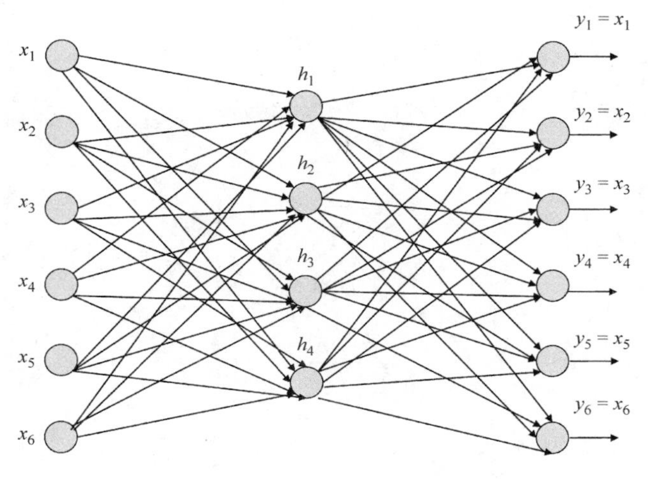

图 5-13　基本自编码器结构

$$C = \sum_{k=1}^{m} \| \hat{y}^{(k)} - y^{(k)} \|_2^2 = \sum_{k=1}^{m} \| \hat{y}^{(k)} - x^{(k)} \|_2^2$$

式中，$\| \hat{y}^{(k)} - x^{(k)} \|_2^2$ 是重建输出向量和原始输入向量之间的欧几里得距离或 l^2 范数；m 是训练模型的数据点的数量。

如果我们通过向量 $\theta = [W; b; W'; b']$ 表示模型的所有参数，则可以对模型 θ 的所有参数最小化成本函数 C 以导出模型：

$$\hat{\theta} = \underbrace{\text{Arg Min}}_{\theta} C(\theta) = \underbrace{\text{Arg Min}}_{\theta} \sum_{k=1}^{m} \| \hat{y}^{(k)} - x^{(k)} \|_2^2$$

根据梯度下降，模型的学习规则是

$$\theta^{(t+1)} = \theta^{(t)} - \epsilon \nabla_\theta C(\theta^{(t)})$$

式中，ϵ 是学习率；t 表示迭代次数；$\nabla_\theta C(\theta^{(t)})$ 是成本函数对 $\theta = \theta^{(t)}$ 时的梯度。

现在，让我们考虑以下几种情况：

- 当隐藏层的维度小于输入层的维度时，即 $d < n$，其中 d 是隐藏层的维度，n 是输入层的维度，那么自编码器用作数据压缩网络，将数据从高维空间投影到隐藏层给出的低维空间。这是一种有损数据压缩技术。它还可用于输入信号的降噪。
- 当 $d < n$ 并且所有激活函数都是线性时，网络会学习进行线性 PCA。
- 当 $d \geqslant n$ 并且所有激活函数都是线性时，网络可能会学习一个可能没有任何用处的恒等函数。然而，如果成本函数正则化产生稀疏隐藏表示，则网络仍然可以学习数据有趣的表示。
- 通过在网络中使用更多的隐藏层并使用非线性激活函数，则可以学习输入数据的复杂非线性表示。这种模型的示意图如图 5-14 所示。当采用多个隐藏层时，必须采用非线性激活函数来学习数据的非线性表示，因为多层线性激活层等同于单个线性激活层。

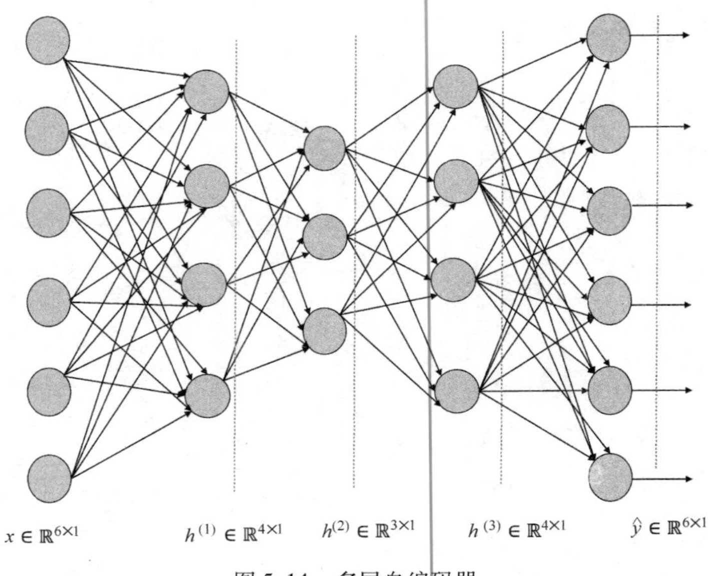

图 5-14　多层自编码器

5.5.1　基于自编码器的监督式特征学习

如图 5-14 所示，当我们处理多个隐藏层时，且在神经元中具有非线性激活函数，则隐藏层能学习到输入数据变量之间的非线性关系。如果我们正在研究两个类的分类相关问题，其中输入数据 $x \in \mathrm{R}^{6\times1}$ 表示，我们可以通过训练自编码器来学习有趣的非线性特征，如图 5-14 所示，然后使用第二个隐藏层输出向量 $h^{(2)} \in \mathrm{R}^{3\times1}$。由 $h^{(2)}$ 给出的这种新的非线性特征表示可以用作分类模型的输入，如图 5-15 所示。当我们感兴趣的隐藏层的输出维数小于输入维数时，它相当于 PCA 的非线性版本，其中我们只是利用重要的非线性特征并将其余部分作为噪声丢弃。

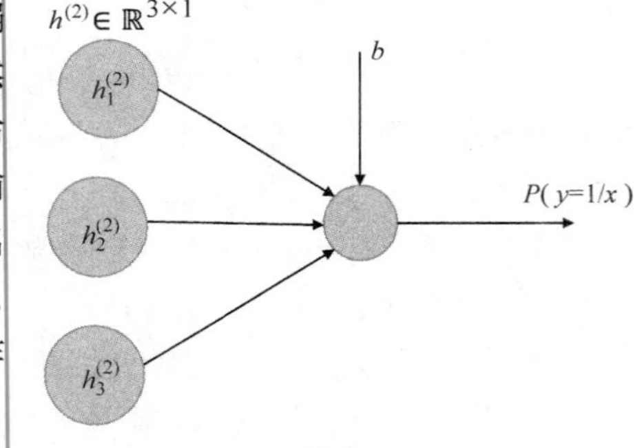

图 5-15　基于自编码器的特征学习分类器

通过组合两个网络，可以将所有网络组合成单个网络，以便在测试时进行分类预测，如图 5-16 所示。从自编码器中，只需要考虑网络的一部分到产生输出 $h^{(2)}$ 的第二个隐藏层，然后需要将其与分类网络结合，如图 5-15 所示。

有人可能会问一个明显的问题：为什么线性 PCA 无法完成自编码器在此例中执行的任务？线性 PCA 仅负责捕获输入变量之间的线性关系，并尝试将输入变量分解为相互之间非线性相关的成分。与原始输入变量不同，这些成分称为主成分，彼此不相关。但是输入变量并不总是以线性方式线性相关。输入变量可以以更复杂的非线性方式相关，并且数据内的这种非线性结构只能通过自编码器中的非线性隐藏单元来捕捉。

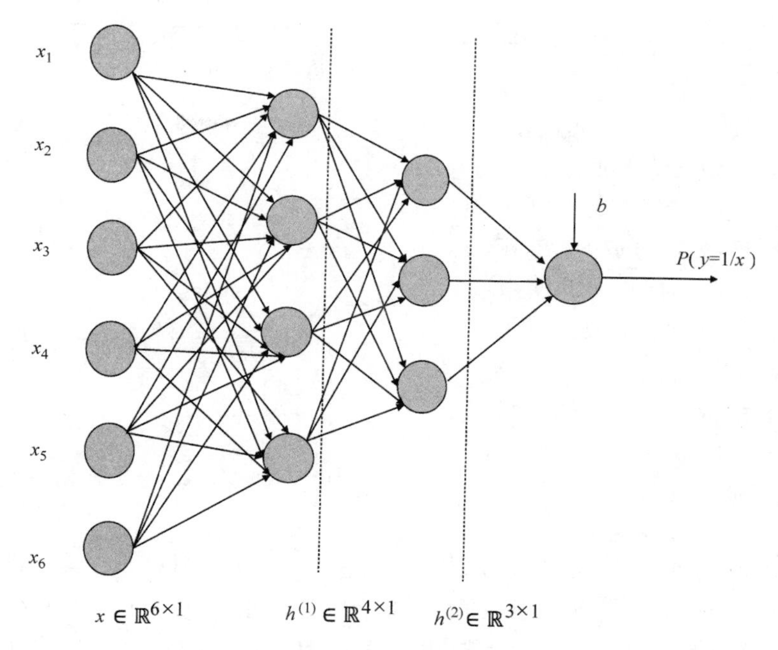

图5-16　用于预测分类的组合分类网络

5.5.2　KL散度

KL散度度量两个伯努利随机变量之间的差异。如果两个伯努利随机变量 X 和 Y 均值分别为 ρ_1 和 ρ_2，那么变量 X 和 Y 之间的KL散度由下式给出，即

$$KL(\rho_1 \parallel \rho_2) = \rho_1 \log\left(\frac{\rho_1}{\rho_2}\right) + (1-\rho_1)\log\left(\frac{1-\rho_1}{1-\rho_2}\right)$$

从上式可以看出，当 $\rho_1=\rho_2$ 时，KL散度为0，即两个分布相同。当 $\rho_1\neq\rho_2$ 时，KL散度随着均值的不同而单调增加。如果选择 ρ_1 为0.2，那么KL散度与 ρ_2 曲线的关系如图5-17所示。

正如我们所看到的，KL散度在 $\rho_1=\rho_2=0.2$ 时最小，并且在 $\rho_2=0.2$ 的任一侧单调增加。我们将在下一节中，使用KL散度为稀疏自编码器的隐藏层引入稀疏性。

5.5.3　稀疏自编码器

如前所述，自编码器的目的是学习输入数据的有趣的隐藏结构，或者更具体地说，学习输入中不同变量之间的有趣关系。导出这些隐藏结构的最常用方法是使隐藏层维度小于输入数据维度，以便自编码器强制学习输入数据的压缩表示。该压缩表示被迫重建原始数据，因此压缩表示应具有足够的信息充分捕获输入。如果数据中在输入变量之间存在相关或其他非线性相关形式的冗余，则该压缩表示就能有效地捕获输入数据。如果输入特征相对独立，则这种压缩将不能很好地表示原始数据。因此，为了使自编码器给出输入数据的有趣的低维表示，数据中应存在输入变量之间以相关的形式或其他非线性关联的形式的结构。

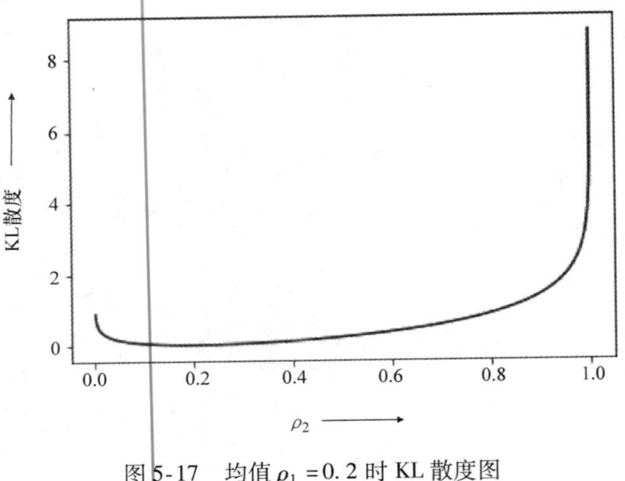

图 5-17　均值 $\rho_1=0.2$ 时 KL 散度图

我们之前提到的一件事是，当隐藏层单元的数量大于输入的维数时，在额外隐藏层的权重置为零之后，自编码器很可能学习到恒等变换。实际上，当输入层和隐藏层的数量相同时，将输入连接到隐藏层的权重矩阵的最优解是单元矩阵。然而，即使隐藏单元的数量大于输入的维数，只要有一些约束，自编码器仍然可以在数据内学习有趣的结构。一个这样的约束是将隐藏层输出限制为稀疏，使得隐藏层单元中的那些激活值的均值接近零。我们可以通过在基于 KL 散度的成本函数中添加正则化项来实现这种稀疏性。这里，ρ_1 将非常接近于零，并且隐藏单元中所有训练样本的平均激活值将充当该隐藏单元的 ρ_2。通常，ρ_1 选择非常小的数，大约为 0.04，因此如果每个隐藏单元中的平均激活不接近 0.04，则成本函数将受到惩罚。

设 $h\in\mathbb{R}^{d\times 1}$ 为输入 $x\in\mathbb{R}^{n\times 1}$ 的隐藏层 Sigmoid 激活值，其中 $d>n$。此外，设连接输入到隐藏层的权重为 $W\in\mathbb{R}^{d\times n}$，连接隐藏层和输出层的权重为 $W'\in\mathbb{R}^{n\times d}$。如果隐藏层和输出层的偏差向量分别为 b 和 b'，则以下关系成立：

$$h^{(k)}=\sigma(Wx^{(k)}+b)$$
$$\hat{y}^{(k)}=f(W'h^{(k)}+b')$$

式中，$h^{(k)}$ 和 $\hat{y}^{(k)}$ 分别是隐藏层输出向量和第 k 个输入训练数据点的重建输入向量。对于模型参数（即 W，W'，b，b'）最小化的成本函数如下：

$$C=\sum_{k=1}^{m}\|\hat{y}^{(k)}-x^{(k)}\|_2^2+\lambda\sum_{j=1}^{d}\mathrm{KL}(\rho\|\hat{\rho}_j)$$

式中，$\hat{\rho}_j$ 是所有训练样本上隐藏层的第 j 个单元的平均激活值，表示如下。此外，$h_j^{(k)}$ 表示第 k 个训练样本在单元 j 处的隐藏层激活值。

$$\hat{\rho}_j=\frac{1}{m}\sum_{k=1}^{m}h_j^{(k)}$$

$$\mathrm{KL}(\rho\|\hat{\rho}_j)=\rho\log\left(\frac{\rho}{\hat{\rho}_j}\right)+(1-\rho)\log\left(\frac{1-\rho}{1-\hat{\rho}_j}\right)$$

通常，ρ 选为 0.04 ~ 0.05，使得模型学习产生非常接近 0.04 的平均隐藏层单元激活，该过程中模型学习隐藏层中输入数据的稀疏表示。

稀疏自编码器在计算机视觉中非常有用，可以学习低级特征，这些特征代表自然图像中不同位置和方向的不同类型的边缘。隐藏层输出给出了每个低级特征的权重，这些特征可以组合以重建图像。如果将 10×10 个图像处理为 100 维输入，并且如果存在 200 个隐藏单元，则连接输入到隐藏单元的权重（即 W，或隐藏单元到输出重建层 W'）将包括 200 个大小为

100（10×10）的图像。可以显示这些图像以查看它们所表示的特征的性质。稀疏编码作为PCA白化的补充时，效果很好，我们将在本章后面进行简要讨论。

5.5.4 稀疏自编码器的TensorFlow实现

在本节中，我们将实现一个稀疏自编码器，它的隐藏单元维度比输入维度更大。此实现的数据集是MNIST数据集。通过KL散度在已实现的网络中引入了稀疏性。此外，编码器和解码器的权重做L2正则化，以确保在获得稀疏性时，这些权重不会以不期望的方式调整自身。自编码器和解码器权重表示过度表示的基，并且这些基中的每一个都试图学习图像的一些低级特征表示，如前所述。编码器和解码器被认为是相同的。组成低级特征图像的这些权重已显示出来，以突出它们所代表的内容。清单5-4概述了详细的实现。

清单5-4

```
## 导入所需的库和数据

import tensorflow as tf
import numpy as np
import matplotlib.pyplot as plt
%matplotlib inline
import time
# 导入MNIST数据
from tensorflow.examples.tutorials.mnist import input_data
mnist = input_data.read_data_sets("MNIST_data", one_hot=True)

# 网络训练的参数
learning_rate = 0.001

training_epochs = 200
batch_size = 1000
display_step = 1
examples_to_show = 10

# 网络参数
# 隐藏单元数目大于输入维度
# 目的是学习隐藏单元的稀疏表示
n_hidden_1 = 32*32
n_input = 784 # MNIST data input (img shape: 28*28)

X = tf.placeholder("float", [None, n_input])

weights = {
    'encoder_h1': tf.Variable(tf.random_normal([n_input, n_hidden_1])),
}
biases = {
    'encoder_b1': tf.Variable(tf.random_normal([n_hidden_1])),
    'decoder_b1': tf.Variable(tf.random_normal([n_input])),
}

# 构建编码器
```

```
def encoder(x):
    # Encoder Hidden layer with sigmoid activation #1
    layer_1 = tf.nn.sigmoid(tf.add(tf.matmul(x, weights['encoder_h1']),
                                   biases['encoder_b1']))

    return layer_1

# 构建解码器
def encoder(x):
   layer_1 = tf.nn.sigmoid(tf.add(tf.matmul(x, tf.transpose
   (weights['decoder_h1'])),
                                   biases['decoder_b1']))

   return layer_1
## 定义用于计算KL散度的基于对数的函数

def log_func(x1, x2):
    return tf.multiply(x1, tf.log(tf.div(x1,x2)))

def KL_Div(rho, rho_hat):
    inv_rho = tf.subtract(tf.constant(1.), rho)
    inv_rhohat = tf.subtract(tf.constant(1.), rho_hat)
    log_rho = logfunc(rho,rho_hat) + log_func(inv_rho, inv_rhohat)
    return log_rho

# 模型定义
encoder_op = encoder(X)
decoder_op = decoder(encoder_op)
rho_hat = tf.reduce_mean(encoder_op,1)
# 重建输出
y_pred = decoder_op
# 输入数据的目标
y_true = X
# 为损失和优化器定义TensorFlow 操作，最小化组合误差
# 平方重建误差
cost_m = tf.reduce_mean(tf.pow(y_true - y_pred, 2))
# KL 散度正则化引入稀疏性
cost_sparse = 0.001*tf.reduce_sum(KL_Div(0.2,rho_hat))
# 权重的L2正则化以保持网络稳定
cost_reg = 0.0001* (tf.nn.l2_loss(weights['decoder_h1'])
 + tf.nn.l2_loss(weights ['encoder_h1']))
# 增加成本
cost = tf.add(cost_reg,tf.add(cost_m,cost_sparse))

optimizer = tf.train.RMSPropOptimizer(learning_rate).minimize(cost)

# 初始化变量
init = tf.global_variables_initializer()

# 启动会话图
start_time = time.time()
with tf.Session() as sess:
    sess.run(init)
    total_batch = int(mnist.train.num_examples/batch_size)

    for epoch in range(training_epochs):
        for i in range(total_batch):
```

```
        image_arr.append(img)
    image_arr = np.array(image_arr)
    image_arr = image_arr.reshape(-1,32,32,1)

    reconst_img = sess.run([ae_outputs], feed_dict={ae_inputs_noise:
     image_arr})[0]
    # 画出重建图像和对应的噪声图像
    plt.figure(1)
    plt.title('Input Noisy Images')
    for i in range(50):
        plt.subplot(5, 10, i+1)
        plt.imshow(image_arr[i, ..., 0], cmap='gray')

    plt.figure(2)
 plt.title('Re-constructed Images')
    for i in range(50):
        plt.subplot(5, 10, i+1)
        plt.imshow(reconst_img[i, ..., 0], cmap='gray')
    plt.show()
```

--Output--

从图 5-20 和图 5-21 可以看出，去噪自编码器已经消除了高斯噪声。

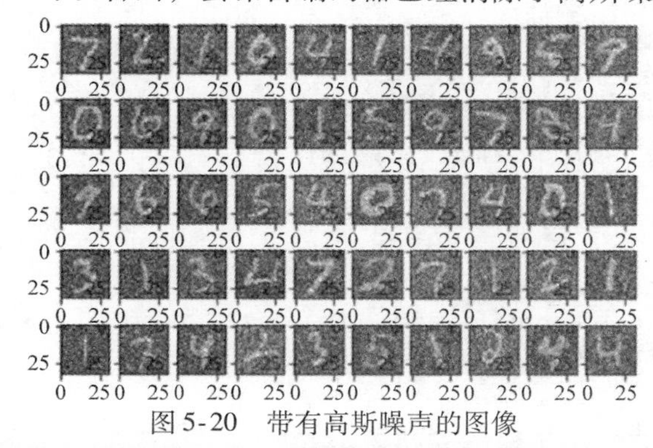

图 5-20　带有高斯噪声的图像

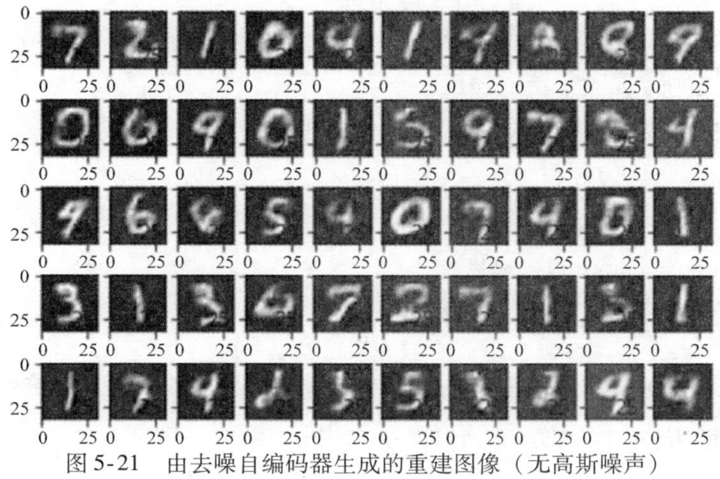

图 5-21　由去噪自编码器生成的重建图像（无高斯噪声）

```
# 调用TensorFlow图像进行椒盐降噪自编码器训练和验证
and validation

batch_size = 1000 # 每一个批量的样本数
epoch_num = 10  # 网络训练的迭代次数
lr = 0.001      # 学习率

# 读取MNIST数据集
mnist = input_data.read_data_sets("MNIST_data", one_hot=True)

# 计算每次迭代时的批量大小
batch_per_ep = mnist.train.num_examples // batch_size

with tf.Session() as sess:
    sess.run(init)
    for epoch in range(epoch_num):
        for batch_num in range(batch_per_ep):
            batch_img, batch_label = mnist.train.next_batch(batch_size)
 # 读取一个批量
            batch_img = batch_img.reshape((-1, 28, 28, 1))
 # 调整样本为(28, 28)的图像
            batch_img = resize_batch(batch_img)
# 将图像大小调整为(32, 32)
## 在输入图像中引入噪声
            image_arr = []
            for i in xrange(len(batch_img)):
                img = batch_img[i,:,:,0]
                img = noisy(img)
                image_arr.append(img)
            image_arr = np.array(image_arr)
            image_arr = image_arr.reshape(-1,32,32,1)
            _, c = sess.run([train_op, loss], feed_dict={a_e_inputs_noise:
            image_arr,a_e_
inputs: batch_img})
            print('Epoch: {} - cost= {:.5f}'.format((ep + 1), c))

    # 测试训练网络
    batch_img, batch_label = mnist.test.next_batch(50)
    batch_img = resize_batch(batch_img)
    image_arr = []

    for i in xrange(50):
        img = batch_img[i,:,:,0]
        img = noisy(img)
        image_arr.append(img)
    image_arr = np.array(image_arr)
    image_arr = image_arr.reshape(-1,32,32,1)

    reconst_img = sess.run([ae_outputs], feed_dict={ae_inputs_noise:
    image_arr})[0]
    # 画出重建图像和对应的噪声图像
```

```
    plt.figure(1)
    plt.title('Input Noisy Images')
    for i in range(50):
        plt.subplot(5, 10, i+1)
        plt.imshow(image_arr[i, ..., 0], cmap='gray')

    plt.figure(2)
plt.title('Re-constructed Images')
    for i in range(50):
        plt.subplot(5, 10, i+1)
        plt.imshow(reconst_img[i, ..., 0], cmap='gray')
    plt.show()

--Output--
```

从图 5-22 和图 5-23 可以看出，去噪自编码器可以很好地消除椒盐噪声。请注意，自编码器是分开训练的，一次用于处理高斯噪声，一次用于处理椒盐噪声。

图 5-22　椒盐噪声图像

图 5-23　去噪自编码器产生的无椒盐噪声的重建图像

5.6 PCA 和 ZCA 白化

通常，图像包含其在图像的任何邻域中强度高度相关的像素，因此这种相关性对于学习算法高度冗余。通常这些以邻近像素之间的相关性形式存在的依赖对任何算法都没有用。因此，删除这种双向相关是有意义的，这样算法就更加强调高阶相关性。类似地，在图像是自然图像的情况下，图像的平均强度对于学习算法可能没有任何用处。因此，删除图像的平均强度是有意义的。请注意，我们不是减去像素位置的平均，而是减去每个图像的像素强度的平均值。这种均值归一化不同于我们在机器学习中进行的其他均值归一化，其中我们减去在训练集上计算的每个特征的平均值。回到白化的概念，白化的优点有两个：

- 去掉数据中特征之间的相关性。
- 使每个特征方向的方差相等。

PCA 和 ZCA 白化通常是在通过人工神经网络处理图像之前，对图像预处理的两种技术。这两种技术几乎相同，但有细微差别。首先说明 PCA 白化所涉及的步骤，然后是 ZCA 白化。

- 分别从每个图像中去除平均像素强度。因此，如果将二维图像转换为向量，则可以从其自身中减去图像向量中的元素的平均值。如果每个图像由向量 $x^{(i)} \in \mathbb{R}^{n \times 1}$ 表示，其中 i 表示训练集中的第 i 个图像，则 $x^{(i)}$ 的均值归一化图像由下式给出，即

$$x^{(i)} = x^{(i)} - \frac{1}{n}\sum_{j=1}^{n} x_j^{(i)}$$

- 一旦我们得到均值归一化图像，我们可以计算协方差矩阵如下：

$$C = \frac{1}{m}\sum_{i=1}^{m} x^{(i)} x^{(i)\mathrm{T}}$$

- 接下来，我们需要通过 SVD 来分解协方差矩阵，如下：

$$C = UDU^{\mathrm{T}}$$

- 通常，通过 SVD 分解为 $C = UDV^{\mathrm{T}}$，但由于 C 是对称矩阵，因此在这种情况下 $U = V$。U 给出协方差矩阵的特征向量。特征向量在 U 中是列向量。沿着特征向量方向的数据的方差就是 D 对角线上的特征值，因为 D 是由特征向量给出的不相关方向的协方差矩阵，所以 D 中的其余项为零。

- 在 PCA 白化中，我们沿着特征向量投影数据，或者可以说主成分，然后用特征值的平方根将每个方向上的投影值除以数据投影的那个方向上的标准偏差。那么，PCA 白化转型如下：

$$T = D^{-\frac{1}{2}} U^{\mathrm{T}}$$

- 一旦将该变换应用于数据，变换后的数据沿着新变换的分量具有零相关和单位方差。原始平均校正图像 $x^{(i)}$ 的变换数据是

$$x_{\mathrm{PW}}^{(i)} = Tx^{(i)}$$

PCA 白化的问题在于，尽管它使数据去相关，并使新特征变化统一，但这些特征不再在原始空间中，而是在变换的旋转空间中。这使得对象的结构，如图像，在其空间方向上丢失了大量信息，因为在变换的特征空间中，每个特征是所有特征的线性组合。对于利用图像空间结构的算法，例如卷积神经网络，这不是一件好事。因此，我们需要某种方式来对数据进

行白化，使得数据与其特征相关，并且沿着其特征具有单位变化，但是这些特征仍然在原始特征空间中，而不是在某些变换的旋转特征空间中。满足所有这些相关条件的变换称为 ZCA 变换。在数学上，当任何正交矩阵 R（其列向量彼此是正交的）乘以 PCA 白化变换 T 时，产生另一个白化变换。如果选择 $R = U$，则变换

$$Z = UT = UD^{-\frac{1}{2}}U^{\mathrm{T}}$$

称为 ZCA 变换。ZCA 变换的优点在于图像数据仍然存在于像素的相同特征空间中，因此，与 PCA 白化不同，原始像素不会因新特征的产生而变得模糊。同时数据被白化，即去相关，以及每个特征方差为单位方差。单位方差和去相关特征可以帮助多种机器学习或深度学习算法实现更快的收敛。同时，由于特征仍然在原始空间中，它们保持其拓扑或空间方向，并且诸如利用图像空间结构的卷积神经网络算法可以利用该信息。

PCA 白化和 ZCA 白化之间的关键区别如图 5-24 和图 5-25 所示。我们可以看到，在这两

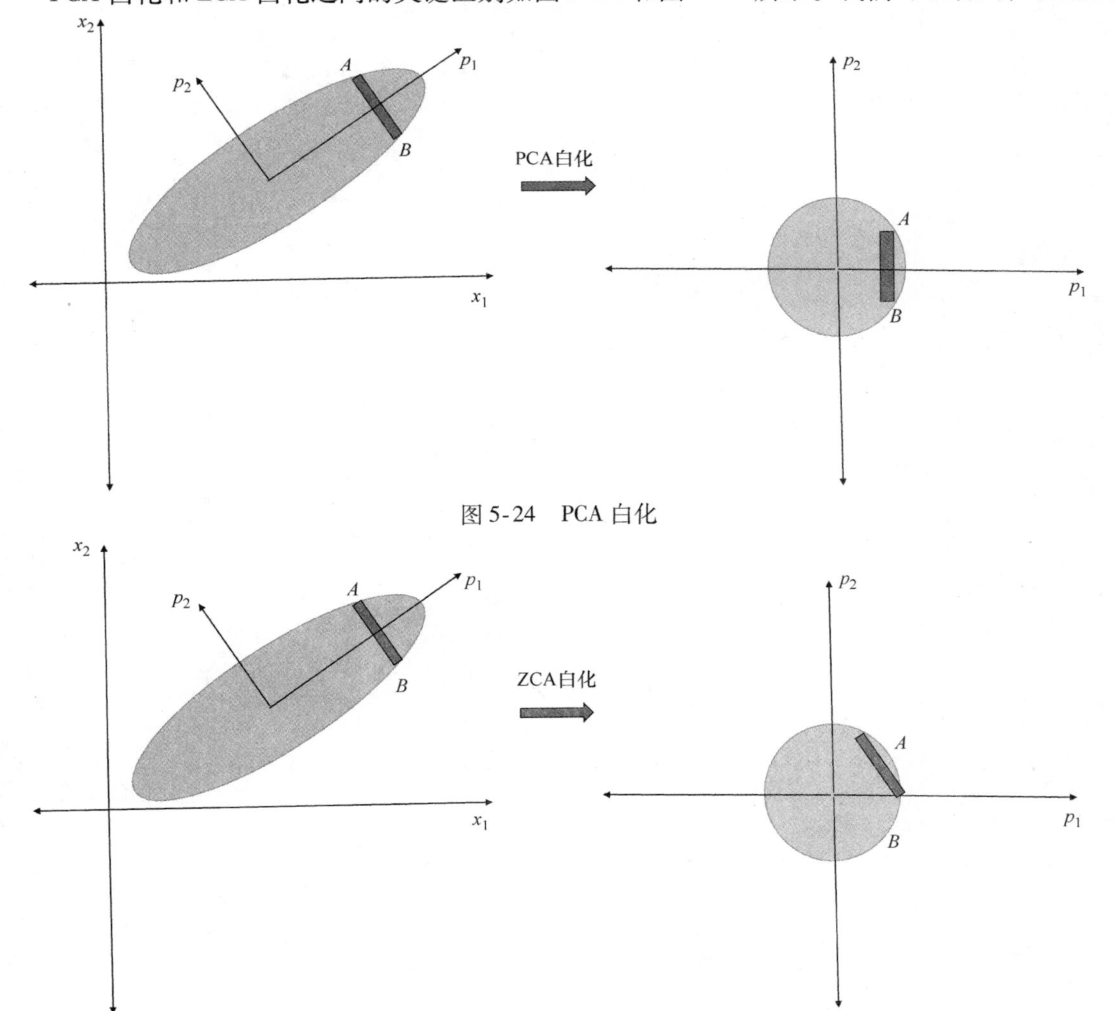

图 5-24　PCA 白化

图 5-25　ZCA 白化

种情况下，二维相关数据都被转换为不相关的新数据。但是，存在重大差异。PCA 白化时，新轴已根据 p_1 和 p_2 给出的主成分从原始轴改变，而 ZCA 白化的原始轴保持一致。p_1 和 p_2 是数据协方差矩阵的特征向量。此外，我们看到标记 AB 的方向在 PCA 白化的新轴上已经改变，而它对于 ZCA 白化保持完整。在这两种情况下，我们的想法是摆脱输入变量之间不那么有用的双向协方差，以便模型可以专注于学习更高阶的相关性。

5.7 总结

在本章中，我们介绍了深度学习中最受欢迎的无监督技术，即受限玻尔兹曼机和自编码器。此外，我们讨论了这些方法的不同应用以及与这些算法相关的训练过程。最后，我们以 PCA 和 ZCA 白化技术结束，这些技术是几种有监督的深度学习方法中使用的相关预处理技术。到本章结束时，我们已经触及了深度学习中的所有核心方法。考虑到迄今为止所涉及的方法和数学，可以容易地理解和实现深度学习中的其他新兴的方法。

在下一章即最后一章中，我们将讨论几种近来已经普及的新兴的深度学习网络，例如生成式对抗网络、R - CNN 等，然后了解一下怎样轻松地将 TensorFlow 应用投入生产的各个方面。

第 6 章 高级神经网络

本章中，我们将介绍一些在深度学习中经常使用的高级概念和模型。图像分割、目标定位与检测是近年来具有重要意义的一些关键领域。图像分割在医学图像处理中疾病和畸形的检测上起着重要的作用。与此同时，它同样在航空、制造业以及其他领域是至关重要的，比如对裂缝或者机械中不想要的状况等异常情况的检测。同样，夜空图像也可以被分割以探测未知星系、恒星和行星。目标检测和定位已经被广泛应用在需要自动监控的场所，比如在购物中心、本地商店、工厂厂房等。此外，它还可以对诸如交通信号状况等感兴趣区域进行物和人的统计，以估计各种密度数据。

本章一开始，我们将通过一些传统的图像分割方法，来理解神经网络与传统方法的不同。然后，将通过生成式对抗网络（GAN）来研究物体检测和定位技术，生成式对抗网络由于最近被广泛使用及其作为生成模型来合成数据方面的潜能而越来越流行。当数据量获取不足或者获取较为昂贵时，合成的数据可以用来作为模型的训练和推断。或者，生成模型可以用于从一个领域到另一个领域之间的模式迁移。最后是一些指导意见，比如如何使用 TensorFlow 的服务功能在生产环境中轻松使用 TensorFlow 的模型。

6.1 图像分割

图像分割是一项将图像分割成相关区域的计算机视觉任务，相关区域是指在同一部分中拥有相同属性的像素区域。不同任务以及不同领域中涉及的相同属性是有很大不同的，这里提到的主要相同属性为像素强度、纹理和颜色等。在本节中，我们将介绍一些基本的图像分割技术，比如基于像素强度直方图的阈值处理方法、分水岭阈值技术，以及其他技术等，以便我们在开始学习基于深度学习方案的图像分割方法之前，对图像分割有一些了解。

6.1.1 基于像素强度直方图的二元阈值分割方法

在图像中常常会出现只有两种重要的感兴趣区域，即图像中物体和图像背景。在这样的一幅图像场景中，像素强度的直方图将使用一个双峰来表示像素强度值的概率分布，即在两个像素强度值附近具有较高的密度。这种情况下将可以很容易地使用阈值化的方法将物体和背景进行分割，阈值化方法是选用一个阈值像素，然后将所有的大于阈值像素的像素强度值设为 255，并且将所有的小于阈值像素的像素强度值设为 0。这样做是为了确保将背景和物体分别使用白色和黑色进行表示。设图像为 $I(x, y)$，根据其像素强度的直方图选定阈值为

t，那么新的分割后图像 $I'(x, y)$ 可以表示为

$$I'(x,y) = 0, \text{当} I(x,y) > t$$
$$= 255, \text{当} I(x,y) \leqslant t$$

当直方图的双峰并不能够明显地被一个 0 密度区域分开时，那么一个选择阈值 t 的较好的策略是取双峰区域的峰值的平均值。记峰值强度分别为 p_1 和 p_2，那么阈值 t 就可以选择为

$$t = \frac{(p_1 + p_2)}{2}$$

另外一种使用方法是直接使用 p_1 和 p_2 之间的像素强度值，因为选择的阈值像素强度值处的直方图强度是最小的。记直方图函数为 $H(p)$，其中 $p \in \{0, 1, 2, \cdots, 255\}$ 表示像素强度，那么就有

$$t = \underbrace{\text{Arg Min}}_{p \in [p_1, p_2]} H(p)$$

这种二元阈值化的方法可以拓展为基于像素强度值的多元阈值化。

6.1.2 大津法

大津法（Otsu's Method）是通过最大化图像的不同部分之间的差异来确定图像分割阈值的。由下面的步骤通过大津法来进行二元阈值分割：

- 计算图像中每个像素强度的概率。假设可能会有的像素强度值有 N 个，那么规范化后的图像直方图可以表示为下面的概率分布。

$$P(i) = \frac{\text{count}(i)}{M} \quad \forall i \in \{0,1,2,\cdots,N-1\}$$

- 如果图像由阈值 t 划分为两个区域 C_1 和 C_2，那么图像像素强度集合 $\{0, 2, \cdots, t\}$ 属于 C_1，图像像素强度集合 $\{t+1, t+2, \cdots, L-1\}$ 属于 C_2。这两个区域之间的方差是由各自的像素均值相对于全局均值的离差平方和来确定的。方差是由两个区域中像素强度概率进行加权的。

$$\text{var}(C_1, C_2) = P(C_1)(u_1 - u)^2 + P(C_2)(u_2 - u)^2$$

式中，u_1 和 u_2 分别为区域 1 和区域 2 中的像素强度均值；u 为总体全局均值。

$$u_1 = \sum_{i=0}^{t} P(i)i \quad u_2 = \sum_{i=t+1}^{L-1} P(i)i \quad u = \sum_{i=0}^{L-1} P(i)i$$

每个区域中的像素强度值的概率是属于该类的图像中像素的数量。区域 C_1 的概率就是强度值小于或等于阈值强度值 t 的像素所占的比例，同样区域 C_2 的概率就是强度值大于阈值强度值 t 的像素所占的比例。因此，

$$P(C_1) = \sum_{i=0}^{t} P(i) \quad P(C_2) = \sum_{i=t+1}^{L-1} P(i)$$

- 我们观察 u_1、u_2、$P(C_1)$ 和 $P(C_2)$ 的表达式，可以发现它们都是关于阈值 t 的函数，总体均值 u 则对于图像而言是一个常量。因此，区域间的方差 $\text{var}(C_1, C_2)$ 就是关于像素强度阈值 t 的函数。使得方差最大化的阈值 $\hat{t}$ 就是使用大津法进行图像区域分割的最优的阈

值，即

$$\hat{t} = \underbrace{\text{Arg Max}}_{t} \ \text{var}(C_1, C_2)$$

一般求极值的方法是计算导数然后设为 0 求出极值对应的量 $\hat{t}$，由于 t 是一个离散的量，我们只要分别求出所有的 $t = \{0, 1, 2, \cdots, L-1\}$ 所对应的方差 var（C_1，C_2），然后选出使方差最大的 t 的值 $\hat{t}$。

大津法也可以拓展为多个区域的分割，对应的阈值也会由 1 个变为（$k-1$）个，将图像分割成 k 个区域。

前面我们了解了基于像素强度直方图的二元阈值分割方法和大津法，清单 6-1 为两种方法的基本处理逻辑。这里的重点不是如何使用图像处理的相关包来实现这些算法，而是便于解释算法的核心逻辑。另外需要注意的是，这些图像处理过程通常是对灰度图像进行分割，或者对每一个颜色通道进行分割。

清单 6-1　基于像素强度直方图的二元阈值分割方法和大津法的 Python 实现

```
## 基于像素强度直方图的二元阈值分割方法
import cv2
import matplotlib.pyplot as plt
#%matplotlib inline
import numpy as np
img = cv2.imread("coins.jpg")
gray = cv2.cvtColor(img,cv2.COLOR_BGR2GRAY)
plt.imshow(gray,cmap='gray')
row,col = np.shape(gray)
gray_flat = np.reshape(gray,(row*col,1))[:,0]
ax = plt.subplot(222)
ax.hist(gray_flat,color='gray')
gray_const = []
## 像素强度 150 似乎是一个很好的阈值选择，因为密度最小值约为 150
for i in xrange(len(gray_flat)):
    if gray_flat[i] < 150 :
        gray_const.append(255)
    else:
        gray_const.append(0)
gray_const = np.reshape(np.array(gray_const),(row,col))
bx = plt.subplot(333)
bx.imshow(gray_const,cmap='gray')

## 大津阈值化方法

img = cv2.imread("otsu.jpg")
gray = cv2.cvtColor(img,cv2.COLOR_BGR2GRAY)
plt.imshow(gray,cmap='gray')
row,col = np.shape(gray)
hist_dist = 256*[0]
## 计算图像中每个像素的强度频率
for i in xrange(row):
    for j in xrange(col):
        hist_dist[gray[i,j]] += 1
```

```
## 规范化强度频率计算概率
hist_dist = [c/float(row*col) for c in hist_dist]
plt.plot(hist_dist)
## 计算区域方差
def var_c1_c2_func(hist_dist,t):
    u1,u2,p1,p2,u = 0,0,0,0,0
    for i in xrange(t+1):
        u1 += hist_dist[i]*i
        p1 += hist_dist[i]
    for i in xrange(t+1,256):
        u2 += hist_dist[i]*i
        p2 += hist_dist[i]
    for i in xrange(256):
        u += hist_dist[i]*i
    var_c1_c2 = p1*(u1 - u)**2 + p2*(u2 - u)**2
    return var_c1_c2
## 遍历从0到255的所有像素强度，并选择最大化方差的像素强度值


variance_list = []
for i in xrange(256):
    var_c1_c2 = var_c1_c2_func(hist_dist,i)
    variance_list.append(var_c1_c2)
## 获取最大化方差的阈值
t_hat = np.argmax(variance_list)

## 根据阈值 t_hat 计算图像分割区域
gray_recons = np.zeros((row,col))
for i in xrange(row):
    for j in xrange(col):
        if gray[i,j] <= t_hat :
            gray_recons[i,j] = 255
        else:
            gray_recons[i,j] = 0
plt.imshow(gray_recons,cmap='gray')

--output --
```

在图 6-1 中，根据像素强度直方图，包含有硬币的原始灰度图像已经通过二元阈值分割将物体（即硬币）从背景中分割了出来。从直方图上可以看出，像素强度值 150 作为阈值进行图像分割。像素强度值低于 150 的设置为 255，用来表示物体，像素强度值高于 150 的设置为 0，表示背景。

在图 6-2 中，图像使用大津阈值法生成了黑色和白色两个分割区域。其中黑色表示背景，白色代表房子。图像的最佳像素强度阈值是 143。

6.1.3 用于图像分割的分水岭算法

分水岭算法是指通过像素强度的局部最小值将拓扑放置的局部区域进行分割。如果将灰度图像像素强度值看作是其水平和垂直坐标的函数，则该算法就是试图找到局部最小值附近

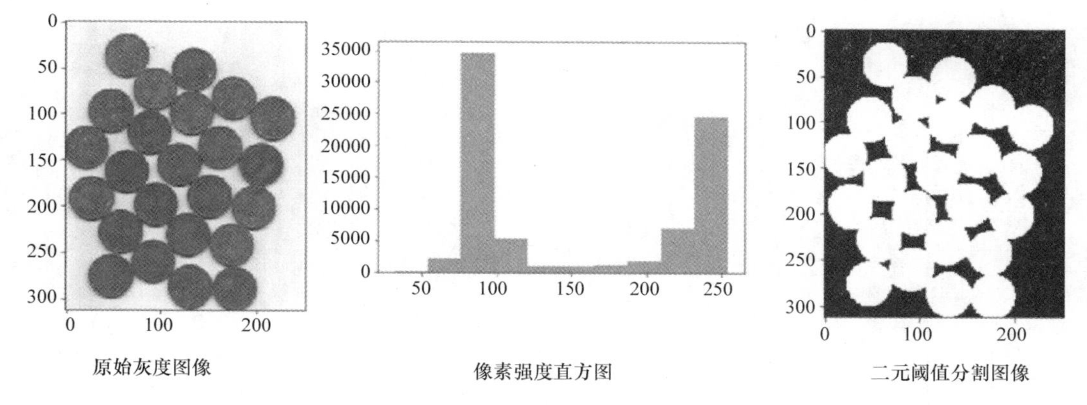

图 6-1　基于像素强度直方图的二元阈值分割方法

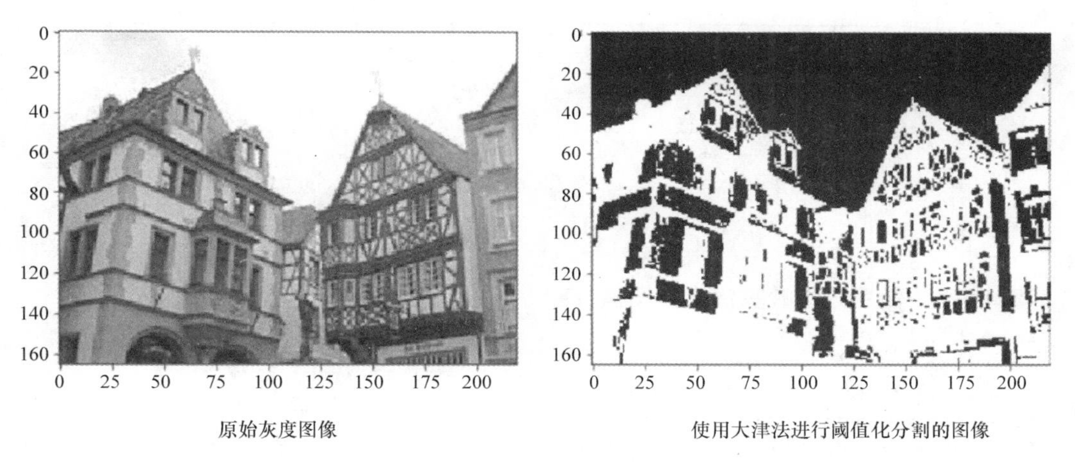

图 6-2　大津阈值化方法

的区域，这个区域称为吸引域或集水域。一旦确立了这个区域，该算法就会尝试通过沿高峰或山脊来创建分隔或分水岭以将它们分开。为了更好地理解这个方法，我们使用图 6-3 简单说明该算法。

如果我们以极小值 B 开始向集水域内注水，那么水就会持续填充这个局部区域直到水平线 1，超过这个水平线然后就会有水溢出到达 A 处的集水域区域。为了阻止可能会出现的溢出，我们就需要在 E 处建造一个大坝或者分水岭。一旦 E 处的分水岭创建完毕，我们就可以继续向集水域 B 处注水到达水平线 2，与前面相同，超过这个水平线然后就会有水溢出到达 C 处的集水域区域了。同样为了阻止可能会出现的溢出，我们需要在 D 处创建一个分水岭。利用这种逻辑，我们可以持续创建分水岭来分离这些不同的集水域。这就是分水岭算法背后的主要思想。这里举例的函数是单变量的，而在灰度图像的情况下，表示像素强度的函数将是关于垂直坐标和水平坐标两个变量的函数。

当被检测物体存在重叠时，分水岭算法就特别有效。在重叠情况下，阈值技术是无法确定不同物体之间的边界的。如清单 6-2 所示，我们使用分水岭算法来分割包含重叠硬币的

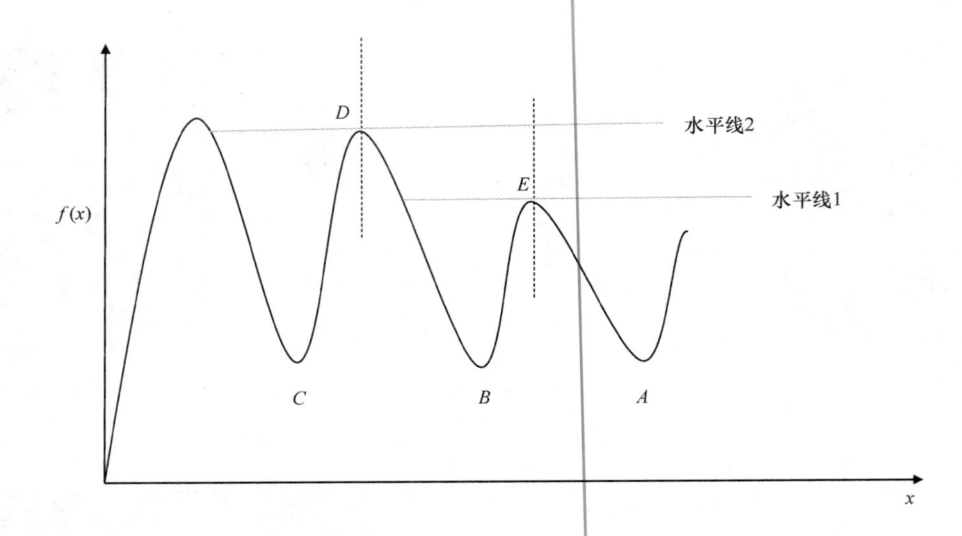

A、B、C—吸引域的最小值
D、E—需要构建分水岭的山峰或最值

图 6-3　分水岭算法说明

图像。

清单 6-2　使用分水岭算法进行图像分割

```
import numpy as np
import cv2
import matplotlib.pyplot as plt
from scipy import ndimage
from skimage.feature import peak_local_max
from skimage.morphology import watershed

## 加载硬币图像
im = cv2.imread("coins.jpg")
## 将图像转换为灰度图像
imgray = cv2.cvtColor(im,cv2.COLOR_BGR2GRAY)
plt.imshow(imgray,cmap='gray')
# 将图像转换为基于大津法的二元阈值化图像
thresh = cv2.threshold(imgray, 0, 255,
    cv2.THRESH_BINARY | cv2.THRESH_OTSU)[1]
## 检测轮廓，并显示
im2, contours, hierarchy = cv2.findContours(thresh,cv2.
RETR_TREE,cv2.CHAIN_APPROX_SIMPLE)
y = cv2.drawContours(imgray, contours, -1, (0,255,0), 3)
## 我们可以看到图像 "y" 展示了得到的轮廓，但是所有的硬币
## 会有一个共同的轮廓，因此我们无法将其分隔开
plt.imshow(y,cmap='gray')
## 因此，使用分水岭算法，使每一个硬币形成自己的区域，这样
## 硬币都会有自己单独的轮廓。因为distance_transform_edt
```

```
## 的输入图像格式要求，所以将阈值化的图像重新标记为0和1。

thresh[thresh == 255] = 5
thresh[thresh == 0] = 1
thresh[thresh == 5] = 0

## 函数 distance_transform_edt 和 peak_local_max functions
## 通过检测硬币中心附近的点来建立标记。你可以跳过这些步骤，
## 然后手动创建标记，方法是在每个硬币中设置一个像素，
## 并使用一个随机的数字表示它
D = ndimage.distance_transform_edt(thresh)
localMax = peak_local_max(D, indices=False, min_distance=10,
    labels=thresh)
markers = ndimage.label(localMax, structure=np.ones((3, 3)))[0]
# 通过欧几里得转换距离矩阵和前面设置好的标记，分水岭算法可以检测到
# 该像素应该属于哪个区域。然后每一个硬币所对应的像素都被填充为区域号

labels = watershed(-D, markers, mask=thresh)
print("[INFO] {} unique segments found".format(len(np.unique(labels)) - 1))
# 为每一个标记（即每一个硬币）生成轮廓，并添加到显示中
for k in np.unique(labels):
    if k != 0 :
        labels_new = labels.copy()
        labels_new[labels == k] = 255
        labels_new[labels != k] = 0
        labels_new = np.array(labels_new,dtype='uint8')
        im2, contours, hierarchy = cv2.findContours(labels_new,cv2.
        RETR_TREE,cv2.CHAIN_APPROX_SIMPLE)
        z = cv2.drawContours(imgray,contours, -1, (0,255,0), 3)
        plt.imshow(z,cmap='gray')

--output --
```

如图 6-4 所示，在分水岭算法下，重叠硬币的边界是很清晰的，而其他阈值方法都无法明确区分出每一个硬币的边界。

原始图像

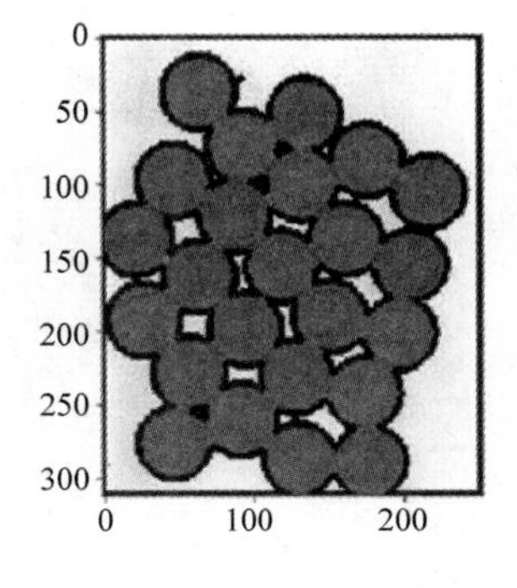

未使用分水岭算法获得的轮廓边缘

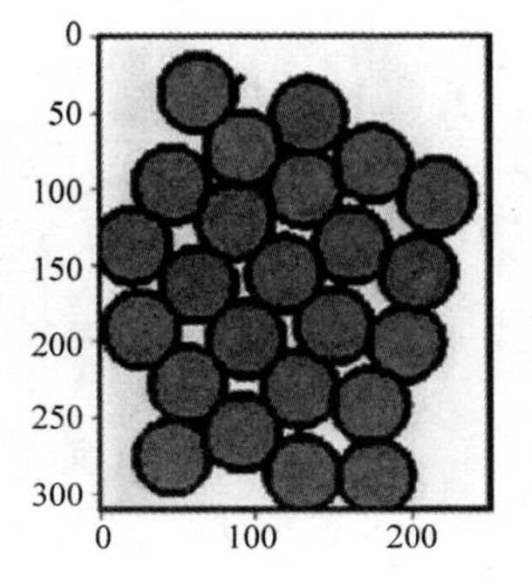

使用分水岭算法获得的轮廓边缘

图 6-4　使用分水岭算法进行图像分割示例

6.1.4 使用 K - means 聚类进行图像分割

著名的 K - means 聚类算法可以用来进行图像分割，尤其是对医学图像。算法参数项 K 表示聚类形成的不同集群的数量。该算法通过执行聚类来工作，并且每一个聚类由其基于特定输入特征的聚类质心来表示。使用 K - means 聚类算法进行图像分割时，一般分割是基于像素强度和其三个空间维度（水平坐标、垂直坐标和颜色通道）等作为输入特征的。记输入特征向量为 $u \in \mathbb{R}^{4\times 1}$，其中

$$u = [I(x,y,z),x,y,z]^{\mathrm{T}}$$

同样也可以忽略空间坐标，将三个颜色通道上的像素强度值作为输入特征向量，即

$$u = [I_{\mathrm{R}}(x,y),I_{\mathrm{G}}(x,y),I_{\mathrm{B}}(x,y)]^{\mathrm{T}}$$

式中，$I_{\mathrm{R}}(x, y)$、$I_{\mathrm{G}}(x, y)$ 和 $I_{\mathrm{B}}(x, y)$ 分别表示在坐标点（x，y）处的红色、绿色和蓝色三个颜色通道上的像素强度。

算法使用了类似于 L^2 或 L^1 范数的距离度量，如下式所示：

$$D(u^{(i)},u^{(j)}/L^2) = \| u^{(i)} - u^{(j)} \|_2 = \sqrt{(u^{(i)} - u^{(j)})^{\mathrm{T}}(u^{(i)} - u^{(j)})}$$

$$D(u_i,u_j/L^1) = \| u^{(i)} - u^{(j)} \|_1$$

下面是 K - means 算法的详细步骤：

- 步骤 1：给定 K 值，随机选择 K 类聚类区域 S_1，S_2，…，S_k 对应的区域质心 C_1，C_2，…，C_k。
- 步骤 2：计算每一个像素特征向量 $u^{(i)}$ 到聚类区域质心的距离，并记具有最小距离的聚类区域为 S_j，对应的质心为 C_j，即

$$j = \underbrace{\text{Arg Min}}_{j} \quad \| u^{(i)} - C \|_{j2}$$

- 需要对所有的像素特征向量重复该过程，使得在 K - means 的一次迭代中，将所有的像素标记为 K 个聚类中的一个。
- 步骤 3：当所有的像素都被分配给新的聚类后，该聚类的新的质心将被重新计算，取值为各自聚类中像素特征向量的均值，即

$$C_j = \sum_{u^{(i)} \in S_j} u^{(i)}$$

- 重复步骤 2 和步骤 3，迭代若干次直到质心不再变化。通过这个迭代处理，我们降低了聚类内部像素距离的总和，即

$$L = \sum_{j=1}^{K} \sum_{u^{(i)} \in S_j} \| u^{(i)} - C_j \|_{j2}$$

清单 6-3 展示了 K - means 算法的简单实现，算法中将三个颜色通道中的像素强度作为特征输入。取 $K=3$ 进行图像分割。将输出显示为灰度图，因此可能显示不出实际的图像分割质量。如果以彩色格式来显示清单 6-3 中生成的分割图像，则可以显示出更好的分割细节。还要补充一点：最小化的成本或损失函数（即聚类内部像素距离的总和）是一个非凸函数，因此可能会有局部最小值的问题。可以使用不同的初始质心值进行多次聚类分割，然后

取损失函数最小的那次聚类过程，这样能够生成一个较好的聚类分割。

清单 6-3　使用 *K* – means 进行图像分割

```
import cv2
import numpy as np
import matplotlib.pyplot as plt
#np.random.seed(0)
img = cv2.imread("kmeans.jpg")
imgray_ori = cv2.cvtColor(img,cv2.COLOR_BGR2GRAY)
plt.imshow(imgray_ori,cmap='gray')
## 保存图像的维度信息
row,col,depth = img.shape
## 为了更快的矩阵运算，将行列堆叠
img_new = np.zeros(shape=(row*col,3))
glob_ind = 0
for i in xrange(row):
    for j in xrange(col):
        u = np.array([img[i,j,0],img[i,j,1],img[i,j,2]])
        img_new[glob_ind,:] = u
        glob_ind += 1
# 设置聚类数
K = 5
# 运行 K-means
num_iter = 20
for g in xrange(num_iter):
# 定义 cluster 来存储聚类类别编号和 out_dist 来存储到质心的距离

    clusters = np.zeros((row*col,1))
    out_dist = np.zeros((row*col,K))
    centroids = np.random.randint(0,255,size=(K,3))
    for k in xrange(K):
        diff = img_new - centroids[k,:]
        diff_dist = np.linalg.norm(diff,axis=1)
        out_dist[:,k] = diff_dist
# 给 cluster 赋值像素位置的最小距离
    clusters = np.argmin(out_dist,axis=1)
# 重新计算聚类
    for k1 in np.unique(clusters):
        centroids[k1,:] = np.sum(img_new[clusters == k1,:],
        axis=0)/np.sum([clusters == k1])
# 将聚类标记变形为图像的行和列两个维度
clusters = np.reshape(clusters,(row,col))
out_image = np.zeros(img.shape)
# 对于图像的3个通道，标签由其相应的质心像素强度代替
for i in xrange(row):
    for j in xrange(col):
        out_image[i,j,0] = centroids[clusters[i,j],0]
        out_image[i,j,1] = centroids[clusters[i,j],1]
        out_image[i,j,2] = centroids[clusters[i,j],2]

out_image = np.array(out_image,dtype="uint8")
# 将输出图像转换为灰度图进行显示
# 建议读者将图像显示得更为清晰
```

```
imgray = cv2.cvtColor(out_image,cv2.COLOR_BGR2GRAY)
plt.imshow(imgray,cmap='gray')

---Output ---
```

如图 6-5 所示，取 $K=3$ 进行 K – means 聚类算法进行图像分割得到了一个较好的结果。

图 6-5　使用 K – means 算法进行图像分割示例

6.1.5　语义分割

近年来，通过卷积神经网络进行图像分割的方法已经获得了很多人的关注。使用神经网络进行图像分割时的一个显著的不同点是将每个像素分配给分类物体的标注过程，而该过程是通过完全监督方法训练得来的。虽然标注图像的过程代价很高昂，但是它通过比较标注和真实数据（ground truth）之间的区别，来简化问题。ground truth 是指图像中的像素属于某一个特定颜色表示的物体。例如，我们使用猫狗图像，并且包含背景，图像中的每一个像素都属于猫、狗和背景这三个类别中的一个。而且，每一个类别的物体通常会以一个代表性的颜色表示，这样 ground truth 就可以显示为分割后的图像。让我们来学习一些可以进行语义分割的卷积神经网络。

6.1.6　滑动窗口方法

一种从原始图像中提取图像块的方法是滑动窗口方法，然后将图像块作为分类卷积神经网络的输入去预测该图像块中心像素所属的类别。以滑动窗口方法获得的图像块来训练这样一个卷积神经网络，无论是在训练阶段还是在测试阶段都是计算密集型的，因为每一幅图像至少需要获取 N 个图像块作为输入传递给分类 CNN，其中 N 为图像中像素的数量。

如图 6-6 所示，使用滑动窗口语义分割网络进行图像中猫、狗和背景的分割。它从原始图像中裁剪出图像块并通过分类 CNN 将其图像块的中心像素点进行分类。诸如 AlexNet、VGG19 和 Inception V3 等预训练的网络都可以用作分类 CNN，只是输出层需要替换为只有狗、猫和背景的 3 个分类。然后该 CNN 以图像块作为输入，输入图像块的中心像素的类别标签作为输出，然后通过反向传播算法进行网络参数的微调。从图像卷积的角度来看，这样的网络效率是非常低下的，因为彼此相邻的图像块的重叠非常明显，并且会每次重新处理进行计算，这显然是我们不希望的计算开销。为了克服上述网络的缺点，可以使用全卷积网络，这是我们下一个需要讨论的主题。

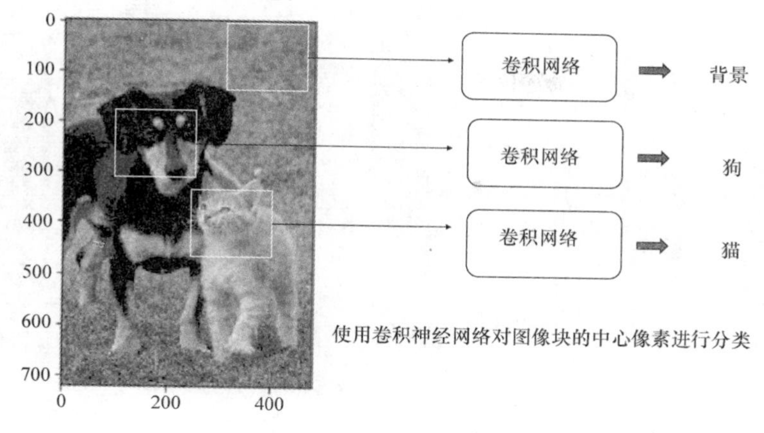

图6-6　滑动窗口语义分割

6.1.7　全卷积网络

全卷积网络（FCN）是由一系列的卷积层组成，其中没有全连接层。选择使用卷积可以使得输入图像在空间维度上没有任何变化的情况下变换，即图像的高度和宽度都保持不变。滑动窗口方法中是独立地对每一个单独的图像块进行像素类别的评估，与此不同，全卷积网络是可以一次完成对所有的像素类别进行预测的。该网络的输出层包含有 C 个特征图，其中 C 是每个像素可以被分类的类别数，另外还包括背景。如果原始图像的长度和宽度分别是 h 和 w，那么输出就会包含有 C 个尺寸为 $h\times w$ 的特征图。同样地，ground truth 对应于 C 个类别会将图像分割成 C 个图像片段。每一个特征图在任何一个空间坐标（h_1，w_1）都会有一个与该特征图所属某个类别有关的分数。这个分数是由不同类别对应的 SoftMax 函数生成的。

图6-7中包含了全卷积网络的体系结构设计。输出特征图的数量以及 ground truth 特征图都是三个，对应于三个分类类别。如果第 k 类在坐标点（i，j）处的网络输入激活或分数由 $s_k^{(i,j)}$ 表示，然后坐标点（i，j）处的像素属于第 k 类的概率则是通过 SoftMax 的概率给出，如下：

$$P_k(i,j) = \frac{e^{s_k^{(i,j)}}}{\sum_{k'=1}^{C} e^{s_k^{(i,j)}}}$$

此外，如果第 k 类在坐标点（i，j）处的 ground truth 标签由 $y_k(i,j)$ 表示，则坐标点（i，j）处像素的交叉熵损失函数可以表示为

$$L(i,j) = -\sum_{k=1}^{C} y_k(i,j)\log P_k(i,j)$$

如果传递给网络的图像长度和宽度分别为 M 和 N，则图像的总体损失为

$$L = -\sum_{i=0}^{M-1}\sum_{j=0}^{N-1}\sum_{k=1}^{C} y_k(i,j)\log P_k(i,j)$$

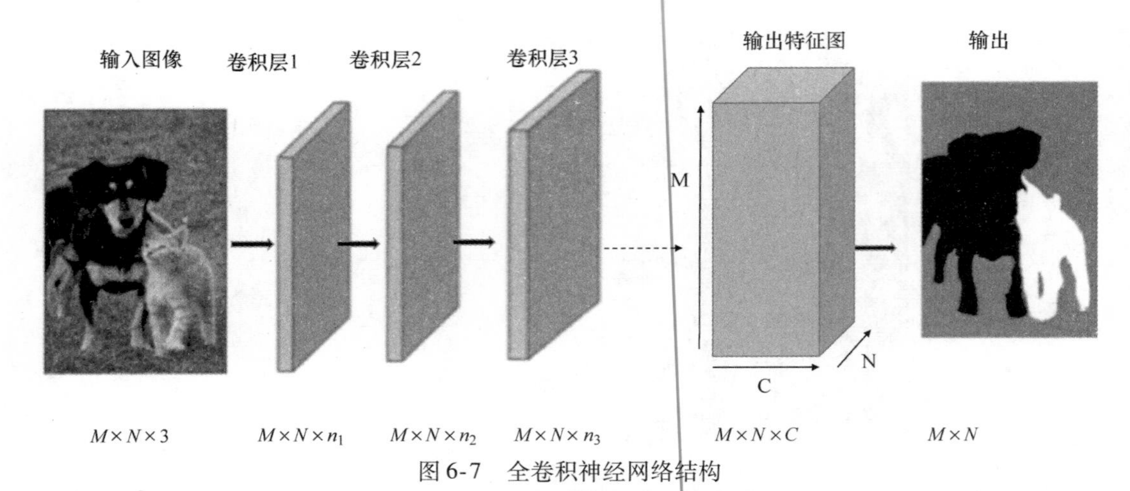

图 6-7　全卷积神经网络结构

图像可以批量传递给网络，因此可以将每个图像的平均损失作为整体的损失函数，然后在每一次迭代中通过批量梯度下降的方式进行优化。

在坐标点（i，j）处的像素所属的输出类别 $\hat{k}$ 可以由属于该类别 k 的概率 P_k（i，j）的最大值来决定，即

$$\hat{k} = \underbrace{\text{Arg max}}_{k} P_k(i,j)$$

对图像中所有的像素点做同样的处理，获得最终的分割图像。

图 6-8 所示为用于分割图像中的猫、狗和背景的输出特征图。我们可以看到，三个类别中的每一个分类都有它们独自的特征图。特征图的空间维度与输入图像的空间维度相同。网络的输入激活、相关的概率以及对应的真实标签都已经在各个类别所对应的坐标点（i，j）处标出。

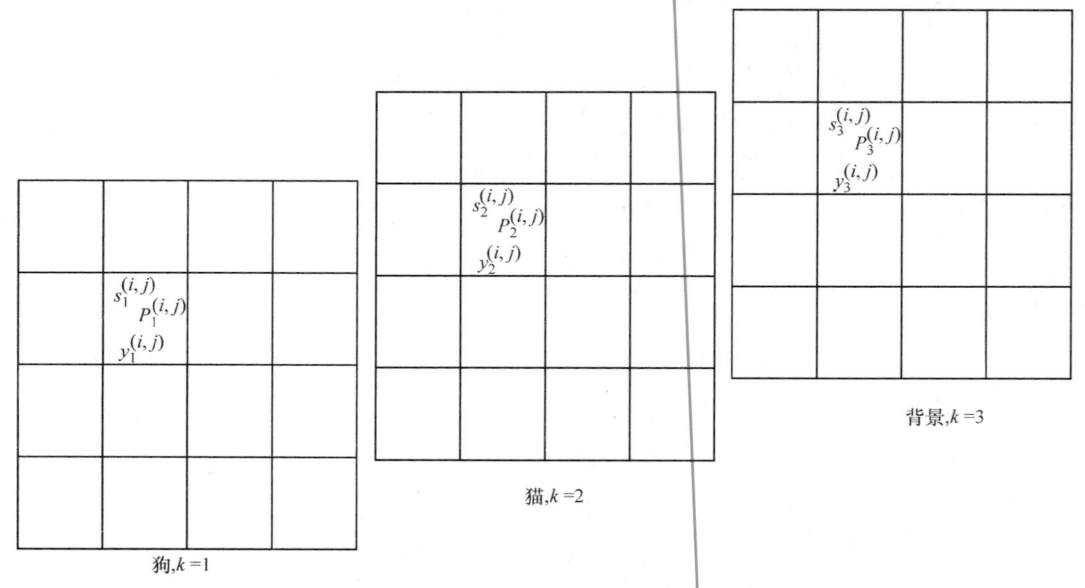

图 6-8　根据狗、猫和背景三个类别的输出特征图

该网络中的所有卷积都保留了输入图像的空间维度。因此，对于高分辨率的图像，该网络将是计算密集型的，尤其是当每个卷积中的特征图或通道的数量也很高时。为了解决这个问题，全卷积神经网络的一种变体模型使用得更加广泛，这种模型先在网络的前半部分进行图像的下采样，然后在网络的后半部分进行图像的上采样。我们将在下一个主题中讨论该全卷积网络的修改版本。

6.1.8 全卷积网络的下采样和上采样

全卷积网络的这种变体使用卷积的组合，不再是像前面的网络那样保留所有卷积层中图像的空间维度，其中图像在网络的前半部分被下采样，然后在最后的几层中进行上采样以恢复原始图像的空间尺寸。通常，这样的网络会包括几层下采样层和最后的几层上采样层，这里的下采样是通过卷积的跨步或者池化操作来实现的。目前为止，卷积操作要么是对图像进行下采样，要么是保持输出图像的空间维度与输入的空间维度相同。在这个网络中，我们需要对图像（更确切地说是特征图）进行上采样。图6-9所示为该网络的高层次结构设计。

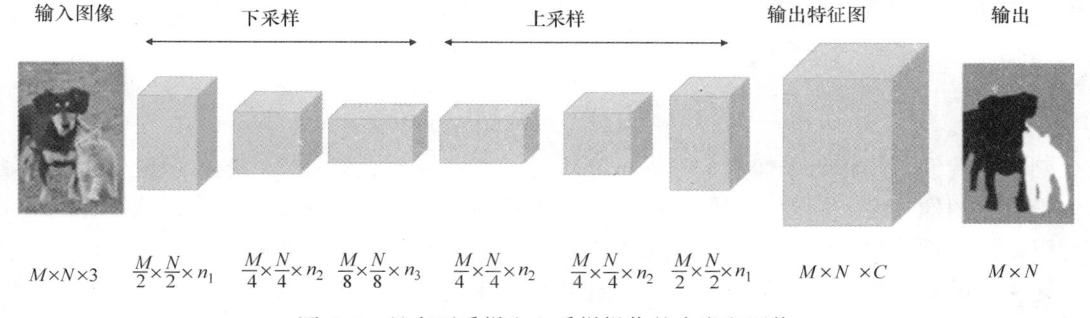

图6-9 具有下采样和上采样操作的全卷积网络

我们将在下面讨论常用于图像或特征图的上采样技术。

1. 上池化（Unpooling）

上池化可以视为池化的反向操作。在最大值池化或者平均值池化中，我们通过将池化内核区域中的像素值的最大值或平均值作为该区域的代表来减小图像的空间维度。因此，如果我们的池化尺寸为2×2，那么图像的空间维度将会减少为原来尺寸的$\frac{1}{2}$。而在上池化操作中，我们通常会通过重复邻域中的像素来增加图像的空间维度，如图6-10a所示。

类似地，在上池化操作中也可以选择在邻域中只填充一个像素并将其余的像素设置为0，如图6-10b所示。

2. 最大值上池化（Max Unpooling）

许多全卷积网络层都是对称的，一般在网络的前半部分使用池化操作，对应地在网络的后半部分使用上池化操作以恢复图像的尺寸。在执行池化操作时，输入图像上比较微小的空间信息因为使用一个元素来代表整个邻域像素而丢失。例如，当最大值池化内核尺寸为2×2时，则每一个2×2邻域内的最大像素值用来表示整个邻域的内容传递到输出。而在输出中是无法反向推断最大像素值原来的位置，因为整个处理过程缺少关于输入的空间信息。在语

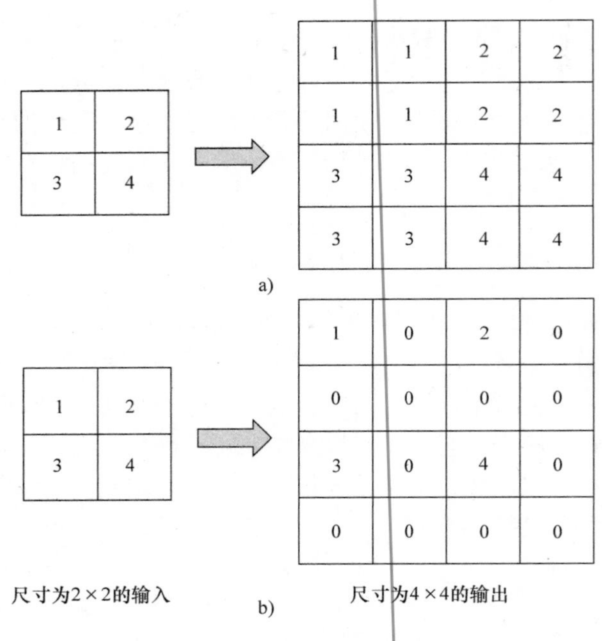

图 6-10　上池化操作

义分割中，我们希望将每个像素分类尽可能接近其真实标签。但是，在最大值池化中，会丢失大量关于图像边缘和其他一些细节的信息。当我们尝试使用上池化操作来重建图像时，我们可以使用这样一种方法来恢复这些丢失的空间信息，即将输入像素的值放置在对应于最大值池化输出的输出位置上。为了更形象地理解它，我们使用图 6-11 来说明。

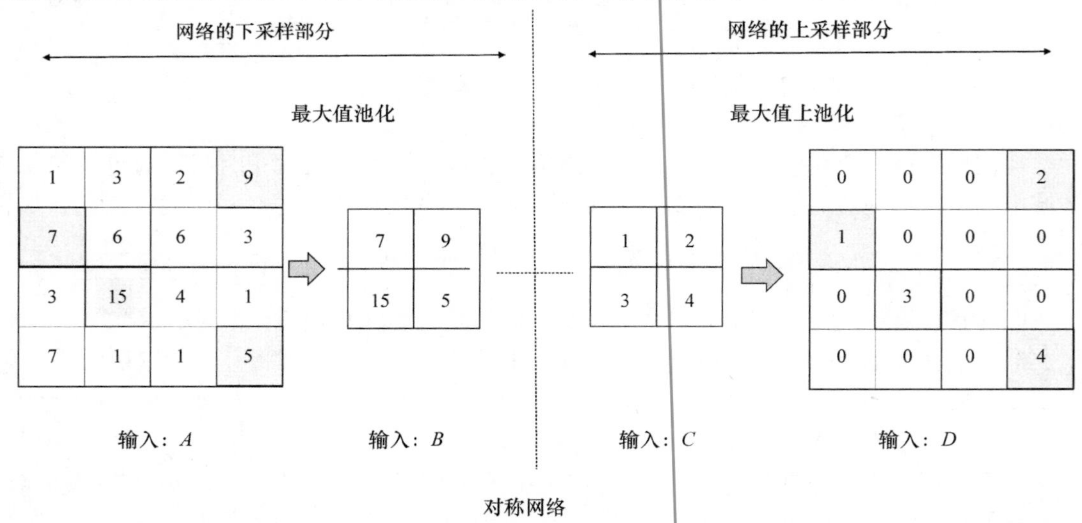

图 6-11　对称的全连接分割网络的最大值上池化图例

如图 6-11 所示，仅仅对输出图 D 中与输入图 A 中对应于最大值池化的最大值元素相对应的位置进行上池化填充。这种上池化的方式通常称为最大值上池化。

3. 转置卷积

通过上池化或者最大值上池化完成上采样的操作是一个固定的变换。这里的变换不包含任何网络训练参数。而另外一种可训练的上采样方法是使用转置卷积执行上采样，这里的转置卷积与我们所知的卷积操作非常相似。由于转置卷积涉及网络训练参数，因此将训练网络使总体损失降低，使用学习得到的参数完成上采样操作。接下来让我们深入了解一下转置卷积的工作原理。

在跨步卷积中，步长为2时的输出维度一般是输入维度的一半。如图6-12所示，二维卷积操作的输入维度为5×5，卷积核尺寸为4×4，步长为2，0填充为1。然后将卷积核在输入维度上滑动，在卷积核所处位置上计算卷积核重叠处输入点与卷积核的点积。

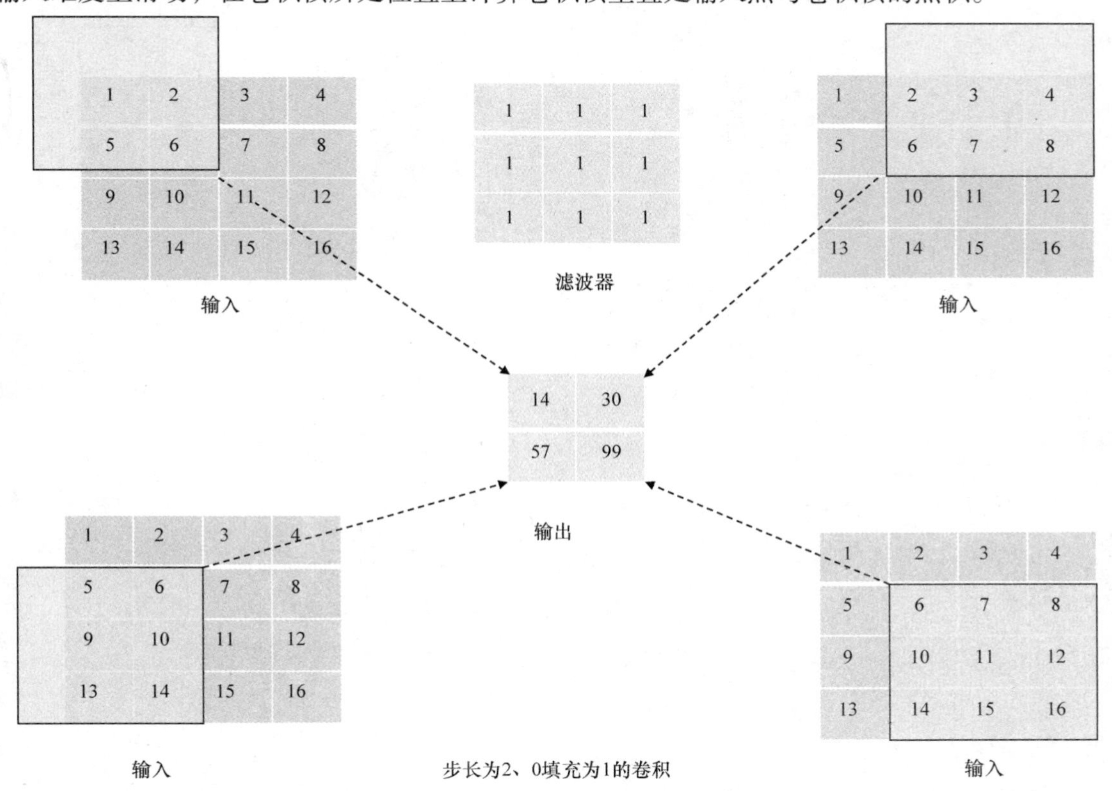

图6-12 卷积操作中使用跨步来进行图像下采样

在转置卷积中，我们使用与卷积相同的逻辑来处理，不同点是这里使用大于1的步长来实现上采样而不是下采样。因此，如果我们使用的步长为2，则输入的尺寸在每个空间维度上都会加倍。如图6-13a～c所示，转置卷积的输入维度大小为2×2，滤波器内核尺寸为3×3，那么它的输出大小则为4×4。与卷积中对滤波器和输入的对应位置计算点积不同，在转置卷积中，在特定的位置上，滤波器的值由对应放置处的输入值进行加权，并且将加权后的值填充在输出相应位置上。沿着相同空间维度的连续输入值对应的输出放置在由步长确定的间隔处。然后对所有的输入执行同样的操作。最后，如图 6-13c 所示，将每一个输入值对应的输出添加到一起生成最终的输出。

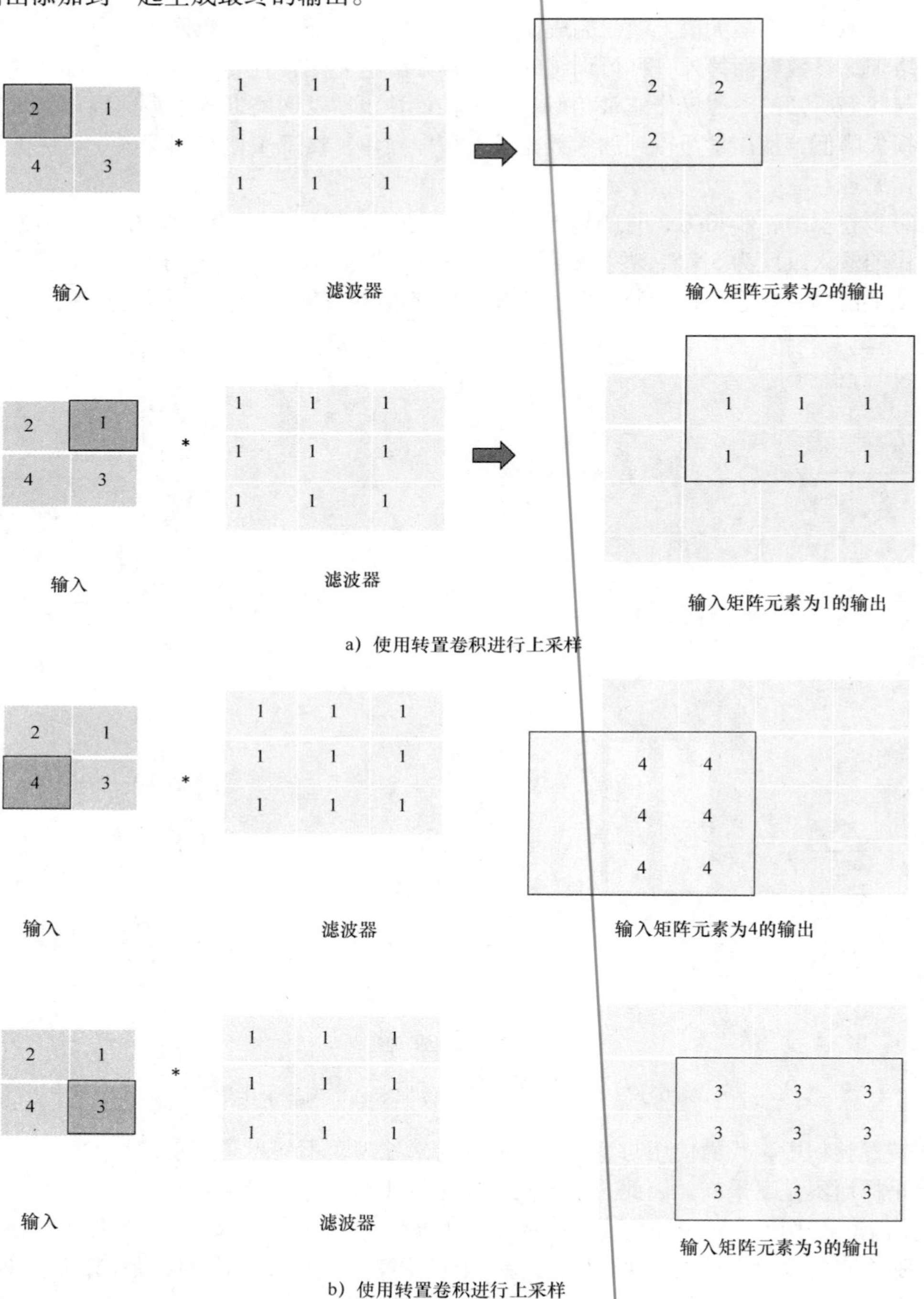

a）使用转置卷积进行上采样

b）使用转置卷积进行上采样

图 6-13

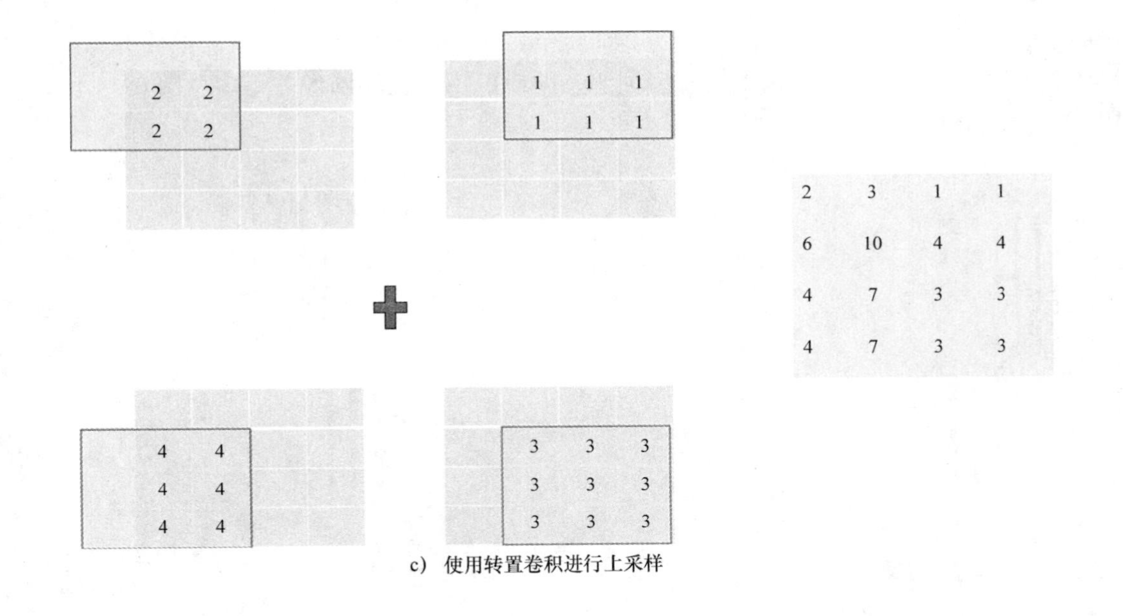

c) 使用转置卷积进行上采样

图 6-13（续）

在 TensorFlow 中一般使用函数 tf. nn. conv2d_transpose 来执行转置卷积上采样。

6.1.9 U－Net

U－Net 卷积神经网络是近来用于图像分割（尤其是医学图像）最有效的结构之一。该结构赢得了 ISBI 2015（International Symposium on Biomedical Imaging，生物医学成像国际会议）的细胞追踪挑战赛。网络拓扑结构从输入层到输出层正好是一个 U 形模式，因此命名为 U－Net。Olaf Ronneberger、Philipp Fischer 和 Thomas Brox 设计出此卷积神经网络用于图像分割，模型细节部分在白皮书中有详细说明，标题名为“U－Net：Convolutional Networks for Biomedical Image Segmentation”，网络地址为 https://arxiv. org/abs/1505. 04597。

在网络的前半部分中，将图像使用卷积和最大值池化操作进行下采样。卷积层关联了基于像素的 ReLU 激活函数层。每一个卷积操作的内核尺寸大小为 3×3，不使用 0 填充，这样输出特征图在每一个空间维度上都减少 2 个像素长度。网络的后半部分中，下采样后的图像被上采样直到最后一层，其中输出特征图对应于被分割的特定类别。如前所述，每一幅图像的损失函数都是按照像素进行分类的交叉熵函数或对数损失函数，然后在整个图像数据集上进行累加。需要注意的一点是，U－Net 中的输出特征图的空间维度是小于输入的。例如输入的尺寸为 572×572，生成的对应输出特征图尺寸为 388×388。那么可能就会有一个问题，即尺寸变小了怎么做像素对应的类别比较以在训练时进行损失计算？方法很简单，即将输出特征图与 ground truth 标签分割 388×388 大小的输入图像中心块相比较。采用中心块的方法是因为，如果一幅图像的分辨率较高时，比如 1024×1024，那么就可以随机生成许多 $572 \times$

572 的图像块用作模型训练。同样地，也可以从这些 572 × 572 的子图像中提取 388 × 388 大小的中心块作为 ground truth 标签图像，然后将每一个像素都设置对应的标记分类。这样可以作为一种数据增强的方式来帮助模型训练，即使可用的训练图像并不多。图 6-14 所示为 U – Net 的结构图。

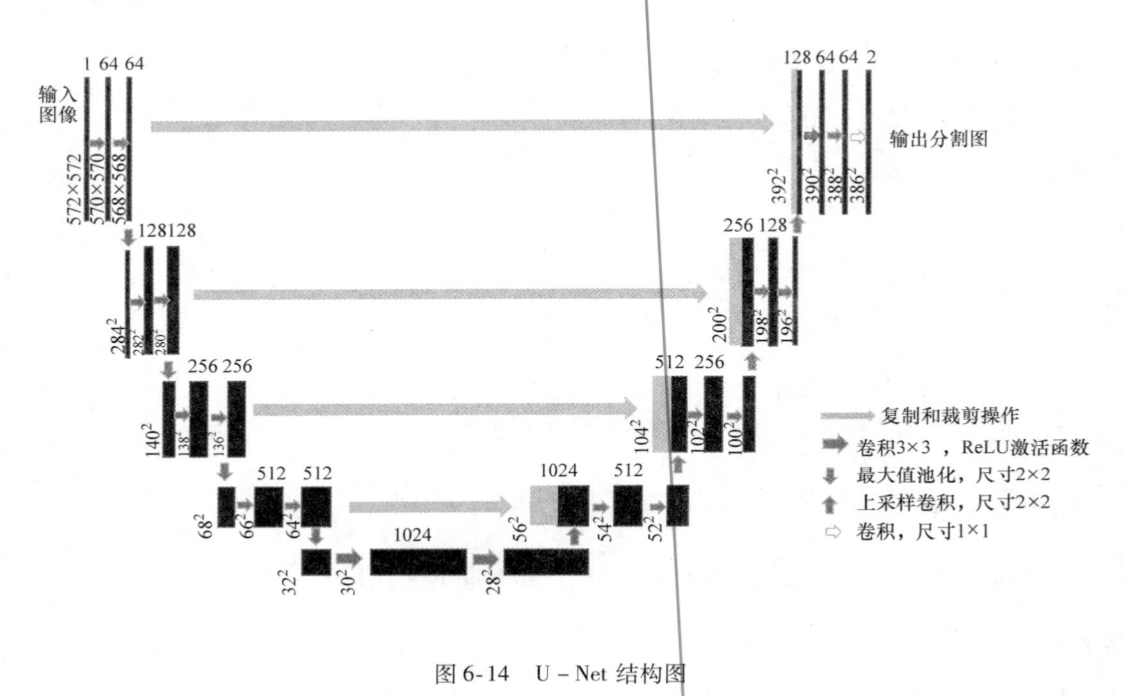

图 6-14　U – Net 结构图

从结构图中我们可以看出，在网络的前半部分中，图像经过卷积和最大值池化降低了输入图像的空间维度，但同时增加了通道的深度，即增加了特征图的数量。每经过两个连续的卷积处理后就会关联一个 ReLU 激活，然后将其进行最大值池化操作，从而将图像尺寸降低为原来的$\frac{1}{4}$。每一个最大值池化操作都会将网络降低（即特征图的空间维度降低），然后进行下一组卷积操作，这样的结构形成了 U 形的前半部分。类似地，上采样层在每个空间维度上都将其增大两倍，因此将图像尺寸增大四倍。这构成了网络结构 U 形的后半部分。每次上采样后，图像都会通过两次卷积以及 ReLU 激活。

就最大值池化和上采样操作而言，U – Net 是一个非常对称的网络。然而，对于最大值池化和上采样操作对，最大值池化之前的图像大小与上采样后的图像大小是不同的，这与其他的全卷积层不同。如前所述，在最大值池化操作中，输出中使用代表像素表示对应图像的局部区域，这会丢失大量空间信息。当图像被上采样回到原始尺寸时，也很难恢复丢失的空间信息，因此新图像会缺少图像边缘和其他图像细节等信息。而这将会导致次优分割。如果上采样图像与其对应的最大值池化操作之前的图像具有相同的空间维度，则可以在上采样之后将输出特征图附加随机数量的最大值池化之前的特征图以帮助网络恢复部分丢失的空间信息。由于在 U - Net 的情况下这些特征图的尺寸不匹配，因此 U - Net 在最大值池化操作之前会将特征图裁剪为与上采样输出特征图相同的空间维度，并将其连接合并。这会使图像分割的效果更好，因为它有助于恢复在最大值池化操作期间丢失的空间信息。还有一点需要注意的是，上采样可以通过我们所提到的任何方法来完成，比如上池化、最大值上池化和转置卷积，上采样同时也称为反卷积。

U - Net 图像分割网络的几点优势如下：

- 可以使用少量的注释图像或者手工标记分割图像生成大量训练数据。
- 即使存在同一类物体之间有接触时，U - Net 也能很好地进行分割。而之前使用的传统图像处理方法，分割这种同类接触物体是很困难的，而比如分水岭算法之类的方法则需要一些额外的物体标记才可以得到合理的分割结果。U - Net 通过对接触区域边界附近的错误分类像素引入高权值，从而很好地对同一类接触物体进行了分割。

6.1.10 在 TensorFlow 中使用全卷积神经网络进行语义分割

在本节中，我们将根据名为 Carvana 的 Kaggle 比赛，详细介绍 TensorFlow 实现的图像分割任务，该比赛是从背景中分割出汽车图像。训练用途的输入图像和对应的 ground truth 分割标记均可获取到。我们使用训练数据中的 80% 来训练该模型，然后使用剩余的 20% 数据来验证模型的效果。在训练中，我们使用全卷积网络，该网络的前半部分是类似 U - Net 的结构，然后通过转置卷积进行上采样。我们的网络与 U - Net 网络的不同之处在于，我们在使用卷积时采用了 SAME 的填充选项，这保证了卷积时输入输出的空间维度不变。另一点不同是该网络模型不使用跳跃连接来合并从下采样到上采样的特征图。清单 6-4 提供了该模型的详细实现。

清单 6-4 在 TensorFlow 中使用全卷积神经网络进行语义分割

```
## 导入所需的库
import tensorflow as tf
from sklearn.model_selection import train_test_split
import matplotlib.pyplot as plt
%matplotlib inline
import os
from subprocess import check_output
import numpy as np
from keras.preprocessing.image import array_to_img, img_to_array, load_img,
ImageDataGenerator
from scipy.misc import imresize

# 定义下采样函数，包括2个卷积+ReLU激活操作，1个最大值池化操作
# 最大值池化操作可以先设置为 False，当使用时再启用

x = tf.placeholder(tf.float32,[None,128,128,3])
y = tf.placeholder(tf.float32,[None,128,128,1])
```

```
def down_sample(x,w1,b1,w2,b2,pool=True):
    x = tf.nn.conv2d(x,w1,strides=[1,1,1,1],padding='SAME')
    x = tf.nn.bias_add(x,b1)
    x = tf.nn.relu(x)
    x = tf.nn.conv2d(x,w2,strides=[1,1,1,1],padding='SAME')
    x = tf.nn.bias_add(x,b2)
    x = tf.nn.relu(x)
    if pool:

        y=tf.nn.max_pool(x,ksize=[1,2,2,1],strides=[1,2,2,1],padding='SAME')
        return y,x
    else:
        return x

# 定义上采样函数
def up_sample(x,w,b):
    output_shape= x.get_shape().as_list()
    output_shape[0] = 32
    output_shape[1] *= 2
    output_shape[2] *= 2
    output_shape[1] = np.int(output_shape[1])
    output_shape[2] = np.int(output_shape[2])
    output_shape[3] = w.get_shape().as_list()[2]
    conv_tf = tf.nn.conv2d_transpose(value=x,filter=w,
    output_shape=output_shape,strides=
    [1,2,2,1],padding="SAME")
    conv_tf = tf.nn.bias_add(conv_tf,b)
    return tf.nn.relu(conv_tf)

## 定义权重
weights = {
   'w11':tf.Variable(tf.random_normal([3,3,3,64],mean=0.0,stddev=0.02)),
   'w12':tf.Variable(tf.random_normal([3,3,64,64],mean=0.0,stddev=0.02)),
   'w21':tf.Variable(tf.random_normal([3,3,64,128],mean=0.0,stddev=0.02)),
   'w22':tf.Variable(tf.random_normal([3,3,128,128],mean=0.0,stddev=0.02)),
   'w31':tf.Variable(tf.random_normal([3,3,128,256],mean=0.0,stddev=0.02)),
   'w32':tf.Variable(tf.random_normal([3,3,256,256],mean=0.0,stddev=0.02)),
   'w41':tf.Variable(tf.random_normal([3,3,256,512],mean=0.0,stddev=0.02)),
   'w42':tf.Variable(tf.random_normal([3,3,512,512],mean=0.0,stddev=0.02)),
   'w51':tf.Variable(tf.random_normal([3,3,512,1024],mean=0.0,stddev=0.02)),
   'w52':tf.Variable(tf.random_normal([3,3,1024,1024],mean=0.0,stddev=0.02)),
   'wu1':tf.Variable(tf.random_normal([3,3,1024,1024],mean=0.0,stddev=0.02)),
   'wu2':tf.Variable(tf.random_normal([3,3,512,1024],mean=0.0,stddev=0.02)),
   'wu3':tf.Variable(tf.random_normal([3,3,256,512],mean=0.0,stddev=0.02)),
   'wu4':tf.Variable(tf.random_normal([3,3,128,256],mean=0.0,stddev=0.02)),
   'wf': tf.Variable(tf.random_normal([1,1,128,1],mean=0.0,stddev=0.02))
}

## 定义偏差
biases = {
   'b11': tf.Variable(tf.random_normal([64],mean=0.0,stddev=0.02)),
   'b12': tf.Variable(tf.random_normal([64],mean=0.0,stddev=0.02)),
   'b21': tf.Variable(tf.random_normal([128],mean=0.0,stddev=0.02)),
```

```
    'b22': tf.Variable(tf.random_normal([128],mean=0.0,stddev=0.02)),
    'b31': tf.Variable(tf.random_normal([256],mean=0.0,stddev=0.02)),
    'b32': tf.Variable(tf.random_normal([256],mean=0.0,stddev=0.02)),
    'b41': tf.Variable(tf.random_normal([512],mean=0.0,stddev=0.02)),
    'b42': tf.Variable(tf.random_normal([512],mean=0.0,stddev=0.02)),
    'b51': tf.Variable(tf.random_normal([1024],mean=0.0,stddev=0.02)),
    'b52': tf.Variable(tf.random_normal([1024],mean=0.0,stddev=0.02)),
    'bu1': tf.Variable(tf.random_normal([1024],mean=0.0,stddev=0.02)),
    'bu2': tf.Variable(tf.random_normal([512],mean=0.0,stddev=0.02)),
    'bu3': tf.Variable(tf.random_normal([256],mean=0.0,stddev=0.02)),
    'bu4': tf.Variable(tf.random_normal([128],mean=0.0,stddev=0.02)),
    'bf': tf.Variable(tf.random_normal([1],mean=0.0,stddev=0.02))
}

## 创建网络模型
def unet_basic(x,weights,biases,dropout=1):

    ##卷积 1
    out1,res1
    = down_sample(x,weights['w11'],biases['b11'],weights['w12'],
    biases['b12'],pool=True)
    out1,res1
     = down_sample(out1,weights['w21'],biases['b21'],weights['w22'],
    biases['b22'],pool=True)
    out1,res1
     = down_sample(out1,weights['w31'],biases['b31'],weights['w32'],
    biases['b32'],pool=True)
    out1,res1
     = down_sample(out1,weights['w41'],biases['b41'],weights['w42'],
    biases['b42'],pool=True)
    out1
     = down_sample(out1,weights['w51'],biases['b51'],weights
     ['w52'],biases['b52'],pool=False)

    up1    = up_sample(out1,weights['wu1'],biases['bu1'])
    up1    = up_sample(up1,weights['wu2'],biases['bu2'])
    up1    = up_sample(up1,weights['wu3'],biases['bu3'])
    up1    = up_sample(up1,weights['wu4'],biases['bu4'])
    out    = tf.nn.conv2d(up1,weights['wf'],strides=[1,1,1,1],padding='SAME')
    out    = tf.nn.bias_add(out,biases['bf'])
    return out

## 创建预处理图像的生成器，并在运行时生成，而不是在内存中加载所有图像和标签
## 设置必需的相关路径
data_dir="/home/santanu/Downloads/Carvana/train/" # 包含输入训练数据
mask_dir="/home/santanu/Downloads/Carvana/train_masks/" #包含ground fruth标签
all_images = os.listdir(data_dir)
```

```
# 划分测试集和验证集
train_images, validation_images = train_test_split(all_images,
train_size=0.8, test_size=0.2)
# 将灰度图像转换成RGB图像
def grey2rgb(img):
    new_img = []
    for i in range(img.shape[0]):
        for j in range(img.shape[1]):
            new_img.append(list(img[i][j])*3)
    new_img = np.array(new_img).reshape(img.shape[0], img.shape[1], 3)
    return new_img

# 生成器，从设置好的路径中读取数据
def data_gen_small(data_dir, mask_dir, images, batch_size, dims):
        """
        data_dir: 实际图像位置
        mask_dir: 实际掩码位置
        images: 批量生成的图像文件名
        batch_size: 批量大小
        dims: 图像调整维度
        """
        while True:
            ix = np.random.choice(np.arange(len(images)), batch_size)
            imgs = []
            labels = []
            for i in ix:
                # 图像
                original_img = load_img(data_dir + images[i])
                resized_img = imresize(original_img, dims+[3])
                array_img = img_to_array(resized_img)/255
                imgs.append(array_img)

                # 掩码
                original_mask = load_img(mask_dir + images[i].split
                (".")[0] + '_mask.gif')
                resized_mask = imresize(original_mask, dims+[3])
                array_mask = img_to_array(resized_mask)/255
                labels.append(array_mask[:, :, 0])
            imgs = np.array(imgs)
            labels = np.array(labels)
            yield imgs, labels.reshape(-1, dims[0], dims[1], 1)

train_gen = data_gen_small(data_dir, mask_dir, train_images,32, [128,128])
validation_gen = data_gen_small(data_dir, mask_dir, validation_images,32,
[128, 128])

display_step=10

learning_rate=0.0001
```

```
keep_prob = tf.placeholder(tf.float32)
logits = unet_basic(x,weights,biases)
flat_logits = tf.reshape(tensor=logits, shape=(-1, 1))
flat_labels = tf.reshape(tensor=y,shape=(-1, 1))
cross_entropies = tf.nn.sigmoid_cross_entropy_with_logits
(logits=flat_logits,labels=flat_labels)
cost = tf.reduce_mean(cross_entropies)
optimizer = tf.train.AdamOptimizer(learning_rate=learning_rate).
minimize(cost)
# 评估模型

## 初始化所有变量

init = tf.global_variables_initializer()

## 启动执行图

with tf.Session() as sess:
    sess.run(init)
    for batch in xrange(500):
        batch_x,batch_y= next(train_gen)
        sess.run(optimizer, feed_dict={x:batch_x,y:batch_y})
        loss = sess.run([cost],feed_dict={x:batch_x,y:batch_y})
        ## 验证损失，存储结果并显示
        val_x,val_y = next(validation_gen)
        loss_val = sess.run([cost],feed_dict={x:val_x,y:val_y})
        out_x = sess.run(logits,feed_dict={x:val_x})
        print('batch:',batch,'train loss:',loss,'validation loss:',loss_val)

## 为了评估模型，我们展示了几幅分割后的验证图像

## 这些验证图像是在最后一批训练完成后进行评估的

## 另外需要记住，模型并没有使用这些验证图像进行训练

img = (out_x[1] > 0.5)*1.0
plt.imshow(grey2rgb(img),alpha=0.5)
plt.imshow(val_x[1])
plt.imshow(grey2rgb(val_y[1]), alpha=0.5)

img = (out_x[2] > 0.5)*1.0
plt.imshow(grey2rgb(img),alpha=0.5)
plt.imshow(val_x[2])
plt.imshow(grey2rgb(val_y[2]), alpha=0.5)

-output-

''batch:',400,'train loss:',[0.044453222], 'validation loss:', [0.058442257])
('batch:',401,'train loss:',[0.049510699], 'validation loss:', [0.055530164])
('batch:',402,'train loss:',[0.048047166], 'validation loss:', [0.055518236])
```

```
('batch:',403, 'train loss:', [0.049462996], 'validation loss:', [0.049190756])
('batch:',404, 'train loss:', [0.047011156], 'validation loss:', [0.051120583])
('batch:',405, 'train loss:', [0.046235155], 'validation loss:', [0.052921098])
('batch:',406, 'train loss:', [0.051339123], 'validation loss:', [0.054767497])
('batch:',407, 'train loss:', [0.050004266], 'validation loss:', [0.052718181])
('batch:',408, 'train loss:', [0.048425209], 'validation loss:', [0.054115709])
('batch:',409, 'train loss:', [0.05234601],  'validation loss:', [0.053246532])
('batch:',410, 'train loss:', [0.054224499], 'validation loss:', [0.05121265])
('batch:',411, 'train loss:', [0.050268434], 'validation loss:', [0.056970511])
('batch:',412, 'train loss:', [0.046658799], 'validation loss:', [0.058863375])
('batch:',413, 'train loss:', [0.048009872], 'validation loss:', [0.049314644])
('batch:',414, 'train loss:', [0.053399611], 'validation loss:', [0.050949663])
('batch:',415, 'train loss:', [0.047932044], 'validation loss:', [0.049477436])
('batch:',416, 'train loss:', [0.054921247], 'validation loss:', [0.059221379])
('batch:',417, 'train loss:', [0.053222295], 'validation loss:', [0.061699588])
('batch:', 418, 'train loss:', [0.047465689], 'validation loss:', [0.051628478])
('batch:', 419, 'train loss:', [0.055220582], 'validation loss:', [0.056656662])
('batch:', 420, 'train loss:', [0.052862987], 'validation loss:', [0.048487194])
('batch:', 421, 'train loss:', [0.052869596], 'validation loss:', [0.049040388])
('batch:', 422, 'train loss:', [0.050372943], 'validation loss:', [0.052676879])
('batch:', 423, 'train loss:', [0.048104074], 'validation loss:', [0.05687784])
('batch:', 424, 'train loss:', [0.050506901], 'validation loss:', [0.055646997])
('batch:', 425, 'train loss:', [0.042940177], 'validation loss:', [0.047789834])
('batch:', 426, 'train loss:', [0.04780338],  'validation loss:', [0.05711592])
('batch:', 427, 'train loss:', [0.051617432], 'validation loss:', [0.051806655])
('batch:', 428, 'train loss:', [0.047577277], 'validation loss:', [0.052631289])
('batch:', 429, 'train loss:', [0.048690431], 'validation loss:', [0.044696849])
('batch:', 430, 'train loss:', [0.046005826], 'validation loss:', [0.050702494])
('batch:', 431, 'train loss:', [0.05022176],  'validation loss:', [0.053923506])
('batch:', 432, 'train loss:', [0.041961089], 'validation loss:', [0.047880188])
('batch:', 433, 'train loss:', [0.05004932],  'validation loss:', [0.057072558])
('batch:', 434, 'train loss:', [0.04603707],  'validation loss:', [0.049482994])
('batch:', 435, 'train loss:', [0.047554974], 'validation loss:', [0.050586618])
('batch:', 436, 'train loss:', [0.046048313], 'validation loss:', [0.047748547])
('batch:', 437, 'train loss:', [0.047006462], 'validation loss:', [0.059268739])
('batch:', 438, 'train loss:', [0.045432612], 'validation loss:', [0.051733252])
('batch:', 439, 'train loss:', [0.048241541], 'validation loss:', [0.04774794])
('batch:', 440, 'train loss:', [0.046124499], 'validation loss:', [0.048809234])
('batch:', 441, 'train loss:', [0.049743906], 'validation loss:', [0.051254783])
('batch:', 442, 'train loss:', [0.047674596], 'validation loss:', [0.048125759])
('batch:', 443, 'train loss:', [0.048984651], 'validation loss:', [0.04512443])
('batch:', 444, 'train loss:', [0.045365792], 'validation loss:', [0.042732101])
('batch:', 445, 'train loss:', [0.046680171], 'validation loss:', [0.050935686])
('batch:', 446, 'train loss:', [0.04224021],  'validation loss:', [0.052455597])
('batch:', 447, 'train loss:', [0.045161027], 'validation loss:', [0.045499101])
('batch:', 448, 'train loss:', [0.042469904], 'validation loss:', [0.050128322])
('batch:', 449, 'train loss:', [0.047899902], 'validation loss:', [0.050441738])
('batch:', 450, 'train loss:', [0.043648213], 'validation loss:', [0.048811793])
('batch:', 451, 'train loss:', [0.042413067], 'validation loss:', [0.051744446])
('batch:', 452, 'train loss:', [0.047555752], 'validation loss:', [0.04977461])
('batch:', 453, 'train loss:', [0.045962822], 'validation loss:', [0.047307629])
('batch:', 454, 'train loss:', [0.050115541], 'validation loss:', [0.050558448])
('batch:', 455, 'train loss:', [0.045722887], 'validation loss:', [0.049715079])
```

```
('batch:', 456,'train loss:', [0.042583987],'validation loss:', [0.048713747])
('batch:', 457,'train loss:', [0.040946022],'validation loss:', [0.045165032])
('batch:', 458,'train loss:', [0.045971408],'validation loss:', [0.046652604])
('batch:', 459,'train loss:', [0.045015588],'validation loss:', [0.055410333])
('batch:', 460,'train loss:', [0.045542594],'validation loss:', [0.047741935])
('batch:', 461,'train loss:', [0.04639449], 'validation loss:', [0.046171311])
('batch:', 462,'train loss:', [0.047501944],'validation loss:', [0.046123035])
('batch:', 463,'train loss:', [0.043643478],'validation loss:', [0.050230302])
('batch:', 464,'train loss:', [0.040434662],'validation loss:', [0.046641909])
('batch:', 465,'train loss:', [0.046465941],'validation loss:', [0.054901786])
('batch:', 466,'train loss:', [0.049838047],'validation loss:', [0.048461676])
('batch:', 467,'train loss:', [0.043582849],'validation loss:', [0.052996978])
('batch:', 468,'train loss:', [0.050299261],'validation loss:', [0.048585847])
('batch:', 469,'train loss:', [0.046049926],'validation loss:', [0.047540378])
('batch:', 470,'train loss:', [0.042139661],'validation loss:', [0.047782935])
('batch:',471,'train loss:', [0.046433724],'validation loss:', [0.049313426])
('batch:',472,'train loss:', [0.047063917],'validation loss:', [0.045388222])
('batch:',473,'train loss:', [0.045556825],'validation loss:', [0.044953942])
('batch:',474,'train loss:', [0.046181824],'validation loss:', [0.045763671])
('batch:',475,'train loss:', [0.047123503],'validation loss:', [0.047637179])
('batch:',476,'train loss:', [0.046167117],'validation loss:', [0.051462833])
('batch:',477,'train loss:', [0.043556783],'validation loss:', [0.044357236])
('batch:',478,'train loss:', [0.04773742], 'validation loss:', [0.046332739])
('batch:',479,'train loss:', [0.04820114], 'validation loss:', [0.045707334])
('batch:',480,'train loss:', [0.048089884],'validation loss:', [0.052449297])
('batch:',481,'train loss:', [0.041174423],'validation loss:', [0.050378591])
('batch:',482,'train loss:', [0.049479648],'validation loss:', [0.047861829])
('batch:',483,'train loss:', [0.041197944],'validation loss:', [0.051383432])
('batch:',484,'train loss:', [0.051363751],'validation loss:', [0.050520841])
('batch:',485,'train loss:', [0.047751397],'validation loss:', [0.046632469])
('batch:',486,'train loss:', [0.049832929],'validation loss:', [0.048640732])
('batch:',487,'train loss:', [0.049518026],'validation loss:', [0.048658002])
('batch:',488,'train loss:', [0.051349726],'validation loss:', [0.051405452])
('batch:',489,'train loss:', [0.041912809],'validation loss:', [0.046458714])
('batch:',490,'train loss:', [0.047130216],'validation loss:', [0.052001398])
('batch:',491,'train loss:', [0.041481428],'validation loss:', [0.046243563])
('batch:',492,'train loss:', [0.042776003],'validation loss:', [0.042228915])
('batch:',493,'train loss:', [0.043606419],'validation loss:', [0.048132997])
('batch:',494,'train loss:', [0.047129884],'validation loss:', [0.046108384])
('batch:',495,'train loss:', [0.043634158],'validation loss:', [0.046292961])
('batch:',496,'train loss:', [0.04454672], 'validation loss:', [0.044108659])
('batch:',497,'train loss:', [0.048068151],'validation loss:', [0.044547819])
('batch:',498,'train loss:', [0.044967934],'validation loss:', [0.047069982])
('batch:',499,'train loss:', [0.041554678],'validation loss:', [0.051807735])
```

训练阶段的平均损失和验证阶段的损失几乎是相同的，这表明了该模型并没有出现过拟合并且泛化能力很好。如图6-15a所示，与ground truth结果相比较，该模型得出的分割结果是令人信服的。其输入图像的空间维度为 128×128。当我们将输入图像的空间维度增加到 512×512 时，该模型的准确度和分割效果明显提升。由于该模型是全卷积网络，没有全连接层，因此当输入图像的尺寸变化时仅需要很少的改变。图6-15b所示为验证数据集上的两幅图像的分割结果，它说明了较大的图像尺寸对图像分割更有益，因为这有助于捕获到更多的上下文信息。

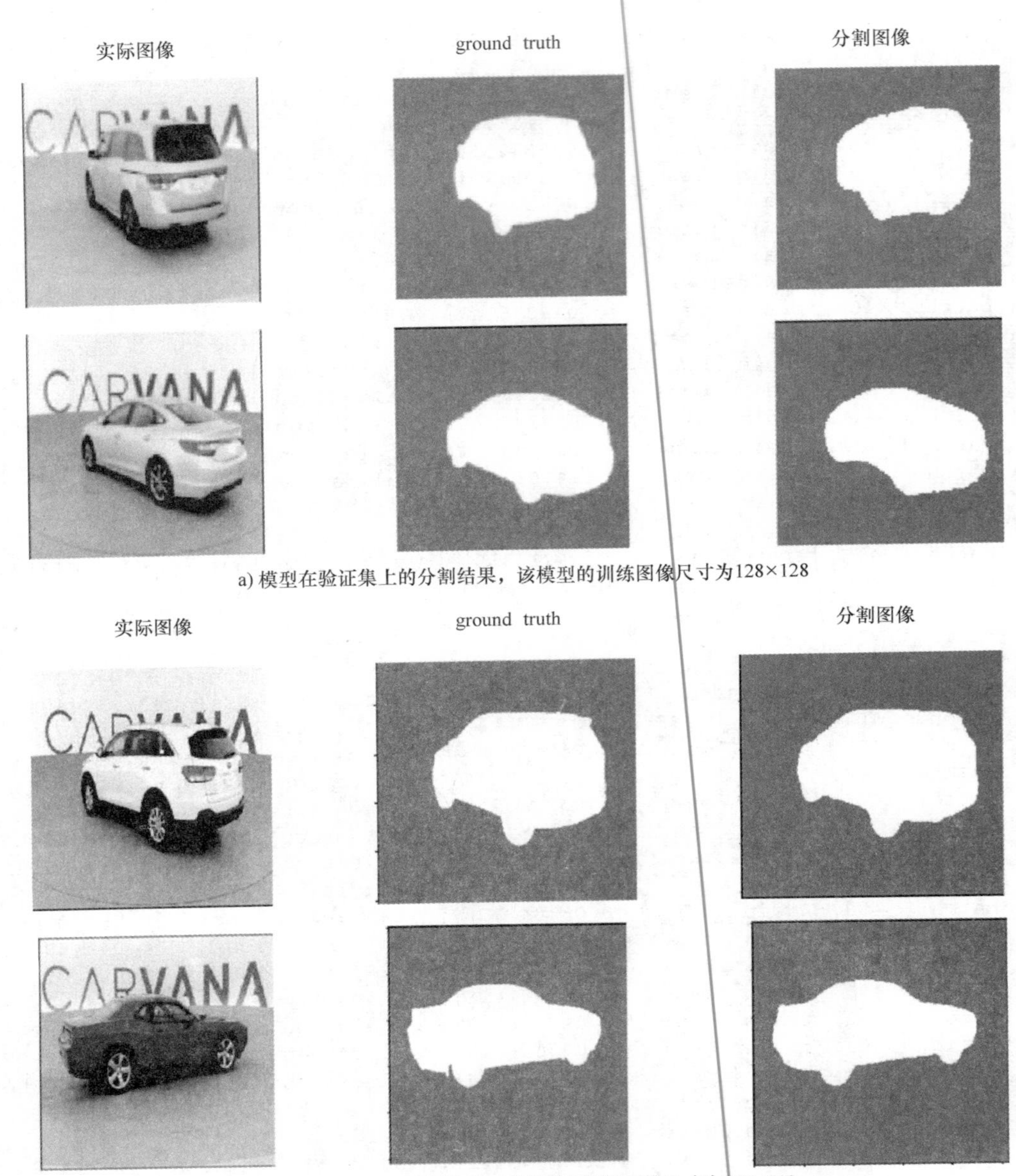

a) 模型在验证集上的分割结果，该模型的训练图像尺寸为128×128

b) 模型在验证集上的分割结果，该模型的训练图像尺寸为512×512

图 6-15

6.2 图像分类和定位网络

一般分类模型都只是预测图像中物体的类别，并不能告诉我们物体所处的位置。边界框可以用于表示图像中物体的位置。如果图像使用边界框进行标注，并且可以输出它们的类别信息，那么我们就可以训练模型来预测这些边界框以及该物体所属的类别。边界框可以用四个数字表示，两个数字表示边界框左上角的空间坐标，另外两个数字分别表示边界框的高度和宽度。然后，我们就可以通过回归的方法来预测输出这四个数字。一种方法是使用一个卷积神经网络进行分类，然后再使用另外一个通过回归的方法预测输出边界框的位置属性。然而，通常我们使用同样的卷积神经网络来预测物体的分类，以及预测输出边界框的位置。这里使用的卷积神经网络直到全连接层之前都是一样的，但是在输出层，一个是输出物体的不同类别，另一个则是输出对应边界框位置属性的四个额外单元。这种预测图像中物体边界框的技术称为定位。图6-16所示为狗与猫图像有关的分类和定位网络。在此类型的神经网络中，先验的假设是图像中只有一类物体。

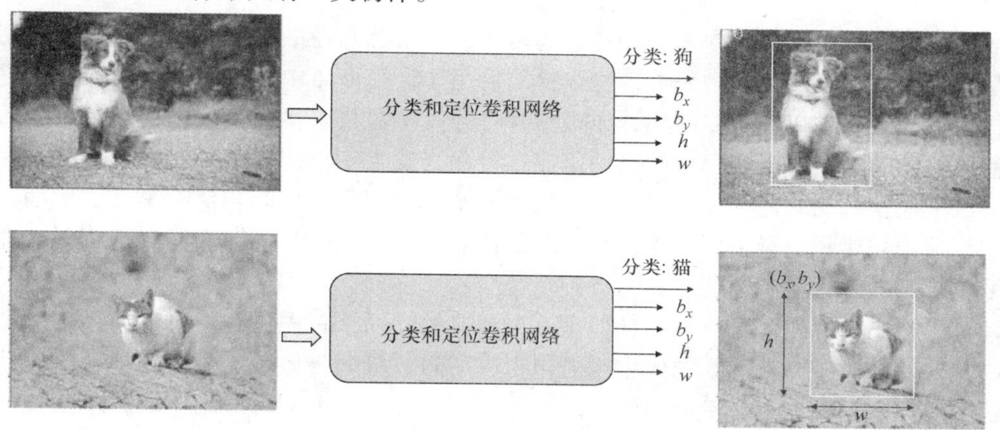

图6-16　分类和定位网络

该网络的损失函数是分类损失和回归损失的组合形式，分类损失是在不同物体之间分类产生的，而回归损失则与边界框属性预测相关联。由于待优化的损失函数是一个多任务目标函数，所以需要确定分配给每个任务的权重。这是很重要的，因为与任务相关的不同损失具有不同的比例，不同的损失比如用于分类的交叉熵损失和用于回归的RMSE（Root Mean Square Error，均方根误差）损失等，如果总损失计算时没有很好地权衡各部分组成，可能就会导致损失优化的失控。损失需要标准化到一致的比例，然后根据任务的复杂性分配权重。假设处理 n 个类别的物体分类和计算边界框的四个属性值的卷积神经网络的参数为 θ，输出类别表示为向量 $y=[y_1y_2\cdots y_n]^{\mathrm{T}}\in\{0,\ 1\}^{n\times 1}$，同样地，边界框的值为向量 $s=[s_1s_2s_3s_4]^{\mathrm{T}}$，其中 s_1 和 s_2 表示边界框的左上角位置的坐标点，s_3 和 s_4 表示边界框的高度和宽度。如果对类别的预测概率为 $p=[p_1p_2\cdots p_n]^{\mathrm{T}}$，边界框的属性预测为 $t=[t_1t_2t_3t_4]^{\mathrm{T}}$，那么关于图像的损失函数为

$$c(\theta)=-\alpha\sum_{j=1}^{n}y_j\log p_j+\beta\sum_{j=1}^{4}(s_j-t_j)^2$$

式中的第一项为分类在 n 个类别上通过SoftMax计算后的交叉熵，第二项为关于预测边界框属性的回归损失。参数 α 和 β 是网络的超参数（hyper-parameter），需要进行微调才能得到较好结果。具有 m 个数据点的小批量训练的损失函数可以表示为

$$C(\theta)=\frac{1}{m}\left[-\alpha\sum_{i=1}^{m}\sum_{j=1}^{n}y_j^{(i)}\log p_j^{(i)}+\beta\sum_{i=1}^{m}\sum_{j=1}^{4}(s_j^{(i)}-t_j^{(i)})^2\right]$$

式中，下标 i 表示不同图像。这个损失函数可以通过梯度下降算法最小化。顺便提一下，当比较该网络模型具有不同超参数（α，β）的版本性能时，不应当使用网络对应损失大小来比较选择最好的网络。而应当使用其他标准，分类任务比如精确度（precision）、召回率（recall）、F1 – 分数（F1 – score）、曲线下面积等，以及定位任务的度量，比如预测和 ground truth 边界框的重合度等。

6.3 物体检测

一般的图像不仅仅只包含一个物体，而是包括多个感兴趣的物体。现在有很多应用程序能够从图像中检测多个物体。例如，物体检测可用于计算商店中几个区域中的人数以进行人群分析。另外，还可以通过粗略估计通过信号灯的汽车数量来检测道路的交通负载。另一个使用物体检测的领域是工业工厂的自动监控，检测当发生安全违规事件时产生警报。在工厂的关键区域捕获到连续的图像，可以基于多物体检测在图像中检测到危险事件。例如，如果工人正在使用需要戴安全手套、眼镜和头盔的机器时，则可以基于图像检测是否包含提到的安全设备来判断是否是安全违规。

计算机视觉中检测多个物体的任务是一个经典的问题。首先，我们不能使用分类和定位网络或其他的任何变体，因为图像中可能包含有不同数量的物体。为了更好地解决物体检测的问题，让我们先看一个非常简单的方法。我们可以通过一个蛮力滑动窗口技术随机地从现有图像中获取图像块，然后将其输入到预训练的物体分类和定位网络中。图 6-17 所示为一种用于检测图像中多个物体的滑动窗口方法。

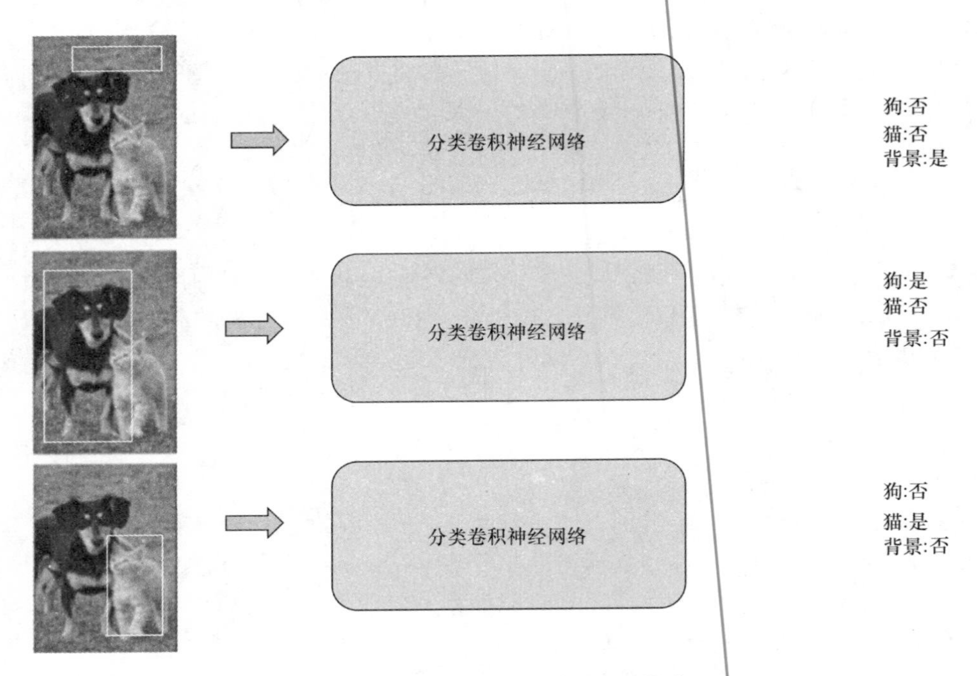

图 6-17　物体检测中的滑动窗口技术

尽管这种方法是有效的，但是它的计算量是非常大的，或者说在计算上是难以处理的，因为在没有较好的区域建议情况下，就必须在不同位置和尺度上去尝试成千上万的图像块。目前在物体检测方面较为先进的方法是提出几个物体定位的区域，然后将这些图像建议区域输入到分类和定位网络中。其中的一种物体检测技术叫作 R－CNN，我们将在下一节中讨论。

6.3.1 R－CNN

在 R－CNN 中，其中的 R 表示建议区域（region proposal）。建议区域通常是由选择性搜索（selective search）的算法得出。对一幅图像进行选择性搜索一般会给出大约 2000 个感兴趣的建议区域。选择性搜索通常利用传统的图像处理技术来定位图像中的斑块区域，作为可能包含物体的预期区域。下面是广义的选择性搜索处理步骤：

- 在图像中生成许多区域，每个区域只能属于一个类别。
- 通过贪婪方法递归地将较小的区域组合成较大的区域。在每一步中，两个合并的区域应该是最相似。然后重复此过程，直到只剩下一个区域。该过程会产生连续较大区域的层次结构，并允许该算法提出用于物体检测的各种可能区域。这些生成的区域就被用作候选的建议区域。

然后将生成的 2000 个感兴趣的建议区域传递给分类和定位网络，并预测其所属的类别和关联的边界框。分类网络是一个卷积神经网络之后连接一个用于得出最终分类结果的 SVM 分类器。图 6-18 所示为 R－CNN 的高级结构图。

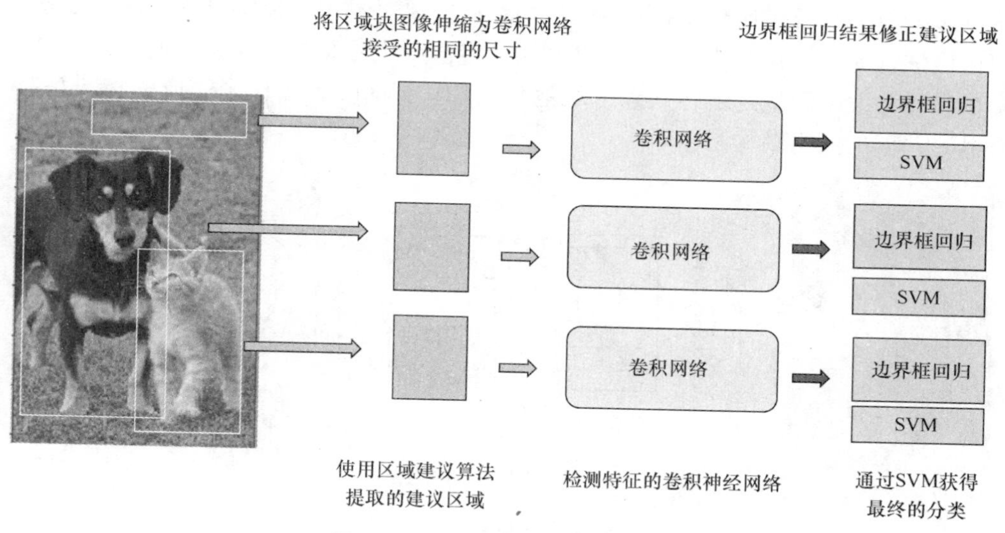

图 6-18 R－CNN 的高级结构图

以下是训练 R－CNN 相关的高级步骤：

- 使用一个预训练的 ImageNet 卷积神经网络模型，比如 AlexNet，然后根据需要检测的物体类别和背景去重新训练该模型的最后一个全连接层权重参数。
- 获取每一幅图像的所有建议区域图像（每幅图像使用选择性搜索给出 2000 个建议区

域)，伸缩或者调整其大小以匹配卷积神经网络输入尺寸，然后将经过卷积神经网络处理后的特征数据保存到硬盘上。通常情况下是选择保存经过池化层后的输出特征图。

- 训练一个 SVM 去分类由卷积神经网络给出的特征图，将其分类为相关物体或者是背景。针对每一个类别的物体，都需要一个 SVM 去学习区分是否是这个特定的物体或者是背景。
- 最后，使用边界框的回归结果来修正建议区域。

尽管 R – CNN 在物体检测上可以做得很好，但它也有一些缺点：

- R – CNN 面临的一个大的问题就是建议区域数量较大，这使得网络处理速度变得非常慢，因为这里的 2000 个建议区域都需要在卷积神经网络中独立计算。并且，建议区域都是固定的，R – CNN 并没有从中学习到任何的特征模式。
- 预测的定位和边界框都是使用一个分离的模型来处理，因此在模型训练中，我们没有根据训练数据去学习任何特定于物体定位的模式。
- 对于最后的分类任务，使用一个微调的 SVM 来分类卷积神经网络生成的特征，这又会导致较高的计算代价。

6.3.2 Fast 和 Faster R – CNN

Fast R – CNN 克服了一些 R – CNN 计算量大的缺点，为整幅图像提供一个可以多层通用的卷积路径，然后将对应点处的建议区域映射到输出特征图，并提取相关区域使用全连接层进行下一步处理，然后得到最终的分类结果。然后需要对卷积神经网络的输出特征图所对应的建议区域进行提取，并将其尺寸大小调整为固定值以供后续的全连接层使用，这里的建议区域提取和尺寸大小调整是由感兴趣区域池化（ROI pooling）操作来完成的。图 6-19 所示为 Fast R – CNN 的网络结构图。

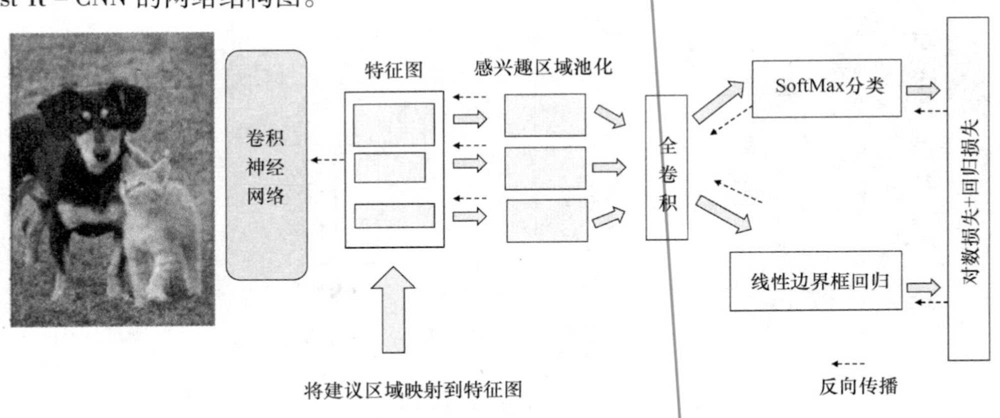

图 6-19　Fast R – CNN 示意图

Fast R – CNN 节省了很多 R – CNN 中处理建议区域（每幅图像在每次选择性搜索后一般会给出 2000 个建议区域块）的卷积操作相关成本。但是建议区域的计算仍然依赖于外部的区域建议算法，比如选择性搜索算法。由于对外部区域建议算法的依赖，Fast R – CNN 受到了该算法的计算瓶颈约束。该网络必须等待这些外部的建议区域构造完成以后才能继续后续步骤。瓶颈约束问题被 Faster R－CNN 消除了，因为建议区域的提取由其网络内部完成，而不再是依赖于外部算法了。Faster R－CNN 的结构图基本上与 Fast R－CNN 一致，只是添加一个新的建议区域提取网络，它消除了对外部区域建议方案的依赖。

6.4 生成式对抗网络

生成式对抗网络（GAN）是近年来深度学习的最大进步之一。Ian Goodfellow 及其同事首次在2014年的 NIPS 论文中提出该网络，论文标题为“Generative Adversarial Networks”，网络链接为 https://arxiv.org/abs/1406.2661。自此以后，生成式对抗网络就受到了广泛的关注和发展。事实上，最著名的深度学习专家之一 Yann LeCun 就认为，生成式对抗网络的引入是近年来深度学习中最重要的突破。生成式对抗网络被用作生成式模型，来完成数据的合成，比如合成给定分布的数据。生成式对抗网络在图像生成、图像修复、抽象推理、语义分割、视频生成、域间样式迁移和由文本生成图像应用等多个领域都有应用和潜力。

生成式对抗网络是基于博弈论理论中的两个代理的零和博弈。一个生成式对抗网络包括两个神经网络，即生成器（G）和判别器（D），它们之间是相互竞争的。生成器试图欺骗判别器，使其无法区分出基于分布的真实数据和由生成器生成的合成数据。同样地，判别器会去学习如何区分真实数据和由生成器生成的合成数据。经过一段时期后，判别器和生成器分别在相互竞争的同时提升自己完成任务的能力。这种博弈论问题的最优解是由纳什均衡（Nash equilibrium）给出的，其中生成器学会生成具有与原始数据分布相同的合成数据，同时判别器对真假数据点的判别概率输出均是$\frac{1}{2}$。

现在，第一个问题是如何构造合成数据。合成数据是由生成器通过从先验分布 P_z 中对噪声 z 进行采样而构建的。如果真实数据 x 是遵循分布 P_x 的，并且由生成器根据分布 P_g 生成的合成数据为 $G(z)$，则在均衡状态时 $P_x(x)$ 应当与 $P_g(G(z))$ 相等，也就是

$$P_g(G(z)) \sim P_x(x)$$

由于在均衡状态下，合成数据的分布几乎与真实数据分布相同，生成器将学习生成合成数据，以使合成数据很难从真实数据中区分开来。同时，在均衡状态下，判别器应当对真实数据和合成数据两个类别的输出概率均为$\frac{1}{2}$。在我们详细说明生成式对抗网络的数学原理之前，我们有必要了解一下零和游戏、纳什均衡和极小极大公式。

图6-20所示为生成式对抗网络，整体网络模型包括两个相互竞争的神经网络结构，即生成器和判别器。

6.4.1 极大极小和极小极大问题

在几个参与者之间的游戏中，每个人都会尝试最大化他们的回报并增加他们获胜的机会。考虑一个有 N 个竞争者玩的游戏，候选者 i 的极大极小策略是在有其他 $N-1$ 个参与者参与的游戏中使其收益最大化。候选者 i 对应于极大极小策略的收益是其能够确认的获得的

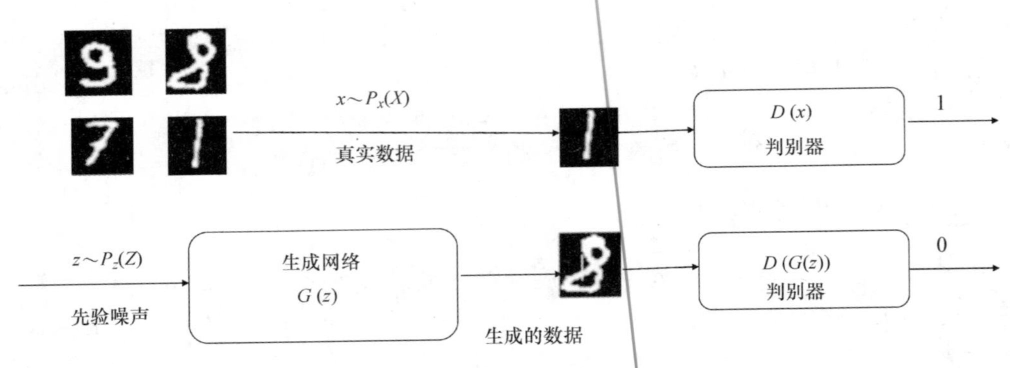

图 6-20　对抗网络的基本说明

最大值，该值是在没有参考任何其他人行动时的最大值。因此，极大极小策略 s_i^* 和极大极小策略值 L_i^* 可以表示为

$$s_i^* = \underbrace{\mathrm{argmax}}_{s_i}\underbrace{\min}_{s_{-i}} L_i(s_i, s_{-i})$$

$$L_i^* = \underbrace{\max}_{s_i}\underbrace{\min}_{s_{-i}} L_i(s_i, s_{-i})$$

一种简单方法来解释候选者 i 的极大极小策略就是考虑到他已经知道了对手的行动，即对手会尽量最小化他的每次行动的最大回报。因此，有了这个假设，候选者 i 将在他的每一次行动中都最大化其每一次行动的最小值。

使用这样的模式来解释极小极大策略比使用专业术语来解释更容易。在极小极大策略中，候选者 i 会假设其他参与者（记为 $-i$）的每一次行动收益都是最小的。在这种情况下，候选者 i 选择能够使他的所有最小收益都最大化就合乎情理了，而这里的最小收益则是其他竞争者在他们的行动中为候选者 i 所设定的最小收益。在极小极大策略下，候选者 i 的收益为

$$L_i^* = \underbrace{\min}_{s_{-i}}\underbrace{\max}_{s_i} L_i(s_i, s_{-i})$$

请注意，当所有玩家进行他的下一次行动时的最终收益或损失可能与极大极小值或极小极大值不同。

让我们试着用一个直观的例子来更生动地表示极大极小问题，在这个例子中，两个参与者 A 和 B 是相互竞争的，并最大限度地从游戏中获得收益。同时我们假设参与者 A 三次行动为 L_1、L_2 和 L_3，参与者 B 的两次行动为 M_1 和 M_2。总体的收益表如图 6-21 所示，在每一个单元格中，第一项表示 A 的收益，第二项则表示 B 的收益。

首先我们假设 A 和 B 都使用极大极小策略，也就是说，他们会在每一次行动中最大化他们的收益，而对方就会尽可能最小化其收益。

A 在极大极小策略下会选择行动 L_1，这种情况下 A 得到的最小值为 4。而如果他选择行动 L_2，则有可能会冒险最终得到的最小值为 -20.5，而如果选择行动 L_3，则可能会更糟，最终得到的最小值为 -201。所以，A 对应于行动策略 L_1 时，其极大极小值为最大的每行所有

		B	
		M_1	M_2
A	L_1	(6,2)	(4,−41)
	L_2	(10,0.5)	(−20.5,2)
	L_3	(−201,4.1)	(8,8)

图6-21　两个玩家之间的最大值和最小值

可能的最小值，也就是4。

B在对应极大极小策略下会选择行动M_1，因为在行动M_1下B得到最小值为0.5。如果B选择了行动M_2，那么他可能会得到-41。因此B对应于行动策略M_1时，其极大极小值为最大的每列所有可能的最小值，即0.5。

现在，假设A和B都会在他们各自的极大极小策略下行动，即行动值为（L_1，M_1），则A的收益为6，B的收益为2。所以，我们可以看到极大极小值与其在极大极小策略下行动的实际收益是不同的。

现在，让我们再来看一下在极小极大策略下两者的收益情况。在极小极大策略下，参与者就会采取一种策略以达到最大值，该最大值是每个对手移动中所有可能的最大值中的最小值。

看一下A在极小极大策略下极小极大值。如果B选择行动M_1，A可得到的最大值为10，但是当B选择行动M_2时，A可得到的最大值则为8。显然，B将允许A在B的每次行动中仅取出每个可能的最大值中的最小值，因此，考虑到B的心态，A的极小极大值是8，对应于他的行动L_3。

同样地，B的极小极大值为在A的每个行动中对应B的所有可能最大值中的最小值，即对应A每次行动的最大值分别为2和8。因此B的极小极大值为2。

需要注意一件事，由极大极小和极小极大的定义可知，针对某一个参与者，其极小极大值总是大于而不等于其极大极小值。

6.4.2　零和博弈

在博弈论中，零和博弈（Zero-sum Game）是一种数学上的描述，在这种情况下，每个参与者的收益或损失都被其他参与者的损失或收益所抵消。因此，作为一个整体系统，参与者的净收益或净损失均为零。考虑一个有两个玩家A和B相互竞争的零和博弈。零和博弈可以由收益矩阵来表示，如图6-22所示。

图6-22所示为两个玩家的零和博弈收益矩阵，矩阵中的每一个单元格表示玩家A在游戏中与玩家B的每一次行动组合的收益。因为这是一个零和博弈，B的收益没有被明确提及，因为B的收益则是玩家A的负回报。假设A在博弈中使用极大极小策略，那么他就会选择最大的每行所有可能的最小值，因此他会选择行动L_3，其对应收益为$\{-6, -10, 6\}$中的最大值，即6。收益为6时对应B的行动为M_2。同样地，如果A采取的是极小极大策

		B		
		M_1	M_2	M_3
A	L_1	4	-2	-6
	L_2	0	-10	12
	L_3	8	6	10

图 6-22　两个玩家之间的零和博弈收益矩阵

略，那么，A 只能得到相对于 B 的每一次行动的可能收益中最大值的最小值。在这种情况下。A 的收益则是｛8，6，12｝中的最小值，即 6。对应的极大极小策略行动为 L_3。同时此收益为 6 时对应 B 的行动为 M_2。因此，我们看到在零和博弈中，参与者的极大极小收益和极小极大收益是相等的。

现在让我们来看一下参与者 B 的极大极小收益。B 的极大极小收益是 B 的每一次行动中可能的最小值的最大值，也就是｛-8，-6，-12｝中的最大值，即 -6，对应的行动为 M_2。此时对应 A 的行动为 L_3。同样地，B 的极小极大收益是可以从 A 的每一次行动中获得的收益最大值的最小值，即（6，10，-6）中的最小值 -6。对于 B 其极小极大收益和极大极小收益也是相等的，B 对应的行动为 M_2。同时 A 在此情况下对应的行动也是 L_3。

因此，对于零和博弈，我们得到的结论如下：

- 不论玩家 A 和 B 采取的策略是极大极小策略还是极小极大策略，他们最终所采取的行动分别为 L_3 和 M_2，对应的收益为 A 是 6，B 是 -6。同时，极小极大值和极大极小值正好与玩家采取极小极大策略时得到的实际收益相吻合。
- 前面的这点引出了一个重要的事实，即在零和博弈中，对于任何一个玩家来说，他采取极小极大策略就会产生两个玩家的实际策略，无论他们使用极小极大或极大极小策略中的哪一个。因此，两个玩家的实际行动就可以通过只考虑玩家 A 或 B 的行动来决定。如果我们考虑玩家 A 的极小极大策略，那么两个玩家的实际行动都会融入其中。如果 A 的实际收益为 $U(S_1, S_2)$，其中 A 和 B 的实际行动分别为 S_1 和 S_2，是可以单独通过对 A 或者 B 使用极小极大策略推导出的。

6.4.3　极小极大和鞍点

对于两个玩家 A 和 B 的零和极小极大博弈问题来说，玩家 A 的实际收益 $U(x, y)$ 可以表示为

$$\hat{U} = \underbrace{\min}_{y}\underbrace{\max}_{x} U(x, y)$$

式中，x 表示 A 的行动；y 表示 B 的行动。

同时，对应于 $\hat{U}$ 的 x 和 y 的值分别来自于玩家 A 和 B 的均衡策略，即如果他们继续采用极小极大或者极大极小策略，他们就不会改变当前的行动策略。在两个人参与的零和博弈问题中，极小极大或者极大极小会得到相同的结果，因此只要玩家会使用极小极大或者极大极小策略，就会达到这样的一种均衡状态。而且，由于极小极大值是等于极大极小值的，所以

定义极小极大或者极大极小的顺序并不重要。我们也可以让玩家 A 和 B 独立地为对方的每一种策略来选择最佳的策略。我们会看到，在零和博弈中，其中会有一种行动策略的组合产生重叠。这种重叠的行动策略对 A 和 B 来说都是最好的，并且它们的值会与采用极小极大策略产生的值相同。这也就是博弈中的纳什均衡。

到目前为止，我们将策略离散化，以方便使用收益矩阵解释，但实际上它们是可以为连续值的。对于生成式对抗网络来说，它的策略则是使用连续参数值的生成器和判别器神经网络，在我们详细讨论生成式对抗网络的效用函数前先来看一下玩家 A 的收益效用函数 $f(x,y)$，即关于两个连续变量 x 和 y 的函数。此外，设 x 为 A 的策略行动，y 为 B 的策略行动。然后我们需要找到达到均衡时的点，即任意一个玩家的收益效用函数的极小极大值或者极大极小值。玩家 A 的极小极大策略对应的收益可以给玩家 A 和 B 提供实际策略。因为在两个玩家的零和博弈中，极小极大值和极大极小值是相等的，而极大或者极小的顺序是无关紧要的，即

$$\underbrace{\min}_{y}\underbrace{\max}_{x} f(x,y) = \underbrace{\max}_{x}\underbrace{\min}_{y} f(x,y) = \underbrace{\underbrace{\min}_{y}}_{\underbrace{\max}_{x}} f(x,y)$$

对于连续函数来讲，前面的函数只有在鞍点处才可能实现。鞍点是相对于每个变量梯度均为零的点，但是它不是局部最小值或局部最大值。相反地，它在输入向量的某些方向上倾向于局部最小值，同时在输入向量的其他方向上倾向于局部最大值。因此，我们可以使用多变量微积分的方法来计算鞍点。不失一般性地，我们设这个包含有多个变量的函数为 $f(x)$，$\forall x \in \mathbb{R}^{n\times 1}$，我们可以使用以下测试来确定鞍点：

- 计算函数 $f(x)$ 针对于向量 x 的梯度，即 $\nabla_x f(x)$，同时设为 0。
- 求函数的海森矩阵 $\nabla_x^2 f(x)$ 的值，即梯度向量 $\nabla_x f(x)$ 为 0 的每一点上的二阶导数矩阵。

如果海森矩阵在某个评估点上拥有一个正的和负的特征值，那么这个评估点就是鞍点。

再回到我们前面讨论的两个变量的收益效用函数 $f(x, y)$，对于玩家 A，我们定义下面的例子来说明：

$$f(x, y) = x^2 - y^2$$

因此，玩家 B 的收益效用函数则为 $-x^2 + y^2$。

现在，我们来研究一下，如果两个玩家都在零和博弈中使用极小极大策略或者极大极小策略，那么该效用函数能否达到一个均衡状态。如果函数 $f(x, y)$ 存在一个鞍点，那么该博弈就可以达到一个均衡状态，在这个均衡状态下，由于玩家所采取的策略都已经是最优了，所以他们都无法继续提高他们的回报了。这里的均衡状态就是纳什均衡。

设置函数 $f(x, y)$ 的梯度为 0，即有

$$\nabla f(x,y) = \begin{bmatrix} \frac{\partial f}{\partial x} \\ \frac{\partial f}{\partial y} \end{bmatrix} = \begin{bmatrix} 2x \\ -2y \end{bmatrix} = 0 \Rightarrow (x,y) = (0,0)$$

则函数的海森矩阵为

$$\nabla^2 f(x,y) = \begin{bmatrix} \frac{\partial^2 f}{\partial x^2} & \frac{\partial^2 f}{\partial x \partial y} \\ \frac{\partial^2 f}{\partial y \partial x} & \frac{\partial^2 f}{\partial y^2} \end{bmatrix} = \begin{bmatrix} 2 & 0 \\ 0 & -2 \end{bmatrix}$$

对应于任何（x，y）的值，函数的海森矩阵均为$\begin{bmatrix} 2 & 0 \\ 0 & -2 \end{bmatrix}$，当然包括（$x$，$y$）=（0，0）。同时可知海森矩阵拥有一个正的和一个负的特征值，即 2 和 −2，因此点（x，y）=（0，0）即为鞍点。所以在均衡状态下，玩家 A 策略是设置 $x=0$，同时在零和博弈中无论采用极小极大策略还是极大极小策略，y 的值应当设置为 $y=0$。

6.4.4 生成式对抗网络的损失函数和训练

在生成式对抗网络中，生成器和判别器网络都试图在零和博弈中采用极小极大的策略来超越对方。在这种情况下，策略行动就是网络选择的参数值。为了便于标记，我们首先用符号来表示模型的参数，即使用 G 表示生成器网络，使用 D 来表示判别器网络。现在，让我们来框定每个网络的收益效用函数。判别器会尝试正确区分假的或合成的样本和真实的数据样本。换句话说，它会尝试最大化效用函数：

$$U(D,G) = E_{x\sim P_x(x)}[\log(D(x))] + E_{z\sim P_z(z)}[\log(1 - D(G(z)))]$$

式中，x 表示由概率分布 $P_x(x)$ 生成的真实数据样本；而 z 则表示由一个先验噪声分布 $P_z(z)$ 生成的噪声数据样本。同时，判别器会尝试将真实数据样本标记为 1，将对应由生成器基于噪声样本 z 生成的合成数据标记为 0。因此，判别器会采用的策略是最大化 $D(x)$ 使之尽可能接近于 1，同时使 $\log D(x)$ 接近于 0。$D(x)$ 越接近于 1，则 $\log D(x)$ 的值就越小，因此判别器的效用函数的值就越小。同样地，判别器想要通过将概率降低为 0 来分辨假的或合成数据，即使 $D(G(z))$ 尽可能接近于 0 以识别出它为假的合成图像。当 $D(G(z))$ 接近于 0 时，表达式 $\log(1-D(G(z)))$ 也趋向于 0。而当 $D(G(z))$ 的值偏离 0 时，判别器的收益会由于 $\log(1-D(G(z)))$ 变小而变小。判别器要对 x 和 z 的整个分布进行判别，那么其收益函数中就会包含期望或者均值项。当然，生成器在收益函数中也有一项与判别器有关的项 $G(z)$，即第二项，所以它也会尝试将判别器的收益最小化。判别器的收益越多，也就意味着生成器的状况越糟糕。所以，我们可以想到生成器的收益效用函数是和判别器一样的，只是会多一个负号，这样才会是零和博弈，其中生成器的收益效用函数为

$$V(D,G) = -E_{x\sim P_x(x)}[\log(D(x))] - E_{z\sim P_z(z)}[\log(1 - D(G(z)))]$$

生成器会尝试选择参数使 V（D，G）最大化，即它生成的假数据样本 $G(z)$ 就可以用来欺骗判别器，使其将它们分类为 0。换句话说就是，它想要判别器把 $G(z)$ 当作是真实数据样本而给其赋值一个较高的概率值。较高的 $D(G(z))$ 的值会使其偏离 0，同时也会使表达式 $\log(1-D(G(z)))$ 成为一个较高的负值，同时，当在表达式开始的地方加上一个负号，那么它就称为一个很高的值，即 $-E_{z\sim P_z(z)}[\log(1-D(G(z)))]$，这样就增加了生成器的收益值。不幸的是，生成器无法影响 V（D，G）表达式中的第一项，其涉及真实数据样本，并不涉及生成器中的参数。

生成器和判别器模型的训练是使用采取极小极大策略的零和博弈来完成。判别器会尝试最大化其收益 $U(D,G)$，同时达到其极大极小值。

$$u^* = \underbrace{\min}_{D}\underbrace{\max}_{G} E_{x \sim P_x(x)}[\log D(x)] + E_{z \sim P_z(z)}[\log(1 - D(G(z)))]$$

同样地，生成器也会通过选择一种策略最大化它的收益 $V(D,G)$。

$$v^* = \underbrace{\min}_{D}\underbrace{\max}_{G} - E_{x \sim P_x(x)}[\log D(x)] - E_{z \sim P_z(z)}[\log(1 - D(G(z)))]$$

因为上式中的第一项是不受生成器控制的，所以等价于最大化下式，即

$$v^* = \underbrace{\min}_{D}\underbrace{\max}_{G} - E_{z \sim P_z(z)}[\log(1 - D(G(z)))]$$

正如我们所看到的，在两名玩家的零和博弈中，我们不需要为两名玩家分别考虑单独的极小极大策略，因为我们可以通过考虑其中一个玩家在极小极大策略下的收益效用函数就可以得到所有人的实际策略。考虑到判别器的极小极大公式，我们可以得到判别器在均衡状态（或者说是纳什均衡）下的收益为

$$u^* = \underbrace{\min}_{G}\underbrace{\max}_{D} E_{x \sim P_x(x)}[\log D(x)] + E_{z \sim P_z(z)}[\log(1 - D(G(z))]$$

$\hat{G}$ 和 $\hat{D}$ 在 u^* 处的值必须是在两个网络最优化的参数下得来的，在这种最优化参数下它们的评估分数均无法再得到提高。同时，（$\hat{G}$，$\hat{D}$）是在判别器的效用函数 $E_{x \sim P_x(x)}[\log D(x)] + E_{z \sim P_z(z)}[\log(1 - D(G(z)))]$ 的鞍点处计算得来的。

通过将优化分为两部分,可以简化前面的公式,即在每一次行动中的参数方面,最大化判别器的收益效用函数,同时在生成器中最小化判别器的收益效用函数。

$$\underbrace{\max}_{D} E_{x \sim P_x(x)}[\log D(x)] + E_{z \sim P_z(z)}[\log(1 - D(G(z)))]$$

$$\underbrace{\min}_{G} E_{z \sim P_z(z)}[\log(1 - D(G(z)))]$$

每一个部分在优化自己的损失函数时都会认为另外一方的行动是固定的。这种迭代的优化方法只是在梯度下降技术中计算寻找到鞍点。由于机器学习模块包的编码大多是最小化而不是最大化，所以判别器的目标函数可以乘以 -1，然后判别器就可以最小化该目标函数了。

下面是一种常用的基于前面的启发式方法来进行训练生成式对抗网络的小批量处理方法：

- for N 迭代次数。
- for k 步：
  - ■ 根据噪声分布 $z \sim P_z(z)$ 做出 m 个样本 $\{z^{(1)}, z^{(2)}, \cdots, z^{(m)}\}$
  - ■ 根据数据分布 $x \sim P_x(x)$ 做出 m 个样本 $\{x^{(1)}, x^{(2)}, \cdots, x^{(m)}\}$
  - ■ 使用随机梯度下降法更新判别器的参数。如果判别器的参数表示为 θ_D，则按下面的方式更新 θ_D：

$$\theta_D \to \theta_D - \nabla_{\theta_D}[-\frac{1}{m}\sum_{i=1}^{m}(\log D(x^i)) + \log(1 - D(G(z^i)))]$$

- end：
  - 根据噪声分布 $z \sim P_z(z)$ 做出 m 个样本 $\{z^{(1)}, z^{(2)}, \cdots, z^{(m)}\}$
  - 使用随机梯度下降法更新生成器的参数。如果生成器的参数表示为 θ_G，则按下面的方式更新 θ_G：

$$\theta_G \to \theta_G - \nabla_{\theta_G}\left[\frac{1}{m}\sum_{i=1}^{m}\log(1 - D(G(z^i)))\right]$$

- end。

6.4.5 生成器的梯度消弭

一般来说，在训练的初始阶段，生成器产生的合成样本与原始数据是有很大不同的，因此判别器可以很容易地将它们标记为假。这就会导致 $D(G(z))$ 为接近于 0 的值，因此梯度 $\nabla_{\theta_G}\left[\frac{1}{m}\sum_{i=1}^{m}\log(1 - D(G(z^i)))\right]$ 饱和了，导致了生成器在更新参数时的梯度消弭问题。为了克服这个问题，我们使用最大化 $E_{z \sim P_z(z)}[\log G(z)]$ 来替代 $E_{z \sim P_z(z)}[\log(1 - D(G(z)))]$ 的最小化，同时遵循梯度下降法的规则，因此我们对 $E_{z \sim P_z(z)}[-\log G(z)]$ 进行最小化。这种改变使得训练方法不再是纯粹的极小极大博弈问题，但是一种合理的近似有助于克服早期训练阶段的梯度饱和。

6.4.6 生成式对抗网络的 TensorFlow 实现

在本节中，我们使用 MNIST 图像数据集来训练一个生成式对抗网络，其中生成器试图创建像 MNIST 这样的假的合成图像，而判别器试图将这些合成图像标记为假，同时仍然能够将真实数据区分出来标记为真。训练完成之后，我们取样了一些合成图像，来查看其是否是看起来和真实数据一样。生成器是一个简单的前馈神经网络，有三个隐含层，然后是输出层，输出层由 784 个单元组成，分别对应于 MNIST 图像中的 784 个像素。输出单元的激活函数使用 Tanh 而不是 Sigmoid，因为与 Sigmoid 单元相比，Tanh 激活函数受梯度消弭的影响较小。Tanh 激活函数的输出值在 -1 ~ 1 之间，因此真正的 MNIST 图像被规范化为 -1 ~ 1 之间的值，因此合成图像和真正的 MNIST 图像都在相同的范围内。判别器网络也是一个三层的前馈神经网络，带有一个 Sigmoid 输出单元，用于在真实的 MNIST 图像和由生成器产生的合成图像之间进行二元分类。生成器的输入是一个 100 维的输入，从一个均匀的噪声分布中取样得到，在每个维度之间的 -1 ~ 1 之间的值。详细的实现如清单 6-5 所示。

清单 6-5 生成式对抗网络的实现

```
import tensorflow as tf
from tensorflow.examples.tutorials.mnist import input_data
import numpy as np
import matplotlib.pyplot as plt
%matplotlib inline
```

```
## 先验噪声信号维度设置为 100
## 在对应于图像尺寸为28×28的784个输出层之前，生成器具有连续的150和300个隐藏单元

h1_dim = 150
h2_dim = 300
dim = 100
batch_size = 256
#-----------------------------------------------------------------
# 定义生成器 —— 将噪声转换成图像
#-----------------------------------------------------------------
def generator_(z_noise):
    w1 = tf.Variable(tf.truncated_normal([dim,h1_dim], stddev:
     name="w1_g", dtype=tf.float32)
    b1 = tf.Variable(tf.zeros([h1_dim]), name="b1_g", dtype=tf.float32)
    h1 = tf.nn.relu(tf.matmul(z_noise, w1) + b1)
    w2 = tf.Variable(tf.truncated_normal([h1_dim,h2_dim], stddev=0.1),
    name="w2_g",dtype=tf.float32)
    b2 = tf.Variable(tf.zeros([h2_dim]), name="b2_g", dtype=tf.float32)
    h2 = tf.nn.relu(tf.matmul(h1, w2) + b2)
    w3 = tf.Variable(tf.truncated_normal([h2_dim,28*28],stddev=0.1),
    name="w3_g", dtype=tf.float32)
    b3 = tf.Variable(tf.zeros([28*28]), name="b3_g", dtype=tf.float32)
    h3 = tf.matmul(h2, w3) + b3
    out_gen = tf.nn.tanh(h3)
    weights_g = [w1, b1, w2, b2, w3, b3]
    return out_gen,weights_g

#----------------------------------------------------------------------------------
# 定义判别器 —— 从生成器中获取真实图像和合成图像，并将其正确分类
#----------------------------------------------------------------------------------
def discriminator_(x,out_gen,keep_prob):
    x_all = tf.concat([x,out_gen], 0)
    w1 = tf.Variable(tf.truncated_normal([28*28, h2_dim], stddev=0.1),
    name="w1_d",dtype=tf.float32)
    b1 = tf.Variable(tf.zeros([h2_dim]), name="b1_d", dtype=tf.float32)
    h1 = tf.nn.dropout(tf.nn.relu(tf.matmul(x_all, w1) + b1), keep_prob)
    w2 = tf.Variable(tf.truncated_normal([h2_dim, h1_dim], stddev=0.1),
    name="w2_d",dtype=tf.float32)
    b2 = tf.Variable(tf.zeros([h1_dim]), name="b2_d", dtype=tf.float32)
    h2 = tf.nn.dropout(tf.nn.relu(tf.matmul(h1,w2) + b2), keep_prob)
    w3 = tf.Variable(tf.truncated_normal([h1_dim, 1], stddev=0.1),
    name="w3_d", dtype=tf.float32)
    b3 = tf.Variable(tf.zeros([1]), name="d_b3", dtype=tf.float32)
    h3 = tf.matmul(h2, w3) + b3
    y_data = tf.nn.sigmoid(tf.slice(h3, [0, 0], [batch_size, -1], name=None))
    y_fake = tf.nn.sigmoid(tf.slice(h3, [batch_size, 0], [-1, -1], name=None))
    weights_d = [w1, b1, w2, b2, w3, b3]
    return y_data,y_fake,weights_d
#------------------------------------------------------------------------
# 读取 MNIST 数据集
#------------------------------------------------------------------------
```

```
mnist = input_data.read_data_sets('MNIST_data', one_hot=True)
#-------------------------------------------------------------------------
# 定义不同的 TensorFlow 操作和变量、损失函数和优化器
#-------------------------------------------------------------------------
# 占位符
x = tf.placeholder(tf.float32, [batch_size, 28*28], name="x_data")
z_noise = tf.placeholder(tf.float32, [batch_size,dim], name="z_prior")
# 丢弃概率
keep_prob = tf.placeholder(tf.float32, name="keep_prob")
# 为生成器创建输出操作，并定义权重
out_gen,weights_g = generator_(z_noise)
# 为判别器定义操作和权重
y_data, y_fake,weights_d = discriminator_(x,out_gen,keep_prob)
# 为判别器和生成器定义损失函数
discr_loss = - (tf.log(y_data) + tf.log(1 - y_fake))
gen_loss = - tf.log(y_fake)
optimizer = tf.train.AdamOptimizer(0.0001)
d_trainer = optimizer.minimize(discr_loss,var_list=weights_d)
g_trainer = optimizer.minimize(gen_loss,var_list=weights_g)
init = tf.global_variables_initializer()
saver = tf.train.Saver()
#-------------------------------------------------------------------------
# 调用TensorFlow执行图，开始训练过程
#-------------------------------------------------------------------------

sess = tf.Session()
sess.run(init)
z_sample = np.random.uniform(-1,1,size=(batch_size,dim)).astype(np.float32)

for i in range(60000):
 batch_x, _ = mnist.train.next_batch(batch_size)
 x_value=2*batch_x.astype(np.float32) - 1
 z_value=np.random.uniform(-1,1,size=(batch size,dim)).astype(np.float32)
 sess.run(d_trainer,feed_dict={x:x_value, z_noise:z_value,keep_prob:0.7})
 sess.run(g_trainer,feed_dict={x:x_value, z_noise:z_value,keep_prob:0.7})
 [c1,c2]=sess.run([discr_loss,gen_loss],feed_dict={x:x_value,z_noise:z_value,
 keep_prob:0.7})
 print ('iter:',i,'cost of discriminator',c1, 'cost of generator',c2)
#------------------------------------------------------------------------------
# 生成一个批次的合成图像
#------------------------------------------------------------------------------
out_val_img = sess.run(out_gen,feed_dict={z_noise:z_sample})
saver.save(sess, " newgan1",global_step=i)
#------------------------------------------------------------------------------
# 显示生成的合成图像
#------------------------------------------------------------------------------
imgs = 0.5*(out_val_img + 1)
for k in range(36):
   plt.subplot(6,6,k+1)
   image = np.reshape(imgs[k],(28,28))
   plt.imshow(image,cmap='gray')

-- output --
```

如图 6-23 所示，生成式对抗网络生成器能够生成类似于 MNIST 数据集中的数字图像。

此生成式对抗网络的模型使用了60000次大小为256的小批量训练，才达到了这种效果。我想强调的一点是，与其他神经网络相比，生成式对抗网络相对来说较难训练。因此，为了达到预期的结果，需要进行大量的实验和设计。

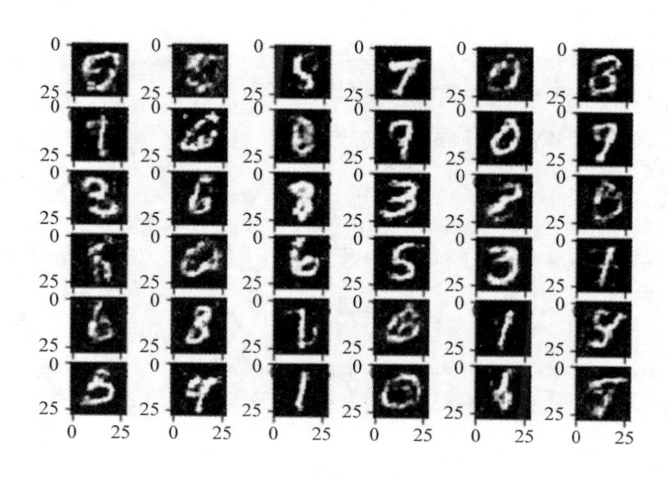

图6-23　由生成式对抗网络合成的数字图像

6.5　生产环境下的TensorFlow模型应用

为了将训练好的TensorFlow模型导出到生产环境中，可以使用TensorFlow Serving来实现。它可以使机器学习模型部署到生产环境中更容易。顾名思义，TensorFlow Serving可以在生产环境中托管模型，并为应用程序提供本地访问。以下步骤可作为将TensorFlow模型加载到生产环境的指导方案。

- TensorFlow模型需要通过TensorFlow激活计算图来进行训练，计算图下会有一个默认的激活会话。
- 模型训练完成后，可以使用TensorFlow中的SavedModelBuilder模块来导出模型，SavedModelBuilder会将模型在安全位置保存一个备份，以备需要时载入。当调用SavedModel-Builder模块时需要指定导出路径。如果设置的路径不存在，它会自动创建对应的目录。另外还需要通过FLAGS. model_version指定模型的版本号。
- 可以通过方法SavedModelBuilder. add_meta_graph_and_variable()执行TensorFlow中的图元定义和导出模型中其他变量的绑定。另外该方法中的signature_def_map选项可以将用户自定义的签名作为一个map来处理。签名是指定模型的输入和输出张量，模型的输入张量是需要用来接收输入数据的，输出张量则是模型的预测输出，需要从中接收模型输出。例如，可以为模型创建一个分类签名和预测签名，将其绑定后传递给signature_def_map。多类别分类问题模型的分类签名可以定义为以一幅图像作为输入，并将分类概率作为输出。同样地，预测签名则可以定义为以一幅图像张量作为输入，将类别得分作为输出。样例代码由TensorFlow提供，链接为https://github. com/tensorflow/serving/blob/master/tensorflow_serving/exam-

ple/mnist_saved_model. py，它可以作为导出 TensorFlow 模型的简单参考。

- 当模型导出后，就可以通过标准的 TensorFlow 模型服务器进行加载了，你也可以选择使用一个本地编译的模型服务器。更多细节可以通过地址 https://www. tensorflow. org/serving/serving_basic 查看。

清单 6-6a 中实现了保存 TensorFlow 模型和测试时将其重新加载使用的基本方法。将 TensorFlow 的模型部署到生产环境中有许多的共性可以学习。

清单 6-6a　在 TensorFlow 中保存模型示例

```
import tensorflow as tf
from tensorflow.examples.tutorials.mnist import input_data

batch_size,learning_rate = 256,0.001
epochs = 10
total_iter = 1000

x = tf.placeholder(tf.float32,[None,784],name='x')
y = tf.placeholder(tf.float32,[None,10],name='y')

W = tf.Variable(tf.random_normal([784,10],mean=0,stddev=0.02),name='W')
b = tf.Variable(tf.random_normal([10],mean=0,stddev=0.02),name='b')
logits = tf.add(tf.matmul(x,W),b,name='logits')
pred = tf.nn.softmax(logits,name='pred')
correct_prediction = tf.equal(tf.argmax(y,1), tf.argmax(pred,1),
name='correct_prediction')
accuracy = tf.reduce_mean(tf.cast(correct_prediction, tf.float32),
name='accuracy')
mnist = input_data.read_data_sets('MNIST_data', one_hot=True)
batches = (mnist.train.num_examples//batch_size)
saver = tf.train.Saver()

cost = tf.reduce_mean(tf.nn.sigmoid_cross_entropy_with_logits
(logits=logits,labels=y))
optimizer_ = tf.train.AdamOptimizer(learning_rate).minimize(cost)
init = tf.global_variables_initializer()
with tf.Session() as sess:
    sess.run(init)
    for step in range(total_iter):
        batch_x,batch_y = mnist.train.next_batch(batch_size)
        sess.run(optimizer_,feed_dict={x:batch_x,y:batch_y})
        c = sess.run(cost,feed_dict={x:batch_x,y:batch_y})
        print ('Loss in iteration ' + str(step) + '= ' + str(c))
        if step % 100 == 0 :
            saver.save(sess,'/home/santanu/model_basic',global_step=step)
    saver.save(sess,'/home/santanu/model_basic',global_step=step)
    val_x,val_y = mnist.test.next_batch(batch_size)
    print('Accuracy:',sess.run(accuracy,feed_dict={x:val_x,y:val_y}))

--output --
```

```
Loss in iteration 991= 0.0870551
Loss in iteration 992= 0.0821354
Loss in iteration 993= 0.0925385
Loss in iteration 994= 0.0902953
Loss in iteration 995= 0.0883076
Loss in iteration 996= 0.0936614
Loss in iteration 997= 0.077705
Loss in iteration 998= 0.0851475
Loss in iteration 999= 0.0802716
('Accuracy:', 0.91796875)
```

前面代码中比较重要的是创建一个类实例 saver = tf. train. Save ( )。然后在 TensorFlow 的会话 Session 中调用对象 saver 的 save 方法来将整个 Session 中的计算图和指定变量的值进行保存。这样做很重要，因为 TensorFlow 的变量仅在 Session 中才会激活，因此该方法可用于在 Session 中恢复模型用于预测或者微调模型等。

该模型会保存在指定的位置，指定模型名为 model_basic，那么就会包含有 3 个组件：

- model_basic - 9999. meta
- model_basic - 9999. index
- model_basic - 9999. data - 00000 - of - 00001

名称中的 9999 是迭代次数，可以通过 global_step 选项指定，即给保存的模型添加一个迭代次数号。这样做有助于版本控制，因为我们可能会用到模型的不同迭代次数时的多个版本。然而，默认情况下 TensorFlow 只维护 4 个最新的版本。

文件 model_basic - 9999. meta 会保存计算图，文件 model_basic - 9999. data - 00000 - of - 00001 和 model_basic - 9999. index 组成检查点文件，其中包含所有的变量的值。同时，还会有一个包含所有可用的检查点文件信息的公共检查点文件。

现在，我们来学习如何恢复已保存的模型。就像原始网络一样，我们可以通过手动定义所有变量和操作来创建网络。但是，这些网络定义已经存在于 model_basic - 9999. meta 文件中了，因此，如清单 6-6b 所示，我们可以使用 import_meta_graph 方法将网络计算图导入到当前会话中。计算图加载完成之后，我们所要做的就是加载参数的值。这是通过调用对象 saver 的 restore 方法来实现。参数值加载完毕，不同的参数就可以直接通过名字来调用了。比如，张量 pred 和 accuracy 可以直接使用名字调用，并用在下面的对新数据的预测中。同样，占位符也需要恢复，通过名字传递后续操作所需的数据。

清单 6-6b 实现了 TensorFlow 从已保存的训练模型文件中恢复模型，并使用它进行预测和精确度评估。

清单 6-6b　在 TensorFlow 中恢复保存的模型

```
batch_size = 256
with tf.Session() as sess:
    init = tf.global_variables_initializer()
    sess.run(init)
    new_saver = tf.train.import_meta_graph('/home/santanu/model_basic-999.
    meta')
```

```
    new_saver.restore(sess,tf.train.latest_checkpoint('./'))
    graph = tf.get_default_graph()
    pred = graph.get_tensor_by_name("pred:0")
    accuracy = graph.get_tensor_by_name("accuracy:0")
    x = graph.get_tensor_by_name("x:0")
    y = graph.get_tensor_by_name("y:0")
    val_x,val_y = mnist.test.next_batch(batch_size)
    pred_out = sess.run(pred,feed_dict={x:val_x})
    accuracy_out = sess.run(accuracy,feed_dict={x:val_x,y:val_y})
    print 'Accuracy on Test dataset:',accuracy_out

--output--
Accuracy on Test dataset: 0.871094
```

6.6 总结

这里我们就到了本章和整本书的结尾。本章中所阐述的概念和模型是更为先进的神经网络，但它们也会使用到前面章节中所学习的技术。在阅读学习完本章之后，你应该对实现本书中讨论的各种模型充满信心，并尝试在这个不断发展的深度学习社区中实施其他不同的模型和技术。在该领域中学习和提出新创新的最佳方法之一是密切关注其他深度学习专家及其相关工作，比如 Geoffrey Hinton、Yann LeCun、Yoshua Bengio 和 Ian Goodfellow 等。此外，我觉得应该加深对深度学习中的数学和相关学科的理解，而不是仅仅将其当作黑盒子来使用。到此结束整本书，谢谢。

——推荐阅读——

TensorFlow 机器学习

［美］尼山特·舒克拉（Nishant Shukla）著　刘宇鹏　杨锦锋　滕志扬　译　定价：69 元

关于 TensorFlow 机器学习的快速入门的极好指南。由浅入深讲解经典核心算法、神经网络、强化学习。

为你提供了机器学习概念的坚实基础，以及使用 Python 编写 TensorFlow 的实战经验。

本书由浅入深地对 TensorFlow 进行了介绍，并对 TensorFlow 的本质、核心学习算法（线性回归、分类、聚类、隐马尔可夫模型）和神经网络的类型（自编码器、强化学习、卷积神经网络和循环神经网络）都进行了详细介绍，同时配以代码实现。

你将通过经典的预测、分类和聚类算法等快速学习掌握基础知识。然后，继续学习具有深度价值的内容：探索深度学习的概念，例如自动编码器、递归神经网络和强化学习等。通过本书，你将会准备好将 TensorFlow 用于自己的机器学习和深度学习应用程序中。

本书可作为人工智能、机器学习、深度学习相关行业的从业者和爱好者的重要参考书。